CAMBRIDGE LIBRARY COLLECTION

Books of enduring scholarly value

Earth Sciences

In the nineteenth century, geology emerged as a distinct academic discipline. It pointed the way towards the theory of evolution, as scientists including Gideon Mantell, Adam Sedgwick, Charles Lyell and Roderick Murchison began to use the evidence of minerals, rock formations and fossils to demonstrate that the earth was older by millions of years than the conventional, Bible-based wisdom had supposed. They argued convincingly that the climate, flora and fauna of the distant past could be deduced from geological evidence. Volcanic activity, the formation of mountains, and the action of glaciers and rivers, tides and ocean currents also became better understood. This series includes landmark publications by pioneers of the modern earth sciences, who advanced the scientific understanding of our planet and the processes by which it is constantly re-shaped.

Recherches sur les ossemens fossiles des quadrupèdes

Georges Cuvier (1769–1832), one of the founding figures of vertebrate palaeontology, pursued a successful scientific career despite the political upheavals in France during his lifetime. In the 1790s, Cuvier's work on fossils of large mammals including mammoths enabled him to show that extinction was a scientific fact. In 1812 Cuvier published this four-volume illustrated collection of his papers on palaeontology, osteology (notably dentition) and stratigraphy. It was followed in 1817 by his famous *Le Règne Animal*, available in the Cambridge Library Collection both in French and in Edward Griffith's expanded English translation (1827–35). Volume 3 of *Recherches sur les ossemens fossiles* recounts Cuvier's excitement at acquiring fossils from gypsum quarries near Paris, and the challenges of piecing the fragments together correctly. Cuvier describes the methodical reconstruction of the pachyderm fossils and lists other fossils occurring in the same rock formations: carnivores, an opossum, birds, reptiles, and fish.

Cambridge University Press has long been a pioneer in the reissuing of out-of-print titles from its own backlist, producing digital reprints of books that are still sought after by scholars and students but could not be reprinted economically using traditional technology. The Cambridge Library Collection extends this activity to a wider range of books which are still of importance to researchers and professionals, either for the source material they contain, or as landmarks in the history of their academic discipline.

Drawing from the world-renowned collections in the Cambridge University Library and other partner libraries, and guided by the advice of experts in each subject area, Cambridge University Press is using state-of-the-art scanning machines in its own Printing House to capture the content of each book selected for inclusion. The files are processed to give a consistently clear, crisp image, and the books finished to the high quality standard for which the Press is recognised around the world. The latest print-on-demand technology ensures that the books will remain available indefinitely, and that orders for single or multiple copies can quickly be supplied.

The Cambridge Library Collection brings back to life books of enduring scholarly value (including out-of-copyright works originally issued by other publishers) across a wide range of disciplines in the humanities and social sciences and in science and technology.

Recherches sur les ossemens fossiles des quadrupèdes

VOLUME 3

GEORGES CUVIER

CAMBRIDGE
UNIVERSITY PRESS

University Printing House, Cambridge, CB2 8BS, United Kingdom

Cambridge University Press is part of the University of Cambridge.
It furthers the University's mission by disseminating knowledge in the pursuit of education, learning and research at the highest international levels of excellence.

www.cambridge.org
Information on this title: www.cambridge.org/9781108083775

This edition first published 1812
This digitally printed version 2015

ISBN 978-1-108-08377-5 Paperback

The original edition of this book contains a number of oversize plates which it has not been possible to reproduce to scale in this edition. They can be found online at www.cambridge.org/9781108083775

RECHERCHES

SUR

LES OSSEMENS FOSSILES DE QUADRUPEDES.

TOME III.

RECHERCHES

SUR

LES OSSEMENS FOSSILES DE QUADRUPÈDES,

OU L'ON RÉTABLIT

LES CARACTÈRES DE PLUSIEURS ESPÈCES D'ANIMAUX

QUE LES RÉVOLUTIONS DU GLOBE PAROISSENT AVOIR DÉTRUITES ;

PAR M. CUVIER,

Chevalier de l'Empire et de la Légion d'honneur, Secrétaire perpétuel de l'Institut de France, Conseiller titulaire de l'Université impériale, Lecteur et Professeur impérial au Collége de France, Professeur administrateur au Muséum d'Histoire naturelle ; de la Société royale de Londres, de l'Académie royale des Sciences et Belles-Lettres de Prusse, de l'Académie impériale des Sciences de Saint-Pétersbourg, de l'Académie royale des Sciences de Suède, de l'Académie impériale de Turin, des Sociétés royales des Sciences de Copenhague et de Gottingue, de l'Académie royale de Bavière, de celles de Harlem, de Vilna, de Gênes, de Sienne, de Marseille, de Rouen, de Pistoia ; des Sociétés philomatique et philotechnique de Paris ; des Sociétés des Naturalistes de Berlin, de Moscou, de Vetteravie ; des Sociétés de Médecine de Paris, d'Edimbourg, de Bologne, de Venise, de Pétersbourg, d'Erlang, de Montpellier, de Berne, de Bordeaux, de Liége ; des Sociétés d'Agriculture de Florence, de Lyon et de Véronne ; de la Société d'Art vétérinaire de Copenhague ; des Sociétés d'Emulation de Bordeaux, de Nancy, de Soissons, d'Anvers, de Colmar, de Poitiers, d'Abbeville, etc.

TOME TROISIÈME.

CONTENANT LES OS FOSSILES DES ENVIRONS DE PARIS.

A PARIS,

CHEZ DETERVILLE, LIBRAIRE, RUE HAUTEFEUILLE, N° 8.

1812.

TABLE DES MÉMOIRES

DONT SE COMPOSE

CETTE DEUXIÈME PARTIE.

DEUXIÈME PARTIE.

Ossemens fossiles des carrières de pierre à plâtre des environs de Paris.

INTRODUCTION.

LORSQUE la vue de quelques ossemens d'ours et d'éléphans m'inspira, il y a plus de douze ans, l'idée d'appliquer les règles générales de l'anatomie comparée à la reconstruction et à la détermination des espèces fossiles; lorsque je commençai à m'apercevoir que ces espèces n'étoient point toutes parfaitement représentées par celles de nos jours qui leur ressemblent le plus, je ne me doutois pas encore que je marchasse sur un sol rempli de dépouilles plus extraordinaires que toutes celles que j'avois vues jusque-là, ni que je fusse destiné à reproduire à la lumière des genres entiers inconnus au monde actuel, et ensevelis depuis des temps incalculables à de grandes profondeurs.

Je n'avois même encore donné aucune attention aux notices publiées sur ces os, dans quelques recueils, par des naturalistes qui n'avoient pas la prétention d'en reconnoître les espèces, qui ne semblent pas même en avoir soupçonné les singularités (1). C'est à M. Vuarin que j'ai dû les premières indications de ces os dont nos plâtrières fourmillent. Quelques échantillons qu'il m'apporta un jour, m'ayant frappé d'étonnement, je m'informai, avec tout l'intérêt que pouvoient m'inspirer les découvertes que je pressentis à l'instant, des personnes aux cabinets desquelles cet industrieux et zélé collecteur en avoit livré précédemment. Accueilli par tous ces amateurs, avec la politesse qui caractérise, dans notre siècle, les hommes éclairés (2), ce que je trouvai dans leurs collections, ne fit que confirmer mes espérances et exciter de plus en plus ma curiosité. Faisant chercher dès-lors de ces ossemens, avec le plus grand soin dans toutes les carrières, offrant aux ouvriers

(1) Guettard annonça leur existence dans un grand nombre de nos carrières à plâtre, en 1768 (*Mémoire sur différentes parties des sciences et des arts*, t. I, p. 2), et en fit représenter quelques-uns mal conservés, la plupart du cabinet du duc d'Orléans. Il y en ajouta d'autres en 1786 (*Nouvelle collect. de Mém.* t. III, p. 297). En 1780, Pralon décrivit d'une manière sommaire les couches qui composent la butte de Montmartre, et parle en général des os qu'elles contiennent (*Journal de physique*, octobre 1780). En 1782, Lamanon parla d'un ornitholithe de cette colline, et décrivit des dents, des vertèbres et une moitié de tête dont nous parlerons dans la suite, qu'il jugea venir d'une espèce perdue d'amphibie (*Journal de physique*, mars 1782). Enfin M. Pazumot fit connoître la même année (*ibid.* août) une dent, un os de carpe et une petite vertèbre.

(2) J'ai dû surtout beaucoup, dans ces commencemens, à M. de Drée, qui avoit acquis toute la collection qu'avoit faite de ces os feu M. de Joubert; à M. de Saint Genys, propriétaire et agronome très-éclairé, qui en avoit recueilli un grand nombre aux environs de sa demeure, à Pantin; à M. Héricart-de-Thury, ingénieur des mines; à M. Adrien Camper, à M. Tonnelier, conservateur du cabinet de l'École des mines, etc.

des récompenses propres à réveiller leur attention, j'en recueillis à mon tour un nombre supérieur à tout ce que l'on avoit possédé avant moi; et, après quelques années, je me vis assez riche pour n'avoir presque rien à désirer du côté des matériaux.

Mais il n'en étoit pas de même pour leur arrangement, et pour la reconstruction des squelettes, qui pouvoit seule me conduire à une idée juste des espèces. Dès les premiers momens, je m'étois aperçu qu'il y avoit plusieurs de celles-ci dans nos plâtres; bientôt après, je vis qu'elles appartenoient à plusieurs genres, et que les espèces de genres différens étoient souvent de même grandeur entre elles, en sorte que la grandeur pouvoit plutôt m'égarer que m'aider. J'étois dans le cas d'un homme à qui l'on auroit donné pêle-mêle les débris mutilés et incomplets de quelques centaines de squelettes appartenant à vingt sortes d'animaux; il falloit que chaque os allât retrouver celui auquel il devoit tenir; c'étoit presque une résurrection en petit, et je n'avois pas à ma disposition la trompette toute puissante; mais les lois immuables prescrites aux êtres vivans y suppléèrent, et, à la voix de l'anatomie comparée, chaque os, chaque portion d'os reprit sa place. Je n'ai point d'expressions pour peindre le plaisir que j'éprouvois, en voyant, à mesure que je découvrois un caractère, toutes les conséquences plus ou moins prévues de ce caractère, se développer successivement; les pieds se trouver conformes à ce qu'avoient annoncé les dents; les dents à ce qu'annonçoient les pieds; les os des jambes, des cuisses, tous ceux qui devoient réunir ces deux parties extrêmes, se trouver conformés comme on pouvoit le juger d'avance ; en un mot, chacune de ces espèces renaître, pour ainsi dire, d'un seul de ses élémens. Ceux qui auront la patience de me suivre dans les mémoires qui composent ce volume, pourront prendre une idée des sensations que j'ai éprouvées, en restaurant ainsi par degrés ces antiques monumens d'épouvantables révolutions. J'y présente la suite de mes recherches, précisément dans l'ordre, ou plutôt dans le désordre où je les ai faites; et dans toute l'irrégularité avec laquelle les faits nécessaires au complément de mes genres se sont offerts successivement; mais c'est dans cette irrégularité même que l'on trouvera les plus fortes démonstrations de la justesse des principes généraux qui m'avoient guidé dès l'abord ; puisque les morceaux venus ainsi après les autres n'ont presque jamais contrarié ce que les premiers m'avoient fait conclure, et que le nombre des pas rétrogrades auxquels j'ai été contraint est presque nul, comparé à celui des pressentimens qui se sont vérifiés.

Ce volume offrira sous ce rapport aux naturalistes un grand intérêt indépendant de la géologie, en leur montrant par des exemples multipliés la rigueur des lois de coexistence, qui élèvent la zoologie au rang des sciences rationnelles, et qui, faisant enfin abandonner les vaines combinaisons arbitraires que l'on avoit décorées de nom de méthodes, ramèneront enfin à la seule étude digne de notre siècle, à celle des rapports naturels et nécessaires qui lient ensemble les diverses parties de tous les corps organisés ; mais la géologie ne perdra rien par cette application accessoire des faits renfermés dans ce volume, et cette nombreuse famille d'êtres inconnus, enfouis dans la contrée la plus connue de l'Europe, offre un champ assez vaste à ses méditations.

Rencontrant ainsi à chaque pas des restes d'anciens habitans qui paroissent avoir été concentrés dans ce canton, il me fut bientôt impossible de me restreindre à mes études purement anatomiques, et de ne pas essayer celle du terrain qui receloit ces débris, afin de voir s'il étoit aussi particulier dans sa formation qu'eux dans leur organisation ; mais pour remplir cette nouvelle vue, il me falloit d'autres secours que ceux don j'avois joui jusque-là ; et je ne saurois témoigner trop vivement ma reconnoissance à mon savant ami M. Brongniart, qui a bien voulu entreprendre avec moi tous les travaux nécessaires pour la réaliser. Pendant quatre années nous avons fait presque chaque semaine des courses plus ou moins étendues ; nous avons déterminé minéralogiquement chaque point de la contrée ; nous avons pris les profils d'une infinité de carrières, les niveaux de toutes les hauteurs importantes ; nous avons comparé les couches à de grandes distances sous le rapport de leur nature et des fossiles qu'elles renferment ; et M. Brongniart a fait l'analyse des variétés les plus remarquables des minéraux qui les composent. De ces recherches communes résulte l'essai sur la géographie minéralogique des environs de Paris, que nous avons inséré dans notre premier volume, ainsi que les développemens et les cartes qui lui servent de preuve et d'explication.

Nous pensons que cette méthode d'examiner la formation d'un pays limité, en ajoutant aux points de vue étudiés avec tant de succès par M. Werner et par son école, la détermination précise trop souvent négligée par eux, des fossiles correspondans à chaque couche, peut donner à la géologie l'impulsion la plus utile; appliquée successivement à d'autres cantons, elle fourniroit bientôt des résultats généraux importans, et ramèneroit par degrés une science trop long-temps nourrie de conjectures illusoires, à la marche rigoureuse des autres sciences naturelles.

Par rapport à notre objet particulier, nous avons reconnu, de la manière la plus claire, que la mer, après avoir long-temps couvert ce pays, et y avoir tranquillement déposé des couches assez diverses, l'a abandonné aux eaux douces qui y ont formé de vastes lacs; que c'est dans ces lacs que se sont formés nos gypses et les marnes qui alternent avec eux, ou qui les recouvrent immédiatement; que les animaux particuliers dont les ossemens remplissent les gypses, vivoient sur les bords de ces lacs ou sur leurs îles, nageoient dans leurs eaux, et y tomboient à mesure qu'ils mouroient; qu'à une époque plus récente, la mer a occupé de nouveau son ancien domaine; et y a déposé des sables et des marnes mêlées de coquillages; qu'enfin après sa dernière retraite, des étangs ou des marais ont encore long-temps occupé la surface des hauteurs aussi bien que le fonds des vallées, et y ont laissé des couches épaisses de pierres fourmillant de coquilles d'eau douce.

Cette pierre, formée dans l'eau douce, qui étoit presque oubliée ou inconnue des géologistes, nous paroît un des résultats les plus neufs de nos recherches, et nous nous sommes assurés depuis de son existence dans presque toute la France; mais son alternative avec des couches marines n'est nulle part aussi évidente que dans nos environs de Paris.

Quand on retrouve ailleurs les animaux du genre des nôtres, c'est aussi dans un terrain d'eau douce, mais non pas toujours dans du gypse; les calcaires d'Orléans et de Buchsweiler qui en renferment, contiennent aussi beaucoup de limnés et de planorbes, et ceux de Buchsweiler sont recouverts, comme nos gypses de Paris, de couches coquillières marines; ainsi les phénomènes de nos environs retrouvent ailleurs des analogues dont la parité démontre l'étendue des catastrophes qui les ont produits.

Les cinq premiers Mémoires de cette partie sont consacrés à refaire membre à membre les espèces qui ont fourni les os fossiles les plus nombreux de nos environs, et qui appartiennent à deux nouveaux genres de l'ordre des pachydernes. Le sixième sert de supplément aux cinq premiers, et présente la description des morceaux qui me sont parvenus pendant leur publication.

Dans le septième, rattachant ces membres isolés les uns avec les autres, on rétablit les squelettes entiers des espèces, et on les compare entre elles.

Le huitième et le neuvième forment une digression sur les espèces des mêmes genres trouvées ailleurs qu'à Paris, et sur les caractères qui les distinguent de celles de nos environs.

Dans le reste du volume, nous revenons autour de Paris, et nous décrivons les ossemens de carnassiers, de sarigues, d'oiseaux, de reptiles et de poissons qui se trouvent mêlés dans nos carrières avec ceux de pachydermes.

J'ai eu l'honneur de remettre à l'administration du Muséum d'histoire naturelle, les principaux objets décrits dans ce volume, et ils ont été exposés, par son ordre, dans la galerie des pétrifications, en sorte que les naturalistes pourront vérifier, en tout temps, ce que j'en ai dit.

SUR

LES ESPÈCES D'ANIMAUX

DONT PROVIENNENT LES OS FOSSILES

Répandus dans la pierre à plâtre des environs de Paris.

PREMIER MÉMOIRE.

Restitution de la tête.

PREMIÈRE SECTION.

Rétablissement de la série des dents et de leurs figures dans les deux mâchoires de l'espèce la plus commune; Création du genre palæotherium.

La première chose à faire dans l'étude d'un animal fossile, est de reconnoître la forme de ses dents molaires; on détermine par-là s'il est carnivore ou herbivore, et dans ce dernier cas, on peut s'assurer jusqu'à un certain point de l'ordre d'herbivores auquel il appartient.

Un examen superficiel me montra bientôt que presque tous les animaux de nos carrières à plâtre, avoient des dents molaires d'herbivores pachydermes.

En effet, celles de leur mâchoire inférieure ont une couronne représentant deux ou trois croissans simples, placés à la suite l'un de l'autre; configuration qui n'existe que dans les rhinocéros et les damans, deux genres de pachydermes.

Les ruminans ont bien des molaires composées aussi de deux ou trois croissans, mais leurs croissans sont doubles, et il y a dans chacun quatre lignes d'émail, tandis que ceux-ci qui sont simples, n'ont que deux de ces lignes.

Les molaires supérieures confirmèrent ce que les inférieures m'avoient appris. Leur face externe a trois côtes saillantes qui la divisent en deux enfoncemens peu profonds; leur couronne est carrée, et présente des inégalités que j'expliquerai par la suite. Ces points éloignent nos animaux des carrières à plâtre des ruminans, et les rapprochent encore des damans et des rhinocéros, autant qu'il est possible que des genres différens se rapprochent.

En poursuivant mes recherches plus loin, je m'aperçus qu'il y avoit de ces dents de plusieurs grandeurs différentes; je les classai d'après cette circonstance, et ayant remarqué que celles d'une grandeur moyenne sont plus communes que les plus grandes et les plus petites, j'eus l'espoir d'arriver plutôt à la connoissance de la série complète dans cette espèce moyenne que dans les autres, je m'y attachai donc plus particulièrement.

Mais à force d'observer des mâchoires plus ou moins complètes, je parvins à m'assurer que ces dents de grandeur moyenne provenoient encore de deux espèces différentes, dont l'une étoit pourvue de dents canines, et dont l'autre en manquoit.

Je vis même bientôt que les dents molaires de ces deux espèces, quoique fort semblables au premier coup-d'œil, offrent cependant des caractères qui n'échappent point à un examen attentif, en sorte qu'il n'est pas nécessaire que la dent canine existe dans le morceau, pour qu'on sache de laquelle des deux espèces de moyenne taille il est provenu.

Dès ce moment, ma marche fut assurée; aucune difficulté ne m'arrêta plus, je pus remettre chaque dent à sa place et en établir la série totale.

Je vais commencer par l'espèce à dents canines, la première que j'aye déterminée.

Le morceau qui m'a le premier appris le nombre de ses molaires inférieures, existe à la collection de l'école des mines, et m'a été gracieusement communiqué par M. Tonnelier, mon savant confrère à la société philomatique, conservateur de cette collection. (*Voyez-en la fig. pl. I, fig. 1.*) C'est une portion du côté gauche (1) de la mâchoire inférieure; le bord inférieur est emporté presque tout du long de *a* en *b*, et de *c* en *d*; l'apophyse coronoïde et le condyle le sont également. La partie qui contenoit les canines et les incisives *a e f*, a aussi été enlevée, mais elle a laissé son empreinte. La moitié du fonds de l'alvéole de la canine est restée en *g*; le sommet de la canine *h*, et une incisive *i* sont restées en place adhérentes au plâtre.

Il y a sept molaires : la première *k* est petite, comprimée et un peu tranchante. Les autres *l*, *m*, *n*, *o*, *p*, *q*, ont leur face extérieure en forme de deux portions de cylindres. (Voyez fig. 2, où ce même morceau est représenté par sa face externe.) La septième seule *q* a trois de ces portions au

---

(1) La planche n'ayant pas été gravée au miroir, représente le côté droit. Cette observation peut s'appliquer à plusieurs des planches suivantes.

lieu de deux. A la base est une ceinture saillante ou espèce de bourrelet, sous laquelle est une racine pour chaque portion cylindrique.

Les sommets usés de ces portions cylindriques forment précisément les croissans qui caractérisent selon nous les molaires inférieures de notre animal. (*Voyez la fig.* 3.) Dans ce morceau, la septième molaire *q* qui est naturellement la moins usée de toutes, a ces croissans étroits et distincts. La pénultième *p* les a plus larges, parce qu'elle est un peu plus usée, mais ils y sont encore distincts. Ils se réunissent dans l'antépénultième *o*, et dans toutes celles qui sont au-devant.

La 2.e et la 3.e molaire *l*, *m*, qui devroient être les plus usées de toutes, ont cependant encore leurs croissans très-étroits; mais cela vient sans doute de ce qu'elles avoient nouvellement remplacé les molaires de lait, et qu'elles servoient depuis moins long-temps que celles qui sont derrière elles.

J'ai trouvé dans un morceau de ma collection dont j'ai fait depuis don au Muséum national, la preuve que le remplacement des dents avoit lieu dans les animaux de nos carrières, à-peu-près comme mon savant et respectable confrère Tenon l'a découvert dans le cheval et les autres herbivores On voit dans ce morceau, représenté *pl. VIII, fig* 5, la troisième molaire *b*, nouvellement sortie, encore bien intacte à son sommet, et la quatrième *c* toute usée et prête à tomber; mais sous elle une nouvelle dent *g*, toute formée, à l'exception des racines, et disposée à la remplacer.

Pour revenir à nos dents, leur face interne, *pl. I, fig.* 1, est un peu la contre-épreuve de l'externe; il y a vis-à-vis la concavité de chaque croissant, un creux qui se rétrécit en descendant sur cette face interne, et par conséquent il y a des saillies larges à leur base, et se rétrécissant vers le haut où elles distinguent les croissans les uns des autres; ces saillies sont nécessairement au nombre de quatre dans la dent a trois croissans *q*, et de trois dans les autres. Cette face interne a, comme l'externe, une ceinture saillante à sa base.

Voilà la description exacte des molaires inférieures de l'espèce moyenne à dents canines. Pour empêcher que dans les examens successifs qui nous restent à faire, on ne soit dans le cas de les confondre avec celles de l'espèce sans dents canines, c'est ici le lieu d'en indiquer les principaux caractères.

Le plus apparent, c'est que la face externe n'a pas ses deux convexités cylindriques mais coniques, et se rétrécissant beaucoup par le haut. Vers le bas, leur courbure devient double, c'est-à-dire qu'elles y sont convexes en tout sens, et non dans le sens transversal seulement. Enfin elles n'ont point de bourrelet saillant à leur base. (1) Elles offrent encore beaucoup d'autres différences que nous exposerons ailleurs. Au surplus, ces caractères précis ne sont nécessaires que pour les trois dernières molaires *a*, *b*, *c* de l'espèce sans canines. Les autres *d*, *e*, *etc.* sont si différentes qu'on ne peut du tout les confondre.

Revenons à notre espèce à canines: on voit que ses mo-

---

(1) On voit un exemple de la face extérieure de ces dents, *pl. II*, *fig.* 2, où est représentée une portion très-considérable du côté gauche de la mâchoire inférieure de cette espèce sans dents canines. Ce beau morceau appartient à M. Héricart-Thury, ingénieur des mines, qui a bien voulu me le communiquer.

laires inférieures sont au nombre de sept de chaque côté, et par conséquent qu'elles ressemblent à celles du rhinocéros et du daman, par ce point comme par celui de la forme.

Tous les morceaux que j'ai vus depuis au nombre de plus de trente, et dont je conserve plusieurs dans ma collection, m'ont confirmé ce fait. La dent à trois croissans y est toujours la dernière, et la petite dent comprimée la première; et jamais il n'y en a plus de cinq entre elles.

Il pouvoit rester quelque doute sur l'intervalle *f*, *pl. I*, *fig* 1, de cette première petite molaire à la canine. Le morceau de l'école des mines le montre bien vide; mais l'est-il toujours? c'est ce dont je me suis assuré par quelques autres morceaux.

L'un d'eux est représenté, *pl. II*, *fig.* 1, et appartient à M. de Saint-Genis, à Pantin, qui a eu la complaisance de me le prêter pour le dessiner; on y voit les cinq premières molaires d'*a* en *b*, l'empreinte de la 6.e en *c*. Ces dents ont les mêmes formes que dans le morceau de l'école des mines, et l'on voit entre la petite molaire comprimée *b*, et la canine *d*, le même intervalle vide *f*.

M. Le Camus, ancien directeur de l'école polytechnique, et possesseur d'une très-belle collection de minéralogie, m'a aussi fait voir un morceau où les dents de la mâchoire inférieure ont toutes laissé, soit leurs couronnes, soit leurs empreintes; il n'y a rien à l'endroit en question.

Je possède moi-même un morceau où l'on voit la dent canine et l'alvéole de la première molaire; l'intervalle est encore vide.

Un second que je possède aussi présente les cinq premières molaires, et notamment la petite comprimée. Il y a en avant une partie de l'os qui ne s'étend pourtant pas jusqu'à la canine. Cette partie n'a point d'alvéoles.

Ainsi nul doute sur le nombre et la forme des molaires inférieures, sur l'intervalle vide entre la première, et la canine du même côté. Nul doute non plus sur l'existence de la canine, et par conséquent sur un caractère qui commence déjà à éloigner beaucoup notre animal du rhinocéros et du daman, dont ses molaires le rapprochoient pour le placer près du tapir et du cochon.

La canine n'est point une défense, qui sorte de la bouche, comme il y en a dans tant d'espèces de cochons. Elle devoit être cachée par les lèvres comme dans le tapir, l'hippopotame et le cochon pécari; c'est un simple cône oblique, un peu arqué, dont la face interne est un peu plane, et l'externe plus qu'un demi-cône. Ces faces sont distinguées par deux arêtes longitudinales, et leur base est entourée de la même ceinture que l'on voit aux molaires. La racine en est fort grosse, et pénètre très-avant dans l'os mandibulaire, et jusque sous l'alvéole de la première molaire.

C'est ce que je recueille du morceau de l'école des mines, *pl. I, fig. 1*, de celui de M. de Saint-Genis, *pl. II, fig. 1*, du mien dont j'ai parlé plus haut, et de trois autres que j'aurai occasion de citer encore.

Entre les canines doivent être les incisives. Le morceau de l'école des mines commença à m'apprendre que notre animal n'en étoit pas dépourvu; celui de M. de Saint-Genis me donna des indices de leur nombre.

Ce morceau, représenté *pl. II, fig. 1*, en montre quatre; mais il est aisé de voir à leur courbure et à leur position, que trois d'entre elles *e*, *g*, *h*, appartiennent à un côté de la mâchoire, et que la quatrième *i* commençoit la série de l'autre côté; il y en auroit donc six.

Un autre morceau de ma collection que j'aurai occasion de faire reparoître pour constater d'autres points, confirme ce résultat. (*Voyez pl. V, fig. 1.*) On y voit la canine droite *a*, et la racine de la gauche *b* : entre deux sont cinq incisives *c*, *d*, *e*, *f*, *g* ; mais outre que les dents ne sont jamais en nombre impair, on voit clairement qu'il reste de la place pour une sixième, et pour une sixième seulement.

Ces incisives ont une forme très-ordinaire; celle de coins; leur tranchant s'émousse par l'usage, et change avec l'âge en une surface plate, assez large d'avant en arrière. C'est ce que me montre encore le morceau de ma collection que je viens de citer. Dans celui de M. de Saint-Genis, les incisives ne sont pas si usées.

Ce nombre de six est précisément celui des incisives du tapir, ainsi que mon collègue Geoffroy l'avoit annoncé, et que je l'ai fait voir dans ma description ostéologique de cet animal.

La forme de nos incisives est encore assez semblable à celle du tapir; seulement la plus extérieure est moins petite, proportionnellement aux autres, que dans le tapir.

Les dents de la mâchoire inférieure étant établies, et pour les espèces, et pour le nombre, et pour la forme, passons à celles de l'autre mâchoire.

Je trouve d'abord dans le morceau de la collection de M. Saint-Genis, *pl. II, fig. 1*, une partie antérieure d'un côté de la mâchoire supérieure ; on y voit les empreintes de 3 molaires *k*, *l*, *m*, dont une y a aussi une partie de son alvéole, une canine bien entière *n*, deux incisives également entières *o*, *p*, et l'empreinte d'une troisième *q*.

Il est d'abord très-probable que ce sont là les dents incisives d'un seul côté, et par conséquent qu'il y en avoit six en haut comme en bas.

Ce nombre est pleinement confirmé par un superbe morceau de ma collection, que l'on a eu toutes les peines possibles à dégager du gypse, et qui montre presque tout le pourtour de la mâchoire supérieure. (*Voyez pl. III, fig 3.*)

Les dents antérieures n'y sont plus, mais les alvéoles y sont bien conservées; six pour les incisives dont la figure montre quatre, *a*, *b*, *c*, *d*, et deux grandes pour les canines, dont la figure ne peut montrer qu'une *e*.

Ainsi nul doute que cet animal n'ait encore ressemblé au tapir par ses incisives supérieures; leur forme étoit pareille à celle des incisives d'en bas.

L'existence et la forme des canines de cette même mâchoire supérieure déjà constatée par le morceau de M. de Saint-Genis, et par celui que je viens de citer, est confirmée par le morceau de ma collection où sont les cinq incisives, et que j'ai fait représenter *pl. V*. On y voit en haut une forte canine *n*, répondant à celle d'en bas, et qui devoit croiser sa pointe en avant de la sienne.

Cette canine supérieure n'a qu'une arête longitudinale; du reste elle est conique, dirigée en en bas, et ne sortoit pas plus de la bouche que celles du pécari et du tapir.

Derrière la canine supérieure, est un petit intervalle vide et enfoncé, dans lequel se loge sans doute l'inférieure lorsque la bouche se ferme. On le voit, *pl. III, fig. 3*, en *f*.

Les molaires supérieures ne sont pas aussi aisées à décrire que les inférieures.

En général leurs couronnes sont presque carrées; elles ont quatre racines, tandis que les inférieures n'en ont que deux. Les antérieures seules sont un peu plus étroites à proportion que les autres.

Pour bien faire entendre les changemens de leur configuration, il faut la décrire d'abord dans le germe. (*Voyez pl. V, fig. 3, 4, 5; et pl. IV, fig. 2, 3 et 4.*)

Le côté externe *a b* est le plus long des quatre; l'interne *c d* est le plus court, ensuite le postérieur *b d*, de manière que l'antérieur *a c* rentre obliquement en arrière, et que l'angle antérieur externe *a* est le plus aigu.

La face externe s'incline fortement en dedans en descendant; elle est divisée par trois arêtes longitudinales saillantes *a*, *b*, *e*, en deux concavités *f*, *g*, arrondies vers la racine, et terminées en pointe vers la surface qui broye. Les angles rentrans *h*, *i*, *k* (*pl. IV, fig. 2.*), qui produisent les pointes, aboutissent aux arêtes. Cette ligne en W est saillante à la face qui broye, et moyennant l'inclinaison et les concavités de la face externe, elle y forme aussi, dans le sens horizontal, une figure de double W. (*Voyez les fig 3, pl. IV; et 3, 4, pl. V.*). De son extrémité postérieure naît une autre ligne saillante qui se porte vers l'angle interne postérieur de la dent, où elle forme une colline *l*, puis se renfonce en se rapprochant de l'angle intermédiaire du double W.

Une autre ligne pareille va de l'extrémité opposée de la ligne en W, vers l'angle antérieur interne où elle forme une colline, mais sans aller au-delà. Une troisième colline *m*, tout-à-fait conique, que je nommerai l'intermédiaire, est tout près de celle-là. Toute la base est entourée d'une ceinture comme dans les molaires d'en bas ; voilà le germe de la dent.

Nous n'aurons plus à présent nulle difficulté à suivre les divers changemens que la détrition produit sur sa couronne.

Ce germe est tout couvert par l'émail : du moment où quelqu'une de ses saillies vient à s'user, il s'y manifeste naturellement une surface de substance osseuse à nu, bordée de deux lignes d'émail, et cette surface augmente de largeur à mesure que la dent s'use. Lorsque la détrition arrive jusqu'aux bases des collines et des autres parties saillantes, les différens disques ou linéamens osseux se confondent graduellement.

C'est ainsi qu'on peut suivre l'effet de la trituration sur les dents de notre animal dans les figures. La 3.e de la planche IV est la moins usée ; la 4.e l'est un peu davantage ; la 5.e l'est encore plus ; la 3.e de la planche IV, l'est un peu moins en arrière, et un peu plus en avant, je ne sais par quel accident.

Il suffit d'une légère comparaison de ces dents de notre animal, avec les molaires supérieures des rhinocéros, telles que je les ai décrites dans mon mémoire sur l'ostéologie de ce dernier genre, pour voir qu'elles offrent des ressemblances très-grandes, accompagnées cependant de différences sensibles.

Même forme carrée ; mêmes côtes longitudinales à la face externe, même ligne en W ; mais une autre distribution dans les éminences de la couronne, et par conséquent une autre configuration de celle-ci.

Cette description de la figure des molaires supérieures ne peut m'être contestée, puisque je peux en montrer les diverses variations dans plusieurs dents soit isolées, soit encore adhérentes; mais on a droit de me demander comment je sais que ces molaires supérieures carrées, appartiennent au même animal, que les inférieures à croissans, décrites plus haut.

Je l'ai appris d'abord par un superbe morceau de la collection de M. Joubert, aujourd'hui appartenante à M. de Drée, qui a bien voulu m'en confier tout ce qui pouvoit être utile à mes recherches. Ce morceau que je représente, *pl. IV, fig. 1*, offre un côté presque entier de la tête d'un jeune sujet; et l'on y voit les molaires des deux mâchoires se correspondant les unes aux autres.

Il est vrai que dans ce morceau les incisives et les canines sont imparfaites; mais M. Adrien Camper m'a envoyé le dessin, *pl. III, fig. 1* d'une portion de mâchoire supérieure qu'il a acquise autrefois à Paris, et qu'il conserve avec la célèbre collection d'anatomie comparée, formée par son illustre père. On y voit des molaires de l'espèce que nous avons décrites, et une forte canine *a*. La portion de mâchoire supérieure qui m'appartient, et dont j'ai déjà parlé, *pl. III, fig. 3*, montre aussi l'union de ces molaires avec des incisives et des canines. Ces deux morceaux se rattachent avec celui de M. de Saint-Genis, représenté, *pl. II, fig. 1*, lequel nous ramène à son tour à nos molaires inférieures à doubles croissans.

Ainsi rien de mieux prouvé que la co-existence de ces deux sortes de molaires dans le même animal.

Le nombre des molaires supérieures est donc à présent la

seule chose qui nous reste à trouver. Aucun des morceaux cités ci-dessus, ne me le donne d'une manière absolue.

La demi-tête de M. Drée, *pl. IV, fig. 1*, en montre trois entières *a*, *b*, *c*; les alvéoles de deux *i*, *k*, et en arrière la place d'une sixième *r*, mais l'individu n'étoit pas adulte, ainsi qu'on le prouve par la loge *m* où étoit enfermé un genre de molaire postérieure inférieure.

Un autre morceau de la même collection que je représente, *pl VI, fig. 2*, en montre six, *a*, *b*, *c*, *d*, *e*, *f*, mais on voit qu'il devoit y en avoir encore une en avant vers *g*.

Ma grande portion de mâchoire supérieure, *pl. III, fig. 3*, en a cinq, et l'alvéole d'une sixième en avant, mais elle est fort mutilée en arrière. J'en ai encore une série de six représentée, *pl. III, fig. 2* : le morceau de M. Camper, figuré même planche, fig. 1, en a six, et n'est point complet en arrière.

Je ne doute point, d'après tous ces morceaux, que le véritable nombre ne soit de sept, comme à la mâchoire d'en bas; tous l'indiquent : ces dents ayant d'ailleurs la même longueur que celles d'en bas, doivent être en même nombre pour leur correspondre entièrement.

Il nous paroît donc évidemment résulter de nos recherches, ce premier fait :

Que parmi les animaux dont les ossemens sont ensevelis dans le gypse de nos carrières, il en existoit un qui avoit

28 molaires,
12 incisives,
4 canines,

dont les molaires inférieures étoient formées de deux ou de trois croissans simples,

Et les supérieures carrées, et a plusieurs linéamens sur leur couronne;

Dont enfin les canines ne sortoient pas de la bouche.

Or aucun naturaliste instruit ne nous contestera qu'un tel animal ne soit un herbivore, et qu'à moins que la structure des pieds ne vienne à s'y opposer (1), il ne doive appartenir à l'ordre des pachydermes, et former dans cet ordre un genre très-voisin du tapir par le nombre de ses dents, mais se rapprochant du rhinocéros par la forme de ses molaires.

Aucun naturaliste instruit ne pourra non plus nous contester qu'un tel animal ne soit encore à découvrir sur la surface de la terre, ni prétendre qu'on l'y ait jamais observé vivant.

Nous sommes donc en droit d'établir dès-à-présent ce genre nous réservant d'en compléter le caractère, lorsque nous aurons déterminé, dans les mémoires suivans, la forme de sa tête et celle de ses pieds, et nous le nommons *palæotherium*.

L'espèce qui nous a seule occupés jusqu'ici, portera le nom spécifique de *medium*.

---

(1) Nous verrons par la suite qu'elle confirme au contraire ce résultat.

DEUXIÈME SECTION.

Rétablissement de la forme de la tête dans le Palæotherium medium.

Nous avons vu combien l'espèce d'animal qui a fourni les ossemens les plus communs dans nos carrières à plâtre, avoit de dents, de quelles sortes ses dents étoient, et quelle configuration elles offroient.

Nous en avons conclu son ordre, son genre, sa famille; nous avons vu que c'étoit nécessairement un mammifère pachyderme, et qu'il devoit former un genre inconnu jusqu'ici, et intermédiaire entre le tapir et le rhinocéros.

Mais ce genre n'avoit-il point d'autres caractères que ceux que lui assignent ses dents? Portoit-il un boutoir pour creuser la terre, comme le cochon? ou une trompe pour saisir les corps, comme le tapir et l'éléphant? ou sa lèvre se prolongeoit-elle pour le même objet, comme celle du rhinocéros? Son nez étoit-il armé, comme dans ce dernier, d'une corne menaçante? son muffle étoit-il élargi et renflé comme celui de l'hippopotame? quelle étoit la position de son œil, de son oreille? Voilà autant de questions intéressantes auxquelles nous serons en état de répondre si nous parvenons à déterminer les formes de sa tête osseuse. Nous en devons chercher d'abord la forme générale, et passer ensuite aux détails de chaque partie.

La forme générale exige que nous déterminions le plan, le profil et la coupe; et comme la figure d'un crâne est extrêmement irrégulière, il faut en prendre des coupes à plusieurs endroits différens.

Cette partie de mon travail est celle que j'ai eu le plus de peine à terminer; dans l'état où sont les os de nos carrières, il n'étoit pas possible d'espérer une tête complète; les fragmens que les ouvriers apportent, déjà fort mutilés par eux, tombent en miettes lorsqu'on veut les dégager du plâtre qui les enveloppe; il faut dessiner à mesure qu'on creuse dans ce plâtre, et fixer ainsi les traces de pièces qu'on détruit nécessairement à mesure qu'on les observe; il faut aussi plus de détails dans la description, et d'attention de la part du lecteur, parce que les formes deviennent si compliquées, qu'elles échappent à presque tous les termes que nous pouvons employer pour les décrire. J'espère qu'avec un peu de cette attention, on trouvera cependant que mes résultats ne sont ni moins heureux ni moins évidens que ceux de ma première section.

Le plus important de tous les morceaux qui m'ont servi à déterminer le profil, est cette moitié de tête représentée *pl. IV, fig. 1*, dont j'ai déjà parlé à l'article des dents, et qui provient du cabinet de feu Joubert, trésorier des Etats de Languedoc, aujourd'hui possédé par M. de Drée.

Feu Lamanon l'a déjà fait figurer dans le journal de physique, mars 1782, *pl. II, fig. 1*; mais quoique son dessin représente le même objet individuel que le nôtre, il diffère tant de celui-ci, que quelques observations sont nécessaires à ce sujet.

D'abord Lamanon dit que sa figure est de grandeur naturelle, tandis qu'elle est réduite d'un tiers; la mienne a été dessinée par moi-même au compas.

De plus, le morceau n'étoit pas alors dans le même état qu'à présent; la mâchoire inférieure étoit plus entière; on y voyoit des empreintes d'incisives qui n'y sont plus, et dont la gravure exagère sûrement une partie.

Enfin l'on n'avoit pas enlevé le plâtre qui remplissoit la fosse temporale, et qui en déroboit les formes.

Lamanon voulut juger d'après ce seul morceau, de l'espèce de l'animal, et conclut que c'étoit un amphibie qui vivoit à-la-fois d'herbe et de poisson. Je n'ai pas besoin aujourd'hui de réfuter cette idée; le rétablissement complet de la série des dents que j'ai fait sur l'examen d'un grand nombre de morceaux ne laissant aucun doute sur la véritable famille de l'animal.

La pièce que nous examinons vient, comme je l'ai déjà dit, d'un jeune sujet qui n'avoit encore que cinq molaires de sorties; le germe d'une sixième étoit déjà formé dans l'arrière mâchoire, et y occupoit une loge assez grande. La canine sortoit à peine de son alvéole, et toutes les sutures du crâne étoient encore bien marquées. Tout le devant de la tête est à-peu-près entier, sauf quelques feuillets de la surface des os qui ont été enlevés, mais qui ont laissé le diploë qui étoit dessous; il manque une partie considérable de la mâchoire inférieure vers son angle postérieur: l'occiput est aussi en partie enlevé.

Ce morceau nous donne cependant, d'une manière très-exacte, la plus grande partie du profil de notre animal.

Le premier trait qui frappe en considérant ce profil, c'est la forme et la position des os propres du nez.

Dans la plupart des quadrupèdes, les os recouvrent comme une voûte la longueur des fosses nasales, jusque vers l'extrémité du museau; ils s'attachent dans toute cette longueur aux os maxillaires, et l'ouverture extérieure des narines est cernée par les os du nez et par les os intermaxillaires.

Ici les choses ne sont pas telles, les os intermaxillaires ne touchent point aux os propres du nez.

Le bord supérieur des os maxillaires est plein, sans crénelure, sans aucune disposition à une suture; ils remontent ainsi très-haut, laissant la fosse nasale osseuse toute ouverte supérieurement ; les os du nez attachés par leur bord postérieur à ceux du front, et à une très-petite partie des maxillaires seulement, sont suspendus ou surplombent comme un auvent sur le dessus des fosses nasales. Voyez l'un de ces os en place, *pl. IV, fig 1, r*; et l'autre hors de place en R. Suivez aussi le bord *s s* du maxillaire légèrement concave, et parfaitement entier.

Ce premier fait relatif au profil, étant d'une nature extraordinaire, je dus en chercher des confirmations : elles ne se présentèrent pas si vîte que celles des faits qui ont les dents pour objet, parce que les os du crâne plus fragiles, sont presque toujours brisés dans la pierre; j'en trouvai cependant.

La première me fut fournie par le morceau de la planche V, qui m'appartient, et que j'ai déjà cité pour les dents. On voit d'un côté l'empreinte *i, i*, d'une grande partie du museau, et particulièrement de tout le contour de l'ouverture extérieure des narines. On y aperçoit très-bien la grandeur de l'échancrure nasale *k*, et la trace de l'os nasal *l*, qui surplombe. Les os eux-même qui avoient formé cette empreinte, tant le nasal que le maxillaire, sont restés en grande partie sur la pierre opposée et séparée de la première. La figure 2 les représente : les choses sont parfaitement ici comme dans le morceau de la planche IV.

Celui de M. Camper, *pl. III, fig. 1*, nous montre encore le bord de l'os maxillaire parfaitement entier, et n'ayant point dû s'engrener avec un autre os. Mon morceau, même planche fig. 3, montre une partie considérable de l'intermaxillaire, dont la rondeur et la position horizontale font assez voir qu'il ne remontoit pas pour entourer une ouverture nasale de forme ordinaire.

Ce premier point est donc hors de doute: notre animal avoit l'ouverture extérieure des narines oblique et très-longue; elle étoit entourée de trois paires d'os, les intermaxillaires, les maxillaires et les nasaux; et ces derniers, loin d'arriver jusqu'au bout du museau, étoient très-courts, et surplomboient seulement sur la partie postérieure de l'ouverture.

Or il n'y a que trois genres d'animaux qui aient trois paires d'os aux narines externes; ce sont les rhinocéros, les éléphans et les tapirs; et parmi les trois, il n'y en a que deux, les éléphans et les tapirs, qui aient les os propres du nez, minces et courts comme notre animal. Dans les rhinocéros, au contraire, ces os sont aussi longs que le museau, et d'une épaisseur extraordinaire, à cause de la corne qu'ils doivent supporter.

De cette similitude dans la charpente osseuse, on peut à bon droit en conclure une pareille dans les parties molles qui s'attachoient à cette charpente; et comme les éléphans et les tapirs ont une trompe, il n'y a guère lieu de douter que notre animal n'en ait aussi porté une.

Mais comme il y a de grandes différences entre la trompe de l'éléphant et celle du tapir pour la longueur et pour la structure, il faut encore se décider entre les deux.

Lorsque nous aurons décrit le pied de devant, on verra que notre animal n'étoit pas élevé sur jambes, et il sera aisé de conclure qu'il devoit avoir la trompe courte comme le tapir.

La structure particulière à la trompe de l'éléphant suppose cette hauteur d'alvéole qui vient elle-même de la grandeur des défenses de cet animal. Les larges parois de l'os intermaxillaire qui contient ces alvéoles, offrent ainsi la surface nécessaire pour attacher les innombrables muscles qui composent la trompe.

Notre animal n'ayant point de pareils os intermaxillaires, n'a pu avoir une trompe composée comme celle de l'éléphant : elle aura donc ressemblé à celle du tapir, c'est-à-dire qu'elle n'aura été qu'un prolongement membraneux des canaux des narines, mû par les muscles des lèvres et par un tendon moyen, commun à deux muscles venant des côtés des os du nez, à peu-près comme on en voit un à la lèvre supérieure du cheval.

Le nerf maxillaire supérieur qui animoit cette trompe, ne devoit pas être fort grand, car le trou sous-orbilaire *t*, *pl. IV*, *fig.* 1, par où il passoit, est petit et placé comme dans le tapir ; tandis qu'il est énorme dans l'éléphant. C'est une nouvelle preuve que la trompe de notre animal n'avoit ni le volume, ni l'énergie de mouvement de celle de l'éléphant.

Continuons l'examen des autres objets que le profil nous présente.

Après le nez vient l'œil : nous ne pouvons espérer de trouver dans nos pièces fossiles que des restes de l'orbite. Le morceau de M. Drée nous en montre quelques vestiges; on y voit la saillie *u* qui sépare la fosse orbitaire de la temporale, et qui est beaucoup plus marquée que dans le tapir : l'orbite *v* est aussi plus éloigné du nez et plus abaissé, ce qui devoit donner à la physionomie quelque chose de plus ignoble.

Le morceau de M. Drée ne me donne pas la partie inférieure du cadre de l'orbite, parce que l'arcade zygomatique en est enlevée. Il ne donne pas non plus le bord postérieur, parce que l'apophyse orbitaire externe du frontal y est cassée en *w*. J'ai trouvé l'une et l'autre dans une tête de ma collection dont je reparlerai bientôt ; l'apophyse de l'arcade zygomatique qui termine l'orbite en arrière, est courte comme dans le tapir, et appartient à l'os de la pomette. Elle répond verticalement au-dessus de la dernière molaire. (Voyez pl. VII, fig. *5*). Celle du frontal, *pl. VII, fig. 4* forme un crochet assez long, ce qui, parmi les pachydermes, ne se retrouve que dans le cochon : comme l'orbite étoit petit, l'œil ne pouvoit être grand, et tout porte à croire que notre animal ressembloit encore au cochon par son regard stupide.

Les deux apophyses qui limitent l'orbite en arrière, ne se réunissent pas : il n'est donc pas séparé de la fosse temporale par une cloison, comme cela a lieu dans les solipèdes et les ruminans, et cette seule circonstance suffiroit pour faire placer notre animal parmi les pachydermes.

Le morceau de M. Drée, *pl. IV, fig. 1*, me montre que la fosse temporale *x* étoit vaste et profonde. C'est ce que d'autres pièces prouveront mieux encore par la suite; mais ni ce morceau, ni aucun autre ne me donne complétement le sommet de la tête et la crête occipitale dont j'aurois besoin pour terminer le profil du crâne.

Venons maintenant au plan horizontal du crâne. On peut le considérer à deux hauteurs principales; à celle des dents, qui donne la largeur et la figure du palais; et à celle des arcades zygomatiques, qui donne la largeur réelle de la tête.

J'ai eu pour le palais un morceau de la collection de M. Drée, que j'ai déjà cité, *pl. VI, fig. 2*, où la plupart des molaires supérieures ont laissé leurs couronnes, et un autre de ma collection qui ne diffère de celui-là que parce qu'il a une molaire de moins, et que je n'ai pas jugé nécessaire de faire graver. Ces deux morceaux, outre la largeur absolue, nous font voir que les molaires de chaque côté sont sur une ligne un peu convexe en dehors, et que ces deux lignes se rapprochent un peu en avant. Je complète le plan du palais au moyen d'un troisième morceau de ma collection, que j'ai aussi cité plusieurs fois, *pl. III, fig. 3*, lequel me donne le léger rétrécissement en avant de la première molaire, et toute la courbure antérieure du museau. Ce même morceau m'offre aussi le trou incisif *f, f*, très-grand, de figure elliptique, un peu plus large en avant; ainsi j'ai le palais tout entier, excepté son bord postérieur qu'aucun morceau ne m'a encore fourni.

En comparant ce palais avec celui du tapir, je vois que la partie antérieure de celui-ci est un peu plus longue et plus grêle, ce qui s'accorde avec les proportions que m'avoient fournies les pièces relatives au profil. Les molaires ont leurs couronnes un peu dirigées en dedans, d'où il résulte que les molaires inférieures doivent former deux séries plus rapprochées que les supérieures, ce que nous verrons être en effet.

Remontant plus haut, nous trouvons le plan des arcades zygomatiques: je l'ai déterminé d'après une masse de ma collection qui contenoit une tête presque entière, mais dans un tel état de décomposition, qu'il a fallu la dessiner à mesure qu'on la découvroit; j'en ai sauvé plusieurs débris qui attesteront l'exactitude du dessin général que j'en ai fait. Ce sont ces débris qui m'ont fourni les deux apophyses orbitaires postérieures que j'ai décrites plus haut.

Cette pièce montre encore les dimensions du crâne, à la hauteur des arcades il y étoit fort étroit, d'où il résulte que la fosse temporale étoit fort profonde. Le profil nous a déjà montré que cette fosse est très-étendue en hauteur: nous en pouvons conclure que le muscle crotaphite étoit fort épais, et que notre animal avoit beaucoup de force dans les mâchoires.

L'article le plus important à reconnoître dans l'arcade zygomatique, est la forme de la cavité glénoïde qui reçoit le condyle de la mâchoire inférieure. Elle détermine les divers mouvemens que la mâchoire peut exécuter, et influe par conséquent d'une manière puissante sur l'économie de l'animal.

La pièce dont je viens de parler m'a complétement fourni cette cavité. (Voyez pl. VII, fig. 1 et 2, *a*, *a*.) Elle est tout-à-fait plane; elle n'a point de saillie pour l'articulation, comme on en voit dans l'homme, le cochon, les solipèdes, etc.;

elle n'a pas non plus de creux, comme il y en a dans les carnassiers : elle ressemble par cette face plane à celle du tapir; elle est encore bornée en arrière comme celle-ci par une lame verticale transversale *b*, *b*, mais en quoi les deux lames diffèrent beaucoup, c'est que celle du tapir a son bord interne plus en avant, et l'externe plus en arrière, tandis que c'est tout le contraire dans notre animal.

Le cheval a cette lame qui borde la cavité glénoïde en arrière, très-courte de droite à gauche : les ruminans l'ont peu saillante, et tout-à-fait transverse ou même comme le tapir plus reculée, au bord externe. Elle fait encore moins de saillie dans le cochon : celle du rhinocéros n'est point en arrière, mais au bord interne de la cavité glénoïde. L'éléphant n'en a point du tout; ainsi l'on peut dire qu'aucun animal connu n'a la cavité glénoïde faite comme notre palæotherium.

Derrière cette lame à la face externe du temporal, est le trou de l'oreille, petit, de figure ovale, et dont les rebords ne sont nullement saillans. Le canal ne s'élève point, comme par exemple dans le rhinocéros; par conséquent l'oreille devoit être attachée fort bas. Entre la lame *b* et le trou auditif *c*, est le trou de la septième paire.

Derrière le trou auditif, commence l'apophyse mastoïde, *d*. Elle a la forme d'une pyramide triangulaire, un peu comprimée d'avant en arrière, et émoussée par le bout. Elle est beaucoup plus longue à proportion que dans le tapir, et se rapproche de la forme du cheval; mais au total cette disposition de la région située derrière la cavité glénoïde, ressemble aussi peu à ce que nous observons dans les animaux connus, que tout ce que nous avons vu jusqu'ici du palæotherium.

Sous le trou auriculaire est la petite saillie raboteuse du rocher *f* à laquelle tenoit la branche de l'os hyoïde.

Les condyles occipitaux *e e* n'ont rien de particulier : au-dessus de l'un d'eux, on voit dans le morceau qui m'a fourni ces derniers détails, une crête osseuse qui me fait penser que la face occipitale du crâne étoit plus petite encore que dans le cochon et le tapir. J'ai un autre morceau qui me paroît confirmer cette conjecture; mais il se pourroit qu'il vînt de l'espèce sans canines, et ce doute suffit pour m'empêcher de l'employer dans mes combinaisons.

Cette petitesse de la face occipitale peut faire conclure que la tête n'étoit pas bien pesante, puisque les muscles qui la supportoient n'avoient pas une attache bien étendue; et c'est une nouvelle raison de croire que la trompe n'étoit pas bien longue.

On n'imagine guère que je sois aussi en état de donner quelques traits de la description du cerveau d'un animal qui paroît détruit depuis tant de siècles : un hasard heureux m'a cependant procuré cette faculté. La tête dont je viens de parler étoit toute environnée d'un mélange de glaise et de gypse, et c'est précisément ce qui l'avoit rendue si friable; car les os contenus dans la marne, se brisent généralement quand on veut les en tirer, sans doute parce que cette terre ne les a pas préservés de l'humidité, comme fait le gypse; mais dans ce cas-ci, sa présence a été heureuse : elle s'est moulée dans la cavité du crâne; et comme cette cavité elle-même dans l'animal vivant s'étoit moulée sur le cerveau la glaise nous représente nécessairement la vraie forme de celui-ci, *pl. VII, fig.* 3; il étoit peu volumineux à proportion, aplati horizontalement : ses hémisphères ne montroient pas des circonvolutions, mais on voyoit seulement un enfoncement longitudinal peu profond sur chacun. Toutes les lois de l'analogie nous autorisent à conclure que notre animal étoit fort dépourvu d'intelligence. Il faudroit, pour que la conclusion fût anatomiquement rigoureuse, connoître les formes de la base du cerveau, et sur-tout la proportion de sa largeur avec celle de la moëlle alongée; mais cette base n'est pas bien conservée dans notre moule.

Voilà, je pense, le crâne et la mâchoire supérieure bien restitués. Passons à la mâchoire inférieure. Nous avons à déterminer l'angle que forment ses deux branches horizontales, la figure de ses branches montantes et la forme de son condyle. J'ai eu trois morceaux pour la détermination complète de l'angle : un est dans la collection de M. Drée, *pl. VI, fig. 1*; un autre dans celle de M. Le Camus; le troisième est dans la mienne. Tous les trois donnent cet angle pour être d'environ 30 degrés.

La distance absolue des deux séries de dents est moindre qu'à la mâchoire supérieure; ainsi les dents d'en bas sont serrées entre celles d'en haut, et les couronnes des premières regardent un peu en dehors, pour rencontrer celles des autres qui regardent un peu en dedans.

La forme des branches montantes est remarquable : elles sont très-larges d'avant en arrière, et leur bord postérieur est convexe : c'est un rapport manifeste avec le tapir et avec le daman.

J'ai dans ma collection un morceau où le condyle est entier; il est fort étendu transversalement, mais fort peu d'avant en arrière : sa convexité est presque celle d'un cylindre. Il est seulement un peu plus mince en dedans qu'en dehors.

L'échancrure qui sépare le condyle de l'apophyse coronoïde n'est ni large ni profonde. Cette apophyse s'élève au-dessus de lui, et a la forme d'un crochet.

On voit qu'aucune partie de la tête, la crête occipitale exceptée, n'est restée sans description; j'ai rapproché toutes ces parties, et j'ai refait la tête entière au moyen du dessin. (Voyez *pl. VII, fig. 6* la base du crane, et fig. 7, le profil.) Chacun des traits qu'on y remarque diffère tellement des autres animaux, que cette section-ci à elle seule prouveroit que le palæotherium est un être inconnu jusqu'ici; cette vérité subsisteroit quand elle ne seroit pas déjà invinciblement établie par la considération des dents, et même dans le cas où nous n'aurions encore déterminé aucune de ces dents.

Seulement alors on pourroit m'opposer un doute; on pourroit me demander comment je sais que je n'ai pas réuni des pièces de têtes différentes, et même encore à présent on a droit d'exiger la preuve que la tête que j'ai formée est précisément celle du même animal dont j'ai décrit les dents dans mon mémoire précédent.

La réponse est facile : le lecteur pourroit même se la faire. S'il examine les morceaux que j'ai employés dans les combinaisons de cette section, il verra qu'il n'en est aucun qui n'ait contenu quelques dents, et que toutes ces dents étoient de l'espèce qui fait l'objet de la section précédente.

Nous sommes à présent en état de prendre des notions assez justes sur la taille de notre *palæotherium medium*.

Sa tête devoit, dans les individus les plus ordinaires, avoir trois décimètres, un ou deux centimètres de longueur depuis le bord du trou occipital jusqu'à celui des incisives. Cette dimension est à-peu-près la même que dans le jeune tapir dont nous avons le squelette au Muséum; et la tête de tapir adulte du cabinet de M. Tenon, n'a que 3 centimètres de plus. Un sanglier ordinaire a 35 centimètres, mais sa tête est plus grosse à proportion de son corps que celle du tapir.

En jugeant donc en gros du volume du corps par celui de la tête, nous pouvons conclure que le palæotherium medium étoit un peu au-dessous du tapir, et à-peu-près de la taille d'un cochon ordinaire.

Palæotherium médium. Pl. I.

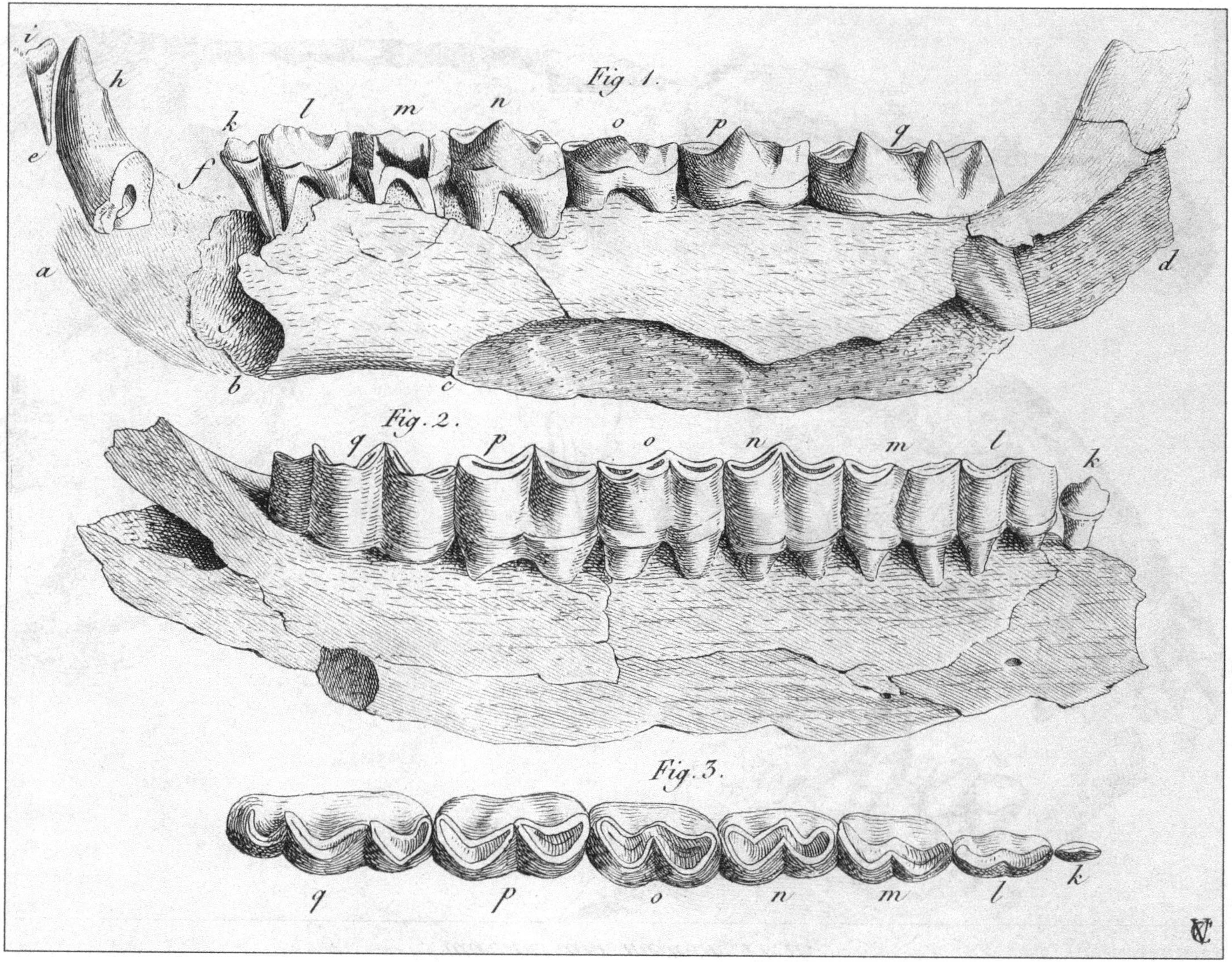

Fig. 1.

i h k l m n o p q e f a b c d

Fig. 2.

q p o n m l k

Fig. 3.

q p o n m l k

Palæotherium médium. Pl. II.

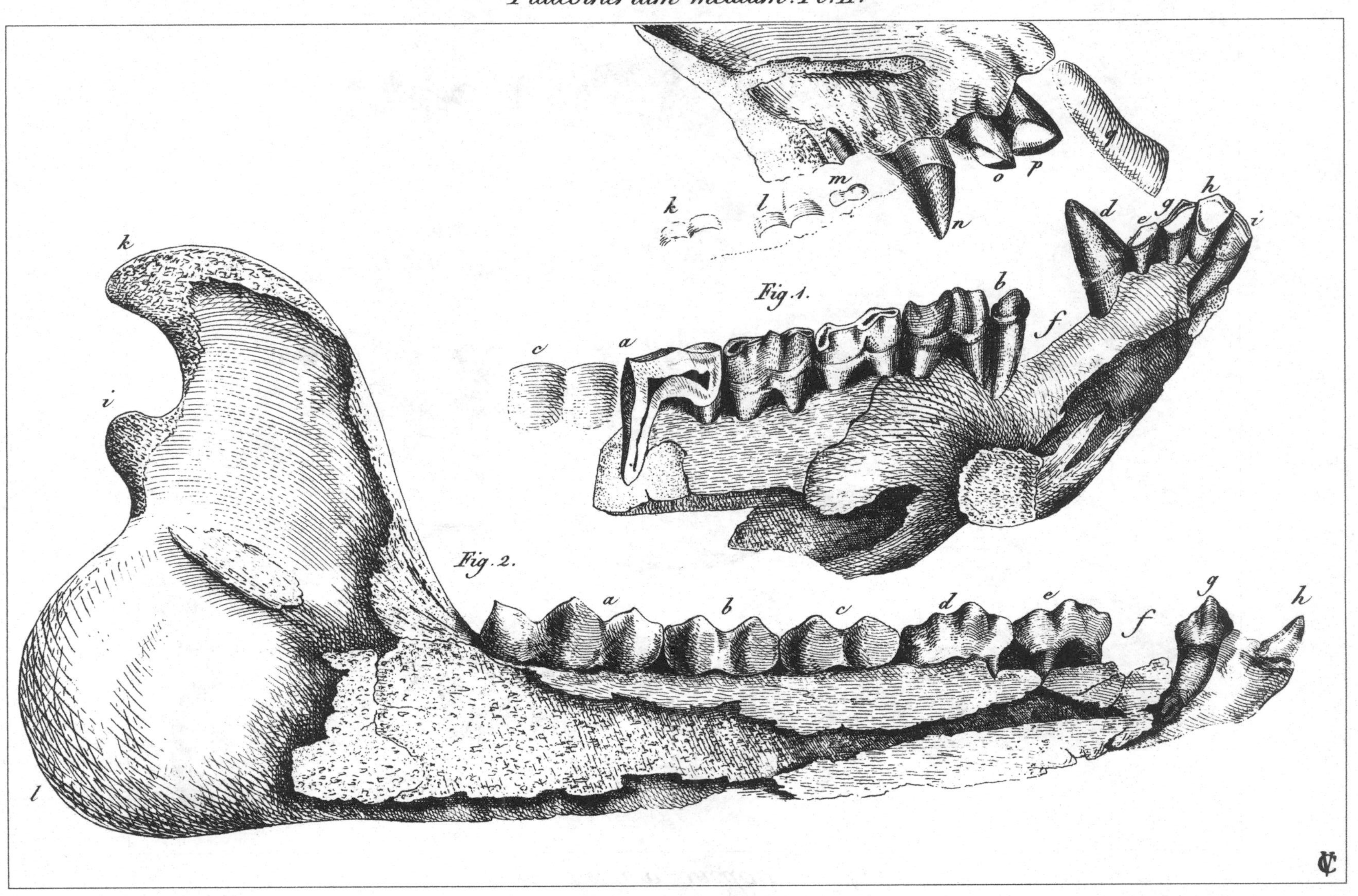

Palæotherium médium. Pl. III.

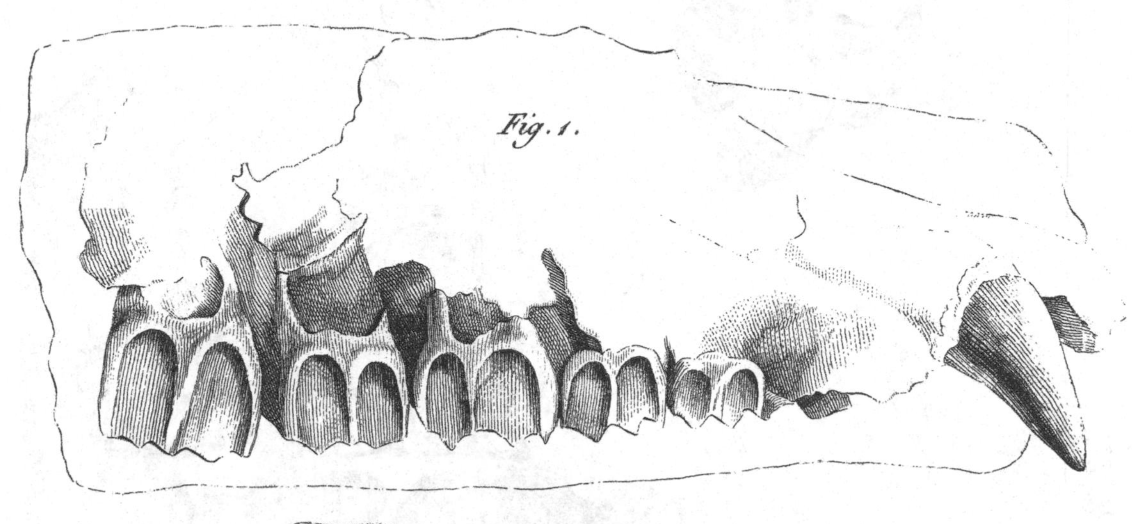

de Wailly. del.

Couet. Sculp.

Palæotherium médium. Pl. IV.

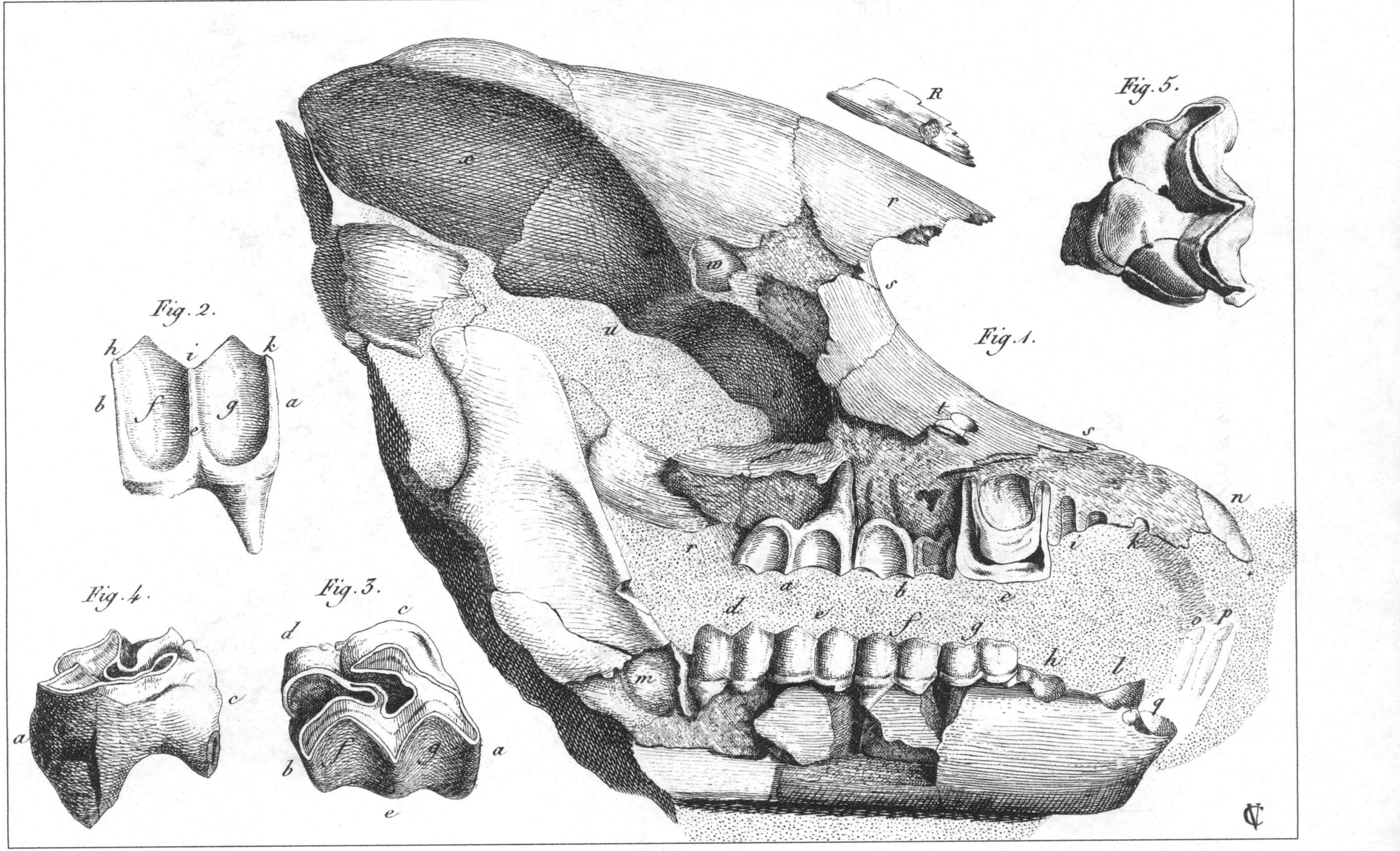

Fig. 1.

Fig. 2.

Fig. 3.

Fig. 4.

Fig. 5.

Palæotherium médium. Pl. V.

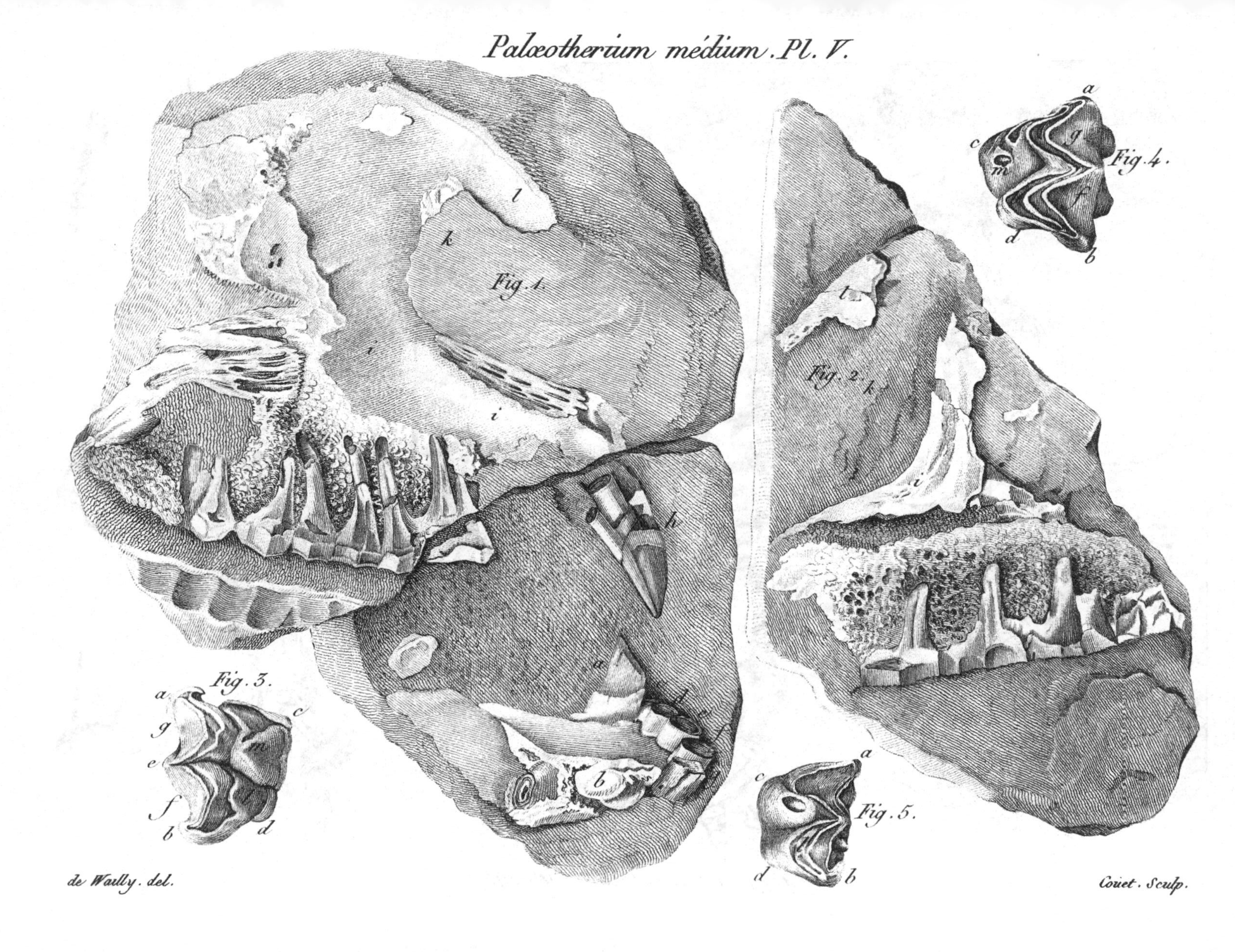

de Wailly. del.

Couet. Sculp.

Palæotherium médium. Pl. VI.

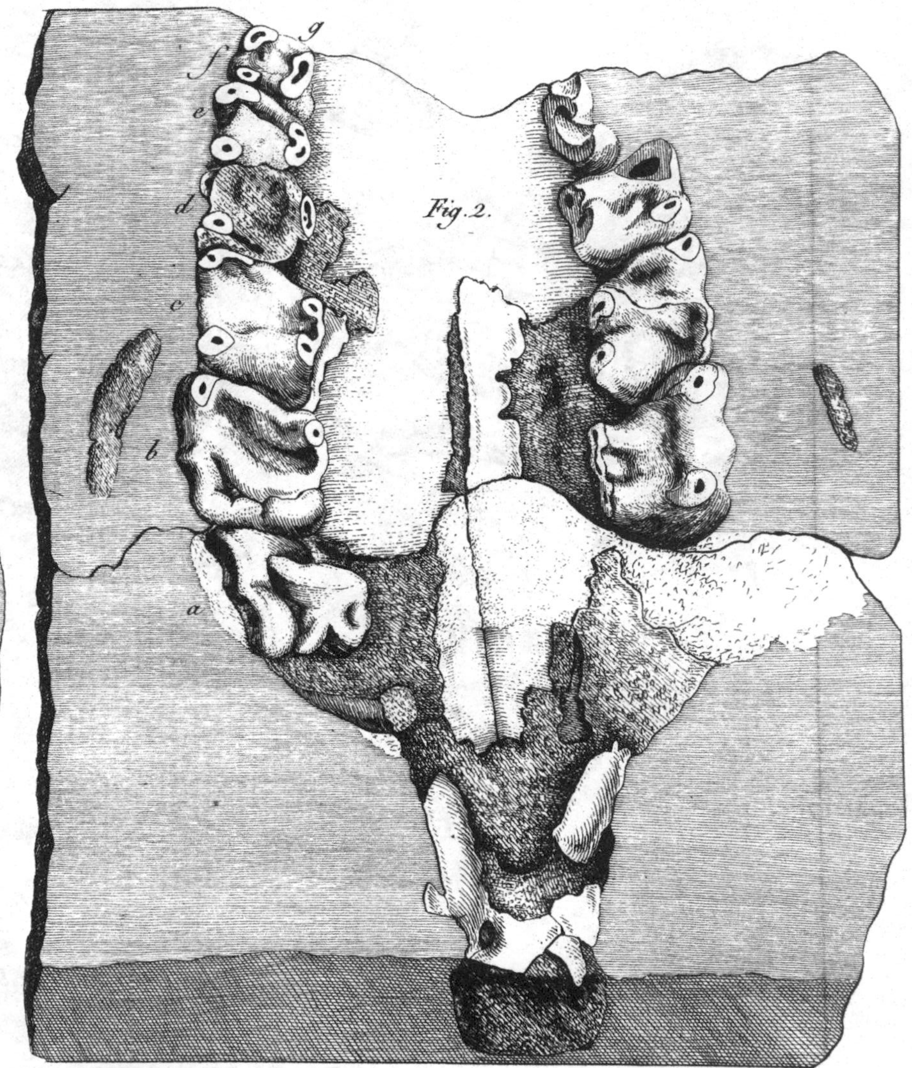

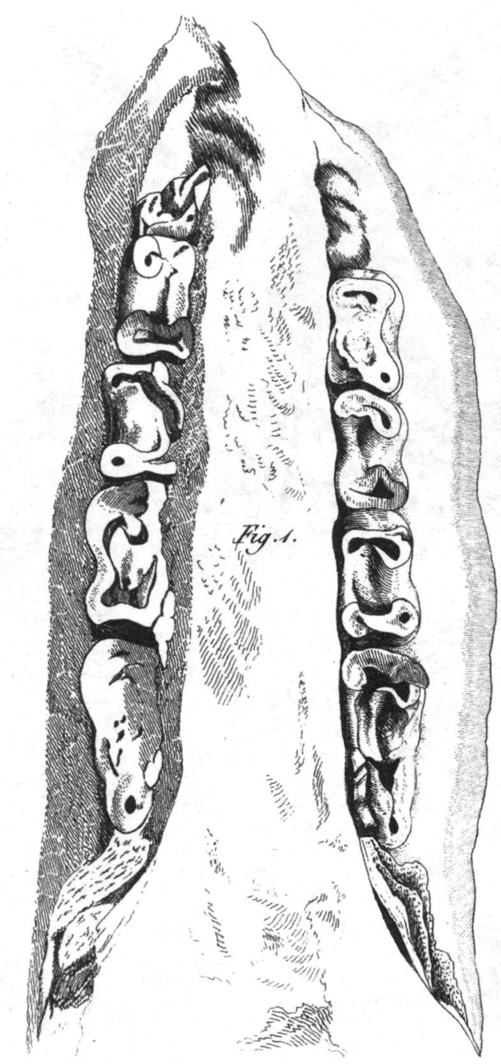

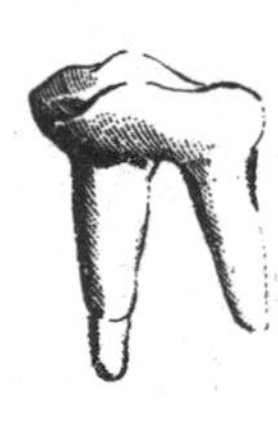

Cuvier del.

Gravée par Cuvier, et D. Droüet.

Palæotherium médium. Pl. VII.

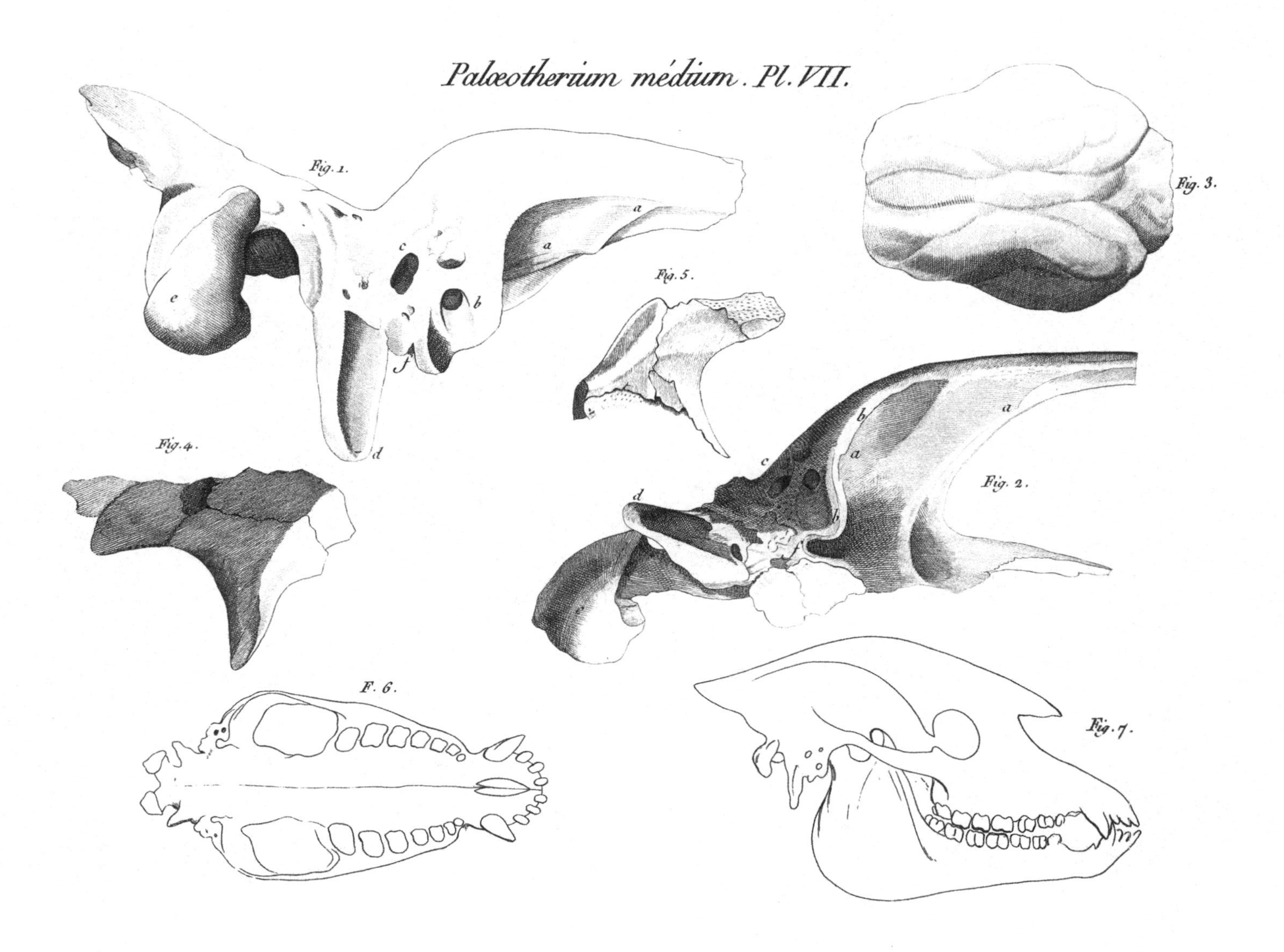

DEUXIÈME MÉMOIRE.

EXAMEN des dents et des portions de têtes éparses dans nos carrières à plâtre, qui diffèrent du Palæotherium medium, *soit par l'espèce, soit même par le genre.*

J'AI réintégré la tête du *palæotherium medium* à-peu-près dans son entier; je n'ai pas couru le risque de réunir des parties étrangères les unes aux autres, et d'en composer un monstre ou un être chimérique, parce que tous les morceaux que j'ai employés m'ont offert quelques parties communes qui les lioient ensemble. Mais cette précaution ne peut plus me servir pour les autres parties du corps. Jamais ou presque jamais celles-ci ne sont auprès des têtes; j'ai annoncé précédemment qu'il y avoit des têtes et des dents de plusieurs espèces; si je trouve de même, comme cela ne peut manquer, des pieds, des jambes, des bras différens, comment discernerai-je ceux qui appartiennent à mon palæotherium, et ceux qui ne lui appartiennent pas?

Il n'y avoit qu'une voie à suivre; tâcher de déterminer le nombre des espèces auxquelles ont appartenu les portions de têtes; recueillir et déterminer les différens pieds, et attribuer ceux-ci à leurs têtes respectives par des considérations tirées de la grandeur et des affinités zoologiques.

C'est la première moitié de ce travail qui va m'occuper dans ce mémoire; j'y traiterai des têtes, et comme de raison, c'est par les dents que je commencerai leur examen.

ARTICLE PREMIER.

Des animaux qui ne diffèrent du Palæotherium medium *que par l'espèce, mais qui appartiennent au même genre.*

Une partie de ces dents ressemble parfaitement, pour la forme, à celles du palæotherium medium, et n'en diffère que pour la grandeur; les unes sont plus grandes, les autres plus petites.

§ I.er *De la grande espèce.*

La première occasion de connoître les grandes, me fut fournie par un morceau de la collection de M. de Drée, représenté *pl. IX, fig. 3.* C'est une portion de la mâchoire inférieure contenant la dernière et l'avant-dernière molaire, et les montrant par leur face externe. Même division en trois et en deux cylindres, mêmes figures de croissans sur la couronne, même ceinture saillante autour de la base du fust; mais grandeur à-peu-près double sur toutes leurs dimensions.

Les dents ordinaires à deux croissans ont, en effet, de 0,02, à 0,022 ou 0,024 de longueur; la première de nos deux grosses dents en a 0,043; la seconde, celle à 3 croissans en a, 0,055.

Une pareille différence n'entre plus dans les limites ordinaires des variations de grandeur, du moins dans les espèces qui ne sont pas soumises à l'esclavage domestique : je conclus donc bien vîte qu'il avoit existé une espèce de *palæotherium* beaucoup plus grande que l'ordinaire.

Une foule de pièces vinrent se joindre à la précédente. On en voit une, *pl. VIII, fig.* 1, qui offre aussi deux molaires inférieures, mais vues à leur face interne; elles ont la même ressemblance rigoureuse avec celles du palæotherium medium, et la même supériorité de grosseur que celles du morceau précédent.

M. Le Camus me fit voir, dans sa collection, un morceau où presque toutes les dents de la mâchoire inférieure de la grande espèce avoient laissé leurs couronnes ou leurs empreintes. J'y vis que le grand palæotherium avoit le même nombre et les mêmes sortes de dents que l'autre.

Je trouvai, quelque temps après, une canine et trois incisives, beaucoup trop grosses pour être provenues de l'espèce commune, et que j'attribuai à celle-ci; on les a figurées *pl. VIII, fig.* 2.

M. Camper m'envoya le dessin d'un morceau qui contient toutes les molaires d'un côté de la mâchoire supérieure, une grande partie de celle de l'autre et une canine. J'y vis les mêmes traits de ressemblance avec l'espèce moyenne, que dans les dents de la mâchoire inférieure; je me procurai moi-même la face externe d'une pareille grande molaire supérieure, (Voyez *pl. IX, fig.* 8), que j'ai donnée depuis à M. Brugmans, célèbre professeur de Leyden.

Je découvris chez M. Drée, une empreinte d'un côté de tête de cette grande espèce, où l'on voyoit très-bien les traces des deux sortes de molaires, et leur correspondance réciproque.

Ainsi, il ne me manqua absolument rien pour me convaincre que ce grand animal avoit les mêmes caractères génériques que l'autre, je le plaçai donc dans le genre palæotherium, et je le nommai *palæotherium magnum*.

Celui-là doit avoir eu à-peu-près toutes ses dimensions doubles de celles du moyen; ainsi il doit avoir égalé une vache de taille ordinaire, ou un petit cheval.

J'ai un germe de molaire supérieure qui, par sa grandeur, me paroît devoir appartenir à cette espèce. Il est représenté *pl. XI, fig. 4*, sa face externe est bien comme dans toutes les molaires supérieures de palæotherium; mais sa couronne a ses collines et ses enfoncemens un peu autrement disposés. De l'angle rentrant antérieur du double W, part une ligne saillante transverse qui, arrivée au milieu de la largeur de la dent, se recourbe en arrière et se termine au milieu de la longueur de cette même dent. Une autre ligne saillante part de l'angle rentrant postérieur du double W, et va directement au bord interne en donnant un crochet qui se dirige en avant dans le vallon, entre le bord externe et la seconde partie de la première crête.

§ II. *De la petite espèce.*

J'ai trouvé aussi quelques morceaux qui indiquent l'existence d'une espèce plus petite que l'ordinaire : on en voit un de ma collection, *pl. XI, fig.* 1 qui contient les sept molaires, sauf la seconde qui est tombée. Toutes sont parfaitement sorties et entièrement semblables à celles du palæotherium moyen, et du grand, excepté la première qui est un peu plus pointue que celle du moyen; ces sept dents ensemble n'occupoient qu'une longueur de 0,069, tandis que dans l'espèce moyenne, elles avoient (dans le morceau de l'école des mines) 0,131, c'est-à-dire presque le double.

Ce palæotherium étant sous-double du moyen, doit avoir eu à-peu-près le volume d'un mouton médiocre.

§ III. *D'un animal des environs d'Orléans, très-voisin du* Palæotherium.

Je vais faire ici une digression qui, sans être d'un intérêt direct pour les ossemens de nos carrières des environs de Paris, complétera cependant l'histoire du genre palæotherium.

M. Defay, très-habile naturaliste et professeur d'Orléans, parle dans son ouvrage intitulé : *La nature considérée dans plusieurs de ses opérations*, Paris, 1783, p. 56, de plusieurs ossemens trouvés depuis 1778 jusqu'à 1781, à Montabuzard, hameau dépendant d'Ingré, à une lieu ouest d'Orléans, à 16 ou 18 pieds de profondeur, dans un banc continu de pierre calcaire, de 5 à 6 pieds d'épaisseur, sans aucune couche apparente.

Il cite une dent qu'il suppose d'hippopotame; une autre analogue à celle de l'animal de l'Ohio, quelques-unes du genre du cerf et plusieurs d'animaux inconnus.

M. Defay a eu la bonté de m'envoyer une partie de ces objets pour que je pusse les examiner à loisir; j'y trouvai en effet plusieurs dents et os remarquables sur lesquels je reviendrai dans un autre mémoire; mais ce qui me frappa le plus, fut d'y voir plusieurs dents parfaitement analogues à celles de notre *palæotherium*. Je les ai fait représenter, *pl. XII*. Celles des figures 5, 6, 8 et 9, n'offrent qu'une seule différence, c'est que la rencontre des deux arcs de la couronne forme une double pointe au milieu de la face interne, tandis que cette pointe est toujours simple dans le palæotherium ordinaire.

Les seconde et troisième molaires qui sont avec la première dans le morceau de la figure 3, ont leurs croissans plus irréguliers, et leur face interne n'est pas non plus si décidément cylindrique.

La dent fig. 7 paroît avoir été une dernière molaire, mais elle diffère assez de celle de l'espèce commune; sa troisième portion est en cône et non en croissant.

Les molaires supérieures diffèrent un peu davantage de celles de notre palæotherium : on les a dessinées, fig. 1 et 2, et la couronne vue perpendiculairement, fig. 10 ; elles ont bien la ligne en double W; les trois côtes de la face externe, les deux collines de l'interne ; mais ces deux collines se joignent à la ligne externe par deux lignes saillantes dont la première va à l'angle antérieur externe, et l'autre dans l'angle intermédiaire du double W. Pour rendre la ressemblance avec le palæotherium complète, il faudroit qu'il y eût, près de la première colline, une colline intermédiaire, et que la colline postérieure se joignît à l'angle postérieur externe par une autre ligne saillante. Voyez *pl. V, fig.* 4 Il y a, au lieu de cette ligne, une petite saillie en chevron, *fig.* 10, *a*.

Ces caractères rapprochent un peu cet animal d'Orléans, du rhinocéros et sur-tout du daman.

Je dois même remarquer expressément que tant que nous n'aurons pas vu ses incisives et ses canines, adhérentes à la mâchoire avec quelques-unes de ses molaires, nous ne pourrons, sur la seule inspection de ces dernières, le considérer comme appartenant certainement au genre palæotherium.

C'est sur-tout dans une matière comme celle-ci, qui est nécessairement un peu suspecte puisqu'elle tient de si près à la géologie, science à bon droit si décriée, par la manière dont on l'a presque toujours traitée; c'est sur-tout, dis-je, dans une telle matière, qu'il faut s'en tenir rigoureusement aux faits.

Les dents des environs d'Orléans sont un peu plus petites que celles du palæotherium medium.

Article II.

Des animaux qui diffèrent du Palœotherium pour le genre, mais qui sont de même ordre, et particulièrement du genre Anoplotherium, *et de ses espèces.*

§ I.er *De l'*Anoplotherium *le plus commun dans les carrières.*

Un animal plus remarquable que les précédens, est celui qui a fourni ces dents de même grandeur que celles du palæotherium medium, mais d'une forme un peu différente, que j'ai caractérisées dans mon I.er mémoire. Je fus très-long-temps avant de les distinguer, et elles m'embarrassèrent bien souvent, jusqu'à l'instant où je démêlai qu'elles ne venoient pas de la même espèce.

Pour ne pas donner au lecteur les mêmes peines qu'à moi, je vais décrire de suite les morceaux de conviction, ceux que je n'ai vus que les derniers, et qui m'auroient évité tout embarras, s'ils se fussent offerts d'abord.

Le plus important fut celui qui m'apprit que cette espèce

n'a point de dents canines ; il est représenté, *pl. XIII*, *fig.* 2 ; il contient une série de neuf dents qui conduit, sans interruption aucune, depuis la dernière molaire à trois croissans *a*, jusqu'aux incisives latérales *h*, *i*.

Les trois dernières de ces molaires, *a*, *b*, *c*, sont bien divisées extérieurement en portions presque cylindriques, dont trois à la dernière, et deux aux autres; mais comme je l'ai dit, les bases de ces portions sont bombées presque sphériquement; et elles n'ont point de ceinture saillante.

Les trois molaires antérieures à celles que je viens de décrire, *d*, *e*, *f*, sont conformées autrement que dans le palæotherium, et j'y reviendrai.

Pour me borner aux trois que j'ai décrites d'abord, je cherchai, d'après les principes de la croissance des dents, quelque morceau où je pusse les observer soit en germe, soit fraîchement sorties, et non encore usées.

J'en obtins un, *pl. XIII*, *fig.* 1, et je vis que les portions bombées s'amincissent vers la couronne en pointe conique; que la couronne elle-même n'est pas dans le germe un simple tranchant courbé en arc de cercle, comme cela a lieu dans le palæotherium, mais qu'après avoir formé la pointe de la face externe, α, α, ce tranchant en forme deux, β, γ à la face interne dans la moitié antérieure de la dent, et une seule δ dans la moitié postérieure.

La dernière dent qui est composée de trois portions, a les deux premières faites comme dans la pénultième et l'antépénultième. La troisième est en simple arc de cercle. Voyez *pl. XIII*, *fig.* 2. α.

Il doit résulter de cette forme du germe, que pendant un certain temps la détrition ne doit pas produire un croissant simple sur la couronne, mais que dans la première portion, les deux pointes du croissant, doivent se dilater en petits appendices, β et γ, fig. 2, et que dans l'autre il doit y avoir un disque ovale vis-à-vis la concavité du croissant, *d*, fig. 2, lequel s'unira tôt ou tard à l'une des pointes, et ensuite à toutes les deux. Enfin, lorsque ces dents seront encore plus usées, il y aura des demi-cercles ou même des demi-ellipses, c'est-à-dire que les croissans y seront beaucoup plus larges de droite à gauche que dans le palæotherium. Voyez, fig. 2. *c*.

C'est ce qui ne manqua pas de se trouver dans toutes les dents usées de cette espèce que j'observai depuis. Je me vis donc en état de la distinguer toutes les fois que je trouverois ses trois dernières molaires, et je lui rendis, en effet, plusieurs morceaux que j'avois cru long-temps venir du palæotherium.

Tel est celui du cabinet de M. Héricart-Thury, *pl. II, fig. 2*, où l'on voit six molaires et la place de la seconde qui manque et qui auroit complété le nombre de sept et une incisive. Celui que j'ai déposé au Muséum, *pl. VIII, fig. 5*, qui contient cinq molaires; un troisième que j'ai donné à M. Brugmans, célèbre professeur de Leyden, et qui contient cinq molaires, deux incisives et une large brèche entre les unes et les autres, *pl. X, fig.* 1, *2, 3*. J'en possède encore un qui contient quatre molaires, deux intervalles vides, trois incisives, et où la dernière molaire n'est pas encore sortie, *pl. XIII, fig.* 1; et un autre où l'on voit les quatre premières molaires, et l'empreinte où les restes des trois dernières. Enfin, M. Camper m'a envoyé le dessin d'une mâchoire de jeune sujet qui n'a que cinq molaires, parce que les deux dernières n'y sont pas développées.

Toutes ces pièces me montrent, comme ma grande série de neuf dents, que les molaires antérieures ont une forme différente des trois dernières, et encore plus différente de celles du palæotherium.

Nous allons les décrire en commençant en arrière.

Celle qui précède l'antépénultième; c'est-à-dire, la dernière, moins trois, *pl. X, fig. 1 et 2*, d, *pl. XIII, fig. 2*, d, a dans son état frais, trois convexités légères à sa face externe, et trois pointes à sa couronne; celle-ci forme donc en s'usant une ligne ondulée, mais elle donne, à-peu-près vers son milieu, une branche qui se porte vers la face interne et qui s'y bifurque. (Voyez *pl. XI, fig. 8.*)

Les deux qui précèdent celle que nous venons de décrire, *pl. XIII, fig. 2*, e *et* f, ont bien aussi trois pointes et trois convexités, mais leur couronne n'a point de branche rentrante, ou s'il y en a une petite dans la seconde des deux, elle ne se bifurque point. (Voyez pl. XI, *fig.* 9.)

En avant de ces deux, en est une qui représente la première du palæotherium. Elle est également simple, comprimée et d'ordinaire pointue, *pl. XIII, fig.* 2, g.

Il y auroit à présent dans le palæotherium un espace vide, suivi d'une forte canine : c'est ce que ne montre point notre animal actuel; mais immédiatement en avant de la dent que je viens de décrire, il en a trois autres à-peu-près pareilles, mais de plus en plus pointues, *pl. XIII, fig. 2*, h *et* i; ib. *fig. 1*, i *et* k. Il n'y a que la dernière incisive, c'est-à-dire la plus antérieure qui se termine au coin simple le plus souvent arrondi par son tranchant, *pl. XIII, fig.*

1, l. On voit une dent semblable séparée, *pl. XIII, fig. 3.* Voilà ce que je recueille en comparant mon morceau à neuf dents de suite, *pl. XIII, fig. 2*, avec celui où sont trois incisives, *pl. XIII, fig. 1*; et avec celui de M. Brugmans, *pl. X, fig.* 1.

Ce résultat est confirmé par un morceau de la collection de mon célèbre collègue M. Faujas-Saint-Fond, qui paroît contenir toute l'extrémité antérieure d'un côté de la mâchoire inférieure; il est représenté, *pl. XI, fig. 2.* On y voit l'empreinte d'une incisive simple *a*, deux incisives un peu bilobées, *b* et *c*; une autre en triangle *d*; ces deux-ci nous paroissent répondre aux deux premières de notre morceau à neuf dents. Il en vient ensuite une *e*, qui pourroit passer pour la première molaire, *g*, *pl. XIII, fig. 2.*

Ce résultat n'est contrarié par aucun des autres morceaux de cette espèce; on peut donc l'admettre comme constant, et dire que parmi les animaux qui ont fourni les ossemens de nos carrières, il y avoit, outre les palæotheriums, une espèce de pachydermes à-peu-près de la taille du palæotherium medium, mais dont les incisives inférieures se joignoient aux molaires, sans canine et sans espace vide; et ce trait joint à ceux que nous fournit la couronne des molaires, nous autorise suffisamment à établir encore un genre, et à lui donner un nom.

En effet, parmi les pachydermes il n'y a que les rhinocéros et les damans qui manquent de canines, mais ils n'ont que quatre incisives inférieures, ou bien ils en manquent tout-à-fait, et lorsqu'ils en ont, il y a toujours un intervalle entre la dernière incisive et la première molaire.

Il ne faut pas croire qu'on puisse trouver quelque chose

de plus semblable, hors de la classe des pachydermes; les rongeurs, les ruminans, les solipèdes ont tous cet intervalle vide. Les carnassiers ordinaires et les quadrumanes ont tous une grande canine; il n'y a que les hérissons et les musaraignes qui pourroient offrir quelque analogie dans la co-ordination des dents; leurs incisives latérales sont ainsi obliquement aiguës, et leurs canines ou leurs premières molaires ressemblent fort aux incisives; mais sans parler de l'énorme différence de grandeur, le nombre des molaires et la forme des mâchoires sont tout autres, quoique nous ne puissions nier qu'il n'y ait quelque ressemblance dans la forme des molaires.

Le nom d'*anoplotherium* que nous choisissons pour désigner ce genre, a rapport à cette absence d'armes offensives ou de dents canines plus longues que les autres, par laquelle il se caractérise.

Je devois être curieux de connoître la mâchoire supérieure de cet *anoplotherium*; comme il n'y avoit point de vide à celle d'en bas, j'imaginois bien qu'il n'y avoit pas non plus de forte canine à celle d'en haut; mais ce n'étoit pas assez d'une conjecture plausible, je voulois des faits: les mâchoires supérieures sont en général beaucoup plus rares sur-tout leur partie antérieure, et cela est aisé à expliquer, parce que leur forme a dû les exposer à plus de fractures, avant d'être incrustés par le gypse, et que cette même forme rend leur extraction hors du gypse, beaucoup plus difficile. J'en trouvai cependant une portion considérable que je juge, sans aucun doute, avoir appartenu à notre *anoplotherium*, à cause de sa grandeur, de la forme et du nombre de ses incisives, et sur-tout à cause qu'elle est privée de canines. On l'a dessinée, *pl. XI, fig. 3*. Le morceau est très-fracturé, parce qu'il étoit entièrement enveloppé de glaise et de gypse; on y voit cependant encore tout le bord alvéolaire supérieur du côté gauche assez bien conservé, et les dents de ce côté en place, excepté la cinquième et celles qui suivent la neuvième. On distingue le trou incisif *a b*, et la suture antérieure des os intermaxillaires, de manière qu'on est sûr qu'il ne manque aucune des dents de devant. La première incisive *c* seulement est cassée, mais elle a conservé son fust et sa racine. Les deux suivantes *d e* sont comprimées, tranchantes, obliquement pointues, comme leurs correspondantes de la mâchoire inférieure. La suivante *f*, qui est la quatrième dent en tout, a encore la même forme, mais elle est un peu plus grande.

J'ai fait beaucoup d'efforts pour savoir si la suture qui sépare les os intermaxillaires des maxillaires, passe en avant ou en arrière de cette quatrième dent, et par conséquent s'il faut rapporter celle-ci aux incisives, ou bien en faire soit la canine, soit la première molaire. L'os est trop fracturé pour que j'aie pu en venir à bout, mais je crois que d'après sa figure nous pouvons la laisser dans les incisives, en attendant de nouveaux renseignemens.

Ces trois dents *d*, *e*, *f*, ont une ceinture saillante à leur base interne.

La cinquième dent manque dans mon morceau, mais son alvéole montre qu'elle avoit deux racines. Je pense que c'étoit celle qui répondoit à la première molaire d'en bas, et qu'elle étoit encore simple comme elle.

Viennent ensuite trois dents, *h*, *i*, *k*, très-différentes de celles du *palæotherium*. Elles sont, dans ce morceau, toutes fraîches et sans avoir subi de détrition ; ce qui prouve qu'elles venoient de sortir de l'alvéole et de chasser les dents de lait. La dernière ne déborde même pas encore tout-à-fait l'alvéole.

Leur caractère est d'avoir dans le germe une couronne oblongue entourée de toute part d'un rebord saillant et tranchant. Le bord externe a une pointe obtuse à laquelle répond une légère convexité de la partie moyenne et enfoncée de la couronne. La troisième de ces dents a de plus à la face interne un troisième rebord, et qui tient lieu de ceinture de la base ; le rebord interne donne un petit crochet en dedans. La face externe de ces dents a trois côtes saillantes, mais si peu qu'à peine on les remarque ; elle n'a donc pas, à beaucoup près, ces enfoncemens si bien terminés des molaires supérieures du palæotherium.

J'ai trouvé quelques-unes de ces molaires antérieures supérieures d'anoplotherium, isolées et plus ou moins usées.

On conçoit que pendant les premiers temps de la détrition les rebords s'élargissent en découvrant leur substance osseuse, et que le creux du milieu devenant toujours plus petit, s'efface à la fin entièrement. Voyez une de ces dents diminuée, *pl. XI, fig. 7*, un germe de la dernière des trois, lorsqu'il commençoit à percer l'alvéole. *Ibid. fig. 6* ; un germe encore plus jeune et qui n'étoit point du tout sorti, *pl. IX, fig.*, *5*, *6*, 7.

La cinquième molaire supérieure est bien différente de celles qui la précèdent. Elle ressemble même tellement à celles du palæotherium, qu'il me paroît impossible de lui assigner des caractères certains pour l'en distinguer ; les linéamens de la couronne et le contour de la face externe sont absolument les mêmes.

La sixième et la septieme molaire manquent à mon morceau, mais il est assez probable qu'elles ressembloient à la cinquième; ainsi les trois dernières molaires tant de la mâchoire supérieure que de l'inférieure auroient eu les plus grands rapports de forme dans les deux genres *palæotherium* et *anoplotherium*, taudis que les quatre premières s'écartoient sensiblement.

J'ai trouvé dans plusieurs morceaux la forme de la mâchoire inférieure de cet *anoplotherium*; on en voit l'empreinte, *pl. II*, *fig.* 2. Elle est elle-même presque entière, *pl. VIII*, *fig.* 5. Par-tout elle montre cette grande largeur de ses branches montantes, et cette convexité de son bord postérieur qui ne se retrouvent guère parmi les quadrupèdes vivans, que dans le daman et dans le tapir. L'apophyse coronoïde est large en forme de crochet, et remonte beaucoup au-dessus du condyle.

J'aurois bien voulu avoir quelque morceau qui m'indiquât la forme de la tête; mais c'est vainement que j'en ai cherché jusqu'ici. Le petit nombre de pièces reconnoissables qui me sont parvenues, appartenoient au palæotherium, et je les ai employées dans sa description. Il faut donc que je me taise où les matériaux manquent.

A juger de la taille de cette espèce la plus commune d'*anoplotherium* par ses mâchoires entières, et notamment par celle du cabinet de M. Héricart-Thury, il devoit être un peu plus grand que le *palæotherium medium*, c'est-à-dire encore supérieur à nos sangliers; mais j'ai trouvé des indices de deux espèces beaucoup plus petites.

§ II. *Des petites espèces qui paroissent voisines de l'*anoplotherium.

Je rapporte d'abord ici une moitié de mâchoire inférieure de la collection de M. Drée, *pl. IX, fig. 2*. La dernière molaire n'est pas encore venue ; l'avant-dernière même n'a pas quitté l'alvéole. La troisième est tombée ; mais toutes celles qui existent, et sur-tout les deux premières rappellent les formes de l'anoplotherium. La longueur qu'occupent les six premières molaires est 0,061, ce qui est à-peu-près sous-double de l'anoplotherium commune. Ainsi cette espèce avoit la taille d'un mouton ordinaire. Je l'appellerai *anoplotherium medium*.

Une autre espèce plus petite, appartient bien sûrement à ce genre. J'en ai dans ma collection un côté presque entier de mâchoire inférieure, représenté, de grandeur naturelle, *pl. IX, fig. 1*. On y voit bien la forme de la mâchoire dont la branche montante est un peu plus étroite à sa partie supérieure, et sur-tout à son apophyse coronoïde que dans l'espèce ordinaire. Le bord antérieur de cette apophyse y fuit aussi plus rapidement en arrière. Les trois dernières molaires y sont bien conservées, et ressemblent à leurs analogues dans l'espèce commune, par leur face externe. Leur couronne est un peu différente ; il y a au côté interne une pointe vis-à-vis chacune de celles du côté externe ; la première détrition y produit donc des paires de disques arrondis ; ensuite des disques alongés dans le sens transversal, ou des espèces de collines transverses qui rapprochent un peu ces dents de celles du tapir (1). En avant de ces trois molaires, il y a la place de deux, mais elles n'y ont laissé que leurs alvéoles. En avant encore vient une dent tranchante à deux racines, à trois pointes dont celle du milieu beaucoup plus grande, puis deux dents obliquement aiguës, à une seule racine; la place vide d'une ou même de deux dents pareilles, et une dernière dent ou incisive antérieure qui est tronquée dans ce morceau-ci.

On voit évidemment que toute cette partie antérieure de la série des dents est extrêmement semblable à la même partie de l'*anoplotherium*.

Un morceau de la même espèce, de la collection de mon savant ami M. Alexandre Brongniard, *pl. XIII*, *fig. 4*, m'a été bien précieux en ce qu'il m'a donné précisément la dent qui manquoit dans le mien, celle qui précède l'antépénultième. Elle y est à trois pointe comme dans l'*anoplotherium* ordinaire, ce qui confirme bien l'affinité de cette petite espèce.

Il faut qu'elle soit bien rare dans nos carrières, car je n'en ai vu qu'un troisième morceau représenté, *pl. VIII*, *fig. 3*. Il contient trois molaires en partie mutilées, et ne m'a rien appris. Ses proportions sont un peu plus grandes que celles des deux autres. (2)

---

(1) Depuis que ce morceau est gravé, il a perdu la première de ces trois molaires.

(2) Pendant l'impression de ce mémoire, j'en ai reçu un quatrième qui contient les six dernières molaires bien entières. Il confirme ce que les premiers m'avoient appris. On le voit, *pl. XIII*, *fig.* 4. Il est probable, à en juger par la grandeur, que la base de crâne très-incomplette, représentée *pl. XI*, *fig.* 5, vient aussi de la même espèce.

Cette espèce devoit être de très-peu plus grande qu'un lièvre; je ne crois pas pouvoir me tromper beaucoup en la rangeant dans les *anoplotherium*. Je lui donne le nom spécifique de *minus*.

Je possède deux fragmens de mâchoire inférieure, d'une espèce plus petite et plus rare encore; l'un d'eux, *pl. VIII, fig. 6*, n'est mutilé que par devant : il contient les quatre dernières molaires. Leur forme est la même que dans l'espèce précédente; mais les pointes de ses dents sont mieux conservées, apparemment parce qu'il vivoit d'alimens moins propres à les user. La configuration de sa branche montante est toute différente, ce qui achève de constater la distinction de l'espèce. La grandeur est d'ailleurs moitié moindre. Mon second fragment, *pl. VIII, fig. 7*, ne contient que trois molaires : dans l'un et dans l'autre les pointes disposées par paires sont un peu comprimées latéralement. C'est un premier rapport qui tend à râpprocher cette espèce de l'ordre des ruminans. N'ayant pas vu ses incisives, ni même aucune de ses dents antérieures, il m'est impossible de décider si c'est vraiment un *anoplotherium*; dans ce cas nous pourrions l'appeler *minimum* : sa taille devoit être un peu moindre que celle d'un lapin.

Voilà donc dans nos carrieres les dents et les mâchoires d'aumoins six espèces de quadrupèdes pachydermes, dont aucune n'a été vue vivante aujourd'hui sur la terre; mais on y trouve encore celles de quelques animaux d'un autre ordre, et il est nécessaire que nous les indiquions ici, pour éviter toute méprise dans les recherches que nous aurons ensuite à faire sur les pieds.

Article III.

Des portions de tête de nos carrières qui indiquent des animaux non pachydermes.

§ I.er *Mâchoire inférieure de carnassier.*

Fatigué en quelque sorte par cette longue suite d'animaux dont je ne connoissois pas un, je me sentis l'imagination soulagée. lorsque je vis arriver des carrières une mâchoire que je crus reconnoître pour celle d'un chien ou d'un renard; elle est représentée, *pl. XII, fig. 12.*

L'apophyse condyloïde *a* très-élevée, le bord postérieur *b* échancré en arc de cercle sous le condyle *c*, l'angle postérieur *d* en forme de crochet, la molaire tranchante, triangulaire et dentelée, ne me laissoient aucun doute sur la classe; c'étoit bien sûrement un carnassier. Entre cette molaire et la canine *i*, étoient les alvéoles des racines de deux autres molaires *f* et *g*; et la place d'une troisième *h*: derrière elle en *k* étoit le fragment d'une autre plus grande, et assez de place vers *l* pour en loger deux. Je concluois de-là que cette mâchoire étoit du genre *canis*; le genre *felis* n'a que trois ou quatre molaires au plus; dans les ours proprement dits, il n'y en a aussi que quatre grandes dont aucune n'est tranchante.

Il y a d'autres différences qu'il est inutile que j'explique ici, pour les *ratons*, les *coatis*, les *civettes*, etc.; en un mot, de tous les carnassiers, il n'y a que le genre *canis* auquel on puisse rapporter cette mâchoire. Mais quelle fut ma surprise, lorsque la comparant avec les différentes espèces de canis, je n'en trouvai pas une qui lui convînt entièrement.

Le loup, le renard, toutes les variétés de nos chiens domestiques, le renard de Virginie, le chacal, examinés avec la plus scrupuleuse attention, se ressemblent parfaitement entre eux par des points dans lesquels ils diffèrent tous également de notre carnassier actuel.

Mais on est très-embarrassé de faire saisir des différences qui, faciles à voir pour l'œil habitué, sont très-difficiles à rendre à l'esprit par des paroles. Essayons cependant de nous faire entendre.

La dent *e* est évidemment la quatrieme molaire de ce côté; comparée pour la grandeur avec la pareille des autres espèces, on trouve que c'est du renard qu'elle approche le plus. La distance des deux trous sous-mentonniers, et celle entre la dent *e*, et la base *j* de la portion extérieure de la canine *i*, donnent à-peu-près le même résultat. Maintenant si l'on prend la hauteur *e o*, de la branche à cet endroit, on trouve que le renard a un sixième de moins. Si l'on suit le bord inférieur en arrière, on trouve qu'il est presque droit dans notre animal, et que dans le renard il remonte de maniere que l'angle *d* se porte en δ.

L'apophyse coronoïde est bien plus différente encore; elle est beaucoup plus courte et plus étroite dans le renard que dans notre animal. La ligne $\delta\pi$, par exemple, dans le renard ne fait pas tout-à-fait les 3 quarts de la ligne *d p* qui lui correspond dans notre animal. La ligne $\delta\,\alpha$, est encore un peu plus petite par rapport à la ligne *d a*.

Ainsi non-seulement la mâchoire du renard, à longueur à-peu-près égale, a certaines de ses dimensions moins grandes que la mâchoire fossile; mais ces dimensions ne diminuent pas uniformément, puisque vers *e o*, c'est d'un sixième, et vers *d a* et *d p*, c'est de plus d'un quart que les lignes du renard sont au-dessous de leurs correspondantes dans notre animal.

Ceci répond d'avance à l'objection qu'on pourroit nous faire, que nous ne pouvons avoir bien juste la longueur *d q* de notre mâchoire fossile, à cause de la cassure *r s* de la pierre. On voit que nous nous sommes abstenu d'employer cette longueur dans nos comparaisons.

Quelque mâchoire du genre canis que nous examinions, nous y trouvons les mêmes différences dans le contour, et les proportions de la partie postérieure : les variétés des chiens domestiques, le mâtin, par exemple, et le doguin ne diffèrent pas autant l'une de l'autre à cet égard, que cet animal ne diffère des canis que nous lui avons comparés. Il est donc très-probable que ce carnassier étoit comme les herbivores, d'une espèce inconnue aujourd'hui.

Nous croirions même pouvoir dire que cela est certain, si nous avions le squelette de quelques espèces telles que l'*isatis*, le *chacal du Cap*; mais quoique nous soyons bien persuadés d'avance que les mâchoires de ces espèces ressemblent à celles des autres, nous ne prononcerons point ici, afin de ne rien laisser de douteux dans notre travail.

§ II. *Portions de têtes de tortues et d'autres reptiles.*

Je n'en parle ici qu'en passant, et pour empêcher, lorsque nous trouverons des os d'autres parties du corps, que nous n'oublions de chercher s'ils ne peuvent pas aussi venir de quelques reptiles.

M. Faujas a déjà indiqué quelques ossemens de tortues dans les annales du Muséum d'histoire naturelle; j'en ai moi-même plusieurs; j'ai encore une portion de tête qui ne peut provenir que d'une espèce de lézard voisine du crocodile.

Ce n'est pas ici le lieu de déterminer précisément les espèces d'où proviennent ces débris; il suffit d'en avoir rappelé l'existence.

On sait encore qu'on trouve par-ci par-là, dans nos carrières, des ossemens d'oiseaux; j'en ai déterminé la nature, à ce que je crois, le premier avec rigueur; plusieurs naturalistes ont ajouté depuis, de nouveaux faits aux miens.

Je reviendrai ailleurs sur ces divers débris étrangers à la classe des quadrupèdes qui doit seule m'occuper en ce moment.

Article IV.

Réflexions générales.

On peut s'étonner que dans une contrée aussi étendue que celle qu'occupent nos carrières, et qui a plus de vingt lieues de l'est à l'ouest, on n'ait presque trouvé que des os d'animaux d'une seule famille, et que le petit nombre d'espèces étrangères à cette famille principale, y soient d'une rareté extrême.

On ne sauroit guère douter que la proportion dans le nombre des os de chaque espèce ne soit à-peu-près relative à l'abondance de l'espèce même lorsque les animaux vivoient; car on ne conçoit guère une cause destructive qui ait pu frapper, ou entraîner, ou enfin incruster dans le gypse, les os de certaines espèces, de préférence à ceux des autres.

Or il est certain que dans l'état actuel du globe, les pays qui font partie des deux grands continens, par exemple, les différentes contrées de l'Europe ou de l'Amérique, sont habitées par des animaux à peu-près de toutes les familles, chacune selon sa latitude et la qualité de son sol.

Mais il n'en est pas de même des grandes îles, et la Nouvelle-Hollande, en particulier, peut nous éclairer par son état actuel, sur l'état où devoit être le pays qu'habitoient les animaux de nos carrières.

Les cinq sixièmes des quadrupèdes de la Nouvelle-Hollande appartiennent à une seule et même famille, celles des animaux à bourse; les dasyures, les phalangers, les petaurus, les péramèles, les kanguroos et les phascolomes, forment six genres très-voisins les uns des autres, et qui n'ont d'analogue dans le reste du monde, que les seuls didelphes de la partie chaude de l'Amérique. On pourroit même y ajouter les *ornithorhynques* et les *échidnés* qui tiennent aussi de très-près aux animaux à bourse.

Le nombre des espèces comprises dans ces huit genres, va aujourd'hui, d'après les nouvelles découvertes du capitaine Baudin, à plus de quarante; et on n'a trouvé encore dans ce même pays que huit ou dix espèces qui soient étrangères à cette famille des animaux à bourse, savoir; un chien sauvage, deux rats et quelques chauve-souris.

Voilà donc une région considérable, mais isolée, qui offre encore de nos jours, dans la proportion des familles des quadrupèdes qui l'habitent, quelque chose de très-semblable à ce qui existoit autrefois dans le pays des animaux de nos carrières.

On trouve parmi ceux-ci huit pachydermes contre un seul carnassier.

Nous verrons par la suite combien cette ressemblance peut devenir importante, lorsque nous voudrons établir quelques conjectures sur l'état de la surface du globe, à l'époque où vivoient les espèces décrites jusqu'ici.

Os fossiles de paris. Pl. VIII.

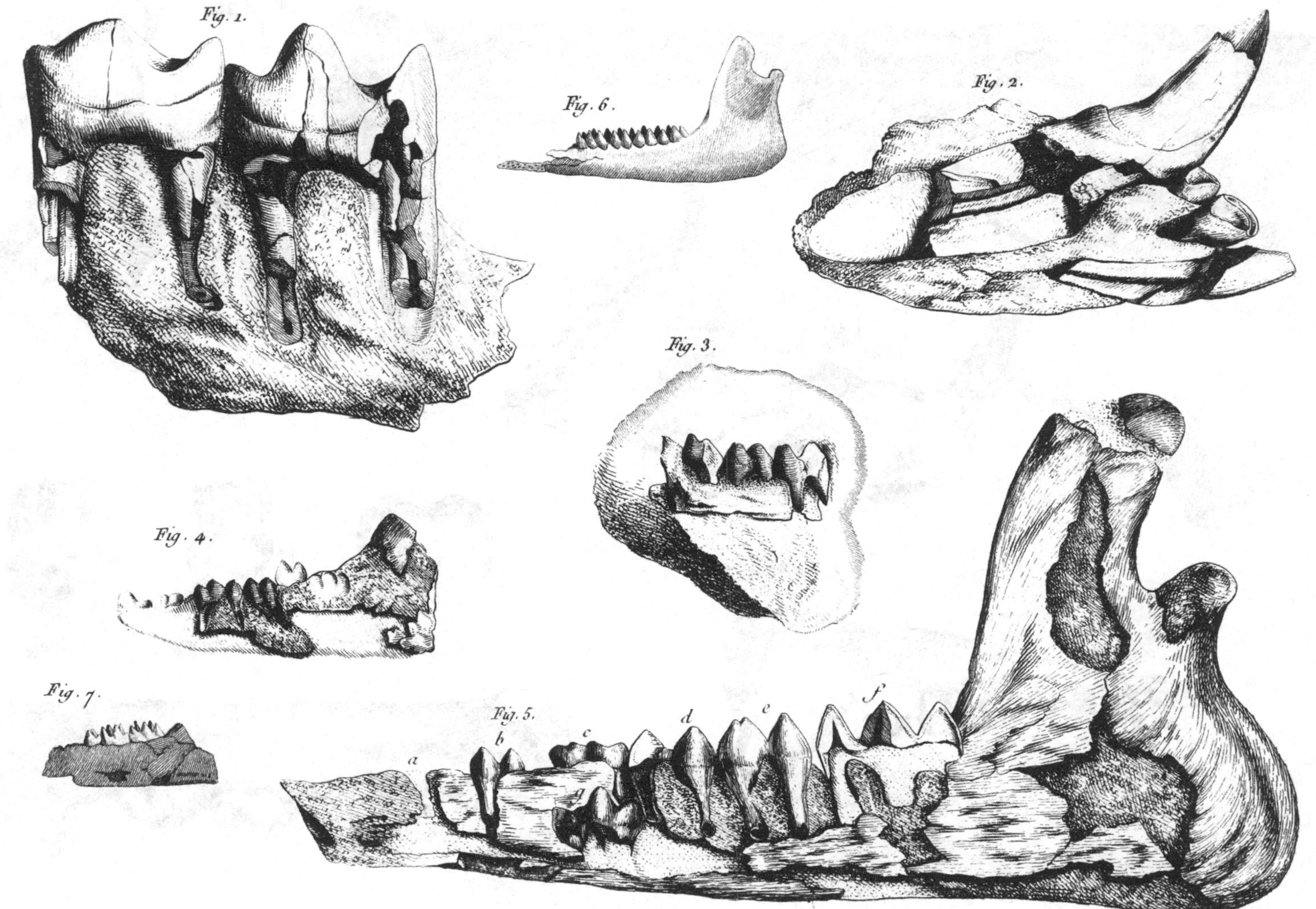

Cuvier del.

Gravé par Cuvier et T. Droüet.

Os fossiles de paris. Pl. IX.

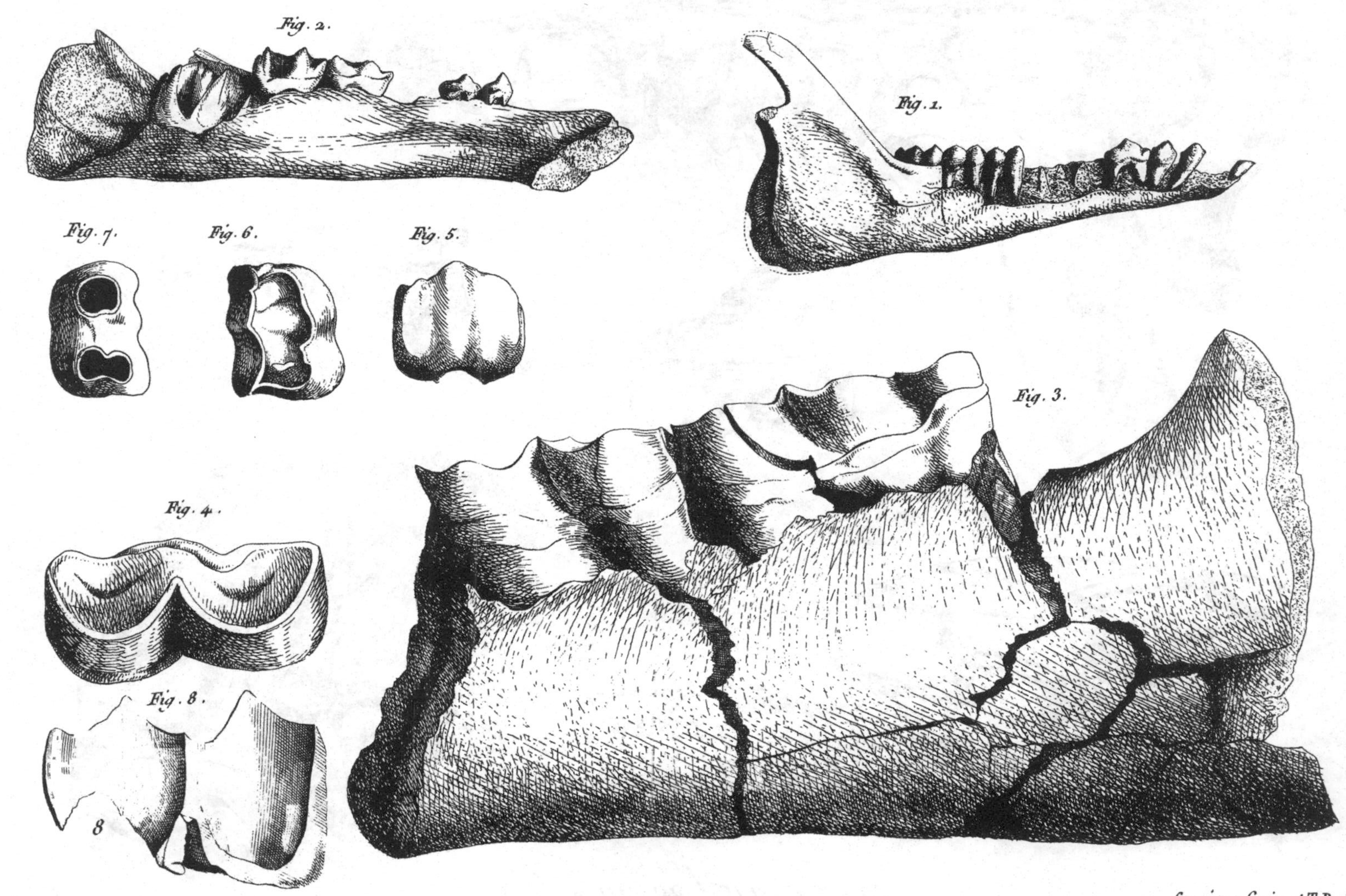

Cuvier del.

Gravé par Cuvier et T. Droüet

Os Fossiles de Paris. espèces. Pl. X

Fig. 2.

d c b a

Fig. 3.

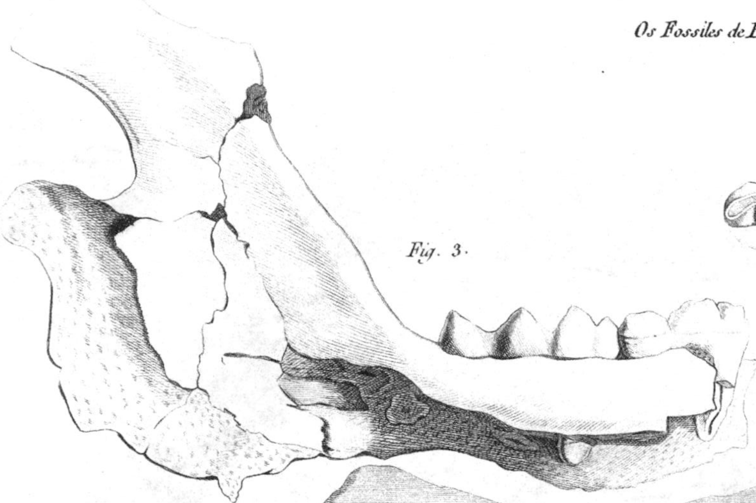

Fig. 1.

a b c d e

Fig. 1.

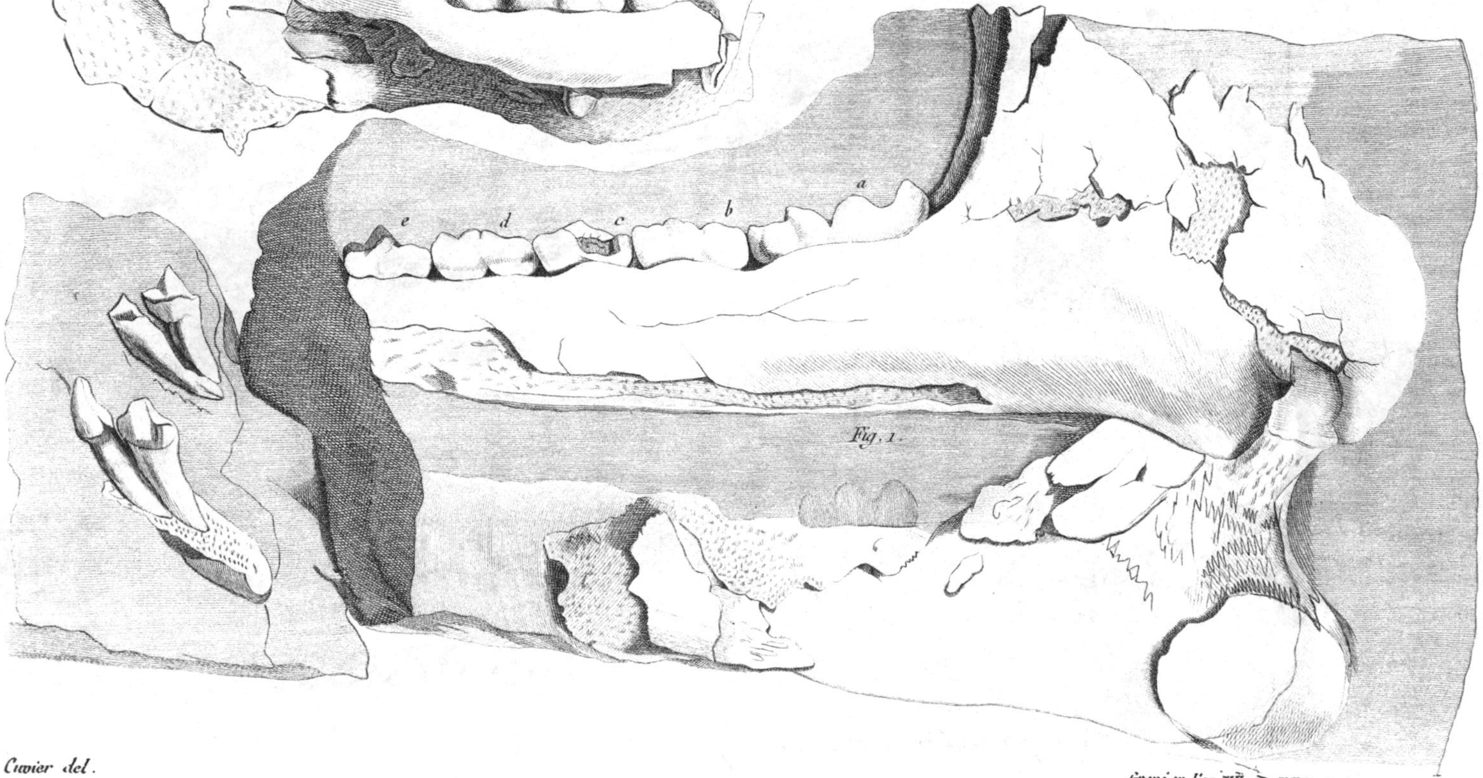

Cuvier del.

Gravé en l'an XII. par P. T. Droüet Rue des Postes N°

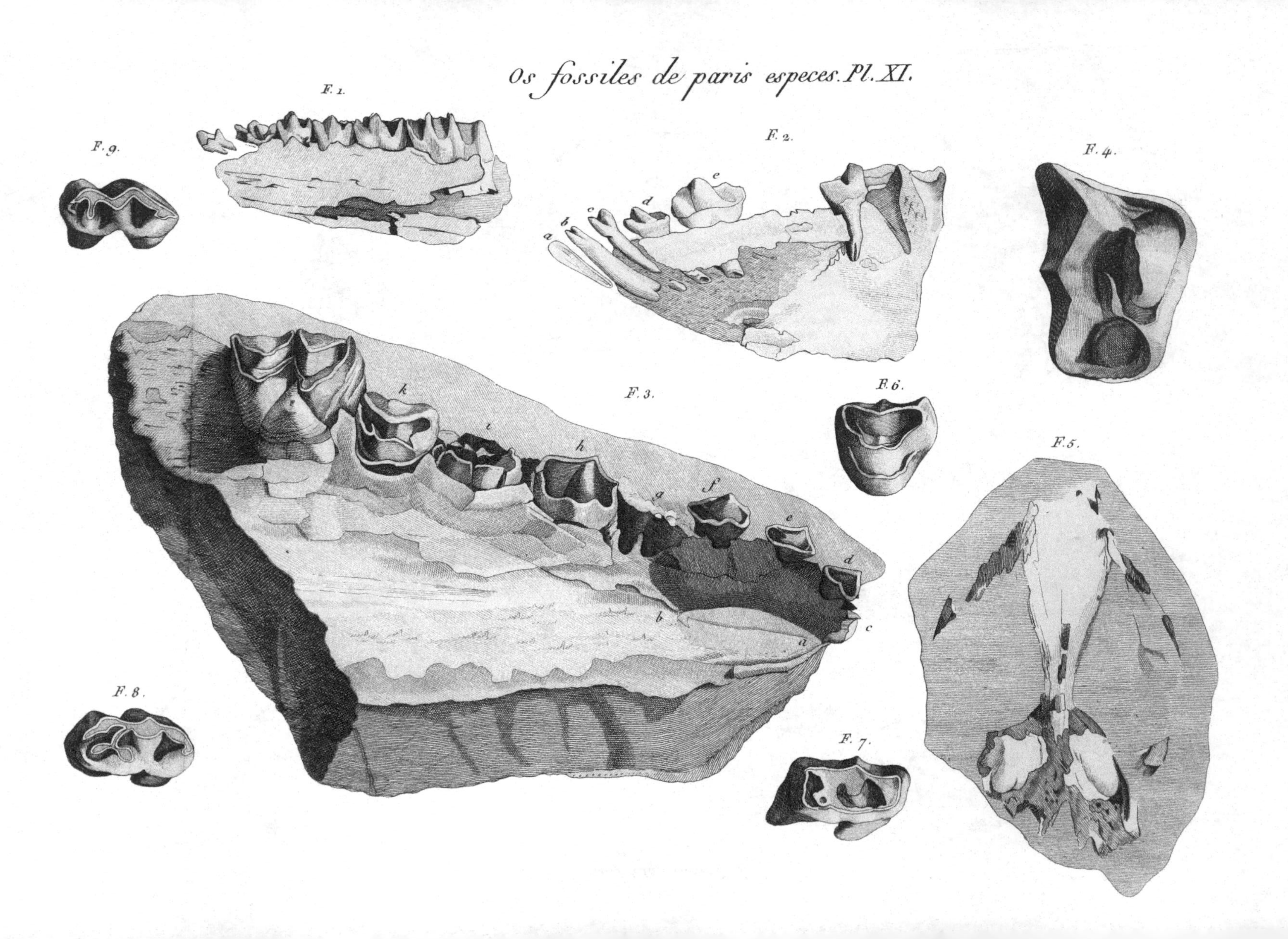
Os fossiles de paris especes. Pl. XI.
F. 1.
F. 2.
a
b
c
d
e
F. 3.
k
i
h
g
f
e
d
c
b
a
F. 4.
F. 5.
F. 6.
F. 7.
F. 8.
F. 9.

4 3 2 1

9 8 7 6 5

u a s α t h g f e k l p π c e b δ q n m o d r

12 10

Cuvier, et Devilliers, del.

T.T. Drouet Sculp.

Fig. 4.

Fig. 1.

l k i

γ α β δ α γ β δ

Fig. 3.

α δ a γ β b c d e f g h i k l

Fig. 2.

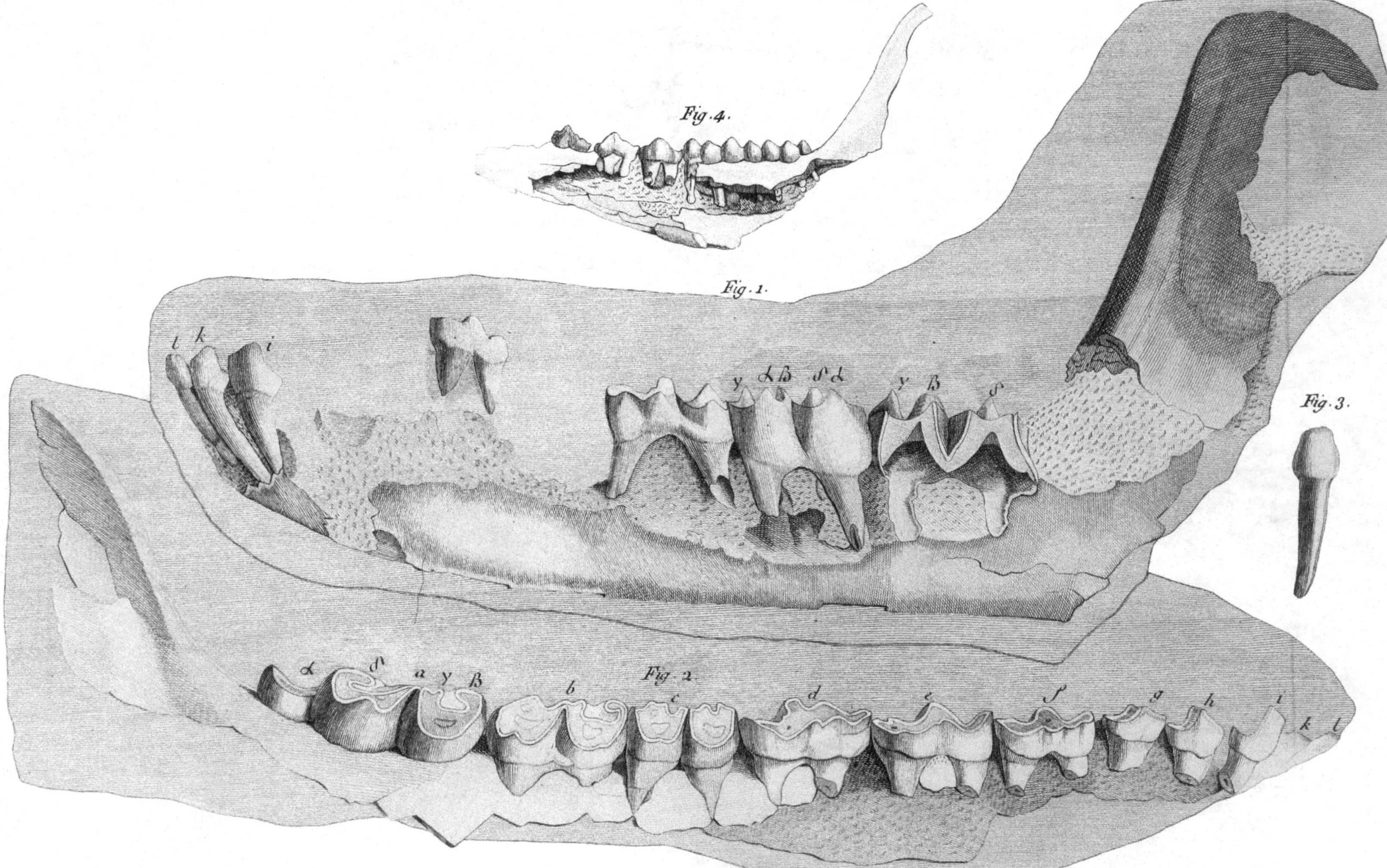

TROISIÈME MÉMOIRE.

Restitution des pieds.

PREMIÈRE SECTION.

Restitution des différens pieds de derrière.

ARTICLE PREMIER.

Du pied de derrière le plus grand.

JE traite d'abord des pieds de derrière, parce que j'ai mieux réussi dans leur restitution que dans celle des pieds de devant. Cela vient , d'une part, de ce que le hasard m'en a procuré davantage de la première espèce que de la seconde; et, d'autre part, de ce que les articulations des os du tarse sont plus faciles à déterminer, et leurs formes plus faciles à reconnoître que celles des os du carpe.

Ainsi, quoique je n'aye jamais trouvé tous les os du tarse de la grande espèce de mes animaux, réunis dans le même morceau, j'ai cependant tellement réussi à les rapprocher, que je crois connoître la forme de son pied de derrière, aussi bien que celle de quelque espèce vivante que ce soit.

Voici comment je m'y suis pris pour cela.

Parmi les os que les ouvriers trouvent journellement, il y en a beaucoup du tarse et du carpe, entièrement conservés; comme toutes leurs dimensions sont à-peu-près égales, ils sont plus solides que les autres; on ne trouve pas un fémur ni un humérus entier, mais les calcanéums, les astragales, etc. sont très-communs.

J'ai donc réuni tous les grands astragales que j'ai pu me procurer, tous les grands calcanéums, tous les scaphoïdes, en un mot, tous les os du tarse de grande dimension; je les ai comparés exactement les uns aux autres, chacun dans sa sorte, par la forme et par les facettes articulaires; quand j'ai vu que tous ces calcanéums se ressembloient entre eux, qu'il en étoit de même de tous les astragales, etc. j'ai choisi dans chaque sorte un os, de manière à le faire à-peu-près correspondre par la grandeur à celui de l'autre sorte que je voulois lui associer; j'ai vu si leurs facettes articulaires se correspondoient exactement; lorsque cela a eu lieu pour les deux premiers os, je leur en ai cherché un troisième qui s'arrangeât encore avec eux, et en continuant de cette manière, j'ai refait tout le tarse.

J'ai vu alors combien il me présentoit de facettes pour des os du métatarse, et j'ai jugé par-là du nombre des doigts complets.

Comme j'avois aussi beaucoup d'os du métatarse et de phalanges, je les ai ajustés également chacun dans son articulation, et j'ai eu tout le pied.

D'ailleurs, chacun de ces os pris à part, et indépendamment de sa connexion avec les autres, porte l'empreinte de sa classe et de son genre, et l'anatomiste pourroit juger l'une et l'autre sans avoir besoin du pied entier.

Le premier qui se présente à l'examen est le calcanéum. Celui du côté droit est représenté aux deux tiers de sa grandeur, Pl. I, fig. 1: on y voit d'abord une facette plane à-peu-près ronde, *a*, qui le coupe presque verticalement aux deux tiers de sa lougueur, et qui est destinée à servir d'appui principal à l'astragale.

C'est déjà un point qui n'est commun qu'à notre animal et aux ruminans. Tous les autres quadrupèdes ont deux facettes principales pour porter l'astragale. Dans l'homme, l'externe est plus haute, convexe, plus grande, l'interne est concave, plus petite, et en a souvent une troisième au-dessous d'elle. Dans les carnassiers l'externe, est aussi convexe et l'interne concave, mais elles ne diffèrent point de grandeur; il n'y en a point de troisième.

Dans les pachydermes, les choses varient.

Dans les solipèdes, l'externe est plus haute et forme deux plans; le calcanéum fait, à son côté externe, une avance qui porte deux petites facettes surnuméraires.

Dans les ruminans, les deux facettes principales sont réunies en une seule. L'avance du côté externe du calcanéum a à son bord inférieur une longue facette accessoire, mais ce qui distingue sur-tout cette classe, c'est que le dessus de cette avance est fait en poulie, et sert au mouvement du petit osselet que l'on nomme vulgairement *péronien*, mais qui me paroît être plutôt une portion détachée de la tête inférieure du tibia. Cela pourroit se prouver par l'exemple du cochon qui a cet osselet comme les ruminans, quoique son péroné soit d'ailleurs bien complet; il a aussi cette avance du calcanéum, mais elle y est un peu moins considérable. Sa facette principale est encore unique et arrondie comme dans les ruminans.

Notre animal a cette même avance du calcanéum; elle est de même disposée en poulie à sa partie supérieure *b*, et a aussi une facette longue et étroite à son bord inférieur *c*.

Voilà donc trois rapports marqués avec les ruminans et avec le cochon, mais il y a une différence essentielle.

La facette principale *a* se continue un peu au-dessous de son bord inférieur *d*, parce qu'elle reçoit là une petite saillie de l'astragale. Cette saillie qui doit donner plus de fermeté à l'assemblage du tarse lors de l'extension, manque dans les ruminans, ainsi que le petit rebord de la facette.

L'astragale, outre la petite saillie dont je viens de parler, qui est située sous le bord inférieur de sa facette postérieure ou calcanéum, laquelle saillie donne de la fermeté à l'extension, a à sa face externe, un crochet qui entre dans une échancrure située à la base interne et supérieure de l'apophyse péronienne du calcanéum, et qui doit puissamment contribuer à raffermir le tarse, lors de la flexion. Les ruminans l'ont moins marquée.

Les solipèdes ne l'ont pas du tout et n'en ont pas besoin, vu que la partie externe de leur calcanéum ne s'élève pas vers le péroné.

La partie inférieure de notre astragale a une ressemblance bien marquée avec celui des ruminans, elle est en forme de poulie et divisée par une arête en deux parties ; une grande concave pour le scaphoïde *a*, Pl. I, fig. 2, et une plus petite pour le cuboïde *b* ib.

Cela n'a lieu ni dans l'homme ni dans les carnassiers. Le cuboïde ne s'y articule qu'avec le calcanéum. Dans le cheval, il n'y a pour le cuboïde qu'une petite facette rhomboïdale; et pour le scaphoïde une grande, plane, en forme de fer à cheval.

Le rhinocéros, le cochon et le tapir, sur-tout les deux premiers, participent, avec notre animal et avec les ruminans, à cette disposition.

La facette cuboïdienne du calcanéum avance un peu plus que celle de l'astragale.

La partie du cuboïde qui répond à l'astragale *a*, Pl. I, fig. 3, doit donc être un peu saillante, et celle qui répond au calcanéum *b*, un peu creuse. Il y a à la facette du bord inférieur de la face interne de l'avance du calcanéum, une partie triangulaire *e*, fig. 1, qui répond à cette partie saillante du cuboïde. Il résulte de-là que la face antérieure du cuboïde *cc*, Pl. I, fig. 3, ressemble à une L ou à une équerre.

Le cochon est le seul pachyderme où l'on retrouve cette forme ; elle est aussi dans le chameau, le seul de tous les ruminans où le cuboïde soit distinct du scaphoïde. Dans tous les ruminans ordinaires, ces deux os sont confondus en un seul; mais on y voit à l'endroit qui répond au cuboïde, une échancrure qui, si cet os étoit distinct, le rendroit assez semblable à celui de notre animal, du chameau et du cochon.

Le cuboïde a deux facettes pour son union avec le scaphoïde. L'antérieure se prolonge un peu plus bas que ce dernier os, et sert à articuler le cuboïde avec le grand cunéiforme.

Tout cela se retrouve dans le chameau, le cochon, le tapir, excepté que dans ceux-ci la partie du cuboïde qui dépasse le scaphoïde en en bas, est plus longue, ce qui fait que le cunéiforme est plus épais.

La facette astragalienne du scaphoïde n'a rien de particulier; elle est la contre-épreuve de la facette scaphoïdienne de l'astragale. Le cuboïde et le scaphoïde sont terminés l'un et l'autre en arrière par une tubérosité.

Le cuboïde, Pl. I, fig. 3 et 4, a à sa face inférieure une facette articulaire à-peu-près arrondie *a*, fig. 4. Le scaphoïde *ib.*, fig. 5 et 6, en a une *a*, fig. 6, qui reçoit un cunéiforme mince, lequel reproduit à son tour une pareille facette qui se trouve alors au niveau de celle du cuboïde.

Mais le scaphoïde a de plus une autre facette, *ib. b*, beaucoup plus petite, en arrière de la grande. Elle devoit porter un petit cunéiforme que je n'ai pas retrouvé dans les morceaux qui m'ont passé sous les yeux.

Ainsi le tarse de notre animal offre à son métatarse trois facettes articulaires, deux grandes et une petite.

Le nombre des facettes n'indique pas absolument le nombre des os du métatarse. Les ruminans, par exemple, ont trois facettes, et ne portent qu'un seul os. Nous pouvons cependant déjà juger qu'il n'y a pas plus de deux os ni de deux doigts parfaits, parce que dans tous ces pachydermes et autres quadrupèdes à sabots, il y a au moins une facette de plus qu'il n'y a de doigts parfaits, et cette facette porte un os surnuméraire, vestige de l'un des doigts qui manquent.

Ainsi le rhinocéros et le tapir, qui ont chacun trois doigts, ont quatre facettes, etc.

Mais ce qu'on ne pouvoit prévoir, c'est que notre animal, avec ses deux doigts parfaits, a encore deux os du métatarse, distincts et séparés pendant toute la vie.

Ce point est déjà prouvé par l'inspection de ces os eux-mêmes, considérés isolément. La face articulaire de chacun d'eux ne correspond, par sa grandeur, qu'à l'une des deux grandes facettes que présente le tarse; eux-mêmes ont, du côté par lequel ils se regardent, chacun deux facettes pour leur articulation réciproque, lesquelles se correspondent exactement.

L'un des deux, celui qui s'articule avec le cuboïde, n'a aucune facette à son côté externe, ce qui prouve qu'il n'y avoit point d'autre os métatarsien de ce côté-là.

L'autre, c'est-à-dire celui qui s'articule au scaphoïde par l'intermède de l'os cunéiforme, a à son côté interne une facette triangulaire qui fait suite au bord inférieur d'une aussi petite de la face interne du cunéiforme, et toutes deux ensemble devoient donner appui à l'os surnuméraire que portoit la seconde ou petite facette du scaphoïde.

Ainsi, l'inspection des os métatarsiens de cette espèce, vus isolément, annonce qu'il y en avoit deux, et seulement deux, dans le pied.

Voyez ces os; savoir celui qui s'articule avec le cunéiforme, Pl. I, fig. 7, et celui qui tient au cuboïde, *ib.* fig. 9; et les facettes α, β, γ, δ, par lesquelles ils se correspondent. Ces deux os n'étant pas d'un même pied, ne sont pas de même grandeur. Leurs figures, ainsi que toutes celles des os du tarse de cette espèce, sont plus petites d'un tiers que la nature.

Tous les morceaux où ces os se trouvent réunis, confirment ce que leur structure annonçoit.

On en voit un, Pl. II, il est composé de deux pièces qui se recouvroient. L'une, fig. 1, a passé dans la collection de M. Lecamus; l'autre, fig. 2, dans celle de M. Alexandre Brongniart, mais on ne peut en méconnoître la correspondance.

Elles montrent le pied composé, comme je l'avois deviné, d'après la forme de ses os. Il n'y a aucun vestige de troisième doigt; les deux os du métatarse y sont.

J'ai un autre morceau qui contient un calcanéum, un os du métatarse, et les phalanges de deux doigts.

J'en ai un troisième où les deux os du métatarse sont dans leur situation naturelle.

Nous verrons d'ailleurs bientôt le pied entier d'une espèce voisine, qui a aussi ces deux os avec deux doigts seulement. Ainsi la composition représentée, Pl. I, fig. 12, est suffisamment justifiée, quoiqu'elle ne soit qu'un résultat de comparaisons.

Or, tous les naturalistes savent que cette composition de pied est absolument inconnue parmi les animaux vivans; les ruminans seuls ont deux doigts aux pieds de derrière, car le paresseux didactyle et le fourmilier didactyle, les seuls quadrupèdes onguiculés qui n'ayent que deux doigts aux pieds de devant, en ont, le premier trois, le second cinq à ceux de derrière; et tous les ruminans, même le chameau, qui d'ailleurs ressemble à notre animal par la séparation du scaphoïde et du cuboïde, ont leurs os du métatarse soudés dans toute leur longueur, en une seule pièce que les anatomistes nomment l'*os du canon*, et qui ne décèle son origine double, que parce qu'il se bifurque vers le bas pour fournir une poulie articulaire à chacun des deux doigts.

Ainsi ce premier pied de derrière que je viens de refaire, indiqueroit à lui seul, et quand même nous ne saurions encore rien sur les têtes, qu'il a existé parmi les animaux qui ont fourni les ossemens de nos carrières, une espèce absolument inconnue aujourd'hui.

Il n'est pas difficile de voir encore, par la seule inspection de ce pied de derrière, que cette espèce tenoit, par rapport à cette partie, d'une part aux pachydermes, de l'autre aux ruminans, auxquels elle se lioit par l'intermédiaire du chameau.

C'est ici le lieu de remarquer que le chameau n'appartient pas aussi complétement à la classe des ruminans ou pieds fourchus, que les autres genres que l'on a coutume d'y ranger.

D'abord son pied n'est point entièrement fourchu; les deux doigts sont réunis en-dessous par une semelle commune; il n'a point des sabots complets, mais seulement des espèces d'ongles attachés, comme ceux de l'éléphant, devant le bout de chaque doigt; sa dernière phalange n'a rien de la forme propre aux ruminans, qui consiste à être plus haute que large, plane au côté interne, bombée à l'externe, etc. Elle est très-petite, et de la forme de celle des pachydermes. Enfin, quoique ses molaires soient tout-à-fait de ruminans, il se distingue éminemment de toute cette classe par les deux dents pointues qu'il a implantées dans l'os incisif.

Ces observations ne sont pas hors de notre sujet; nous aurons encore d'autres occasions de remarquer des rapports entre nos animaux des carrières, et le chameau.

Ils en ont un très-prononcé, par exemple, dans la forme des phalanges. Les dernières sont aussi très-petites et symétriques; les premières s'articulent avec les os du métatarse par une espèce d'arthrodie, et non comme dans le boeuf par un gynglyme compliqué qui ne permet aucun écartement aux doigts. (Voyez, Pl. I, fig. 7, *a b c.*)

Il y a assez communément des os sésamoïdes, épars dans les divers morceaux où se trouvent des doigts, mais il seroit assez difficile de juger leur position autrement que par analogie.

Le calcanéum de ce grand pied, a 0,10 de longueur, à

peu-près comme dans un petit cheval ou un grand âne; la partie externe du scaphoïde 0,02; les os du métatarse, 0,11 à 0,12. La première phalange, 0,035; la seconde, 0,02; la troisième, 0,03. C'est pour le pied entier, à compter du talon, et en ajoutant quelque chose pour les cartilages, environ 0,33 ou un pied. C'est beaucoup moins long à proportion que dans les chevaux et les bœufs; et cependant les os du coude-pied approchoient de ceux de ces animaux. Cette différence tient à ce que les os du métatarse et les phalanges sont gros et courts, et nous pouvons déjà conclure de-là que l'animal que ces os soutenoient, avoit une grosseur considérable à proportion de sa hauteur.

Nous verrons ailleurs que les os de la jambe et de la cuisse confirment cette proportion présumée.

ARTICLE II.

D'un autre pied à deux doigts et à deux os distincts au métatarse, mais plus petit, et sur-tout plus grèle que le précédent.

Cette composition de pied de derrière que je viens de retrouver par une sorte de calcul ou de combinaison, peut encore laisser quelque doute dans l'esprit du naturaliste trop habitué aux idées que lui donne la nature actuelle, et qui ne se porte qu'en hésitant vers cette nature d'autrefois, dont il ne lui reste que ces vestiges déjà demi-décomposés.

Voici un autre pied sur la composition duquel il n'y a rien d'équivoque; mon imagination ni ma main n'y sont entrées pour rien. Je l'ai trouvé dans la pierre tel qu'il y est encore, et dans son état complet. Il est cependant formé absolument des mêmes pièces que le précédent, quoique dans d'autres proportions, et il achève de prouver l'ancienne existence d'un type générique inconnu aujourd'hui.

Ce précieux morceau représenté Pl. III, fig. 1, appartient au Muséum national d'histoire naturelle; il y étoit, depuis long-tems, dans les magasins, sans qu'on en connût l'importance, qui ne s'est découverte que lorsqu'on a creusé la pierre qui le contenoit.

On y voit un pied gauche presque entier et une grande partie du droit. Le calcanéum *a*, et la poulie tibiale de l'astragale *b* ont été brisés, mais on voit très-bien sa poulie tarsienne, *c c*, divisée en deux gorges, comme dans l'espèce précédente ; l'une pour le scaphoïde, l'autre pour le cuboïde. Celui-ci *d*, a sa face antérieure également en équerre. A la suite du scaphoïde *e* vient un cunéiforme *f* plus épais, à proportion que dans l'autre espèce ; et enfin deux os du métatarse *g h*, distincts, singulièrement grèles et alongés. Les premières phalanges *i k* s'articulent sur eux comme dans la grande espèce. Elles participent à la forme grèle des os du métatarse. Les dernières *l m*, sont presque semblables à celles des petits ruminans, par leur forme comprimée. Le pied droit, tout mutilé qu'il est, nous est cependant utile, en nous montrant le petit cunéiforme et l'osselet surnuméraire *o* qui s'y rattache, deux circonstances que nous n'avions pu observer dans la grande espèce, mais que l'analogie nous y avoit fait présumer d'avance, et qu'elle nous confirme par la structure de cette espèce-ci.

Ce même pied droit nous montre la face externe du scaphoïde *p*, que nous n'avions pas vue en *e*. La fig. 4 nous fait voir sa face inférieure avec les deux facettes *q r*, pour le grand et le petit cunéiformes.

Voilà donc encore bien certainement, et même plus certainement, s'il est possible, que dans l'espèce précédente *un pied fourchu à deux os dans le métatarse*, c'est-à-dire un pied tel qu'aucun animal aujourd'hui connu ne nous en offre.

La longueur de ce pied, à compter du bas de l'astragale, est de 0,2; sa largeur, en comprenant les deux os, de 0,013. Les os du métatarse en particulier, ont 0,13.

C'est la longueur du pied d'un mouton de moyenne taille; et comme l'identité de composition ne laisse aucun doute que l'animal à qui ce pied a appartenu, ne fût du même genre que le précédent; il en faudra conclure que cette petite espèce étoit d'une stature beaucoup plus élancée et plus légère que la grande. Cette différence entre deux espèces d'un même genre ne doit pas surprendre; nous en avons un autre exemple dans un genre voisin, celui des cochons. Le *Babiroussa* ou *cochon-cerf des Indes*, comparé au *sanglier d'Ethiopie*, ne fait pas un contraste moins marqué.

Outre ce beau morceau, j'ai encore un astragale presque entier de la même espèce, fig. 3; et trois os du métatarse isolés, semblables à ceux que je viens de décrire.

Article III.

Indice d'un pied semblable aux deux précédens, mais de moitié plus petit que le dernier.

Le pied ne m'est indiqué que par son seul astragale; je

n'en ai point eu d'autre morceau. Mais cet astragale, Pl. III, fig. 7, est si semblable à ceux des deux pieds précédens, que je ne doute pas qu'il ne portât également deux doigts parfaits en tout.

Nous ne pouvons juger de la grandeur de ce pied par son seul astragale, puisque la proportion des os du métatarse est si variable; mais il n'est pas impossible de juger du volume du corps, sauf à ne rien fixer sur la forme et la légèreté des jambes.

Article IV.

D'un pied de moyenne grandeur, ayant trois os au métatarse, et un os surnuméraire.

Je n'entrerai encore pour rien dans la composition de ce pied-ci; je l'ai trouvé tout entier, ou du moins ses parties caractéristiques, enfermé dans une même pierre.

Ces parties sont représentées ensemble, Pl. IV, fig. 1 et 2. L'astragale et le calcanéum, vus par leur face tarsienne, fig. 3, et quelques-unes des pièces séparées, fig. 6, -, 8.

Le calcanéum *A*, Pl. IV, fig. 1 et 2 et fig. 6, ressemble singulièrement à celui du tapir. Il a de même trois facettes astragaliennes; une supérieure *a*, ovale, transverse, se contournant un peu sur le dos de l'os en *b*; une interne *c*, placée sur une avance latérale du bord interne, et plus oblongue que celle du tapir; une inférieure *d*, concave dans son milieu, et touchant par son bord inférieur la facette cuboïdienne *e*.

Dans le rhinocéros, la facette *d* s'uniroit à la facette *c*. Dans le cheval, il y auroit au bord externe *f* une quatrième facette. Dans le cochon et les ruminans, il y auroit à ce bord la facette pour l'os tibial surnuméraire; ainsi nul doute sur la véritable affinité de ce calcanéum. Il est d'un quart plus petit que celui du tapir, même un peu jeune.

La facette cuboïdienne *e*, Pl. IV, est oblongue et plus large à proportion que dans le tapir.

L'astragale *B*, Pl. IV, fig. 1, 2, 3, outre ses facettes calcaniennes, en a une scaphoïdienne *g*, fig. 3, grande, rhomboïdale, peu convexe d'avant en arrière, peu concave de droite à gauche, et une cuboïdienne *h*, étroite, un peu convexe en avant, avec un petit creux en arrière *i*. Ces choses sont tout-à-fait pareilles dans le tapir et le rhinocéros. La facette cuboïdienne du cheval est beaucoup plus petite; celle du cochon et des ruminans est beaucoup plus grande, et vraiment en portion de poulie.

Le cuboïde *C*, Pl. IV, fig. 1 et 8, appuye donc sur l'astragale par une facette, sur le calcanéum par une autre; il en a à sa face interne deux pour le frottement latéral contre le scaphoïde, et un peu plus bas, deux pour celui qu'il exerce, aussi latéralement, sur le grand cunéiforme. Enfin il a une facette métatarsienne.

Le scaphoïde *D*, Pl. IV, fig. 1, 2 et fig. 7, s'applique exactement à la facette de l'astragale qui le concerne. Il a à sa face opposée trois facettes, une grande en croissant, *a*, Pl. IV, fig. 7; une moyenne *b*, et une petite *c*, l'une et l'autre ovale.

La grande et la moyenne portent chacune un cunéiforme, *E* et *F*, Pl. IV, fig. 1 et 2, et ceux-ci portent des os métatarsiens.

La petite porte un os surnuméraire *G*, Pl. IV, fig. 2, plus long que les cunéiformes, mais qui n'a point de facette à son extrémité, et qui par conséquent ne portoit aucun os du métatarse: il représentoit le pouce. Le tapir en a un pareil.

Le cuboïde devoit aussi porter un os du métatarse; il a une facette pour cela, *d*, Pl. IV, fig. 1 et 8, et le grand os du métatarse en a une *e*, Pl. IV, fig. 1, pour frotter contre celui que ce cuboïde portoit. Mais cet os ne s'est pas trouvé dans la pierre d'où j'ai tiré ce pied.

Je ne doute cependant nullement qu'il n'ait existé, parce que dans la série des pieds des animaux connus, on ne voit jamais le cuboïde perdre tous les siens, tant que le scaphoïde en garde deux, et à plus forte raison lorsqu'il en porte deux entiers et un imparfait comme cela a lieu ici. Ainsi, dans notre palæotherium magnum, et dans le minus, le cuboïde porte encore un doigt quoique le scaphoïde n'en ait conservé qu'un seul.

Il suffit de voir, Pl. IV, fig. 3, les trois facettes que le tarse présente au métatarse, pour juger que les deux os latéraux devoient être beaucoup plus petits que l'intermédiaire, et pour conclure qu'il devoit y avoir la même différence dans les doigts.

Je n'ai eu que la partie supérieure de l'os du côté interne. Il étoit un peu moins large et beaucoup plus mince que celui du milieu.

Je ne puis dire si ces os latéraux descendoient aussi bas que celui du milieu; ce qui me fait croire qu'ils étoient en général plus petits et plus fragiles, c'est que j'ai retrouvé deux ou trois fois celui du milieu isolé, et que je n'ai jamais revu les autres.

Je ne peux pas dire de ce pied-ci comme des précédens,

qu'il ne ressemble par sa composition à celui d'aucun animal connu. Il y a huit quadrupèdes qui ont trois doigts seulement au pied de derrière ; savoir, le rhinocéros, le tapir, le cabiai, l'agouti, l'acouchi, le cochon d'inde, l'unau et l'aï dont les squelettes sont bien connus, et deux dont je n'ai pas le squelette; savoir, le tapeti, et le quouiyia de d'Azzara ; mais comme ces deux derniers appartiennent l'un et l'autre au genre *cavia*, on doit présumer qu'ils ont une structure semblable à celle des autres espèces tridactyles de ce genre ; d'ailleurs le tapeti ainsi que le cochon d'inde, l'agouti et l'acouchi ne peuvent être comparés par la grandeur à l'animal dont venoit ce pied-ci : et ces trois derniers animaux, ainsi que le cabiai, ont au côté interne du pied deux os surnuméraires, dont l'un est sous le bord interne inférieur de l'astragale, et l'autre sous celui du scaphoïde du petit cunéiforme, et sous l'origine du métatarsien interne.

Deux paresseux, l'*unau* et l'*aï*, outre la différence de taille, ont leurs trois os du métatarse soudés ensemble à leur base ; deux petits os surnuméraires grèles, un de chaque côté ; et leur astragale a une forme toute particulière que je décrirai ailleurs. Le rhinocéros est infiniment plus grand que notre animal.

Il ne reste donc que le tapir sur lequel on puisse conserver des doutes. Nous avons déjà indiqué des différences sensibles de son calcanéum au nôtre; son astragale en a aussi ; il est plus large à proportion de sa longueur. La facette de son scaphoïde, qui répond au grand cunéiforme, est beaucoup moins échancrée : enfin, et ceci est capital, la facette par laquelle le scaphoïde et le cuboïde frottent l'un sur l'autre est très-grande, et occupe moitié de la face interne du dernier ; elle est très-petite dans notre animal.

Si on ajoute que le tapir est plus grand d'un tiers, on reconnoîtra que ce n'est pas de lui que venoit ce pied, et que l'animal qui l'a fourni, quoique se rapprochant un peu plus que les deux précédens des formes aujourd'hui usitées par la nature, n'en est pas moins encore inconnu des naturalistes.

Le calcanéum a de longueur . . .	0,057
Le scaphoïde de hauteur	0,01
Le grand cunéiforme.	0,01
L'os moyen du métatarse de long .	0,105
C'est pour le pied sans les phalanges	0,182

C'est à-peu-près la longueur de la même partie dans un cochon de taille ordinaire ; un cochon de Siam l'a plus petite de 2 centimètres.

ARTICLE V.

D'un pied composé comme le précédent, mais plus court et plus épais.

Je n'ai pas tiré celui-ci de la pierre ; je n'y ai vu que son empreinte et des portions des os qui le composoient, mais comme j'ai eu les pieds des deux côtés, ce qui m'a manqué dans l'un s'est en grande partie retrouvé dans l'autre, de manière qu'il n'y a non plus rien de conjectural dans sa description.

Les deux morceaux qui me l'ont fourni, appartiennent à l'Institut, et étoient depuis long-temps dans le cabinet de l'académie des sciences; c'est M. Sage qui a bien voulu me les faire remarquer avec plusieurs autres morceaux tirés des carrières de nos environs.

Ils sont dessinés à moitié de leur grandeur naturelle, Pl. V, fig. 1 et 2. Le plus entier est celui de la fig. 1 ; on y voit toute la longueur du tibia *a b*, le péronné *c d*, une portion considérable d'astragale *e f*, une partie d'empreinte du même os *g*, l'empreinte entière et quelques portions du calcanéum *h i*, un fragment du cuboïde *k*, le scaphoïde entier *l*, deux portions du grand cunéiforme *m n*, quelques parties d'un os surnuméraire *o*, deux os du métatarse, le moyen *p*, et l'externe *q* en partie cassés, et quelques portions de phalanges et d'os sésamoïdes en *r s*.

Il étoit évident que ce pied présentoit son bord externe, puisque le calcanéum et le cuboïde étoient à la surface, et que l'astragale et le scaphoïde étoient enfoncés : par la même raison, c'étoit nécessairement le pied gauche; je n'y voyois que deux doigts, et dans le désir que j'avois de trouver aussi pour le *palæotherium medium* un pied didactyle, comme j'en avois trouvé pour les deux autres espèces, j'aurois bien voulu me contenter de cette apparence, mais je fus bientôt détrompé.

Ayant vu que le scaphoïde et la portion scaphoïdienne de l'astragale étoient conservés en entier, j'en fis l'extraction. La facette de l'astragale n'étoit point en poulie comme dans les pieds didactyles ; je prévis dès-lors ce que j'allois trouver. En effet, le scaphoïde me montra deux grandes facettes, et une petite surnuméraire. Il est représenté, Pl. V, fig. 3, de grandeur naturelle.

Je conclus qu'il y avoit trois doigts, et je creusai dans ce morceau pour y trouver le doigt interne ou second scaphoïde qui me manquoit encore. Il ne s'y trouva pas; j'eus alors recours au deuxième morceau, représenté fig. 2.

Celui-là offroit le pied droit à son côté interne ; on y voit la partie inférieure du tibia *a b*, un petit fragment d'astragale *c*, une portion considérable de scaphoïde *d*, le grand cunéiforme *e*, et le cuboïde *f* presque entiers : une portion d'os surnuméraire *g*, une moitié complète du grand métatarsien *h*, comme s'il eût été fondu par son milieu, et les trois phalanges, divisées de même, *i*, *k*, *l*; l'empreinte *m*, du métatarsien interne ou petit scaphoïde, avec quelque fragment *n*, resté adhérent, et quelques portions de phalanges et d'os sésamoïdes *o p*. Je jugeai que l'on trouveroit, sous ces deux portions de doigts, au moins des traces du troisième, et je ne me trompai pas.

Ayant enlevé tout le plâtre qui avoit reçu l'empreinte *m*, et une partie de l'os *h*, je trouvai le troisième métatarsien.

On voit en fig. 4, l'état où je mis le morceau par mon opération ; *f* est le cuboïde mis à découvert; *d* une partie d'empreinte du scaphoïde; *e* celle du grand cunéiforme; *h* ce qui reste du grand métatarsien ; *g*, *i*, *k*, *l*, *n*, *o*, *p*, désignent les mêmes choses que dans la figure 2 ; *q q q* est le métatarsien externe ou cuboïdal que j'ai découvert en creusant la pierre, et *r* la facette du cuboïde à laquelle il s'articuloit.

Ainsi ce pied est bien composé, comme le précédent, de trois doigts et d'un os surnuméraire ; et les os qui entrent dans son tarse, sont aussi en même nombre ; leurs formes sont même si voisines, que sans les différences de proportion des os du métatarse, je l'aurois cru de la même espèce : on peut voir cependant, en comparant le scaphoïde de celui-ci, fig. 3, pl. V, avec celui de l'autre, Pl. IV, fig. 7, que dans le premier la petite facette métatarsienne est séparée de la grande par un sillon élargi aux deux bouts, qui n'est pas dans le second.

Les os *p* et *h* ont de longueur 0,087. Ceux de l'espèce précédente en ont 0,105; et cependant leur largeur est à-peu-près la même.

La longueur du doigt entier *h*, *i*, *k*, *l*, fig. 2, est de 0,127; celle du tarse entier, fig. 1, est de 0,084 : c'est pour tout le pied, 0,211.

Le tarse et le métatarse avoient 0,171, et dans l'espèce précédente, 0,182; et cependant le calcanéum de l'espèce actuelle est le plus gros. Car son empreinte *h i*, fig. 1, a, de *t* en *u*, 0,026, et la même dimension n'est dans l'espèce précédente que de 0,02. Ce pied a 0,02 de moins que celui d'un cochon de Siam; mais en revanche, la jambe dont ce même morceau nous donne la longueur, a 0,045 de plus que dans ce cochon.

ARTICLE VI.

Indication d'un pied composé comme les deux précédens, mais du double plus grand.

Je n'en ai que le *calcanéum*, et je ne l'ai trouvé qu'une seule fois. Il est parfaitement semblable à celui de l'article IV pour la forme, ainsi que pour le nombre des facettes et leur arrangement; mais ses dimensions sont à-peu-près doubles; il est aussi plus gros à proportion. Il n'y a nul doute qu'il n'ait fait partie d'un pied à trois doigts, et l'on peut juger que l'animal auquel ce pied appartenoit, étoit aussi à-peu-près double en dimensions linéaires de ceux dont proviennent les deux précédens. Cet animal a dû être rare dans nos carrières ; car voilà le seul vestige de son pied que je trouve, tandis qu'il y en a tant du grand pied à deux doigts qui est à-peu-près de même grandeur que celui-ci.

Voyez ce calcanéum, Pl. II, fig. 3.

Article VII.

D'un autre pied plus petit que le précédent, ayant trois os au métatarse, sans surnuméraire.

J'ai eu le bonheur de trouver deux fois les pièces essentielles de ce pied réunies; la première, elles l'étoient assez confusément, dans un morceau, représenté Pl. III, fig. 2. Les os du métatarse *a b c* étoient rompus par en bas, et il n'y avoit point de phalanges; mais les os du tarse étoient bien entiers: le calcanéum en *d*, l'astragale en *e*, le scaphoïde *f*, le cuboïde *g*, et les deux cunéiformes *h* et *i*. Il n'a fallu que les rassembler comme on les voit, Pl. VI, fig. 1 et 2. L'autre fois ces mêmes pièces étoient encore dans leur arrangement naturel, Pl. VI, fig. 7. Les phalanges du doigt du milieu existoient, mais une partie de l'astragale et du scaphoïde étoient emportés. Dans un troisième morceau, j'ai trouvé l'astragale et le scaphoïde seuls bien conservés. Ainsi il ne me manque rien du tout pour la description complète de ce pied-ci.

Il ressemble à celui de l'article IV pour l'essentiel; seulement il est d'un tiers plus petit, et il n'a point d'os surnuméraire articulé sur le scaphoïde. La facette cuboïdienne du calcanéum, Pl. VI, fig. 3 *a*, est un peu plus étroite. Le scaphoïde, *ib.* fig. 5, n'a que deux facettes Ainsi le tarse n'en présente que trois au métatarse. Des trois os de celui-ci, il n'y a que l'intermédiaire qui soit cylindrique : les deux autres sont comprimés, et dans leur position naturelle, ils sont placés derrière le premier. Ils se terminent cinq décimètres plus haut que lui, et comme la première des phalanges qu'ils portent, Pl. VI, fig. 8 *a*, est aussi beaucoup plus courte que la première phalange du milieu, (*a*, *ib.* fig. 1) quoique je n'aye pas vu le reste des doigts latéraux, j'ai tout lieu de croire qu'ils sont beaucoup moins longs que celui du milieu, et qu'ils ne font que toucher la terre sur laquelle celui-ci porte en entier.

La longueur de ce pied, de l'extrémité postérieure du calcanéum, à l'antérieure de la dernière phalange du doigt du milieu, est de 0,14 ; ce qui revient à-peu-près à la longueur du pied du renard.

Article VIII.

Astragale différent de tous ceux qui entrent dans les pieds précédens.

On le voit, Pl. III, fig. 8 et 9 : la partie tibiale, et la partie tarsienne, sont tellement portées en sens différent, que je l'avois pris d'abord pour un astragale de carnassier ; mais un examen attentif m'a détrompé. La face scaphoïdienne des carnassiers est toute uniformément convexe. Ici elle est presque plane et a même un peu de concave vers *a*. Il y a aussi en *b* une facette cuboïdienne que les carnassiers n'ont pas.

Toute comparaison faite, c'est au tapir que cet astragale

ressemble le plus, quoiqu'il s'en écarte sensiblement en plusieurs points.

J'ai cru un instant que ce pouvoit être l'astragale du pied de l'article V et de la Pl. V, mais les fragmens restés dans les morceaux de la Pl. V ne s'accordent point avec lui.

J'en ai eu deux exemplaires, roulés tous les deux, contre ce qui est le plus ordinaire dans les os de nos carrières.

Article IX.

Indice d'un pied de carnassier.

Je n'ai eu que l'astragale, mais il est de carnassier, sans aucune difficulté. On le voit Pl. 3 fig. 6; il est d'environ un tiers plus petit qu'il ne faudroit, pour avoir appartenu au même animal, que la mâchoire décrite dans notre II.e mémoire, Art. III, § I. Ainsi il y a dans nos carrières les ossemens d'au moins deux espèces de carnassiers.

Cet astragale pouvoit très-bien venir aussi du genre canis; ses différences, assez grandes pour être spécifiques, ne paroissent pas assez importantes pour être génériques.

On peut juger ses facettes sur la figure qui est exacte. Il a 0,017 de longueur, et 0,009 de largeur à sa facette scaphoïdale. Ce sont à-peu-près les dimensions d'un chat domestique; mais dans les chats, en général, la partie scaphoïdale est plus courte.

Article X.

Répartition probable de ces différens pieds, entre leurs têtes respectives.

Il résulte de nos descriptions, que nos carrières contiennent des pieds de derrière de deux genres différens, sans compter ceux de carnassiers; l'un de ces genres porte trois doigts complets ; l'autre n'en porte que deux.

Nous avons montré, dans notre mémoire précédent, qu'il y a aussi des têtes de deux genres différens, dont les unes ont des dents canines, et les autres en manquent.

L'idée la plus naturelle, est sans doute que chacun de ces deux genres de têtes doit s'approprier l'un de ces deux genres de pieds. Nous trouvons une correspondance pareille entre la dentition et la forme des pieds, établie pour ainsi dire dans toute la nature animale ; ainsi sans sortir de la classe des pachydermes, on pourroit à volonté caractériser les genres par le nombre des doigts, ou par les combinaisons des dents. L'un est aussi fixe que l'autre dans chaque genre. Tous les cochons ont quatre doigts, dont deux plus courts; tous les rhinocéros en ont trois; tous les éléphans cinq, etc. Nous n'avons pas besoin de citer les genres qui n'ont qu'une espèce. Il est vrai que dans d'autres ordres, et sur-tout dans les édentés, on trouve de fortes exceptions à cette règle ; il y a des fourmiliers à deux et à quatre doigts; des paresseux à deux et à trois; mais c'est pour les pieds de devant seulement; pour ceux de derrière, je ne connois guère que le genre *cavia* qui varie ; le *paca* a deux très-petits doigts de plus que les autres espèces ; mais ces variations dans le nombre des doigts en entraînent fort peu dans la composition et la forme des os du tarse et du carpe ; au lieu que dans les pieds de nos carrières, il y a, comme nous l'avons vu, deux compositions du tarse faites sur des types tout-à-fait différens.

Nous croyons donc, et les naturalistes penseront sans

doute avec nous, que tant qu'il n'y aura pas de preuves directes du contraire, il y aura plus d'apparence de vérité, à mettre tous les pieds d'un genre et toutes les têtes d'un genre d'un côté; et à mettre de l'autre tous les pieds, ainsi que toutes les têtes du genre opposé. Mais comment faire ce partage? les pieds à trois doigts appartiennent-ils aux têtes à dents canines, et ceux à deux doigts aux têtes qui manquent de ces dents, ou bien est-ce la combinaison contraire qui est la véritable?

Nous n'avons que deux moyens à notre disposition pour résoudre ce problème; savoir, les affinités zoologiques et les grandeurs respectives des têtes et des pieds.

Ce dernier moyen ne nous est pas très-utile, parce que nous n'avons pas toutes les espèces de part et d'autre. Car quoique nous ayons sept têtes et huit pieds, nous n'avons pas des pieds pour toutes nos têtes, ni des têtes pour tous nos pieds. Ainsi nous trouvons dans les têtes à dents canines, c'est-à-dire dans celles du genre *palæotherium*:

Une espèce de la grandeur d'un petit cheval;

Une de celle d'un sanglier, et une de celle d'un petit mouton;

Et dans les têtes sans dents canines, c'est-à-dire du genre *anoplotherium*, nous en trouvons,

Une de la grandeur d'un gros sanglier;

Une de celle d'un mouton;

Une troisième de celle d'un lièvre;

Et une quatrième de celle d'un cochon d'inde.

Or, parmi les pieds de derrière, nous en trouvons de la grandeur de petit cheval, tant dans un genre que dans l'autre. Ainsi il nous manque la tête au moins d'une de ces deux espèces-là. Il n'y auroit donc point dans la grandeur de raison suffisante pour appliquer la seule grande tête que nous possédons, à l'un de nos grands pieds plutôt qu'à l'autre.

Nous trouvons de même parmi nos pieds à deux doigts, une espèce à-peu-près de la grandeur d'un mouton : mais parmi nos têtes nous en trouvons une de cette grandeur dans chaque genre ; à laquelle des deux têtes attacherons-nous ce pied ?

Autre embarras ! nous avons deux têtes de grandeur de cochon, et aussi deux pieds à-peu-près de cette grandeur : mais les deux têtes sont de genres différens; il y en a une de palæotherium, et l'autre d'anoplotherium, et les deux pieds sont du même genre ; ils sont l'un et l'autre tridactyles. La considération de la grandeur l'emportera-t-elle ici sur celle de l'affinité zoologique ?

Dans les degrés inférieurs, nous trouvons quelque chose de plus décidé : il y a une tête d'*anoplotherium* de la grandeur de celle d'un lièvre, et un pied didactyle aussi de la grandeur de celui d'un lièvre. Voilà un commencement d'accord.

Il nous reste après cela un pied de grandeur de renard qui ne trouve point de tête de sa taille, et une tête de grandeur de cochon d'inde qui ne trouve point de pied.

Il y a encore l'astragale de l'article VIII qui ne trouveroit point de tête.

Et si on ne vouloit pas joindre la même forme de pied aux deux genres de têtes, un des pieds de grandeur de cochon seroit aussi sans tête, et une des têtes de même grandeur, sans pied.

Ce calcul porteroit à onze le nombre des espèces de pachydermes enfermées dans nos carrières.

Mais il y a une idée qui peut aider à mettre plus d'ordre dans notre répartition, et à réduire ce nombre d'espèces.

Il n'est pas absolument nécessaire que tous ces animaux ayent eu les mêmes proportions entre leurs têtes et leurs pieds. Ainsi nous voyons que le cochon a la longueur de sa tête à celle de son pied comme 12 à 7, tandis que dans le cheval ces deux dimensions sont parfaitement égales.

Supposons un instant que le palæotherium ait eu, comme le cochon, la tête très-grosse à proportion des pieds, et que l'anoplotherium l'ait eue très-petite ; comme le cerf, par exemple, ou réciproquement, alors tout s'éclairciroit. Un anoplotherium dont la tête auroit été grande comme celle d'un sanglier, auroit pu avoir le pied aussi long qu'un petit cheval, tandis qu'un palæotheriun à tête de même grandeur, n'auroit eu qu'un pied beaucoup plus petit.

Cette supposition s'appuye de la considération de l'abondance respective des divers os dans nos carrières. Il n'est pas difficile de croire que les animaux qui y ont laissé le plus de têtes, sont aussi ceux qui y ont laissé le plus de pieds.

Or, la tête du *palæotherium medium* et celle de l'*anoplotherium commune* y sont les plus abondantes; et les pieds qu'on y trouve en plus grande quantité, sont le *tridactyle* grand comme celui du cochon, et le *didactyle* grand comme celui d'un petit cheval.

Il est donc probable que ce dernier a appartenu à l'une des deux têtes ;

Et le pied tridactyle grand comme celui d'un petit cheval est rare, comme le sont aussi les portions de têtes du *palæotherium magnum*.

Nous avons donc ici une raison prise de l'abondance, pour attribuer les pieds didactyles aux anoplotheriums : plus haut nous en avons vu une tirée de la grandeur, et qui conduisoit à la même conclusion.

Les affinités zoologiques en donnent de bien plus fortes encore.

La tête du palæotherium ressemble si fort à celle du *tapir* par le nombre, l'arrangement et les espèces de ses dents, et par tous les détails de sa forme ; et de son côté, le pied tridactyle ressemble encore tellement par sa composition et par l'arrangement de ses pièces à celui du même tapir, qu'aucun naturaliste habitué aux analogies, si constantes dans tous les êtres organisés, ne pourra s'empêcher de s'écrier sur-le-champ, que ce pied est fait pour cette tête, et cette tête pour ce pied.

Pour moi, j'avoue que quoique cette proposition ne soit pas susceptible de preuves aussi rigoureuses que celles dont mon travail s'est composé jusqu'ici, ma persuasion n'est guère moins grande, tant je suis accoutumé par mes études antérieures, à retrouver sans cesse dans la nature ces coexistences de certaines organisations ; et j'y tiendrois quand même cela devroit encore multiplier les espèces de nos carrières, ce qui heureusement n'est point.

Alors tous les pieds didactyles resteroient pour les *anoplotherium*, et rien dans les affinités zoologiques ne s'y oppose.

Ces pieds ressemblent en partie à ceux des pachydermes, en partie à ceux des chameaux.

Les chameaux, de leur côté, se rapprochent des pachydermes, parce qu'ils ont deux incisives en haut. Nos anoplotherium ont plusieurs de ces incisives, mais ils n'ont point de canines alongées au-delà des autres dents. C'est une foiblesse dans l'organe de la mastication, qui leur donne un certain rapport, quoique éloigné, avec les ruminans, et notamment avec les chameaux dont les canines sont coupées obliquement et courtes, à-peu-près comme les dents que nous avons nommées, dans nos anoplotherium, molaires antérieures.

Ces points une fois admis, la répartition des pieds entre les têtes ne sera pas difficile.

L'*anoplotherium commune* prendra le grand pied didactyle, des Pl. I et II.

L'*anoplotherium medium* prendra le pied didactyle grèle et alongé, Pl. III, fig 1.

L'*anoplotherium minus* aura le pied de grandeur de celui de lièvre, dont l'astragale est figuré Pl. III, fig 7.

L'*anoplotherium minimum* n'aura point de pied parmi ceux que nous avons eus jusqu'ici.

Le *palæotherium magnum* aura le pied tridactyle, de grandeur de cheval, dont on voit l'astragale Pl. II, fig. 3.

Le *palæotherium medium* aura celui de grandeur de cochon, Pl. IV.

Le *palæotherium minus* celui de grandeur de renard, Pl. VI.

Et le pied tridactyle un peu moindre que celui d'un cochon, Pl. V, restera indécis, ainsi que l'astragale, Pl. III, fig. 8 et 9.

Nos espèces seroient donc réduites à neuf, toujours sans compter les carnassiers.

Je ne vois dans tout cela d'un peu choquant, que l'*ano-*

plotherium medium. Le pied que je lui donne me paroît toujours trop fort pour sa tête.

Au reste, je dois répéter ici que je suis bien éloigné d'attribuer à cette répartition le même degré de certitude qu'à mes descriptions absolues; mais je prie le lecteur de remarquer que quand même je m'y serois trompé, il n'en résulteroit autre chose sinon que la proposition qui fait l'objet général de tout mon travail, seroit encore mieux établie.

En effet, chaque tête porte en elle-même, et indépendamment du pied que j'y joins, des caractères qui la distinguent des têtes de tous les animaux connus;

Et chaque pied porte aussi en lui-même, et indépendamment de la tète à laquelle je le joins, des caractères qui le distinguent de tous les animaux connus.

Si donc je n'ai pas joins les pieds à leurs vraies têtes, à moins que je n'aye opéré un échange parfaitement réciproque, il y aura encore plus d'animaux perdus, ou du moins non encore retrouvés vivans, que je n'en compte.

Fossiles de Paris. Pieds de derrière. Pl. I.

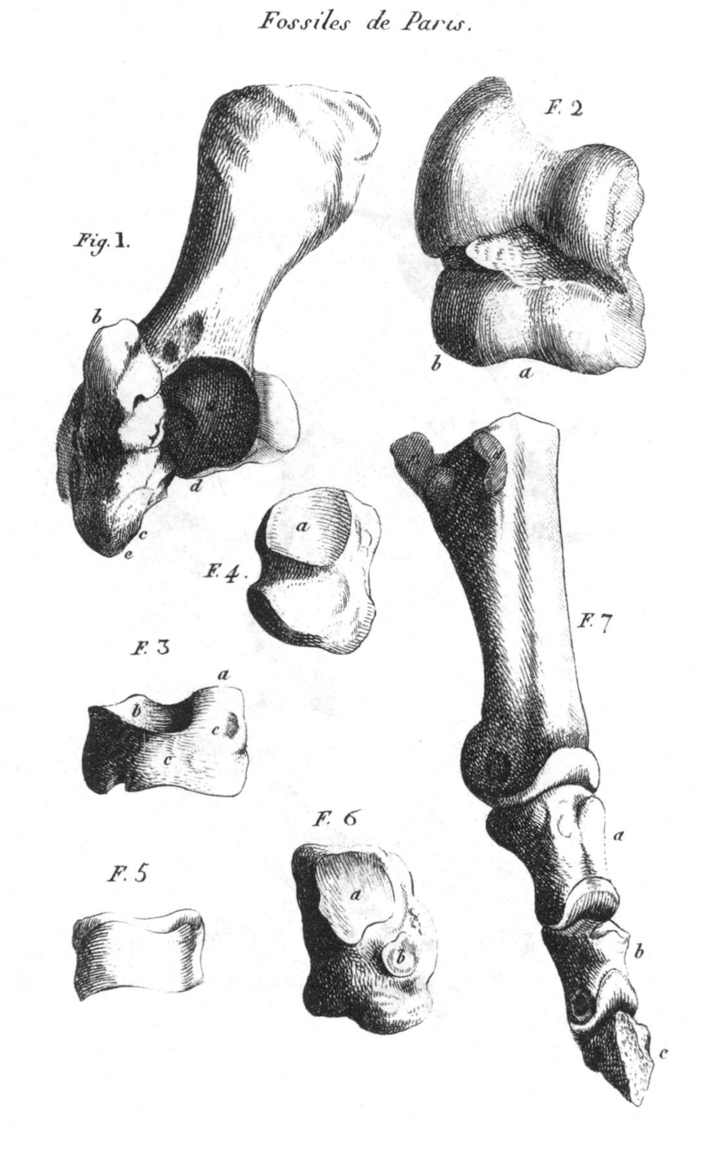

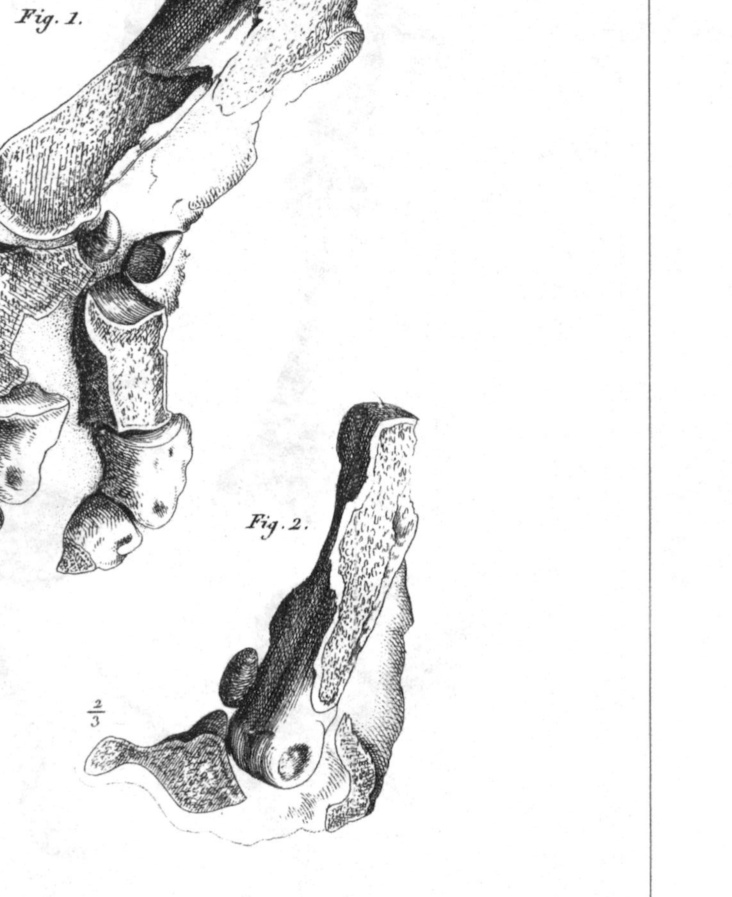

Fig. 3.

Fossiles de Paris pieds de derrière. Pl. III.

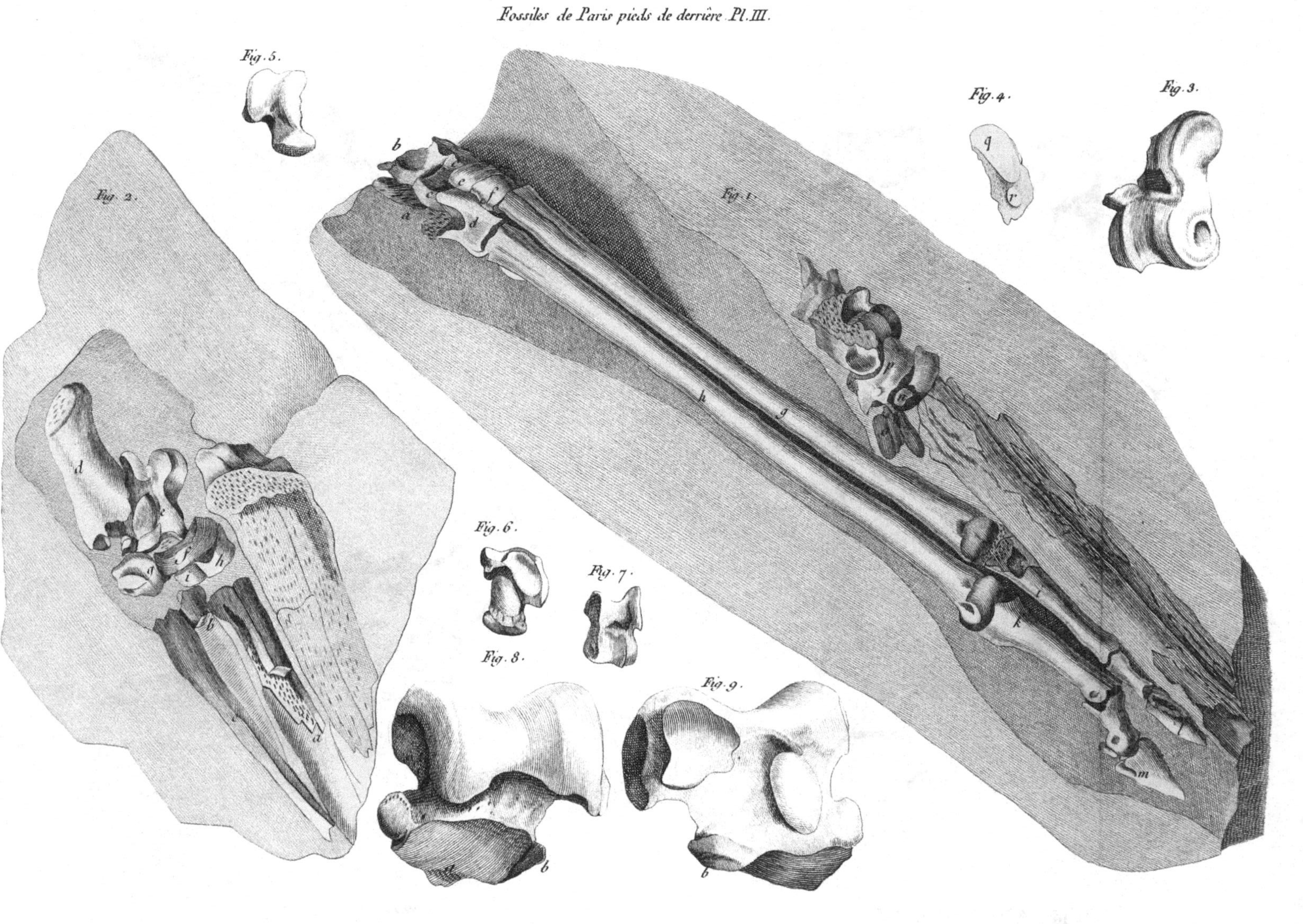

Cuvier del. T. T. Droüet Sculp.

Fossiles de Paris. Pieds de derrière. Pl. IV

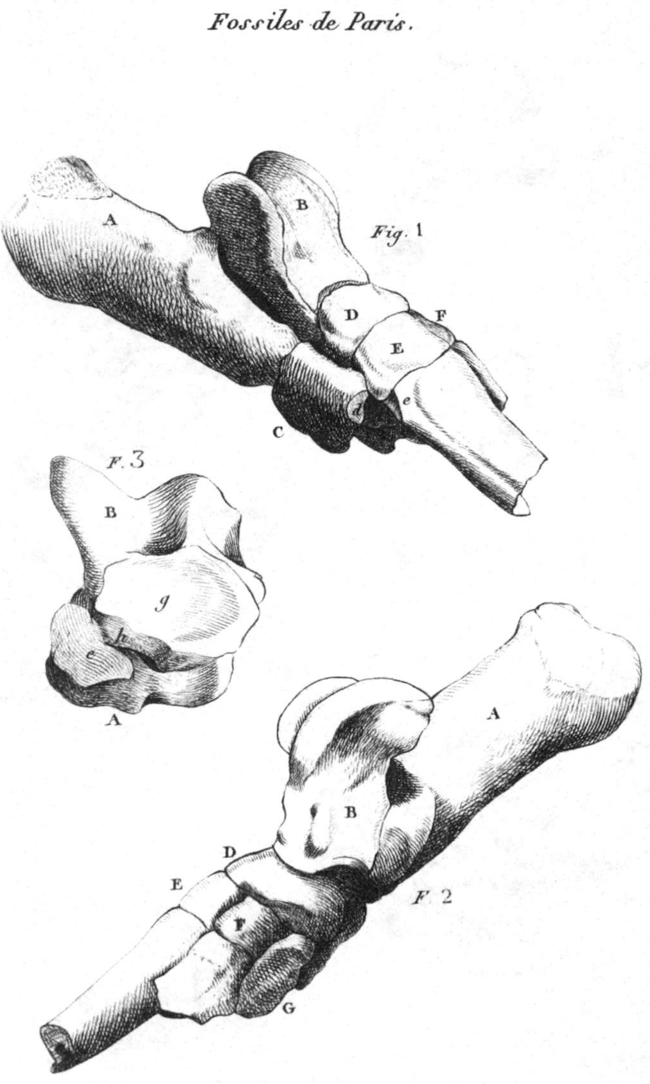

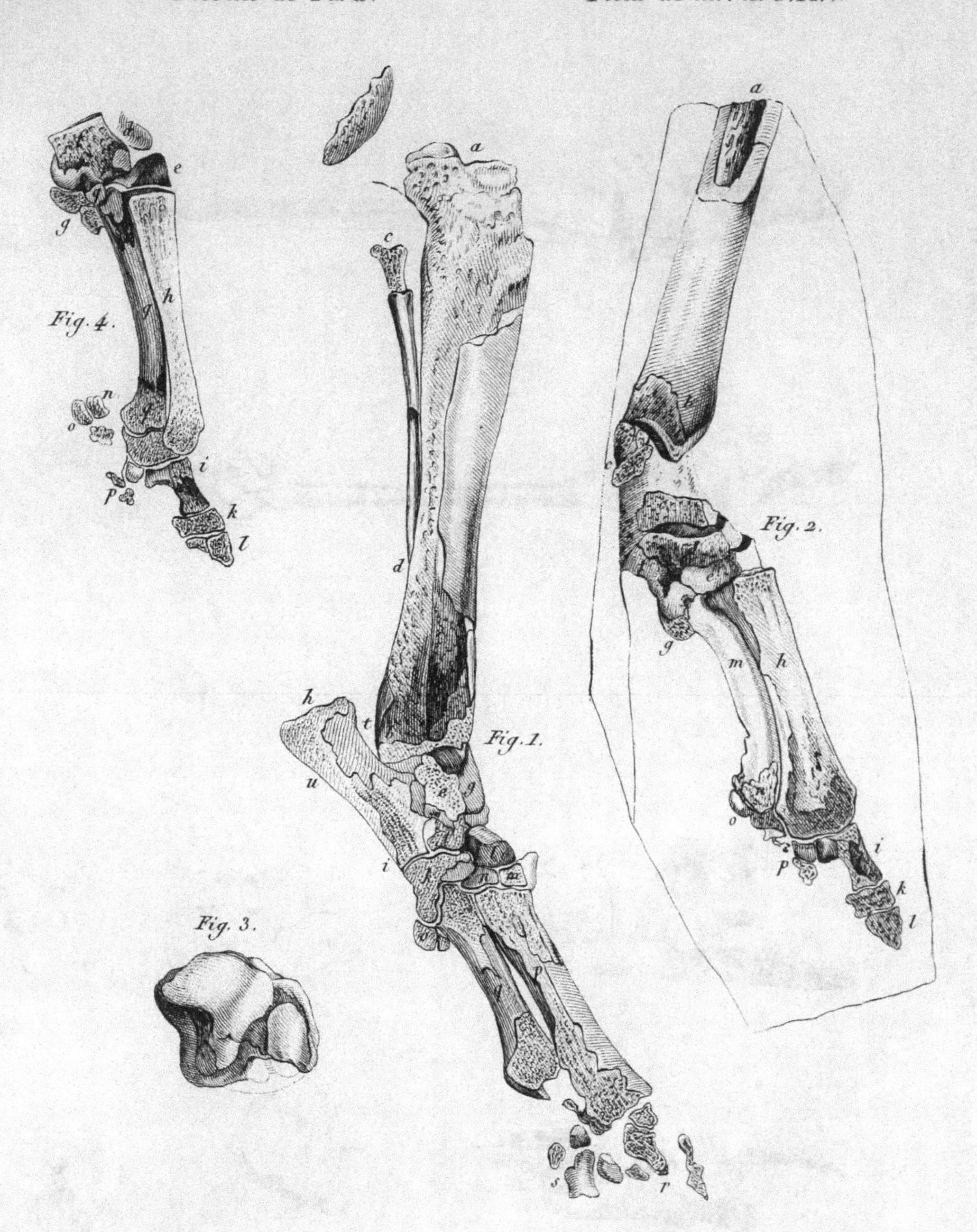

Cuvier del. Coüet Sc.

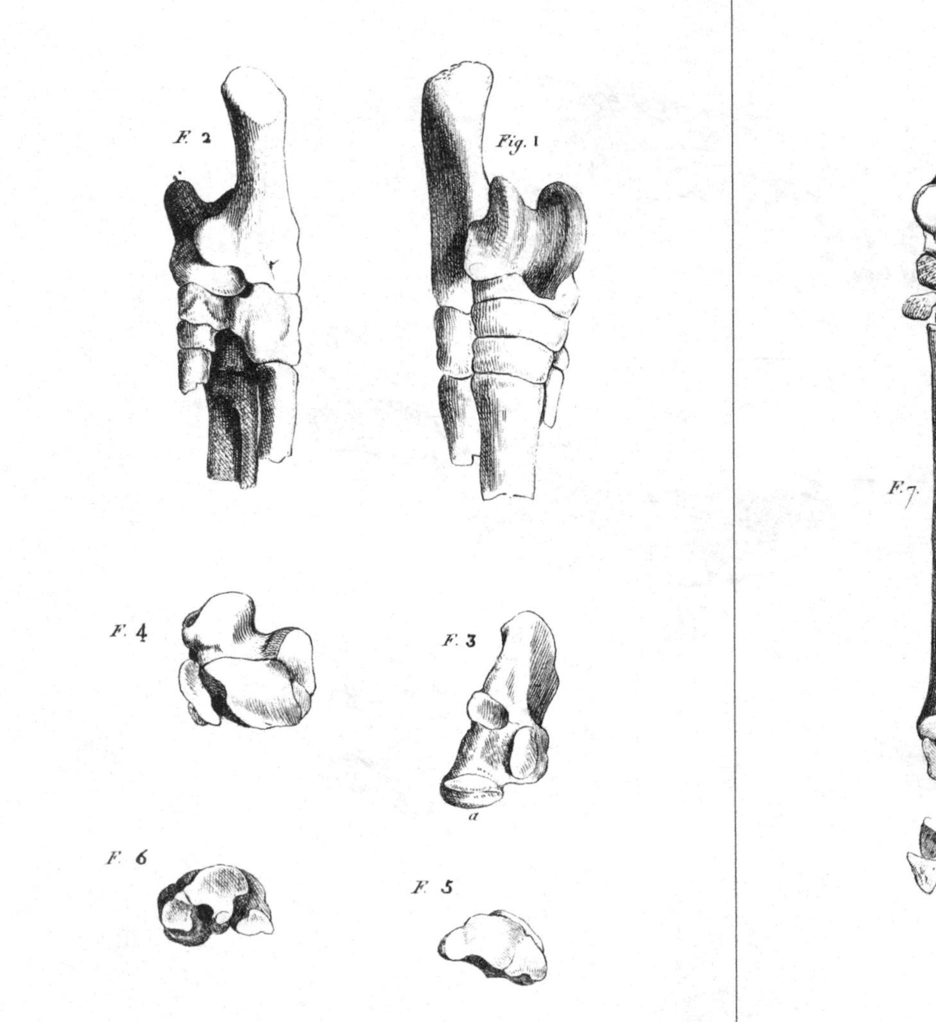
F. 2
Fig. 1
F. 4
F. 3
a
F. 6
F. 5
F. 7.
a
F. 8.
a

TROISIÈME MÉMOIRE.

II.e SECTION.

Restitution des pieds de devant.

J'ai dit que je n'avois pas été à beaucoup près aussi heureux à restaurer les pieds de devant que ceux de derrière. J'ignore pourquoi il est beaucoup plus rare de trouver les premiers un peu complets ; mais il est de fait que cela ne m'est arrivé que quatre fois : encore l'un des morceaux étoit-il dans de la glaise et tout fendillé ; et un autre n'étoit presque qu'une empreinte où il ne restoit plus qu'un seul os entier On va voir cependant que je n'ai pas laissé d'obtenir encore des résultats. assez satisfaisans.

Article premier.

Pied de devant composé de trois doigts entiers, courts et larges.

On sait qu'il n'y a parmi les quadrupèdes connus que deux espèces, le *rhinocéros* et l'*aï* ou *paresseux tridactyle*, qui aient les doigts du pied de devant au nombre de trois ; et personne ne sera tenté de confondre ces animaux avec ceux de nos carrières, ne fût-ce qu'à cause de la grandeur de l'un et de la petitesse de l'autre.

Le tapir lui-même, qui n'a que trois doigts derrière, et qui ressemble tant à plusieurs de nos animaux par l'extrémité postérieure, a quatre doigts complets devant.

Néanmoins son carpe a de grands rapports avec ceux de nos fossiles; je m'en aperçus dès le premier morceau que j'eus à examiner, et que je représente, pl. I, fig. 2. On y voit deux os du métacarpe presque entiers, savoir : celui de l'*index l*, et celui du *medius m;* une empreinte de celui de l'*annulaire n;* quatre os du carpe : le *semilunaire f*, l'*unciforme h,* l'analogue du *grand os*, qui est ici fort petit, *i*, et le *trapézoïde k.* Ces os arrachés au gypse et replacés dans leur ordre naturel, sont dessinés, fig. 3.

Au premier coup d'œil, cette portion de carpe ressemble beaucoup à son analogue dans le tapir, par son arrangement général et par la configuration particulière de ses os; mais un examen détaillé ne tarde point d'y découvrir de notables différences : c'est ce que nous allons voir en prenant chaque os séparément.

A. Le *semilunaire f,* fig. 2 et 3, et dont on voit la face antérieure, fig. 3, est représenté par la supérieure, fig. 6; par l'inférieure, fig. 7; par la latérale interne, fig. 5; par la latérale externe, fig. 4. Les mêmes lettres sont mises aux mêmes endroits de l'os, dans les quatre figures, de manière qu'on peut aisément s'y retrouver malgré toute la complication de ses formes.

En le comparant à tous les *semilunaires* des quadrupèdes, on ne trouve que celui du tapir à qui il ressemble en quelque chose : 1.° par sa face antérieure, dont le contour est le même, excepté que l'angle x, fig. 3, est plus prononcé dans l'os fossile;

2.° Par l'élévation de sa facette articulaire radiale *a*, au-dessus de sa tubérosité postérieure *d*.

Dans le cochon, les ruminans, le cheval, tout le dessus de l'os est égal et sert à l'articulation.

Le tapir ne diffère que parce que sa facette a moins de dimension d'avant en arrière.

3.° Par sa face latérale externe et les deux facettes *c* et *f*, pour l'articulation avec le *cunéiforme*, excepté que la facette *c* est plus courte dans le tapir, et la facette *f* plus longue.

Il diffère du tapir, 1.° par sa face latérale interne, parce que la facette *b* et la facette *i*, qui servent pour l'articulation avec le *scaphoïde*, sont bien plus petites dans l'os fossile, et qu'il y manque une troisième facette en arrière qui est considérable dans le tapir. Cette différence tient à ce que le *scaphoïde* est plus grand dans le tapir où il porte le grand os tout entier avec le trapézoïde; et cela même tient à ce que l'unciforme, qui a deux doigts à porter dans le tapir, est beaucoup plus grand et refoule le grand os vers le dedans de la main.

2.° De là vient une autre grande différence de notre os fossile avec l'analogue du tapir, celle de leur face inférieure. Dans le tapir, on y voit une grande facette en avant pour une de celles de l'*unciforme*, et une petite en arrière pour la partie postérieure du *grand os*; dans le fossile, une carène longitudinale partage cette face en deux facettes obliques: *e*, pour l'*unciforme*, et *g h*, pour le *grand os*.

Le rhinocéros, qui n'a que trois doigts, a aussi la surface

inférieure de son semilunaire, disposée comme notre animal fossile, et la même carène oblique; mais la partie *h* de la facette pour le *grand os* y manque, parce que le *semilunaire* ne s'y articule point en avant.

Aucun autre animal ne ressemble complétement au nôtre à cet égard; car, quoiqu'il y ait aussi deux facettes inférieures dans les ruminans, le cochon, etc., elles ne forment nulle part une carène aussi prononcée.

B. L'*unciforme* *h*, fig. 1, 2 et 3, dont la première et la troisième montrent suffisamment la face antérieure, est représenté à part par sa face supérieure, figure 8; par la latérale externe, fig. 9: la fig. 2 le montre par sa face inférieure.

a, est sa facette pour l'articulation avec le *semilunaire*; *b*, celle pour l'articulation avec le *cunéiforme*; *c*, sa tubérosité postérieure: il s'articule avec le grand os par *d* et la petite facette *e*; le reste de sa face inférieure *r*, *s*, et *t*, sert à porter une facette du métacarpien du medius, celui de l'annulaire tout entier, et le vestige de petit doigt; mais ces trois facettes sont si peu distinctes, qu'elles semblent n'en faire qu'une courbée en portion de cylindre.

L'*unciforme* du tapir ressemble à celui-ci par sa face antérieure; par la supérieure, hors que ses deux facettes sont moins concaves et la carène qui les sépare moins marquée; par l'inférieure, à quelques proportions près: la tubérosité postérieure du tapir est plus fléchie en dehors; et son os, en général, est plus tiré en largeur, parce qu'il a un petit doigt complet à porter.

L'*unciforme* du *rhinocéros* ressemble parfaitement au nôtre, excepté que sa tubérosité postérieure est plus prolongée.

C. Le *grand os* que j'ai eu étoit fracturé en arrière, et manquoit de sa tubérosité postérieure : il est marqué *i*, fig. 1, 2 et 3. Sa face antérieure se voit bien, fig. 3; ce qui reste de la supérieure, fig. 10; de l'inférieure, fig. 11, et de la latérale interne, fig. 12. La facette *a* lui sert à s'articuler avec le *scaphoïde*; *b*, avec le *semilunaire*; *c*, avec l'*unciforme*; *d* et *e*, avec le *second métatarsien*; *f*, avec le *trapézoïde*.

A tous ces égards, ce *grand os* ressemble assez à celui du tapir, excepté que la facette analogue à *c*, ou *unciformienne*, est plus étroite, et s'étend jusqu'à l'arête supérieure, attendu que le *grand os* ne s'articule point ou presque point avec le semilunaire. Dans le rhinocéros, la facette *b* est également supprimée par la même raison; mais la facette *c* s'étend d'avant en arrière, et non en travers comme dans le tapir.

La tubérosité postérieure manquant, nous n'avons pu en faire la comparaison.

Il ne nous a pas été possible non plus d'examiner les autres os de ce carpe; mais il semble que nous en avons assez pour arrêter nos idées sur l'analogie de ce pied avec celui du tapir. On voit que s'il s'en écarte en quelques points peu essentiels, c'est pour se rapprocher de celui du rhinocéros; et si l'on se rappelle comment, dès l'origine de notre travail, nous avons démontré que les dents du genre palæotherium étoient précisément aussi placées entre celles de ces deux genres, mais plus près du premier, on sera frappé de nouveau d'admiration pour la constance inaltérable des rapports naturels des animaux, jusque dans les plus petits détails, et l'on ne pourra non plus s'empêcher d'attribuer cette sorte de pied au genre en question, c'est-à-dire, aux *palæotherium*.

Mais à laquelle de toutes nos espèces de *palæotherium* ce pied-ci appartient-il? Nous n'avions que sa grandeur pour le déterminer. Elle nous indiquoit bien en gros des rapports avec le *palæotherium medium;* mais il faut se rappeler que nous avons eu deux pieds de derrière tridactyles, à peu de chose près aussi grands l'un que l'autre : celui que j'ai appelé proprement *palæotherium medium*, et décrit dans l'art. IV du III.e Mémoire; et celui dont j'ai parlé ensuite, art. V, et qui est un peu plus court et plus épais. Il auroit été difficile de rapporter ce pied de devant à l'un plutôt qu'à l'autre de ces pieds de derrière, si je n'avois pas trouvé, quelque temps après, un autre pied construit sur le même système, mais avec d'autres proportions; mais pour bien entendre cette différence, achevons d'abord ce pied-ci, en examinant son métacarpe.

Ce morceau nous fournit les têtes supérieures de deux os, et nous indique la longueur absolue de celui du milieu.

Un autre morceau que j'ai eu à ma disposition, achève de nous donner des idées exactes de ce dernier point : je l'ai représenté, pl. II, fig. 1 et 2, à demi-grandeur. Il est formé de deux pièces qui se recouvrent, et contenoit deux pieds de devant : mais il n'y est resté qu'une portion d'humérus, *u v;* une double empreinte d'avant-bras du côté gauche, *a*, *b*, *c*, *d*, *e*; *f*, avec plusieurs portions d'os; l'empreinte très-incomplète du droit, *a'*, *e'*, *f'*; une empreinte incomplète du carpe gauche, *g*, *h*, *i*, *k*, *l*, *m*, *n*, *o*, *p*, *q*, etc.; et la double empreinte du droit, *h'*, *k'*, *l'*, *m'*, etc., et *h''*, *l''*, *m''*, *n''*, etc.

Un seul os dans tout cela est entier et reconnoissable : c'est le *semilunaire* du côté droit, *h'*, fig. 2, lequel, comparé à celui que nous venons de décrire, s'est trouvé parfaitement semblable. C'est donc bien ici un pied de la même espèce.

Ce morceau important fournissant plusieurs dimensions

qui nous seront utiles encore pour beaucoup d'autres recherches, je vais les consigner ici.

Longueur du cubitus, d'*a* en *e*	0,230
Longueur de l'olécrane *a-b*	0,050
Hauteur de la tête du radius, *c-d*.	0,030
Diamètre du condyle externe de l'humérus *u v*.	0,020
Longueur du métacarpien de l'annulaire *m n* .	0,087
Longueur du métacarpien du medius *o p* . .	0,102

Au moyen de cette dernière dimension et de la tête supérieure de ce métacarpien, que me fournissoit le morceau de la pl. I, fig. 2, j'ai été à même de reconnoître cet os, lorsque je l'ai trouvé entier, quoique isolé. Or, je l'ai trouvé une fois ayant juste cette mesure de 0,10; et deux autres fois, un peu plus grand, ayant 0,125 de long, 0,022 de large au milieu, 0,026 à la tête supérieure, et 0,03 entre les deux tubérosités de l'inférieure: mais il avoit toujours la même forme, représentée pour le côté droit, pl. IV, fig. 6 par la face antérieure, fig. 7 par la supérieure, et fig. 8 par le côté latéral externe de la tête, étant très-aplati d'avant en arrière et sur toute sa face antérieure, la postérieure saillant un peu vers le haut, au moyen de deux arêtes qui s'y rapprochent pour y former une petite tubérosité *a*, derrière sa tête supérieure; celle-ci divisée en deux facettes triangulaires; une interne arrondie en arrière, *b*, pour le *grand os;* une externe plus étroite et plus courte, *c*, pour l'*unciforme*, et au bord externe de celle-ci, une petite facette descendant en avant, *d*, et une arrière, *e*, pour deux facettes correspondantes du métacarpien de l'annulaire. Au bord externe de la grande facette en est une petite, en équerre, pour le métacarpien de l'index. La tête inférieure grossit un peu et offre en avant un disque semicirculaire, légerement bombé, qui se change en dessous et en arrière en deux canaux de poulie décrivant environ le cinquième d'un cercle; de chaque côté est une tubérosité pour les ligamens.

Ce métacarpe est donc court et large; et comme l'autre pied de devant tridactyle est plus long et plus grêle et tout-à-fait correspondant pour les proportions avec le pied de derrière du *palæotherium medium*, représenté pl. IV de la première section de ce Mémoire, j'en ai conclu que c'étoit lui qui appartenoit à cette espèce. Il ne restoit donc pour ces métacarpiens larges et courts, et par conséquent pour les carpes de cet article, que le pied de derrière tridactyle court et gros, de l'art. IV de ce III.e Mémoire; et je les ai attribués l'un à l'autre sans hésiter.

Je n'ai point donné de nom à cette espèce dans la première section de ce Mémoire où elle se présentoit pour la première fois; et, comme ce carpe et les os séparés de métacarpe dont je viens de parler, doivent faire penser qu'elle se représentera encore, j'ai cette tâche à remplir, et je crois, d'après la forme de ses pieds, pouvoir lui imposer le nom de *palæotherium crassum*.

J'ai aussi trouvé séparément une tête supérieure du *métacarpien* de l'*annulaire droit* de cette espèce: voyez-en la face antérieure, pl. IV, fig. 12; la supérieure, fig. 11; la latérale externe, fig. 13, et l'interne, fig. 14. Les deux facettes de celles-ci, *a*, *b*, correspondent bien à celles de l'externe du medius, *d*, *e*, fig. 8. A la face opposée, on n'en voit qu'une, triangulaire et petite, *c*, pour le vestige du petit doigt; la supérieure, *d*, est triangulaire, légèrement concave, et repond à l'une de celles de l'*unciforme* avec laquelle elle s'articule.

Ce métacarpien est plus étroit que celui du medius; il n'a que 0,077 de largeur : mais il ne doit pas avoir été beaucoup plus court, à en juger par les morceaux qui nous ont fourni des empreintes de métacarpe

Article II.

Pied de devant composé de trois doigts entiers, d'un vestige de pouce et d'un vestige de petit doigt, plus long et plus grêle que le précédent.

C'est celui que je viens d'annoncer, et que je crois appartenir au *palæotherium medium.* J'ai d'abord été averti de son existence par un os de métacarpe du doigt medius trouvé insolément.

Il est représenté, pl. II, fig. 3, par sa face antérieure; fig. 4, par la supérieure; fig. 5, par la latérale externe de la tête, et fig. 6, par l'interne.

Sa longueur est de 0,13; sa largeur au milieu de 0,015; celle de sa tête supérieure, de 0,022; celle de l'inférieure, entre ses deux tubérosités, la même, et celle de sa poulie articulaire, 0,017. Il n'est pas si mince d'avant en arrière que le précédent.

J'ai trouvé ensuite ce pied presque complet dans le cabinet de M. de Drée; je le représente, pl. I, fig. 1 : c'est un pied droit.

On y voit une portion de radius, *a b*; une du cubitus, *c*, avec une partie de son empreinte, *d;* le carpe en situation, et une grande partie de chacun des trois os du métacarpe.

On voit en place l'*os cunéiforme*, *e* (le *pisiforme*, qu'il portoit sans doute, a disparu); le *semilunaire f*, et le *scaphoïde g*, et à la deuxième rangée l'*unciforme* ou *os crochu h:* le *grand os*, qui n'est pas très-grand ici, *i*, et le *trapézoïde k:* trois os du métacarpe presque entiers; celui de l'*index l*, celui du *medius m*, et celui de l'*annulaire n:* enfin le vestige de petit doigt *o*.

En ayant obtenu la permission de la complaisance de M. de Drée, je dégageai tous les os de ce pied, et les examinant sur toutes leurs faces, j'eus la facilité d'établir leurs ressemblances et leurs différences avec ceux du pied précédent et avec les animaux les plus voisins.

Ce pied étant d'ailleurs beaucoup plus complet que le précédent, je pus juger à peu près du nombre et de la forme des pièces qui manquoient à ce dernier.

A. L'*os semilunaire*, fig. 1, *f*, diffère très-peu de celui de l'article précédent (pl. I, fig. 3, *f*, et fig. 4, 5, 6 et 7), sinon qu'il est un peu plus petit; que la facette marquée *g*, fig. 5 et 7, y est plus ronde, et celle marquée *i*, moins considérable.

B. L'*unciforme* (*h*, fig. 1) ressemble encore à celui de l'article précédent (*h*, fig. 2, 3, et fig. 8); seulement la facette semilunairienne est plus petite à proportion, et la scaphoïdienne est plus concave. En dessous, la partie de facette qui répond au grand os est beaucoup plus étroite.

C. Le *grand os* (fig. 1) est singulièrement plus étroit, à proportion de sa hauteur, que celui de l'article précédent *i*, fig. 2, 3, et fig. 10, 11, 12); ce qui tient à l'étroitesse du métacarpien du medius. Il en résulte que toutes les facettes sont aussi plus étroites, et que celle qui répond au métacarpien de l'index est plus relevée.

J'ai trouvé dans la pierre, derrière tous les autres os, la tubérosité postérieure de ce grand os séparée d'avec son corps. Comme elle étoit perdue dans celui de l'article précédent, j'ai jugé utile de la faire représenter séparément, pl. V, fig. 6, 7 et 8, quoique le défaut d'une portion intermédiaire m'ait empêché de la rattacher au corps de l'os, et de représenter celui-ci tout entier : fig. 6 et 7 sont ses faces latérales; 8, la postérieure. Elle ressemble assez à son analogue dans le tapir.

Maintenant il nous reste à examiner et à comparer à ceux des animaux voisins, ceux des os de ce carpe dont nous n'avions pu examiner les analogues dans celui de l'article précédent.

D. Le *cunéiforme*, représenté par devant, pl. I, fig. 1, *e*, par sa face interne, fig. 13; par l'externe, fig. 14; par la supérieure, fig. 15, et par l'inférieure, fig. 16, est fort semblable à celui du tapir. Il est seulement beaucoup moins large à proportion de sa hauteur. Sa facette semilunairienne inférieure *g*, fig. 13, est aussi bien moins large, etc.

E. Le *scaphoïde*, vu par devant, pl. I, fig 1, *g*; par sa face interne ou radiale, c'est-à-dire, celle qui fait le bord interne du poignet, pl. II, fig. 12; par la supérieure, fig. 13; par l'inférieure, fig. 14, et par celle qui s'articule avec le semilunaire, fig. 15; comparé à celui du tapir, se trouve aussi lui ressembler en gros et en différer par les détails.

Sa facette radiale *a* est plus concave; celle pour l'articulation avec le grand os, *b*, est plus petite, et celle pour le trapézoïde *c*, plus grande : outre la facette semilunairienne supérieure *e*, et l'inférieure *f*, le tapir en a, vers *d*, une troisième longue qui manque à notre animal. Cette différence-ci correspond à celle que nous avons déjà remarquée entre leurs semilunaires. On voit, en arrière et en dehors de la facette trapézoïdienne, une petite facette qui portoit sans doute l'os surnuméraire remplaçant le trapèze et le pouce.

F. Le *trapézoïde*, marqué *k*, pl. I, fig. 1, 2 et 3, et représenté à part par sa face externe ou cubitale, pl. V, fig. 1; par la postérieure ou pollicaire, fig. 2; par l'interne ou celle qui touche au grand os, fig. 3; par l'inférieure ou métacarpienne, fig. 4, et par la supérieure ou scaphoïdienne, fig. 5; ne diffère guères de celui du tapir que parce qu'il est plus large à proportion de sa hauteur, et que ses deux facettes pour l'articulation avec le grand os se confondent en une seule. Il y a à la face postérieure une grande facette pour l'os analogue au pouce.

Le métacarpe de ce pied a trois os parfaits et deux imparfaits ou en vestige. Nous avons déjà décrit celui du medius: il est seul simétrique, sa tête exceptée. Ceux de l'annulaire et de l'index sont courbés sur leur longueur, de manière que le bord qui touche le médius est convexe, et l'opposé un peu concave. Tous les trois sont fort aplatis en devant: l'annulaire a une grande facette, un peu concave pour l'unciforme; au bord interne, deux petites pour le médius, et une à l'externe pour le vestige du petit doigt.

L'index a sa tête partagée en deux facettes: une horizontale oblongue, un peu concave, pour le trapézoïde; une interne descendante pour le grand os, et en arrière une petite triangulaire pour le vestige du pouce Sous tous ces rapports, ils ressemblent à ceux du tapir, à quelques détails près dans les proportions.

Les deux métacarpiens imparfaits sont ceux du petit doigt et du pouce Le premier, assez petit, est irrégulièrement conique: il se recourbe à sa base pour s'articuler par une facette ovale à l'unciforme; par une autre plus petite, qui est au bord inférieur de la première, au métacarpien de l'annulaire. On peut prendre une idée de ce petit os, en *o*, pl. I, fig. 1.

Le vestige du pouce devoit adhérer à la facette postérieure du trapézoïde : nous ne l'avons pas retrouvé.

Je donne en petit, fig. 23, pl. V, une figure de ce carpe et du commencement de ce métacarpe, lorsque tous les os sont dans leur position naturelle. Les lettres y sont les mêmes que dans les figures 1, 2 et 3 de la pl. I.

ARTICLE III.

Trois os d'un pied de devant du même genre que ceux des articles précédens, mais beaucoup plus grand.

Je n'en ai eu que trois os seulement, trouvés chacun isolément, mais tellement semblables à leurs analogues dans le pied de l'article premier, qu'il ne peut y avoir nulle difficulté à les considérer comme ayant appartenu à un pied composé de même que celui-là, mais en grand.

Le premier de ces os est l'*unciforme* du côté gauche. Il est représenté, pl. III, fig. VI : n.° 1, par sa face supérieure ; n.° 2, par l'antérieure; n.° 3, par l'inférieure. Ses facettes y portent les mêmes lettres que leurs analogues de l'unciforme de l'espèce précédente, dans les fig. 2, 3, 8 et 9 de la planche I, savoir: *a*, pour la *semilunairienne ; b*, pour la *cunéiformienne ; d*, pour celle qui touche au *grand os*, et *r, s* et *t*, pour les *métacarpiennes*.

La tubérosité postérieure est cassée.

Le deuxième est le métacarpien du *medius* : il est tellement semblable à celui de l'article 1.er, que la même figure pourroit servir pour l'un et pour l'autre : seulement celui-ci est beaucoup plus grand ; sa tête supérieure, que j'ai eue bien entière, a 0,044 de large : ce qui est précisément le double de l'autre. Je l'ai fait dessiner, pl. IV, fig. 9, par sa face externe, et fig. 10, par la supérieure. Ce qui restoit du corps de l'os avoit 0,19 de long; mais tout n'y étoit pas. En lui supposant les mêmes proportions qu'à celui dont nous venons de parler, c'est-à-dire, du *palæotherium crassum*, il auroit eu à peu près 0,24 de longueur. M. de Drée possède une partie inférieure du même os qui n'a guères de plus en largeur que celui du *palæotherium crassum*, ce qui prouveroit qu'il y a des variétés de grandeur.

Le troisième os est un métacarpien de l'annulaire du côté gauche, long de 0,175, un peu arqué sur sa longueur et oblique par en bas, comme nous en avons déjà l'indication dans les morceaux des deux articles précédens, et comme dans le tapir.

Tous ces morceaux s'accordoient ensemble ; et l'on ne fera sans doute nulle difficulté de les rapporter au *palæotherium magnum*.

ARTICLE IV.

Deux os du métacarpe d'un tiers plus courts que ceux de l'article premier, et de moitié moindres en tous sens que ceux de l'article II.

Ce sont ceux du médius et de l'annulaire du côté droit; tous deux manquent de la tête inférieure qui formoit encore épiphyse avant qu'ils fussent incrustés de gypse. Dans cet état, le premier a 0,072 de long, et 0,008 de largeur au milieu. L'autre a de long 0,065 : il est beaucoup plus mince que le premier, ayant à peine 0,003 au milieu. Il paroît avoir été collé contre le côté de celui du medius. Cette circonstance, jointe à la grandeur qui est la même, rend ce pied tout à fait analogue au pied de derrière de l'article VII de la première section, représenté ib , pl. VI, et personne ne doutera qu'il ne soit de la même espèce, c'est-à-dire, du *palæotherium minus*. Le métatarsien de l'index et tout le carpe manquoient.

J'ai retrouvé une autre fois à part ce même métacarpien du *medius*, encore sans son épiphyse inférieure : il avoit 3 millimètres de plus.

Ainsi nous aurions des pieds de devant, ou au moins de leurs fragmens, pour les mêmes quatre *palæotherium* pour lesquels nous avons trouvé des pieds de derrière dans notre Mémoire précédent. Nous allons voir maintenant ce que nos matériaux nous fourniront pour le genre *anoplotherium*.

ARTICLE V.

Trois os de carpe séparés qui indiquent l'existence d'un grand pied de devant plus ou moins analogue à celui d'un cochon, avec quelques os de métacarpe qui paroissent aussi y appartenir.

J'ai trouvé isolément, dans différentes pierres qui m'ont été apportées, plusieurs os de carpe, dont trois sortes surtout sont très-remarquables et ne m'ont point laissé de doute sur leur nature.

Je les ai fait représenter de grandeur naturelle et sur toutes leurs faces, pl. III, fig. 1, 2 et 3: dans chacune de ces séries, le n.° 1 représente la face supérieure; le n.° 2, l'antérieure; le n.° 3, l'inférieure; le n.° 4, la latérale externe; le n.° 5, la latérale interne, et le n.° 6, la postérieure.

Ces figures multipliées donneront, j'espère, une idée fort nette de chacun de ces os. Je prie seulement de remarquer qu'ayant été faites séparément, elles ne sont pas toutes éclairées dans le même sens.

Ces os m'embarrassèrent long-temps. Je m'aperçus d'abord qu'ils appartenoient à un systeme de carpe tout different des précédens; je voyois bien encore qu'ils se rapportoient les uns aux autres par leurs facettes articulaires : mais je ne pouvois leur trouver d'objet de comparaison parmi les animaux connus. Après avoir employé plusieurs jours à cette recherche, je m'arrêtai enfin au cochon, comme à celui qui offroit le plus de ressemblance avec eux, dans les os de son carpe.

A. *Le semilunaire*, fig. 1.

1.° Sa face supérieure ou radiale, n.° 1, est la même que dans le cochon, par son obliquité, de dehors en dedans et d'avant en arrrière; par l'étendue de sa facette articulaire sur toute la longueur de l'os; par le léger enfoncement *a* de sa partie postérieure, etc.

Le cochon l'a seulement un peu plus étroite à proportion.

Dans le bœuf, elle a en arrière une saillie au bord externe et un enfoncement à l'interne; dans le cheval, elle se relève en arrière par un angle pointu; dans le rhinocéros et le tapir, le derrière est enfoncé et ne s'articule pas, etc.

2.° Sa face antérieure, n.° 2, a le même contour que dans le cochon, excepté que dans celui-ci elle est plus haute que large. Le bœuf se rapproche davantage de l'animal fossile à cet égard, parce que celui-ci avoit apparemment, comme le bœuf, les pieds courts et le carpe écrasé.

3.° Sa face inférieure, n.° 3, a, comme le bœuf et le cochon, une concavité transversale et une carène longitudinale, *c*, *d*, *e*, qui la divise en deux facettes ; une interne *f*, pour le *grand os*, et une externe *g*, pour l'*unciforme*. Mais dans le cochon la carène se courbe fortement en dedans vers son milieu, et la facette unciformienne est beaucoup plus large que celle qui répond au grand os : dans le bœuf, la distribution des facettes est la même que dans le fossile; mais l'os produit, en arrière et en dedans vers *h*, une apophyse pointue. Le sémilunaire du *rhinocéros* a une carène oblique ne venant pas jusqu'au bord antérieur : le *chameau* n'a point de concavité transverse, etc.

4.° Sa face latérale externe ou *cunéiformienne* offre à son bord inférieur une facette transverse *i*, qui, dans le cochon, est un peu plus haute. Elle a un retour *i'* qui est beaucoup plus grand dans le bœuf, mais qui n'est point dans le cochon. La facette *cunéiformienne* supérieure, *k*, est plus petite que dans l'un et dans l'autre.

5.° Sa face latérale interne ou *scaphoïdienne*, n.° 5, offre une longue facette à son bord inférieur *l*, *m*, et une aussi longue et plus étroite *n*, *o*, au supérieur. Celle-ci est plus large dans le cochon : du reste, elles y sont pareilles ainsi que dans le bœuf. Le *rhinocéros*, le *tapir*, ont la supérieure plus courte : dans le cheval, c'est l'inférieure.

6.° La face inférieure, n.° 6, est transversalement oblongue et presque rectangulaire, beaucoup moins haute que large. Dans le *cochon*, elle est d'un tiers plus haute que large et très-oblique : elle est encore plus oblique dans le *bœuf*, et aussi beaucoup plus haute à proportion : dans le *cheval*, elle est extrêmement étroite, etc.

B. *L'unciforme*, pl. III, fig. 2.

1.° Sa face supérieure, n.° 1, présente, comme dans le cochon, deux facettes, *a* et *b*, séparées par une arête saillante, *c*, *d*, *e* : la facette interne, *a*, répond à l'interne *g* du *sémilunaire*. Elle est ici la plus étroite des deux, tandis que dans le cochon elle est la plus large; c'est par la même raison que la facette externe du sémilunaire du cochon est plus étroite que celle de l'os fossile.

En revanche, la facette externe de l'os fossile, *b*, est bien plus large que celle du cochon; ce qui prouve que le *scaphoïde* qui s'y articule devoit être plus grand à proportion dans notre animal fossile que dans le cochon.

Cette proportion des deux facettes, dans le bœuf, est très-semblable, à ce qu'on voit, dans l'os fossile : la facette interne y est même absolument pareille; mais l'autre y est différemment fléchie.

La *facette cunéiformienne* du cochon se prolonge un peu plus en arrière : mais la tubérosité postérieure, *f*, y est presque la même.

L'unciforme du *rhinocéros* a quelque rapport ; mais sa tubérosité se prolonge beaucoup plus en arrière: le *cheval* n'en a qu'un fort petit avec une seule facette., etc.

2.° La face antérieure, n.° 2, ressemble à celle du cochon, mais est un peu moins haute à proportion. La ligne du contour d'en bas, *g*, *h*, est droite comme dans le bœuf : dans le cochon, elle est un peu concave : dans le *tapir*, le *rhinocéros*, elle est oblique et fort convexe, etc.

3.° Cette circonstance tient à ce que la face inférieure, n.°

3, *h*, est parfaitement plane; tandis qu'elle est concave dans le *cochon*, et convexe dans tous les autres. Le *bœuf*, le *chameau* et d'autres ruminans l'ont plane comme notre animal. Il en résulte que l'*unciforme* ne doit porter qu'un doigt imparfait.

4.° La face la plus remarquable de cet os est l'externe, n.° 4. Elle offre une facette *i*, tout-à-fait dirigée en dehors et se portant verticalement de la facette supérieure externe *b*, à la facette inférieure *h*, entre la face antérieure de l'os *g*, et sa tubérosité postérieure *f;* on n'en trouve l'analogue ni dans le *bœuf*, ni dans le *cochon*, ni dans le *tapir*, etc. Mais il en existe une semblable dans le *rhinocéros*, et elle y porte un osselet arrondi qui tient à lui seul lieu de toutes les parties qui devroient composer le petit doigt. J'en conclus hardiment que notre animal fossile étoit dans le même cas, et qu'il n'avoit qu'un vestige de petit doigt.

5.° La face latérale interne présente une facette oblique, *k*, pour l'articulation avec l'os métacarpien du medius, et une verticale très-étroite, *m*, pour celle avec le *grand os;* elle réunit la précédente avec la supérieure interne ou *sémilunairienne a.* Il y en a de plus une petite ovale, *n*, regardant un peu en arrière pour s'articuler aussi avec le *grand os.*

Dans le cochon, *k* et *m* sont dans un même plan vertical, et se laissent à peine distinguer sur l'os séparé. Dans le bœuf, *k* est presque réduit à rien, *m* occupe presque toute la hauteur, et se prolonge en arrière vers le haut jusqu'en *n.* Il y a une troisième facette pour le grand os au bord inférieur, etc.

6.° La face postérieure, n.° 6, n'a rien de bien remarquable; mais le dessin que j'en donne peut aider l'imagination à placer toutes les facettes.

C. *Le grand os*, pl. III, fig. 3.

N. B. C'est l'os du côté gauche qu'on y a représenté, tandis que dans les deux autres séries on a copié des os du côté droit.

1.° Sa face supérieure, n.° 1, est très-basse en avant, et s'élève fort en arrière, comme on peut encore mieux en juger par la figure, n.° 2, où l'os est vu par devant; cette élévation est beaucoup moindre dans le *cochon*, le *bœuf*: le *cheval* et surtout le *tapir* en approchent; mais dans celui-ci elle est comme étranglée du reste de la face, et l'arête longitudinale, *a*, *b*, *c*, ne s'étend pas dessus: dans le *rhinocéros*, elle s'élève en pente douce, etc. Au total, c'est encore le *cochon* qui ressemble le plus: mais sa facette externe ou *sémilunairienne*, *e*, est plus étroite à proportion que l'interne ou *scaphoïdienne*, *d*. C'est le contraire dans l'os fossile, qui se règle sur la grande largeur de la facette correspondante de son sémilunaire, *f*, fig. 1, n.° 3

2.° La face antérieure, n.° 2, ne diffère de celle du *cochon* que parce que la ligne *f g* y est presque droite, tandis qu'elle est très-convexe dans le *cochon*.

3.° Il en résulte que la face inférieure, n.° 3, est presque plane ou très-légèrement concave. Dans le *cochon*, elle a deux courbures, une concave en long, une convexe moins sensible en travers. Le *tapir* est peu concave : le *cheval*, le *bœuf*, ne le sont pas du tout. Le *rhinocéros* est comme le *cochon*, etc.

4.° Le côté externe, n.° 4, présente deux facettes tout-à-fait semblables à leurs correspondantes, *m* et *n*, de l'unciforme, et qui offrent par conséquent les mêmes différences de leurs analogues dans le *cochon*, le *bœuf*, etc.

5.° Le côté interne, n.° 5, offre, pour l'articulation avec le *trapézoïde*, une petite facette verticale *o*, qui descend de la facette *scaphoïdienne d*, à la *métacarpienne;* et une autre en arrière, ovale et oblique, *p:* dans le *cochon*, il y a deux facettes longues, une au bord inférieur, une au supérieur.

Dans le *rhinocéros* et le *tapir*, il n'y a que la facette *o :* le *cheval* a les deux du cochon, et la troisième propre à l'os fossile: le *bœuf*, qui n'a point de trapèze ni de trapézoïde du tout, differe éminemment à cet égard; son *grand os* s'élargit vers le côté interne du pied, et n'y porte aucune facette.

Il résulte de cette recherche, 1.° que ces trois os, examinés séparément, ne ressemblent à aucun de ceux du carpe des autres animaux;

2.° Qu'ils conviennent l'un à l'autre et sont faits pour aller ensemble;

3.° Qu'ils ont appartenu à un système particulier de carpe, lequel, à en juger par ce que nous en connoissons, tenoit le milieu pour les formes entre le cochon et quelques autres pachydermes d'une part, et les ruminans de l'autre

Or, si l'on se rappelle la description que nous avons donnée dans la première section de ce Mémoire, article premier, du grand pied de derrière à deux doigts de l'*anoplotherium commune*, et si l'on se souvient qu'il occupoit aussi parfaitement cette même place entre les *pachydermes* et les *ruminans*, on sera porté à croire que ce pied de devant appartient au même animal.

Mais pour s'en faire une idée complette il faudroit savoir combien de doigts porte ce carpe, et quelles sont leur forme et leur longueur.

Il est déjà clair qu'il n'y a qu'un vestige de petit doigt, et l'analogie des autres animaux fait croire qu'en conséquence il n'y a pas de pouce.

Le doigt complet que porte l'*os unciforme* est donc l'*annulaire;* celui que porte le *grand os* et dont l'os metacarpien s'appuie aussi par une facette sur l'unciforme, est le *medius.* Mais y a-t-il un *index*, ou n'y en a-t-il point? Le pied est-il *tridactyle* ou *didactyle*?

Pour répondre à cette question, il faudroit avoir le *trapézoïde* et connoître sa facette métacarpienne, et c'est ce que je n'ai pu encore obtenir; les facettes latérales internes du grand os me font bien voir que le trapézoïde existe, mais ne m'apprennent point son étendue en largeur. S'il n'étoit pas considérable, il pourroit, à la rigueur, servir de base au même métacarpien que le grand os, comme dans le chameau, trois os du carpe servent en commun de base à un seul canon; et j'avoue que l'analogie du pied de derrière pourroit porter à le croire.

Nous avons vu dans ce pied de derrière un vrai tarse de chameau porter deux métatarsiens : il en seroit de même au pied de devant, d'après ce système. Un carpe de trois pièces au second rang y porteroit aussi deux métacarpiens.

Il faut se ressouvenir que le *chameau* est le seul ruminant qui ait ces trois os au second rang du carpe, comme il est le seul qui ait le *cuboïde* et le *scaphoïde* distincts au tarse, et qu'il se rapproche par là des *pachydermes*, dont il s'éloigne par son *métatarsien* et son *métacarpien* uniques. Notre animal fossile seroit donc toujours l'intermédiaire de ces deux ordres.

J'en étois là de ces réflexions, quand on m'a apporté un morceau qui paroissoit en confirmer singulièrement les résultats.

Je l'ai fait dessiner à demi-grandeur, pl. IV, fig. 1.

Il présente une portion de tête inférieure d'humérus. A; une empreinte d'avant-bras, B, C; deux os du carpe, D, E, dont un entier, D, et deux doigts presque complets, F, G, que d'après les autres parties qui les accompagnent je me crois bien autorisé à regarder comme ayant appartenu au pied de devant. L'un des os de carpe, enlevé au plâtre et bien entier, D, s'est trouvé être précisément le *sémilunaire* décrit ci-dessus, pl. III, fig. 1 : d'où je conclus encore que ce pied de devant étoit celui dont je viens de faire connoître trois os du carpe.

Le *sémilunaire* est celui du côté gauche, et la tête d'humérus aussi; nouvelle probabilité que tous ces os s'appartenoient. Or, ces deux os métacarpiens sont bien pareils : ils sont à peu près droits. Il n'y en a point d'oblique, comme cela devroit être s'ils avoient appartenu à un pied didactyle. Il en est de même pour les phalanges; un doigt ne devoit pas être plus court que l'autre : d'où je conclus encore qu'il n'y en avoit que deux parfaits, et que ce pied étoit un pied fourchu, mais sans canon, et dont les os du métacarpe restoient séparés; espèce de pied qui, comme on sait, n'existe point dans la nature vivante, et qui n'a d'analogue que dans le pied de derrière d'*anoplotherium* décrit dans la section précédente.

Ce morceau me donnoit l'indication nécessaire pour reconnoître les métacarpiens de cette espèce, s'ils se présentoient. J'en ai eu en effet plusieurs, que je vais décrire, mais qui, par un fâcheux hasard, se sont tous trouvés du même doigt, l'interne de ce pied ou l'analogue du medius. On en voit un, celui du côté droit, pl. IV, fig. 2, par sa face antérieure, et fig. 3, par la supérieure; fig. 4 est le côté interne de sa tête, et fig. 5, l'externe. Les mêmes lettres expriment les mêmes points dans toutes les figures.

J'ai confondu long-temps cet os avec le métatarsien externe du pied de derrière, auquel il ressemble surtout par les facettes *i* et *f*, pour l'articulation avec l'autre métacarpien. Mais je remarquai à la fin, 1.° que ce métacarpien est plus plat en avant : 2.° que la facette latérale antérieure, *i*, touche à la face supérieure ; dans le métatarsien, il y a un intervalle : 3.° que la face supérieure n'est pas ronde, comme dans le métatarsien, mais anguleuse : 4.° que le métatarsien a une tubérosité considérable en arrière de sa face supérieure, qui manque dans celui-ci : 5.° enfin, que celui-ci a une facette latérale interne qui manque au métatarsien, et qui indique un vestige d'index.

Comparant ensuite les grandeurs de mes différens métacarpiens, je vis qu'elles étoient à peu près les mêmes que celles de ces métatarsiens d'*anoplotherium commune*.

En effet, les métacarpiens entiers que j'ai eus étoient de 0,105 et de 0,115, et les empreintes du morceau de la pl. IV, de 0,111, et divers métatarsiens varioient de 0,095 à 0,11.

Ce fut une nouvelle raison de croire que tous ces os proviennent d'une même espèce.

L'anoplotherium commune paroît donc avoir eu deux doigts parfaits au pied de devant comme au pied de derrière.

Mais en avoit-il d'imparfaits ? c'est ce que tous les morceaux décrits jusqu'à présent ne me disoient pas encore avec précision. Cependant la petite facette interne du métatarsien m'indiquoit au moins un vestige d'index, comme je viens de l'annoncer.

J'ai trouvé un os du métatarse, court et irrégulier, que je

soupçonne fort d'avoir fait la première pièce d'un doigt surnuméraire et imparfait.

Je le représente, pl. III, fig. 8, 9, 10 et 11.

C'est, selon moi, celui du côté droit: il a un peu moins de moitié de la longueur des métacarpiens parfaits.

Sa face qui regarderoit le medius, a une facette qui s'ajuste bien sur la facette externe de cet os, marquée *d*, figure 5, pl. IV. Sa face carpienne est petite et presque rectangulaire. Il y en a encore une très-petite au bord interne ou radial de celle-là, qui portoit peut-être un très-petit vestige de pouce. La tête inférieure s'écarte un peu du métatarsien du medius. Sa poulie n'a point d'arête sensible au milieu, et ne devoit porter qu'une petite phalange.

Si les combinaisons auxquelles je me suis livré dans cet article sont les véritables, ce pied de devant consisteroit donc en un vestige de pouce, un index court et imparfait; un radius et un annulaire, parfaits l'un et l'autre, posant seuls à terre et lui donnant l'apparence d'un pied fourchu; enfin un vestige de petit doigt dont la grandeur et l'étendue sont encore indéterminées.

Cet index imparfait ne seroit pas une raison de séparer ce pied de devant, du didactyle de derrière que nous avons attribué à l'*anoplotherium*. Le *tapir* nous donne déjà un exemple, dans l'ordre des pachydermes, d'un genre dont les pieds de devant ont un doigt de plus que ceux de derrière.

Le *daman* en fournit un autre; et l'on voit de plus, dans l'obliquité de son métacarpien du petit doigt, quelque chose d'analogue à ce que nous montre l'index de celui-ci.

Je donne, pl. V, fig. 24, un trait en petit de la manière dont je me figure que les os de ce carpe étoient disposés dans leur état naturel.

J'ai marqué en points les os que je n'ai pas eus, et que j'établis seulement par conjecture. Les lettres sont les mêmes que dans la fig. 23.

ARTICLE VI.

*Pied de devant incomplet, qui paroît avoir eu quelque analogie avec le précédent, mais beaucoup plus petit ; et digression sur le pied de derrière de l'*ANOPLOTHERIUM MINUS, *qui n'avoit point été complétement décrit dans la section précédente.*

Je l'ai eu deux fois, toujours avec une portion d'avant-bras, mais toujours très-mutilé.

Dans un morceau, pl. V, fig. 10, il ne restoit des doigts que l'empreinte qui indiquoit qu'il y en avoit eu au moins trois. Dans l'autre, *ib.* fig. 9, on voyoit de plus quelques portions de métacarpe, quelques phalanges, et surtout deux os entiers du carpe, et une portion considérable d'un troisième.

Le plus grand des deux (*a*, fig. 9, pl. V, et fig. 12, en dessus; fig. 13, par devant; fig. 14, en dessous; fig. 15, du côté interne; fig. 16, de l'externe), ayant été arraché du plâtre et examiné, se trouva un *unciforme gauche*, extrêmement semblable à celui de l'article précédent; excepté que la facette latérale inférieure *b*, qui dans le grand est presque verticale et ne peut porter qu'un rudiment, se trouve ici plus grande, plus rapprochée de la position horizontale, et très-propre à porter un métacarpien de petit doigt; la grande facette *a* portoit, sans aucun doute, celui de l'annulaire.

Nous avons ensuite trouvé dans la pierre les têtes supérieures de ces deux os; elles se sont parfaitement ajustées à ces deux facettes, comme on le voit, pl. V, fig. 22, *h*, *n*, *o*.

Le deuxième os entier de ce carpe est un cunéiforme, pl. V, fig. 17, en dessous; fig. 18, en dehors; fig. 19, en dedans; fig. 20, en dessus. Il s'ajuste parfaitement sur l'unciforme (voy. fig. 22, *e*). Il a beaucoup de rapports avec celui du cochon par sa facette radiale *a*, fig. 18 et 20, qui est concave et qui descend obliquement en arrière et en dehors, ainsi que par toute sa forme générale.

Le troisième os, moins entier que les deux autres, est le *sémilunaire*, pl. V, fig. 21. Sa face antérieure, qui n'avoit pas souffert, ressembloit beaucoup à celle du même os de l'article précédent.

Tous ces os, rattachés ensemble, ont formé la portion de carpe représentée, fig. 22, laquelle confirme et complette les idées que nous nous sommes faites dans l'article précédent sur le carpe de l'*anoplotherium*. J'ai exprimé par des lignes ponctuées les pièces que je n'ai pas eues actuellement, et dont je conjecture simplement le contour.

J'y ajoute aussi un trapézoïde et un index, parce que je ne connois point d'exemple d'existence de petit doigt sans index. Ce pied auroit donc été tétradactyle; mais sans doute il l'étoit comme celui du cochon, auquel il ressemble tant d'ailleurs; c'est-à-dire que les doigts latéraux ne touchoient pas à terre. Cela se juge par l'inégalité de l'os métacarpien de l'annulaire et de celui du petit doigt, dont on voit les empreintes et les fragmens en *c*, *c*, et en *d*, *d*, fig. 9; et plus encore par celle de leurs premières phalanges : *e* est le commencement de

*

l'une, et *f* l'autre toute entière; *g* et *h* sont les deux autres du petit doigt.

Je suis d'autant plus persuadé que c'étoit là sa forme, que j'ai trouvé un pied de derrière qui lui ressemble en ce point, et qui lui correspond assez par la grandeur pour qu'on puisse croire qu'il étoit de la même espèce.

J'ai décrit son astragale dans la section précédente, art. III, et je l'ai représenté, *ibid.* pl. III, fig. 7; mais comme depuis-lors j'ai trouvé le pied tout entier avec son tibia, je vais le décrire ici comme un beau supplément à mon travail sur les pieds de derrière: j'en ai eu les deux empreintes. On voit la plus complette, pl. V, fig. 11 : en *a*, est l'astragale, parfaitement semblable à celui dont je viens de faire mention, et portant tous les caractères de ceux de nos pieds didactyles, ainsi que la même ressemblance avec ceux des ruminans et surtout du cochon. Il en est de même du calcanéum, *h*.

Je n'ai pu bien nettement représenter les autres os du tarse, *f*, *f*, parce qu'ils étoient fracturés ; mais ceux du métatarse n'ont laissé aucune équivoque. Les deux grands se voient dans toute leur longueur, en *b* et en *c*, avec les deux premières phalanges qui leur appartiennent, *b'* et *c'* ; la deuxième du doigt interne, *c''*, se voit aussi très-bien ; mais la troisième manque, et il n'y a qu'un fragment de la deuxième et de la troisième de l'externe *b''* et *b'''*.

L'os *d* est le métatarsien du doigt surnuméraire externe : son origine *d'* se cache, dans cette pierre, sous celle des deux doigts parfaits. On voit combien il est plus court et plus grêle qu'eux. La pierre opposée, que je n'ai pas jugé à propos de représenter, parce qu'elle n'offre guères que des empreintes des os qui sont en entier sur celle-ci, contient cependant en entier l'os métatarsien du doigt surnuméraire interne : il est à peu près de la même longueur et de la même grosseur que celui-ci. On y voit aussi ses première et deuxième phalanges, qui ont laissé sur cette pierre-ci des empreintes marquées *g* et *g'*. Les phalanges de son surnuméraire externe sont apparemment cachées vers *k*. Je ne sais si ces deux doigts avoient une troisième phalange, et je ne puis juger s'ils se manifestoient en dehors de la peau ; mais il est bien visible qu'ils ne touchoient pas à terre.

Voilà donc un pied de devant et un pied de derrière fort semblables l'un à l'autre : leur grandeur n'est pas disproportionnée.

Dans celui de derrière, le calcanéum a de longueur 0,029
L'astragale. 0,015
Le scaphoïde et les cunéiformes ensemble . . . 0,009
Les grands métatarsiens. 0,06
Les premières phalanges des grands doigts . . . 0,02
Les secondes 0,01

Et en ajoutant quelques millimètres pour les troisièmes, nous aurons pour la longueur du pied, à compter du bas de l'astragale . . . . 0,105 ou environ.

Le tibia est de 0,093
Longueur des deux ensemble 0,198
Dans le pied de devant, le radius a 0,07
Le carpe entier 0,01
Les grands os du métacarpe 0,048

Et par conjecture,

Leurs premières phalanges. 0,02
Les secondes 0,01
Les troisièmes 0,005

Longueur totale à compter du coude 0,175

C'est un peu plus que la proportion de 16 à 20.

Le lièvre a une bien plus grande inégalité, ses dimensions étant 0,17 et 0,27 ; mais elle y est tout autrement répartie. L'avant-bras et la jambe y sont plus longs, et les pieds plus courts.

Cette grandeur de pied de devant, à peu près la même que dans le lièvre, nous rappelle la mâchoire d'*anoplotherium*, de peu de chose plus grande que celle d'un lièvre, II.[eme] Mémoire, p. 44, §. II, et pl. IX, fig. 1. Nous voilà donc encore ramenés aux mêmes résultats que dans l'article III de la section précédente : ce sont ici les pieds de l'*anoplotherium minus*.

De ce que cette espèce a les pieds tétradactyles, il n'en faut pas conclure que l'*anoplotherium commune* les ait aussi tels, ni que nous nous soyons trompés dans leur restitution. Outre que les doigts surnuméraires, et même quelquefois les doigts complets, varient dans les espèces de certains genres, comme les *paresseux* et les *agoutis*, j'ai trouvé dans un morceau que je décrirai dans un Supplément la preuve directe et indépendante de tout raisonnement, que le grand pied de derrière didactyle, ou celui d'*anoplotherium commune*, décrit dans l'article Ier de la section précédente, n'a qu'un seul petit os pour tout vestige de pouce et de deuxième orteil.

Article VII.

Os cunéiforme, provenant d'un carpe analogue au précédent, mais intermédiaire pour la grandeur entre lui et celui de l'article V.

Je l'ai trouvé deux fois; mais je ne l'ai reconnu que lorsque j'ai eu observé celui de l'article précédent, auquel il ressemble, à la grandeur près. J'en ai conclu qu'il vient du même genre; et comme il répond assez pour la grandeur à un pied de devant qui seroit lui-même proportionné au pied de derrière didactyle , grêle, de l'article II de la section précédente, j'ai dû croire qu il vient de la même espèce , c'est-à-dire , de l'*anoplotherium medium*.

J'avoue cependant qu'il me paroît un peu trop grand; mais ce peut être une circonstance individuelle. On le voit de grandeur naturelle, pl. V, fig. 25, par dehors; fig. 26, par le côté interne; fig 27, en dessous, et fig. 28, en dessus: c'est celui du côté droit; j'en ai un pareil du côté gauche.

Nous avons donc au moins des parties de trois pieds de devant, qui répondent aux trois pieds de derrière décrits dans les premiers articles de la section précédente et aux trois premières sortes de mâchoires indiquées dans l'article II de notre II.ème Mémoire.

Il n'y a que l'anoplotherium minimum qui en manque encore; mais je me trouve heureux d'avoir déjà un résultat aussi complet, lorsque je pense à l'excessive difficulté de ces sortes de discussions. Le lecteur pourra en prendre une idée, quand il saura qu'il y a plus de six ans que je travaille à rassembler et à combiner les matériaux de la présente section.

Fossiles de Paris, Pied de devant Pl. I.

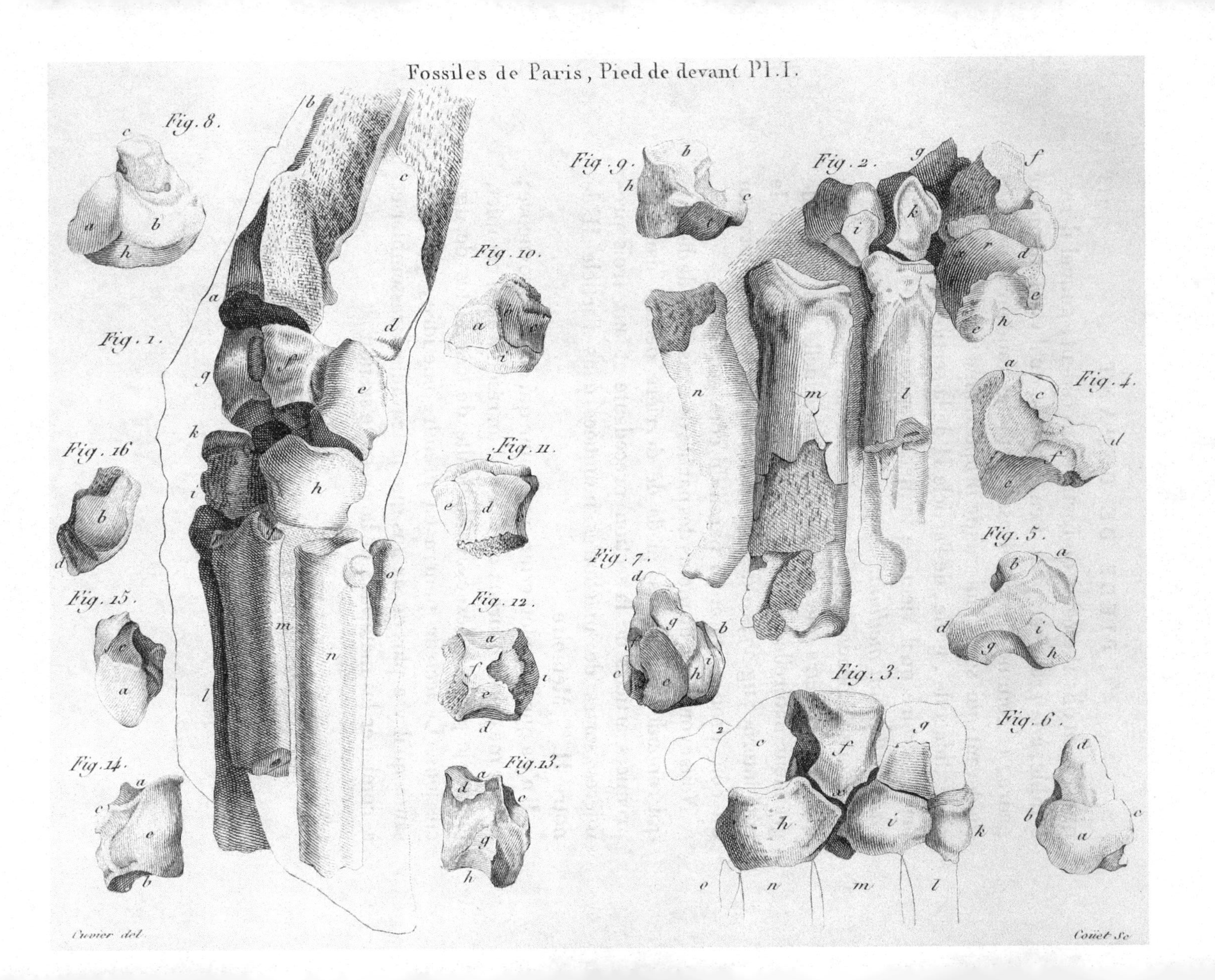

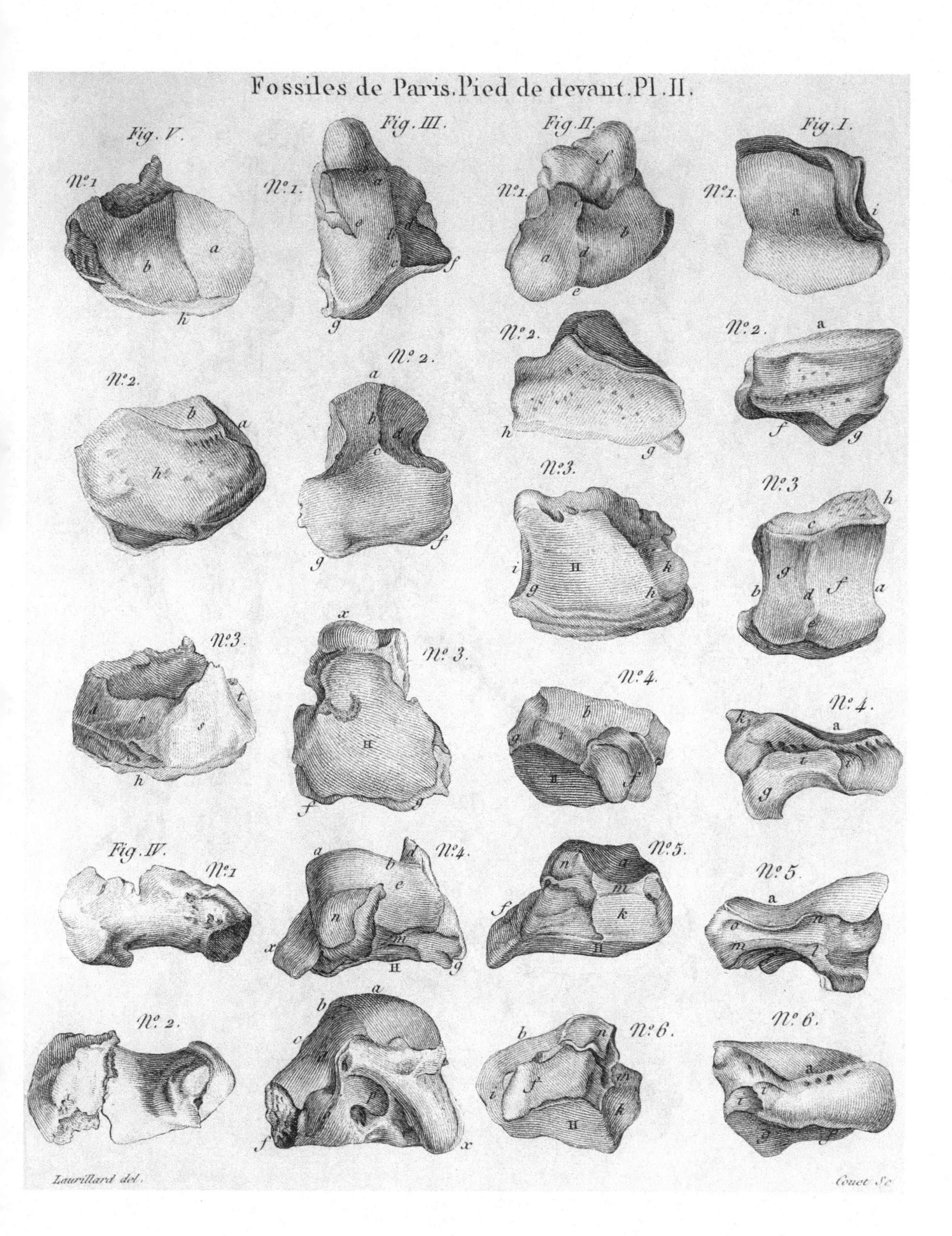
Fossiles de Paris. Pied de devant. Pl. II.
Fig. V.
Fig. III.
Fig. II.
Fig. I.
Fig. IV.
Laurillard del.
Couet Sc.

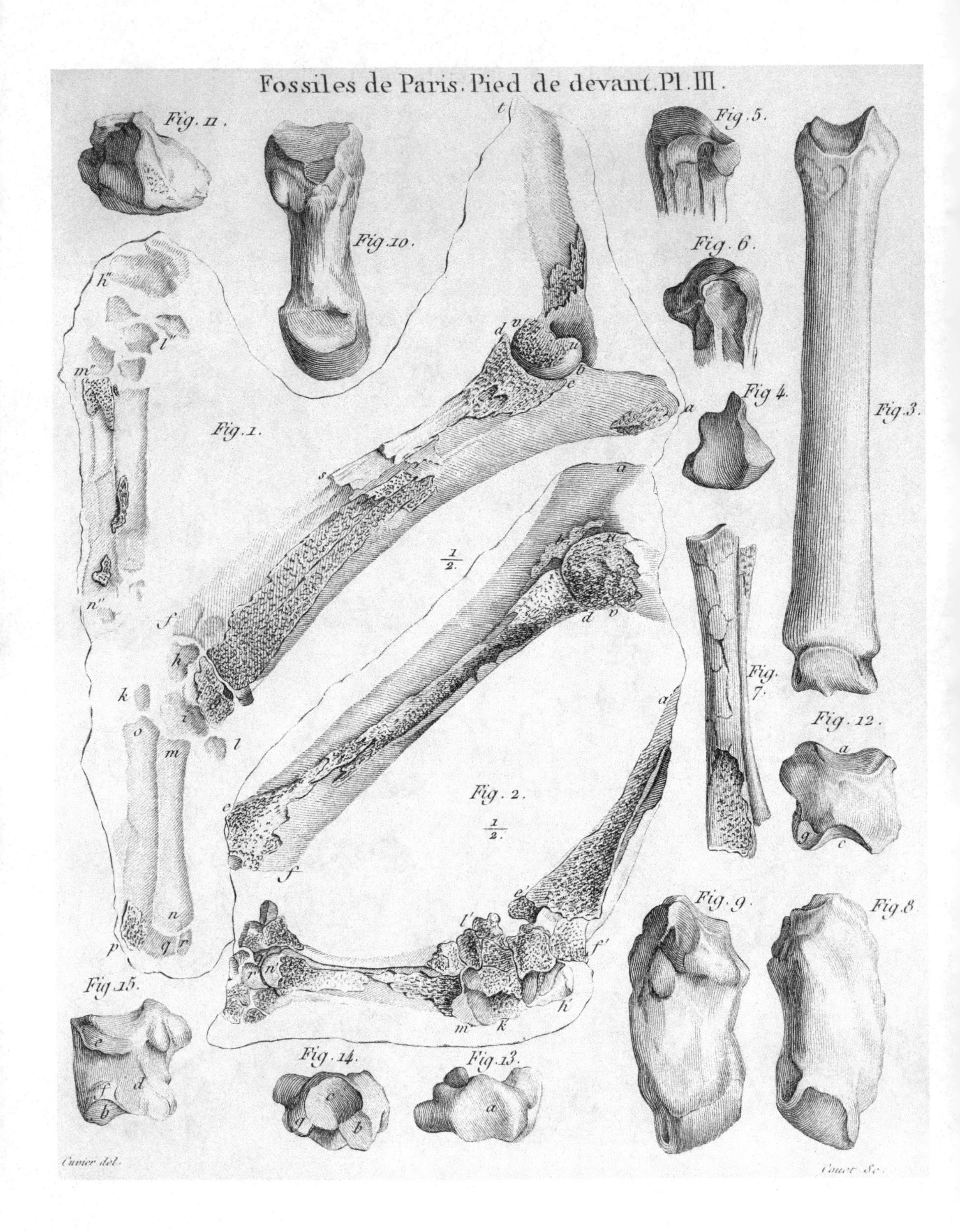
Fossiles de Paris. Pied de devant. Pl. III.
Fig. 1.
Fig. 2.
Fig. 3.
Fig. 4.
Fig. 5.
Fig. 6.
Fig. 7.
Fig. 8.
Fig. 9.
Fig. 10.
Fig. 11.
Fig. 12.
Fig. 13.
Fig. 14.
Fig. 15.
Cuvier del.
Couet Sc.

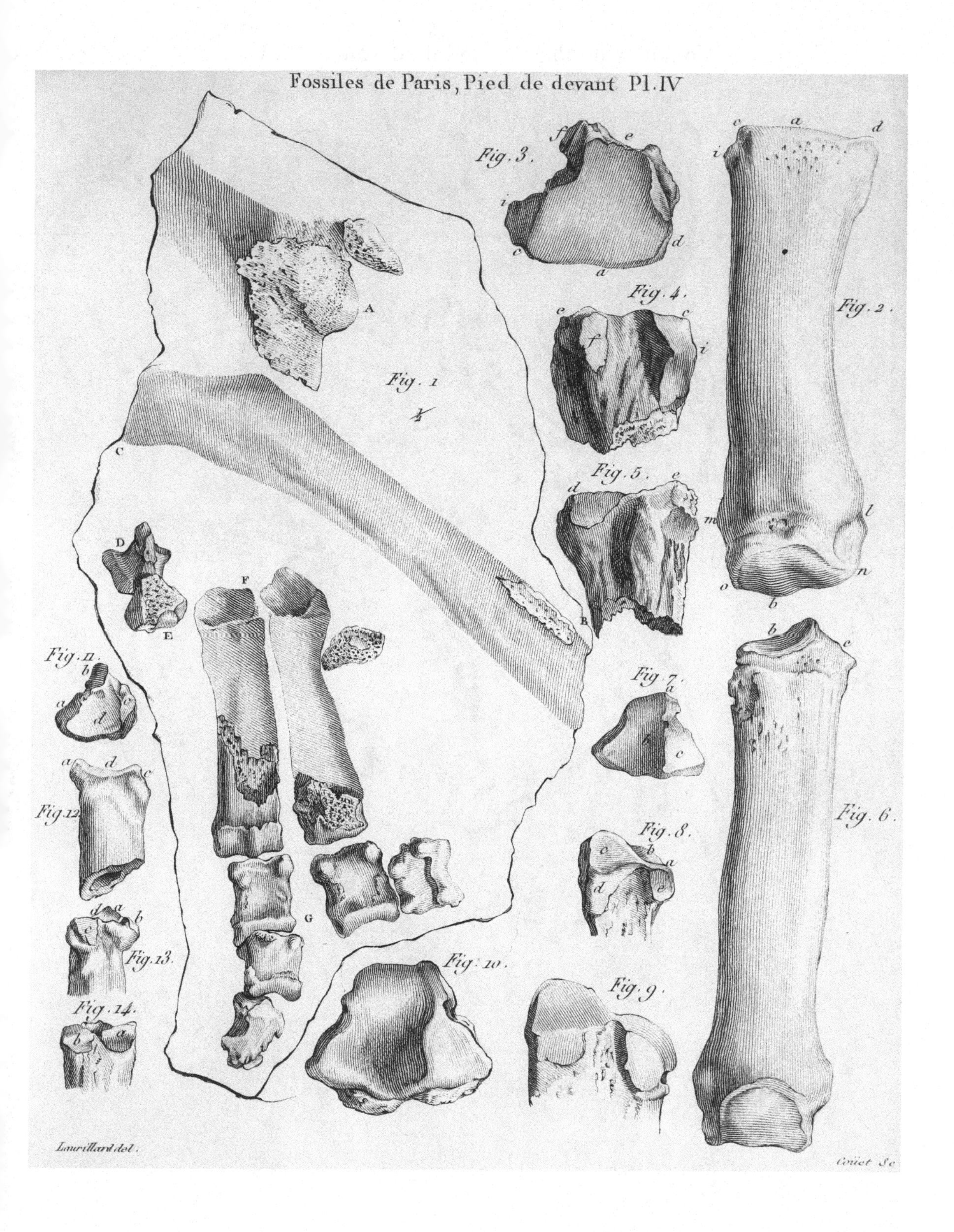
Fossiles de Paris, Pied de devant Pl.IV
Fig. 1
Fig. 2.
Fig. 3.
Fig. 4.
Fig. 5.
Fig. 6.
Fig. 7.
Fig. 8.
Fig. 9.
Fig. 10.
Fig. 11.
Fig. 12
Fig. 13.
Fig. 14.
Laurillard del.
Coüet Sc

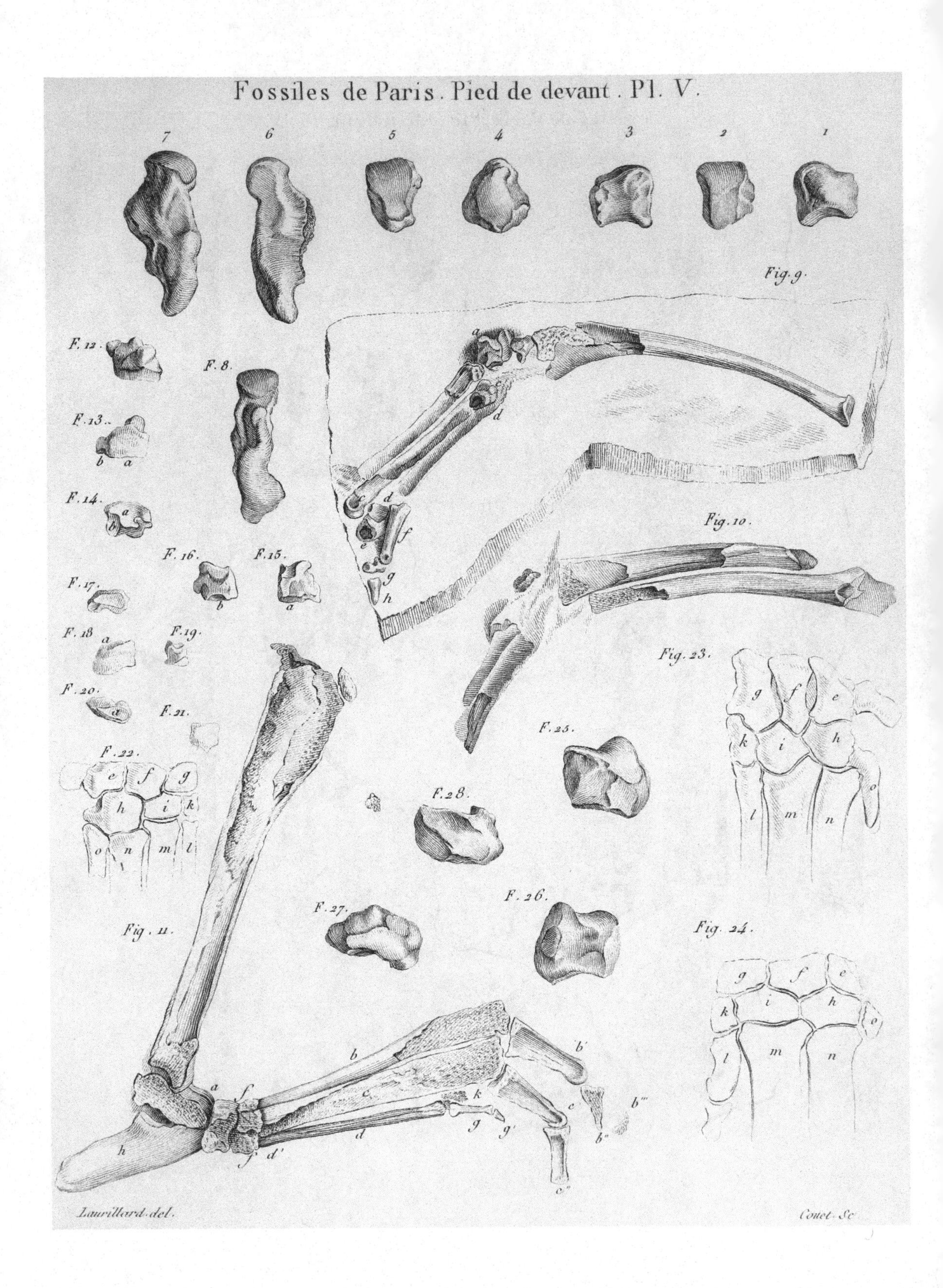
Fossiles de Paris. Pied de devant. Pl. V.
7
6
5
4
3
2
1
Fig. 9.
F. 12.
F. 8.
F. 13.
F. 14.
F. 16.
F. 15.
F. 17.
F. 18
F. 19.
F. 20.
F. 21.
F. 22.
Fig. 10.
Fig. 23.
F. 25.
F. 28.
Fig. 11.
F. 27.
F. 26.
Fig. 24.
Laurillard del.
Couet Sc.

TROISIEME MÉMOIRE.

TROISIÈME SECTION.

LES PHALANGES.

Les deux sections précédentes ont eu pour objet la réintégration de la partie capitale des pieds, savoir: des tarses et métatarses, carpes et métacarpes.

Il s'agit maintenant de les compléter, en y ajoutant les phalanges.

Nous avons été fort heureux par rapport à celles des *anoplotheriums;* car nous les avons trouvees, dans les trois espèces, attachées à leurs pieds : mais celles des *palæotheriums* ne se sont pas trouvées placées avec autant d'avantage.

ART. Ier PHALANGES D'ANOPLOTHERIUM.

§. Ier *Anoplotherium commune.*

Celles du pied de devant nous sont fournies par le morceau (sect. préc. pl. IV, fig. 1), et celles du pied de derrière par le morceau (IIIe Mém. sect. I, pl. I fig. 7); mais comme l'onguéal y étoit mutilé, nous le retrouverons dans le morceau du quatrième Mémoire, pl. IV, fig. 9.

Il est très-difficile ou même impossible de distinguer celles des deux premiers rangs des deux grands doigts d'une extrémité, de celles de l'autre.

Pour celles de l'*index*, qui sont fort différentes, nous les avons eues jointes à leur métacarpien et à leur radius.

Celles de la première rangée sont presque demi-cylindriques, un peu concaves en dessous. Leur face métatarsienne ou métacarpienne est d'une concavité uniforme et de la figure d'un rein; l'échancrure en arrière sert à recevoir dans la flexion une arête de l'os du métacarpe ou du métatarse. Elle y produit deux protubérances.

La face opposée est transversalement oblongue, et légèrement creusée en canal d'arrière en avant.

Longueur ordinaire	0,035
Largeur	0,03
Diamètre antéro-postérieur	0,02

Celles de la seconde rangée sont faciles à distinguer. Leur face supérieure se relève en avant et y forme une saillie qui remplit le creux des précédentes. Elle a du reste la figure d'un demi-cercle. L'inférieure, qui est aussi en demi-cercle, est creusée légèrement en canal pour recevoir l'onguéale.

Il y a plus d'inégalité dans leur volume. Longueur, depuis 0,025 jusqu'à 0,035; largeur, depuis 0,023 jusqu'à 0,03.

Un des angles de la face supérieure est généralement plus élevé que l'autre.

Les onguéales (fig. 7) ont leur face articulaire (fig. 8) convenable pour répondre au creux léger des précédentes. Il y a en outre trois autres faces, une inférieure très-convexe (fig. 7 *b.*), et deux supérieures (fig. 7 *a.*), qui se rencontrent en manière de toit. L'interne est plus étroite; ce qui fait que l'arête se rapproche plus du milieu du pied que de son bord.

L'extrémité antérieure est arrondie et très-inégalement percée, échancrée ou déchirée, par les trous destinés aux vaisseaux et à lier cette phalange avec son sabot.

Les deux onguéales du pied de derrière (IV.e Mém. pl. IV, fig. 9), que je donne ici de grandeur naturell (fig. 9), sont beaucoup plus allongées et leur pointe est plus entière. J'ignore si cela tient à la jeunesse de l'individu, et si ce sont l'âge et la marche qni raccourcissent et émoussent les phalanges des individus plus âgés.

Dans le *cochon*, les onguéaux de devant sont plus allongés que ceux de derrière et ressemblent beaucoup à ceux-ci; mais, dans le *chameau* et le *lama*, ils sont à peu près égaux aux quatre pieds.

Au total, c'est sans contredit du *chameau* que les doigts de l'*anoplotherium* se rapprochent le plus par la forme de leurs onguéaux; mais ils ressemblent plus au *cochon* par la brièveté et la grosseur des deux premières rangées. Je ne doute donc point que les ongles de cet animal n'aient eu le plus grand rapport avec ceux du *chameau*, c'est-à-dire qu'ils n'aient consisté seulement en une petite lame au-devant de l'extrémité d'une large semelle.

Nous avons vu (sect. préc. p. 107) qu'outre ses deux grands doigts, l'*anoplotherium commune* a un index fort petit. Le métacarpien de ce doigt n'a point d'arête à sa face articulaire inférieure; aussi sa première phalange n'a-t-elle point d'échancrure en arrière. Elle est beaucoup plus petite que celle des autres doigts et oblique. Nous la représentons fig. 26.

Nous n'avons pas eu la seconde, mais seulement son empreinte. Elle est fort petite et paroît n'en point porter de troisième.

§. II. *Anoplotherium medium.*

Nous les avons toutes les trois dans le beau pied (III.e Mémoire, I.re sect., pl. III, fig. 1), et nous les avons encore trouvées séparément dans d'autres morceaux.

On les voit de grandeur naturelle et par leurs faces latérales, précédées de l'extrémité du métatarse, figures 10, 11, 12 et 13; leurs facettes articulaires, figures 14, 15, 16, 17, 18 et 19. Au fond, leur mécanisme est le même que dans l'espèce précédente : les creux, les saillies, sont semblables; seulement elles sont grêles et allongées, comme tous les autres os de cet *anoplotherium medium*.

Elles se rapprochent beaucoup plus des ruminans que celles de l'*anoplotherium commune*. Leur ressemblance avec celles du *lama* va au point de faire illusion, à la grandeur près. La troisième phalange est même un peu plus grande à proportion que dans le *lama*, et se rapproche encore davantage en cela des ruminans ordinaires : elle le fait aussi par la figure, parce qu'elle est plus comprimée et que son arête supérieure est plus aiguë; ce qui lui donne même tout-à-fait l'air d'avoir porté un sabot complet.

Longueur de la première, de 0,03 à 0,04.
— de la seconde, de 0,011 à 0,013.
— de la troisième, 0,018.

§. III. *Anoplotherium minus*.

Elles nous sont fournies par le pied de derrière (sect. préc. pl. V, fig. 1), par celui de devant (*ib.* fig. 9) et par quelques autres morceaux.

Nous les représentons de face et de côté, fig. 20 — 25. La description des précédentes leur convient parfaitement, et il n'y a que la grandeur qui puisse les en faire distinguer.

Nous avons donné en partie leurs dimensions (sect. préc. p. 111).

Longueur des premières, de 0,015 à 0,02.
— des secondes, de 0,008 à 0,01.
— des troisièmes, de 0,005 à 0,007.

Les plus petites sont peut-être celles de devant.

Longueur des premières des doigts latéraux, 0,008.

Nous n'avons eu aucune des phalanges de *l'anoplotherium minimum.*

ART. II. PHALANGES DE PALÆOTHERIUM.

§. I.er *Palæotherium crassum.*

Nous en voyons la coupe dans le pied de derrière (III.e Mém. I.re sect. pl. V, fig. 2 et 4). Ce morceau nous prouve que les *palæotheriums* avoient les doigts beaucoup plus courts à proportion que les *anoplotheriums.*

Les formes du *palæotherium crassum* en particulier devoient beaucoup ressembler à celles du tapir.

Nous n'avons pas eu séparément ses premières phalanges, mais bien les secondes. On en voit une, figures 30, 31, 32. Elles sont remarquables par leur peu de hauteur, comparée à leur largeur transverse. Du reste, elles ont à leur face inférieure une forte rainure pour l'onguéale. Hauteur, 0,01 ; largeur transverse, 0,02.

On voit, par la coupe de la première phalange, qu'elle devoit être longue de 0,015.

La troisième est fort petite et arrondie.

Celles des doigts latéraux sont plus petites et obliques.

Nous n'en avons eu aucune du *palæotherium medium.*

§. II. *Palæotherium magnum.*

Nous n'en avons eu qu'une seule (fig. 33) : c'est l'onguéale du milieu, et sa forme arrondie la fait ressembler à celles du rhinocéros.

§. III. *Palæotherium minus.*

Le pied de derrière (III.[e] Mém. sect. I, pl. VI, fig. 7 et 8) nous les fournit presque toutes. Nous donnons à part la première du doigt du milieu, fig. 27, 28 et 29. Elle est longue de 0,01 ; large de 0,008. En arrière et en haut est une forte protubérance échancrée, dont on voit aussi la trace dans la coupe de celle du *palæotherium crassum.* Celles des doigts latéraux du *palæotherium minus* sont extrêmement petites.

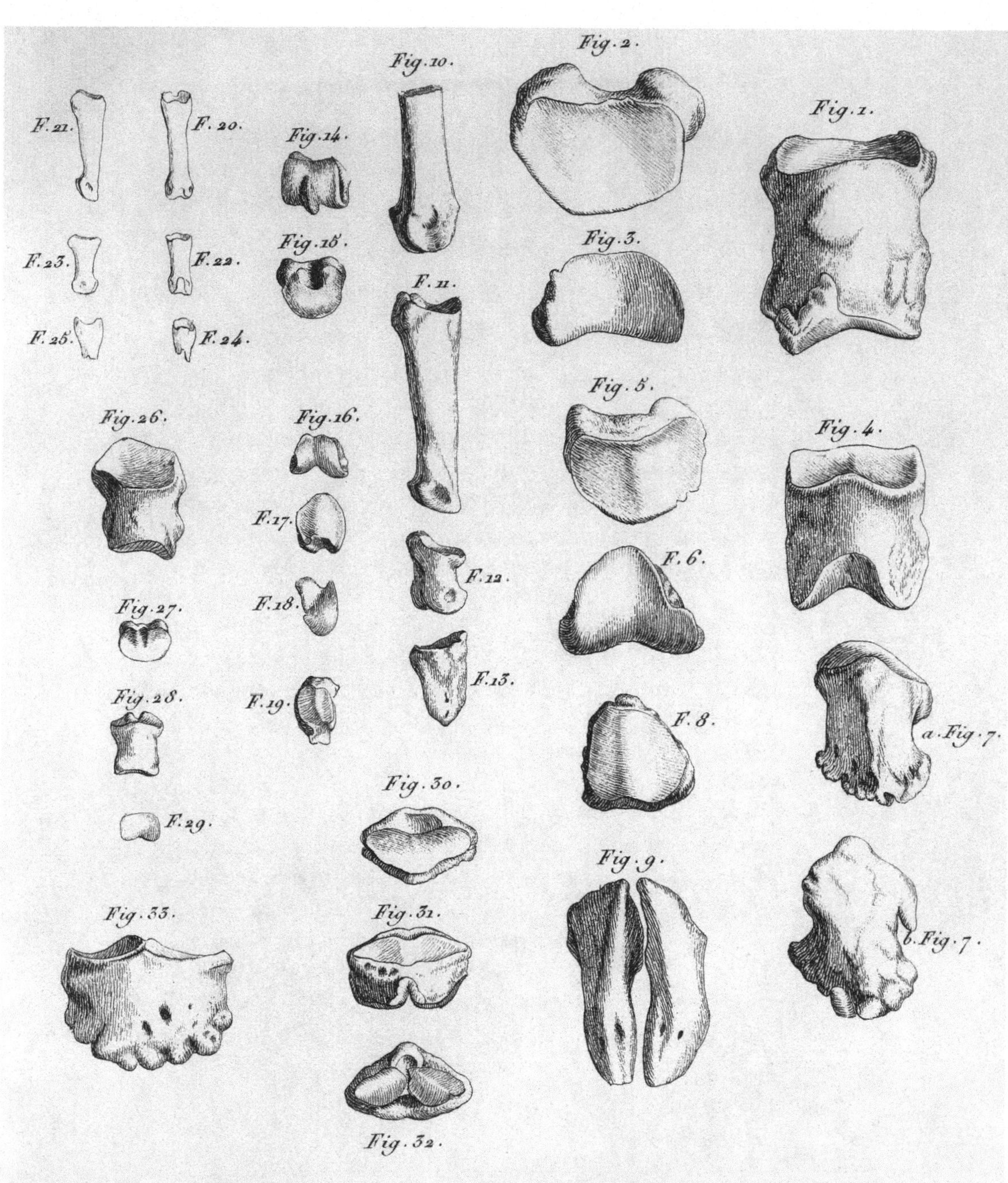

FOSSILES DE PARIS.

Phalanges.

Laurillard del. et sculp.

QUATRIÈME MÉMOIRE.

SUR LES OS DES EXTRÉMITÉS.

PREMIÈRE SECTION.

LES OS LONGS DES EXTRÉMITÉS POSTÉRIEURES.

ART. I.er LES FÉMURS.

§. I. *Fémur du palœotherium medium* ou *crassum.*

J'ai restitué toutes les parties du squelette que les naturalistes ont coutume de regarder comme caractéristiques, parce que leurs formes sont visibles au dehors.

Les autres os cependant ne sont pas moins en état de fournir des distinctions génériques et spécifiques, lorsqu'on les compare exactement entre eux; mais on a généralement abandonné cet objet aux anatomistes, quoique, dans une multitude d'occasions, les naturalistes puissent en tirer une grande utilité.

Nous en allons avoir plusieurs preuves manifestes dans ce Mémoire; et pour ce qui concerne les seuls fémurs, quand même nous n'aurions vu ni les dents ni les pieds de nos animaux des carrières, la seule inspection de quelques-uns des fémurs qu'on y trouve nous apprendroit qu'il y a des espèces inconnues et nous diroit en même temps à quelles familles ces espèces appartenoient.

Il y a, parmi les grands quadrupèdes vivans, trois genres distingués de tous les autres par une circonstance particulière dans la forme de leur fémur : ce sont les *rhinocéros*, les *tapirs* et les *solipèdes*. Cette circonstance consiste dans le *troisième trochanter*, ou dans une forte apophyse située au bord externe de l'os, au-dessous de celle qu'on nomme vulgairement *grand trochanter*. Elle sert à l'insertion du muscle analogue au grand-fessier de l'homme, lequel, dans ces animaux et dans plusieurs autres, n'est pas le plus grand des trois. On peut la voir nettement représentée dans nos planches de l'ostéologie du *rhinocéros* et de celle du *tapir*.

Or nous retrouvons cette apophyse très-caractérisée dans l'un des fémurs fossiles de nos environs, et par conséquent ce seul os auroit indiqué par lui-même l'analogie de nos animaux avec les rhinocéros et les tapirs, que d'une part les dents et de l'autre les doigts indiquent déjà si bien; et l'ensemble de ces trois ordres de caractères, qui se confirment réciproquement, forme une masse de preuves irrésistibles.

Le fémur dont nous parlons est représenté par sa face postérieure (pl. I, fig. 1), à moitié de sa grandeur naturelle.

La face antérieure de sa tête l'est, figure 2; la face externe un peu obliquement, figure 4; la face supérieure, prise, l'œil étant dans l'axe de l'os, figure 5; et ce qui reste de la tête inférieure, figure 6. Sa longueur est de 0,24; sa largeur en haut, entre sa tête et son grand trochanter, de 0,8.

C'est le fémur gauche : sa partie supérieure est singulièrement aplatie d'avant en arrière. La tête est petite, pas plus élevée que le grand trochanter, et la plus grande partie de sa convexité regarde en haut. Son plus grand diamètre est de 0,037. Le bord externe s'élargit subitement, et forme une côte saillante en arrière, qui se termine en haut au grand trochanter, et se perd en bas vis-à-vis la naissance du troisième. Cette côte laisse à la face postérieure un enfoncement aplati qui occupe toute cette face.

Le grand trochanter est une grosse tubérosité qui fait en avant une saillie plate et triangulaire.

Le petit n'est pas bien entier dans ce morceau.

Le troisième est comprimé : son bord est arrondi, mousse, et il fait un peu le crochet en avant. Il est situé au bord externe, un peu plus bas que le petit ne l'est au bord interne ; il y a entre lui et l'extrémité supérieure de l'os, 0,11.

Au-dessous du troisième trochanter, le corps de l'os redevient un peu rond, mais bientôt après il reprend quatre angles et s'élargit pour former les condyles.

Ce morceau ne montre que le condyle externe, qui est très-saillant en arrière.

La distance entre la partie la plus saillante en avant du bord externe de la poulie rotulienne du fémur et la partie la plus saillante en arrière du condyle du même côté, est de 0,06.

Le bord interne de cette poulie est bien plus saillant en avant et plus obtus que l'autre. Leur distance pardevant est de 0,03

D'après les caractères que nous avons indiqués plus haut, et d'après sa grandeur, ce fémur ne peut être comparé qu'à ceux de l'*âne* et du *tapir*. Celui du *tapir* en approche davantage, pour la grandeur, que celui de l'*âne* : car, dans notre squelette de *tapir*, le fémur est long de 0,25 ; dans celui de l'*âne*, il est de 0,29.

Il y a aussi plus de ressemblance pour la forme : 1.° le troisième trochanter du tapir est situé au même endroit, c'est-à-dire, à 0,10 de distance de l'extrémité supérieure de l'os; celui de l'âne est placé plus haut à proportion, aussi à 0,10, mais sur une longueur de 0,29.

2.° Cette éminence fait un peu le crochet vers la base dans l'*âne*. Elle a ses bords arrondis dans le *tapir*, comme dans notre fémur fossile.

3.° Le corps de l'os fossile est beaucoup plus gros à proportion de sa longueur que celui du fémur de l'*âne*; il l'est même plus que celui du *tapir*.

Le fossile a, dans sa partie la plus mince, 0,035 de diamètre; le *tapir*, 0,028; l'*âne*, qui a le fémur plus long, 0,30.

Néanmoins ce fémur fossile se rapproche un peu plus de celui de l'*âne* en deux points:

1.° En ce que le bord interne de sa poulie tibiale est bien plus gros et plus saillant que l'autre, comme cela a lieu dans l'*âne* : le *tapir* a ces deux bords presque égaux;

2.° En ce que la face postérieure de la partie supérieure est très-aplatie, et que la côte saillante qui part du grand trochanter, y descend jusque près du troisième, comme dans l'*âne*, tandis que dans le *tapir* cette côte finit au tiers de l'intervalle de ces deux éminences.

Il résulte de cette comparaison, que ce premier fémur fossile n'est ni un fémur d'âne ni un fémur de tapir, quoiqu'il tienne de tous les deux; et qu'au total il ressemble davantage à celui du dernier.

Toutes les autres analogies que nous avons déjà trouvées entre nos pieds fossiles à trois doigts et ceux du *tapir*, ne nous permettent pas de douter que ce fémur ne doive être rapporté à ces pieds, et qu'il n'appartienne par conséquent à notre genre *palæotherium*. Sa grandeur nous en indique en même temps l'espèce à peu de chose près.

Nous avons vu que la tête du *palæotherium medium* est à peu près de la même grandeur que celle du tapir. Voici un fémur de même grandeur aussi. Quoi de plus naturel que de les rapporter l'un à l'autre !

Le pied que nous avons attribué au *palæotherium medium* est à la vérité un peu plus petit que celui du tapir ; mais ce sera seulement une différence de proportion dans les parties du même membre, telle que le règne animal nous en offre assez souvent entre deux genres voisins. Qui ne sait la différence des proportions du pied au fémur, entre le kanguroo et le phalanger, entre les makis ordinaires et les tarsiers et galagos ? Elle est trois ou quatre fois plus forte que celle-ci.

Cependant ces motifs n'établissent pas plus de droits au *palæotherium medium* qu'au *palæotherium crassum ;* et jusqu'à ce qu'on ait deux fémurs entre lesquels on puisse se déterminer, il n'y aura point de raison pour attribuer celui-ci à l'une de ces deux espèces plutôt qu'à l'autre.

Je n'ai eu ce fémur qu'une seule fois entier.

§. II. *Fémur d'anoplotherium commune.*

Un fémur plus grand que le précédent et plus commun dans nos carrières, est celui que représente par-devant, et à moitié grandeur, la figure 7 de la planche I. C'est le morceau le plus complet que j'aie eu d'abord de cette espèce ; et quoique presque toute la paroi antérieure de l'os soit enlevée, on en voit encore fort bien la plupart des caractères.

Il a 0,36 de longueur entre la tête et le condyle interne *b*. Sa largeur entre la tête et le grand trochanter, de *c* en *d*, est de 0,12 ; et d'un condyle à l'autre, de *e* en *f*, de 0,10 : le grand diamètre de sa tête a 0,047 ; la distance de la tête au petit trochanter, d'*a* en *g*, de 0,113 : le corps de l'os, à sa partie la plus mince, vers *ik*, a 0,053 de diamètre.

Il y a quelques variétés pour la grandeur. Ainsi j'ai une tête inférieure qui a d'un condyle à l'autre 0,115; une tête supérieure, dont le diamètre est de 0,055; une portion supérieure qui n'a que 0,8 de largeur entre la tête et le grand trochanter: mais toutes ces variétés n'excèdent pas celles qui peuvent naturellement se trouver dans une même espèce.

La partie supérieure est fort plane en avant: le cou est peu prononcé; le grand trochanter ne s'élève point au-dessus de la tête: le petit est assez considérable, comprimé et placé tout-à-fait au bord interne de l'os, sous la tête, à peu près au tiers de la longueur totale. Il n'y a point de troisième trochanter.

Tous les caractères donnés par ce premier morceau sont confirmés par quatre autres que je possède également. L'un d'eux me donne de plus ceux de la face postérieure de la même partie On le voit figure 9. Cette face est aussi très-plane et même un peu concave. Il naît du grand trochanter une côte saillante, *h*, qui reste au bord externe de l'os, et se termine, en s'élargissant, à peu près à la même hauteur que l'origine du petit trochanter, mais à une distance en travers qui équivaut à presque toute la largeur de l'os. Ainsi ce n'est point sur la fin de cette côte que naît le petit trochanter, comme dans tant d'autres animaux.

Si nous comparons maintenant cette portion supérieure de fémur à celle des autres animaux, il faudra exclure d'abord ceux qui ont un troisième trochanter, ensuite tous ceux où le petit trochanter est à la face postérieure, et tous ceux où la côte saillante qui naît du grand trochanter, se prolonge jusqu'au petit.

Il ne reste alors absolument que le *chameau;* car, même dans les autres ruminans, on observe la dernière circonstance.

La ressemblance de la partie antérieure est même extrêmement frappante, surtout par l'aplatissement général qu'on y observe.

Mais on voit une différence bien sensible à la partie postérieure : la côte *h* est bien plus courte dans le chameau que dans l'animal fossile; elle ne descend pas à moitié de la hauteur du petit trochanter; et le creux *m*, formé derrière elle, est plus court et beaucoup plus profond.

D'ailleurs la proportion générale de l'os est très-différente. Dans notre animal, la largeur en haut est de 12, la longueur de 36; comme 1 à 3. Dans le chameau, ces deux dimensions sont de 14 et de 56, ou comme 1 à 4.

La tête inférieure ou tibiale de ce grand fémur présente aussi des caractères bien marqués, mais très-difficiles à exprimer : tant la langue a peu de termes pour tous ces détails de formes, et tant il est difficile de rendre, par un simple dessin, toutes ces variétés de courbures!

On voit figure 10 la tête même de l'os de la figure 7; et figure 8, une autre que j'ai eue séparément, et qui appartenoit à un plus grand os.

Les faces articulaires des deux condyles ont chacune une double courbure.

La courbure antéro-postérieure du condyle interne *o* est moins bombée que celle de l'externe *p*.

La courbure transverse d'*o* est plus uniforme ; celle de *p* a un méplat très-sensible vers *p'*.

Ces deux faces se réunissent en avant pour former la demi-poulie rotulienne *q*, qui est assez concave, et dont la direction se porte un peu en dehors.

Je n'ai pas eu ses bords complets; de manière que j'ignore s'ils sont égaux ou inégaux.

Le canal profond *r*, qui sépare les deux éminences condyliennes, se porte un peu en dedans et en avant, et est coupé presque carrément.

Si nous comparons maintenant cette tête inférieure de fémur à celle des autres animaux, nous trouvons que le plus tranché de ses caractères est que le condyle interne *o* se continue avec la poulie *q*, sans qu'il y ait vers *s* une échancrure qui en distingue les bords.

Le *chameau*, le *bœuf*, le *cheval*, ont cette éminence très-marquée; les autres ruminans, le *tapir*, l'ont aussi, quoique un peu moindre: le *cochon* en a presque aussi peu que notre fémur fossile. Les *carnassiers* l'ont peu marquée, et l'*homme*, les *singes* et le *kanguroo* ne l'ont pas du tout; mais ceux-ci offrent tant d'autres différences, surtout dans la largeur et la briéveté de leur poulie rotulienne, qu'ils ne donnent lieu à aucune équivoque.

On pourroit pousser la comparaison plus loin, et donner la proportion de la longueur des facettes à leur largeur, de leurs courbures, etc.; mais cela ne me paroît pas nécessaire pour le moment.

Au total, c'est du *chameau* que ce fémur se rapproche le plus; et comme notre grand pied didactyle nous a aussi présenté des rapports très-marqués avec celui du chameau, et que la grandeur de notre fémur est assez d'accord avec celle de ce pied, pour qu'ils aient pu provenir du même animal, nous croyons pouvoir les regarder comme s'appartenant en effet.

Voilà jusqu'où l'*analogie* nous avoit conduits avec des os isolés et mutilés. Ce paragraphe étoit rédigé, lorsque nous reçûmes deux pierres qui en confirmoient parfaitement les résultats.

La première contient un *calcanéum* et un *cuboïde* du côté gauche de ce grand pied didactyle que nous avons attribué à l'*anoplotherium commune*, avec un *fémur*, également du côté gauche, lequel, quoique fort mutilé, présente évidemment les mêmes formes, et a surtout des dimensions à peu près les mêmes que ceux que nous venons de décrire. Il a, entre la tête et le condyle interne, 0,375; et ses autres parties sont à proportion. Comme il est fort vraisemblable que le fémur est venu du même individu que ce *calcanéum* et ce *cuboïde*, il prouve par le fait tout ce que nous n'avions conclu jusqu'ici que par le raisonnement.

Ce morceau contient un *péroné* et une portion de *radius* dont nous ferons usage en temps et lieu.

Nous en avons fait représenter un côté, pl. V, fig. 1. Le côté opposé de la pierre contient les fragmens enlevés à celui-ci, et nous a servi à compléter nos mesures; mais nous avons jugé inutile de le faire dessiner. Voici les dimensions des diverses parties, dont nous aurons encore plusieurs occasions de nous servir.

Longueur du fémur, de sa tête à son condyle interne	0,375
Largeur entre la tête et le grand trochanter	0,13
Largeur d'un condyle à l'autre	0,09
Plus grande longueur du calcanéum	0,105
Largeur de la tête du radius	0,053
Longueur de la portion du péroné	0,25
Largeur de sa tête inférieure	0,034

La seconde pierre nous a été donnée par M. *de la Métherie.* Elle contient une tête inférieure complète, détachée comme épiphyse, d'un jeune fémur évidemment de la même espèce que tous les précédens, jointe à un sémi-lunaire, du carpe que nous avons attribué à l'*anoplotherium.* (III.e Mém. sect. II, pl. III, fig. 1.)

Cette tête étant plus entière que les précédentes, nous la représentons (pl. III, fig. 14) à moitié grandeur. Le condyle interne ou le plus saillant est seulement un peu mutilé et raccourci.

Plus grande largeur	0,085
Plus grande longueur entre le condyle interne et le bord correspondant de la poulie rotulienne	0,093
Même distance du côté externe	0,079
Plus grande distance entre les bords extérieurs des deux condyles	0,073
Profondeur de l'échancrure postérieure	0,035
Largeur	0,015

§. III. *Petite tête inférieure de fémur, qui paroît venir de l'*anoplotherium medium. (Pl. IV, fig. 10.)

Elle est assez semblable à la précédente, pour être du même genre; mais elle est moindre d'un peu plus de moitié. Cette dimension convient fort bien à l'*anoplotherium medium*, et en essayant cette tête inférieure de fémur sur ce qui nous reste de la tête supérieure du tibia de la même espèce, les deux os ont paru s'articuler ensemble. Mais la même chose n'a pas eu lieu avec le tibia du *palæotherium minus :* il étoit trop large.

Cette petite tête de fémur ressemble beaucoup à celle d'un *antilope*, et l'on a déjà pu voir, par la forme élancée du pied, comme on verra bientôt par celle du tibia, que cet *anoplotherium* avoit en effet toute la légèreté des antilopes.

ART. II. LES TIBIAS.

J'ai été plus heureux pour les *tibias* que pour les *fémurs ;* j'en ai trouvé un plus grand nombre, et plusieurs d'entre eux étoient encore attachés à leurs pieds, de manière que je n'ai pas eu besoin de raisonnemens pour les y rapporter.

§. I. *Les tibia appartenans aux pieds tridactyles ou au genre* palæotherium.

a. *Tibia du palæotherium medium.*

Ainsi le pied tridactyle que j'ai décrit dans le troisième Mémoire (art. IV), étoit accompagné de son tibia presque entier, tel que je le représente, pl. II, fig. 1. La tête supérieure étoit en partie enlevée, mais il en restoit assez en arrière, vers *a*, pour donner ncore toute la longueur de l'os, qui est de 0,21.

La tête inférieure avoit un peu souffert aussi, et il manquoit une partie de la face articulaire inférieure. Ce qui en reste est représenté, figure 2, et vu de face, figure 3.

Ces portions m'ont suffi pour reconnoître des têtes entières de la même espèce, tant inférieures que supérieures, que j'ai trouvées isolées, et par conséquent pour compléter la description de cet os.

Ainsi la partie supérieure d'un os de la même espèce est

représentée pardevant, figure 4, et la tête d'un autre os de côté opposé, l'est presque verticalement figure 11.

La première tête avoit 0,055 de largeur transverse, et 0,04 d'avant en arrière, en n'ayant point égard à l'échancrure postérieure.

Sa configuration générale; celle de ses deux fosses, *a*, *b;* la position respective de ses deux tubercules, *c*, *d;* la forme et la position de sa tubérosité antérieure, *e*, se rapprochent plus du *tapir* que de tous les autres animaux.

Dans le *cochon*, le diamètre transverse seroit moindre par rapport à l'autre: l'échancrure *f* seroit plus profonde; la tubérosité *e*, plus marquée et descendant plus bas. Elle le seroit encore bien davantage dans les *ruminans*. Dans les *solipèdes*, elle auroit un canal sur sa longueur; dans les *carnassiers*, les tubercules seroient beaucoup moins aigus et moins saillans, etc. On voit, sous le bord externe *g*, une petite facette pour l'articulation du péroné.

La partie la plus caractéristique du *tibia* est sa tête inférieure, parce que s'articulant avec l'*astragale*, sa conformation depend de celle de ce dernier os, qui varie beaucoup dans les différens genres.

Or, comme l'*astragale* de ce pied tridactyle ressembloit beaucoup à celui du *tapir* (voyez III.e Mém. p. 66), je devois m'attendre à trouver la même ressemblance dans le tibia. La portion que j'en avois dans ce morceau (pl. II, fig. 2) me l'indiquoit déjà; mais j'en fus bien plus sûr quand j'eus trouvé des têtes inférieures entières, comme celle représentée planche II (fig. 9 et 10), qui a 0,03 de largeur transverse, et 0,023 d'avant en arrière.

Le caractère de ces sortes de têtes consiste à représenter un quadrilatère oblique, dont l'angle le plus aigu est le postérieur interne, *a;* la partie la plus saillante vers le bas est en même temps celle du bord postérieur adjacente à cet angle. Une saillie arrondie, *b*, et se portant obliquement en arrière et en dehors, divise la face articulaire en deux enfoncemens: l'un, interne, est un véritable demi-canal, parce que la partie postérieure du bord interne *d* saille aussi vers le bas; mais l'enfoncement externe *e* est simplement un plan oblique qui fuit vers le haut et en dehors. Son bord externe, au lieu de saillie, porte une facette, *f*, qui regarde en dehors pour s'articuler avec la tête inférieure du péroné.

Toutes ces particularités se trouvent également dans le *tapir*, dans ce tibia trouvé attaché au pied tridactyle, et dans trois autres têtes inférieures que j'ai reconnues être de même grandeur et de même espèce : les petites différences des os fossiles au *tapir*, sont à peine exprimables autrement que par des figures répétées sur toutes les faces. Ainsi le tibia est fidèle à l'analogie indiquée par le pied, et en le rattachant au premier fémur décrit dans l'article précédent, nous aurions l'extrémité postérieure entière du *palæotherium medium*.

Le tibia du *tapir* est précisément de la longueur de celui-ci : et comme nous avons vu (III.e Mém. art. IV), que le pied fossile est long de 0,182, sans les phalanges, et que le *tapir* a cette partie de 0,22, on peut en conclure que notre animal avoit le pied plus petit, proportionnellement à la jambe, que le *tapir* Nous avons vu, dans l'article précédent, qu'il en est de même par rapport à la cuisse.

b. *Tibia du palæotherium magnum.*

Outre ces têtes inférieures de tibia du *palæotherium medium*, j'en ai trouvé d'absolument semblables pour la forme, mais de trois autres grandeurs.

L'une d'elles est précisément double, ayant 0,06 de largeur transverse, sans compter les inégalités de ses faces latérales, et 0,04 d'avant en arrière. Elle se rapportera sans difficulté au *palæotherium magnum*, et correspondra par conséquent au calcanéum décrit dans l'article VI du troisième Mémoire. J'en donne la figure, planche II, figures 5 et 6 : les lettres y ont la même signification que dans les figures 9 et 10 ; seulement la figure 7 est en sens contraire de la figure 9, c'est-à-dire que le tibia s'y présente par-devant. Il y est aussi représenté plus incliné.

c. *Tibia du palæotherium minus.*

Une autre est précisément moitié moindre que celle du *palæotherium medium ;* elle a de droite à gauche 0,015, et d'avant en arrière 0,011. Je ne doute pas qu'elle ne se rapporte au pied de l'article VII du troisième Mémoire, c'est-à-dire à celui du *palæotherium minus*. Je m'en suis assuré de trois manières. J'ai d'abord rapproché les astragales de cette espèce que je possède de ce tibia, et j'ai vu qu'ils s'y ajustoient parfaitement. Je l'ai ensuite comparée avec le fragment resté dans la pierre d'où j'ai tiré un des pieds de ce *palæotherium*, et représenté dans le troisième Mémoire (pl. III, fig. 2) ; et j'ai trouvé que tout s'y acordoit. Enfin, comme il restoit plusieurs portions de la partie supérieure de l'os, je les ai comparées à la partie supérieure de l'os restée au squelette presque entier de cette espèce, trouvé à Pantin, et je n'y ai remarqué aucune différence.

Ce morceau, que je représente de grandeur naturelle, (pl. II, fig. 6) me donne la longueur de ce tibia, en même temps que sa tête inférieure. Elle est de 0,143, ou, à peu de chose près, la même que celle du pied, déterminée dans l'article VII du troisième Mémoire. Le tapir présente à peu près la même égalité entre son pied et son tibia, et par conséquent le *palæotherium minus* s'en rapproche plus à cet égard que le *medium*.

J'en ai eu un second échantillon plus complet, que je représente planche IV, figure 2, et la tête inférieure, planche III, figure 12. Il provenoit d'un individu plus jeune, parce que les épiphyses n'étoient pas encore soudées au corps de l'os. Il est parfaitement de la même longueur et de la même forme.

Au moment où j'écris, j'en reçois un tout entier, parfaitement d'accord avec les fragmens précédens. (*Voyez* pl. V, fig. 2, 3 et 4.)

Moyennant ce tibia, complété et confirmé par le squelette de Pantin, le fémur donné tout entier par ce même squelette, et le pied décrit dans le troisième Mémoire, nous avons l'extrémité postérieure complète, dans cette petite espèce comme dans la moyenne.

Il est encore à remarquer que ce tibia nous sert à lier le pied au corps : car ce squelette de Pantin ayant le haut de son tibia, et le petit pied tridactyle ayant été trouvé avec un bas de tibia; cet os-ci, qui rassemble les deux extrémités trouvées séparément, prouve l'identité d'espèce de ce pied et de ce squelette.

d. *Tibia du palæotherium crassum.*

J'eus une dernière tête inférieure de tibia de cette forme, propre aux *palæotheriums*, qui est d'une grandeur telle que je ne pus la rapporter à aucun des trois os que je viens de décrire et de rendre à leurs espèces. Elle est intermédiaire entre celle du grand et celle du moyen, ayant 0,045 de largeur transverse, et 0,03 d'avant en arrière. Du reste, elle a tous les caractères des précédentes.

J'imaginai bien vite de la rapporter au deuxième pied tridactyle, de moyenne grandeur, que j'ai décrit dans le troisième Mémoire (sect. I, art. V), et que j'ai nommé depuis *palæotherium crassum* (III.e Mém. sect. II, p. 90). Ce pied (ainsi qu'on le peut voir III.e Mém. (sect. I, pl. VI, fig. 1 et 2) est accompagné d'un tibia qui ne donne aucun de ses caractères, excepté la longueur, laquelle est de 0,20 ou de 0,01 moindre que celui du *palæotherium medium*. La différence des deux pieds, sans les phalanges, est aussi à peu près la même.

J'eus bien dans un autre morceau un tibia de 0,20, par conséquent de même longueur que celui que je viens de citer; mais il n'avoit que sa tête supérieure : elle étoit large de 0,07, et d'ailleurs entièrement semblable à celle du *palæotherium medium*.

Ces tibias, un peu plus courts, sont donc en même temps onsidérablement plus gros, et il n'étoit pas impossible que la ête inférieure en question en provînt Cela s'accordoit même assez avec la forme du pied, que nous avons vu être bien plus gros, à longueur égale, que celui du *palæotherium medium*.

Cependant cette tête inférieure me paroissoit un peu plus

grosse à proportion que la supérieure dont je viens de parler : elle est à celle du *palæotherium medium*, comme 0,045 à 0,03 ; tandis que les supérieures ne sont que comme 0,070 à 0,055. Je vis enfin que ce tibia étoit celui auquel tenoit l'astragale décrit dans l'article VIII du troisième Mémoire, représenté (*ib.* pl. III, fig. 8 et 9) : car ayant présenté cet astragale à cette tête inférieure de tibia, ils s'articulèrent parfaitement et parurent être entièrement faits l'un pour l'autre.

Mais j'étois encore dans l'idée que j'avois eue lors de la première section de mon troisième Mémoire, que cet astragale de l'article VIII différoit de celui du pied de l'article V, pied d'après lequel j'ai déterminé, dans la deuxième section de ce troisième Mémoire, l'espèce du *palæotherium crassum*. Ce n'est que depuis peu que j'ai trouvé ce pied presque entier et avec un astragale reconnoissable, et que je me suis assuré que l'*astragale* en question de l'article VIII est précisément celui du pied de l'article V.

Je reviendrai sur ce sujet, et je donnerai ce pied entier dans un supplément.

Il nous suffit de dire ici qu'il est donc prouvé que les tibias de cet article, longs de 0,20, larges de 0,07 à la tête supérieure, et de 0,045 à l'inférieure, sont ceux du *palæotherium crassum*.

Il ne nous manque donc que la longueur du tibia du grand *palæotherium*, pour compléter cette partie dans les trois espèces.

Nous verrons, dans le paragraphe suivant, que certaines conjectures nous la font porter à 0,31.

§. II. *Les tibias appartenans aux pieds didactyles ou au genre* anoplotherium.

a. *Tibia de l'anoplotherium medium.*

Je n'ai pas été moins heureux pour le pied didactyle allongé de l'article II (pl. III, fig. 1 du III.e Mém.), que pour celui du *palæotherium medium.* J'en ai trouvé une partie parfaitement reconnoissable pour être de la même espèce, attachée encore à son propre tibia. Cette portion de pied m'a même été utile, parce qu'elle contient quelques os qui n'étoient pas si parfaits dans le premier morceau que j'avois décrit.

Je l'ai représentée de grandeur naturelle, planche III, figure I : *a* est l'astragale entier. J'en avois déjà trois : deux sont figurés, planche III du III.e Mémoire, figure 1, et le troisième, figure 3; mais tous étoient mutilés. Celui-ci, qui est entier, ressemble parfaitement en petit à celui du grand pied didactyle de l'article premier de ce troisième Mémoire (pl. I, fig. 2) et confirme l'analogie des deux espèces.

Le calcanéum *b*, dont nous n'avions qu'un petit fragment, est ici presque complet, à son extrémité posterieure près, qui est mutilée. Il offre aussi tous les caractères de celui du grand pied didactyle qu'on voit dans le troisième Mémoire (pl. I, fig. 1), et particulièrement l'éminence externe *c*, qui doit servir à l'articulation du péroné ou de l'osselet qui le représente. Le cuboïde *d* présente la forme caractéristique en équerre, propre à nos pieds didactyles; il étoit au reste déjà entier dans le morceau du troisième Mémoire (pl. III, fig. 2, *d*). On voit encore dans notre morceau actuel le scaphoïde *e*, le grand cunéiforme *f*, et une petite portion du métatarsien externe ou cuboïdal *g*.

On sait, par le troisième Mémoire, que cette sorte de pied est fort grèle. On peut voir ici que le tibia ne l'est pas moins, et l'on doit continuer à juger que les proportions de l'animal étoient fort légères.

La longueur du tibia est de 0,20; la largeur transverse de sa tête inférieure, de 0,025; celle de sa partie la plus mince, de 0,015.

La longueur du tibia est donc précisément la même que celle du pied, à compter du bas de l'astragale, ainsi que nous l'avons vu au troisième Mémoire.

Pour en venir aux caractères de ce tibia lui-même, il n'étoit pas assez bien conservé pour me les offrir entièrement; mais ce que j'ai pu voir de sa tête inférieure, en la dégageant du plâtre, ressembloit parfaitement, pour la grandeur et pour la forme, aux parties correspondantes d'une autre tête que j'ai eue entière et libre, et j'ai pu me servir de celle-ci pour compléter la description de la première, et pour établir les caractères de cette seconde sorte de tibia.

J'ai représenté la portion dont je parle, pl. III, fig. 2, par devant; fig. 6, par le côté externe; fig. 5, par le côté interne; fig. 4, par derrière; et fig. 3, entièrement en dessous. Les mêmes lettres désignent les mêmes angles dans toutes ces figures.

La plupart de ses caractères lui sont communs avec le cochon et les ruminans, comme l'on devoit s'y attendre, d'après la ressemblance de son astragale avec les leurs.

Ces caractères consistent, 1.° dans le contour presque carré et non oblique;

2.° Dans la côte saillante du milieu, droite et non oblique;

3.° Dans les enfoncemens plus prononcés, et l'interne limité par un bord plus saillant que l'autre;

4.° Surtout dans une facette *e*, sur le bord externe, destinée à l'articulation de l'osselet péronien. Cette facette distingue ce tibia de celui du cochon, qui n'a de facette que tout-à-fait en dehors. Ici, comme dans les ruminans, elle regarde en en-bas; mais, dans les ruminans, elle est plus compliquée, par une petite échancrure qu'elle a dans son milieu.

Cette tête inférieure a quatre apophyses principales, dont la plus saillante est l'antérieure *c*, et la plus pointue l'interne *a*. Celle-ci, dans les ruminans, est aussi saillante que l'autre. Celle de derrière *d* fait un angle rentrant dans ce tibia, comme dans ceux des *ruminans*.

Le *chameau* diffère un peu de ce tibia et de ceux des ruminans ordinaires, en ce qu'il a cette partie plus large transversalement que d'avant en arrière.

Au moyen de ces caractères, qui ne peuvent manquer d'être communs à tous les tibias d'*anoplotherium*, on les distinguera toujours aisément de ceux de *palæotherium*.

b. *Tibia de l'anoplotherium commune.*

C'est d'eux que je suis parti d'abord pour tâcher de distinguer parmi les grands tibias fossiles que je possédois, ceux qui devoient appartenir aux deux genres; car je n'ai point eu pendant long-temps de tibia bien caractérisé, réuni à quelque portion du pied du grand *anoplotherium*, comme il eût été à désirer, pour obtenir une certitude complète.

Le morceau contenant les deux doigts de cette espèce (représentés III.e Mém. pl. II, fig. 1 et 2), offroit bien aussi une portion de tibia propre à donner une idée des dimensions de la tête supérieure; mais le bas de l'os y manquoit.

Un autre morceau double, contenant un astragale, un cuboïde, une tête d'os de métatarse et quelques phalanges, offroit encore deux portions de tête inférieure dont j'ai figuré la plus entière (pl. I, fig. 11). L'autre portion la recouvroit et complétoit l'apophyse de manière à la rendre tout-à-fait ressemblante à celle qui porte la même lettre dans les figures 2, 3, 4, 5 et 6 de la planche III, c'est-à-dire, à l'externe. La courbure de l'empreinte *c* répondoit aussi très-bien à l'antérieure *c* des mêmes figures, et la postérieure *d* de ces figures étoit également bien représentée dans la pièce opposee; enfin, du côté externe on voit une empreinte *g* et une portion *h h* du péroné, qui prouve que cet os n'est pas réduit, comme dans les ruminans, à un simple vestige.

Ces renseignemens imparfaits me firent reconnoître deux tibias isolés de ma collection, dont les têtes inférieures, trop mutilées pour donner par elles-mêmes des indications claires de leur espèce, s'accordoient cependant, en tout ce qui en restoit, avec les caractères conclus de l'espèce précédente, et avec les dimensions données par les deux morceaux que je viens de citer.

L'un d'eux est dessiné à moitié grandeur, pl. III, fig. 8: c'est celui du côté gauche. Il est posé dans le gypse, sur son côté interne, et n'a conserve de sa tête inférieure que l'apophyse interne, qui, comme dans le morceau précédent, ne peut être comparée qu'à celle marquée *a* dans les figures 2, 3, 4, 5 et 6. Aucune des têtes inférieures des tibias, que nous avons attribuées au genre *palæotherium* n'a d'apophyse ressemblante à celle-ci.

L'autre est dessiné pl. III, fig. 9: il est posé sur sa face postérieure. L'antérieure est écrasée, et il ne reste que la partie postérieure de la tête inférieure, telle que je l'ai représentée pl. III, fig. 10. Mais, toute mutilée qu'elle est, on y reconnoît bien l'apophyse postérieure *d*, l'enfoncement interne *f*, l'externe moins creusé *g*, la facette pour le péroné *e*; et en comparant ces parties avec celles marquées des mêmes lettres dans la figure 3, on y observe autant de ressemblance qu'il est possible dans un morceau si imparfait.

J'adaptai à ces restes de facette quelques-uns des astragales de grand *anoplotherium* que je possède, et je trouvai qu'ils paroissoient y aller très bien.

J'eus donc tout lieu de croire que ce sont ici réellement deux des tibias qui ont porté ces grands pieds didactyles, et qu'ils me complètent l'extrémité postérieure de cette espèce.

Tous deux sont de même longueur, savoir de 0,27 ou 0,28 : la largeur transverse de la tête supérieure est, autant que ces morceaux permettent de la mesurer, de 0,08; celle de la tête inférieure, de 0,06. Le morceau de la planche I, figure 11, me donne aussi cette largeur de 0,06.

Une tête inférieure entière (pl. V, fig. 5 et 6) me montre que le diamètre antéro-postérieur est au transverse comme 5 à 3 : c'est un nouveau rapport avec le chameau.

Les dimensions courtes et grosses de ces tibias confirment bien tout ce que nous avons déjà présumé des proportions générales de cet *anoplotherium*. Ce devoit être un animal singulièrement bas et épais de membres.

Cependant j'avoue que ce tibia doit paroître encore bien court pour le fémur dont nous avons déterminé la longueur ci-dessus à 0,36 : c'est comme 3 à 4. Le rhinocéros l'a comme 4 à 5. Mais dans l'hippopotame le tibia est encore plus court: car il est au fémur comme 13 à 20; ce qui fait moins des deux tiers. Ainsi la proportion de notre animal est suffisamment justifiée.

Celle du tibia au pied n'a rien d'extraordinaire : nous avons vu (IIIe Mém. art. 1) que celui-ci est long de 0,33; et il y a assez d'animaux dont le pied est plus long que la jambe.

Le péroné presque entier du morceau pl. V, fig. 1, confirme d'ailleurs directement cette proportion. Il a 0,25 de longueur; et s'il eût été complet, il en auroit eu à peu près 0,28 pour un fémur de 0,37. Or le tibia ne pouvoit pas être beaucoup plus grand que son péroné.

c. *Digression pour déterminer la longueur du tibia du palæotherium magnum.*

Ayant ainsi rapporté à leur véritable espèce ces tibias gros et courts, il m'en restoit un beaucoup plus long, mais tellement mutilé, qu'excepté sa longueur on n'y reconnoissoit aucun caractère. Comme il ne me restoit qu'un grand animal à pourvoir de grand tibia, il étoit naturel que je lui attribuasse celui-ci. C'est ce qui m'a fait dire plus haut que certaines conjectures me faisoient croire que le tibia du *palæotherium magnum* avoit 0,31 de long. C'est en effet la dimension de l'os en question, que j'ai représenté à moitié grandeur, planche II, fig. 8.

d. *Tibia de l'anoplotherium minus.*

Un dernier pied, que j'ai trouvé encore articulé avec son tibia, est le petit tétradactyle que j'ai décrit dans le Mémoire précédent, IIe sect. art. VI, et que j'ai attribué à l'*anoplotherium minus.* On le voit planche V de la section citée, fig. 11.

La longueur de ce tibia est de 0,093; sa largeur en haut

de 0,018; en bas, de 0,008; et à l'endroit le plus mince, de 0,006.

Nous avons trouvé dans cet article, pour la longueur du pied, à compter du bas de l'astragale, 0,105 ou environ: ce qui le fait un peu plus long que le tibia.

Ainsi cet animal avoit la jambe un peu plus courte, à proportion du pied, que ne l'avoit celui à pied didactyle grèle.

Nous voyons aussi que la totalité de son pied et de sa jambe est à peu près dans la proportion que pouvoit indiquer le seul astragale (III.e Mém. art. III); c'est-à-dire qu'ils sont moitié des mêmes parties dans l'animal que je viens de nommer.

Les deux têtes de ce tibia étant mutilées, je n'ai pu déterminer aucun de ses caractères de forme; mais je ne doute point qu'ils ne soient à peu près les mêmes que dans les deux précédens.

c. Tibia d'un anoplotherium non encore déterminé.

Ce tibia est intermédiaire entre ceux du *commune* et du *medium;* je n'en ai eu qu'une portion inférieure, avec son péroné, déplacé et jeté sur le côté interne: c'est celui du côté gauche. Sa tête inférieure est bien complète et présente parfaitement tous les caractères que nous avons reconnus à celle de l'*anoplotherium medium;* seulement elle est un peu plus large, à proportion, de droite à gauche que d'avant en arrière. Elle a, dans le premier sens, 0,041, et dans le second 0,021. Elle est dessinée, pl. III, fig. 7, vue verticalement, et la portion des deux os, dans sa longueur, pl. IV, fig. 1.

§. III. *Supplément à cet article, contenant la description d'un tibia presque complet de* palæotherium magnum.

C'est ainsi qu'à force d'inductions et en comparant et combinant divers fragmens, j'étois parvenu à restituer les tibias de presque toutes nos espèces, lorsque j'ai trouvé dans le cabinet de M. de Drée un bloc qui contient celui du *palæotherium magnum* presque entier, parfaitement conservé, et qui m'auroit épargné une grande partie des peines que cet article m'a données, si je l'avois eu d'abord.

J'aurois pu du moins éviter au lecteur celle de me suivre dans cette pénible recherche, en me bornant à décrire l'os entier, et en supprimant tout ce travail sur les fragmens, qui devient inutile en lui-même; mais j'ai vu une autre utilité à le laisser subsister. La belle confirmation que lui donne la découverte de l'os entier, démontre de plus en plus la possibilité qu'a l'anatomie comparée de juger d'un os, d'un membre, d'un squelette entier, même sur une simple portion de facette, et ne peut qu'augmenter la confiance de mes lecteurs dans le cas où je ne trouverai point d'os entiers pour confirmer mes conjectures. C'est pour cette raison que je place ici la figure de ce tibia entier, comme je l'ai obtenu moi-même, après que je l'avois déjà presque refait de toutes pièces. Il est dessiné à demi-grandeur, pl. IV, fig. 1; sa longueur est effectivement telle que je l'avois conjecturée dans le paragraphe précédent, c'est-à-dire, de 0,31.

§. V. *Deuxième supplément à cet article, offrant en un seul morceau quatre os de l'extrémité postérieure de l'* anoplotherium commune, *et confirmant toutes les combinaisons précédentes.*

Les raisons que je viens d'alléguer m'engagent encore à laisser ici, à la fin de l'article, un morceau que je viens de recevoir, et qui en confirme tous les résultats de la maniere la plus brillante. On le voit au tiers de sa grandeur, pl. IV, fig. 9. Il contient le *fémur*, le *tibia*, le *péroné* et l'*astragale* du côté gauche, avec les deux phalanges onguéales d'un jeune *anoplotherium commune*. Le *tibia*, le *péroné* et l'*astragale* sont encore dans leur connexion naturelle. L'*astragale* étant le point d'où nous sommes partis pour la détermination du pied, il nous sert ici de repère irrécusable.

Or ce tibia et ce fémur, qui ont évidemment appartenu à cet astragale, ont les mêmes formes que ceux que nous avons attribués à l'*anoplotherium commune*.

Ils sont à la vérité plus petits, mais précisément dans la proportion de cet astragale vis-à-vis de ceux de grandeur ordinaire : et comme ils sont encore d'un tissu lâche, et que le péroné est épiphysé, l'on voit que leur petitesse tient à leur jeunesse.

Enfin, le caractère le plus important qu'ils pouvoient fournir, leur proportion réciproque, est précisément celle que nous avions conclue des ossemens isolés. Nous avions trouvé, pour la longueur moyenne du fémur, 0,36; et pour celle du tibia, 0,28. Le fémur de ce morceau est long de 0,27, et le tibia, de 0,21 ; ce qui est rigoureusement la même proportion.

L'astragale l'observe aussi parfaitement : les plus ordinaires ont 0,044 de largeur, et celui-ci a 0,033. C'est précisément comme 28 à 21, ou comme 36 à 27.

L'individu dont vient ce morceau avoit donc en tout un quart de moins que les adultes.

J'ai été tenté un instant de le croire de l'espèce du morceau pl. IV, fig. 1, et pl. III, fig. 7; mais celui-ci, quoique adulte, n'a que 0,041 de largeur ; et l'autre, quoique jeune, en a déjà 0,047.

Ainsi, il ne peut se rapporter qu'à l'*anoplotherium commune.*

Que l'on se rappelle que mon motif premier pour attribuer ce grand fémur à deux trochanters à l'*anoplotherium commune*, a été la voie d'exclusion, fondée seulement sur le troisième trochanter de l'autre fémur, et le rapport qu'il établit avec le *tapir;* rapport qui m'a fait attribuer cet autre fémur au *palæotherium.*

Ce motif, qui devoit paroître bien foible aux personnes peu habituées à ce genre de rapprochemens, m'a cependant conduit, d'induction en induction, à distribuer, comme je l'ai fait dans ce Mémoire, entre mes différentes espèces, les fémurs et les tibias que j'ai trouvés; et voilà ces résultats confirmés directement par un morceau complet, qui m'y auroit conduit de son côté, si j'avois commencé par lui la série de mes raisonnemens.

J'appuie toujours avec soin sur ces details, plus utiles encore par leur influence sur les principes généraux, dont ils constatent la certitude, que par les conclusions immédiates que l'on en tire dans les cas particuliers.

ART. III. LES PÉRONÉS.

Les *anoplotheriums* et les *palæotheriums* avoient un péroné complet et distinct, comme la classe entière des *pachydermes*, à laquelle ils appartiennent, et toutes celles qui sont au-dessus d'elle dans l'échelle; tandis que les *ruminans*, les *solipèdes*, ont toujours cet os réduit à un simple rudiment.

Le *chameau* même, qui ressemble d'ailleurs à l'*anoplotherium* par la distinction du *scaphoïde* et du *cuboïde* du tarse, a, comme les ruminans ordinaires, le *péroné* réduit à un petit osselet articulé par ginglyme sous le bord externe de la tête inférieure du *tibia*, et posant par son autre face sur une avance du calcanéum, comme y pose le péroné complet de l'*anoplotherium*.

On retrouve dans le *cochon*, dans l'*hippopotame* et dans l'*éléphant*, cette articulation du *péroné* avec le *calcaneum*; mais elle n'a lieu dans aucun autre animal, pas même dans le *palæotherium*, qui se conforme en ce point, comme en tant d'autres, à la structure du *tapir*.

Le *péroné* des *anoplotheriums* se distinguerá donc, parce que sa tête inférieure offrira deux facettes articulaires, une latérale astragalienne et une terminale calcanienne.

On voit la tête inférieure d'un tel péroné, pl. III, fig. 15, par sa face interne; fig. 19, par l'externe.

Un autre péroné presque complet est représenté à moitié grandeur, pl. IV, fig. 3; la face terminale de sa tête, fig. 4, et l'interne, fig. 5.

Le grand morceau pl. IV, fig. 1, offre en *a*, *b* un péroné presque complet, toujours de cette espèce, et confirme que c'est à l'*anoplotherium* qu'il appartient, puisqu'il y est avec d'autres os, tous de cet animal.

Le morceau pl. IV, fig. 9, le confirme encore mieux, puisqu'on l'y voit encore dans sa connexion naturelle avec ces os.

Ainsi nul doute pour cette espèce. Le péroné de la planche IV, figure 3, est long de 0,25; sa tête inférieure a 0,030 de large.

Celui de la planche V, figure 1, qui est presque complet, est long de 0,254, et sa tête inférieure, large de 0,033.

L'*anoplotherium* indéterminé, dont on voit le tibia planche IV, figure 1, avoit aussi un péroné qui accompagne le tibia dans ce morceau; mais on ne peut juger ni sa longueur ni sa forme.

L'*anoplotherium medium* avoit aussi un péroné; quoique je ne l'aie pas, je le conclus de la forme des facettes qui le recevoient: pl. III, fig. 1, *h* est celle de l'astragale; *i*, celle du tibia; et *c*, celle du calcaneum. La facette tibiale *i*, que l'on voit mieux encore en *e*, pl. III, fig. 2, 3, 4 et 5, n'ayant point de saillies et de creux, ne faisoit qu'appuyer dessus et n'y engrenoit pas, comme son analogue dans les ruminans fait avec l'osselet péronnien. J'en conclus que le péroné étoit complet et non réduit à un pareil osselet.

Je n'ai point vu de péroné à la jambe d'*anoplotherium minus*, que j'ai représentée dans le troisieme Mémoire (II.e sect., pl. V, fig. 11); mais c'est parce qu'elle présente le côté interne.

Le *péroné* des *palæotheriums* est démontré, indépendamment de l'analogie, pour la jambe du *palæotherium crassum*, par le morceau du troisième Mémoire (section I.re, pl. V, fig. 1), où l'on en voit un presque entier à côté du tibia en *c*, *d*.

Pour celle du *palæotherium minus*, par celui de nos planches actuelles, IVe, figure 2, et III.e, figure 12, où l'on voit en *a* la tête inférieure du péroné à côté de celle du tibia; et par le squelette presque entier trouvé à Pantin, où la portion supérieure du *péroné* est encore posée sur le tibia.

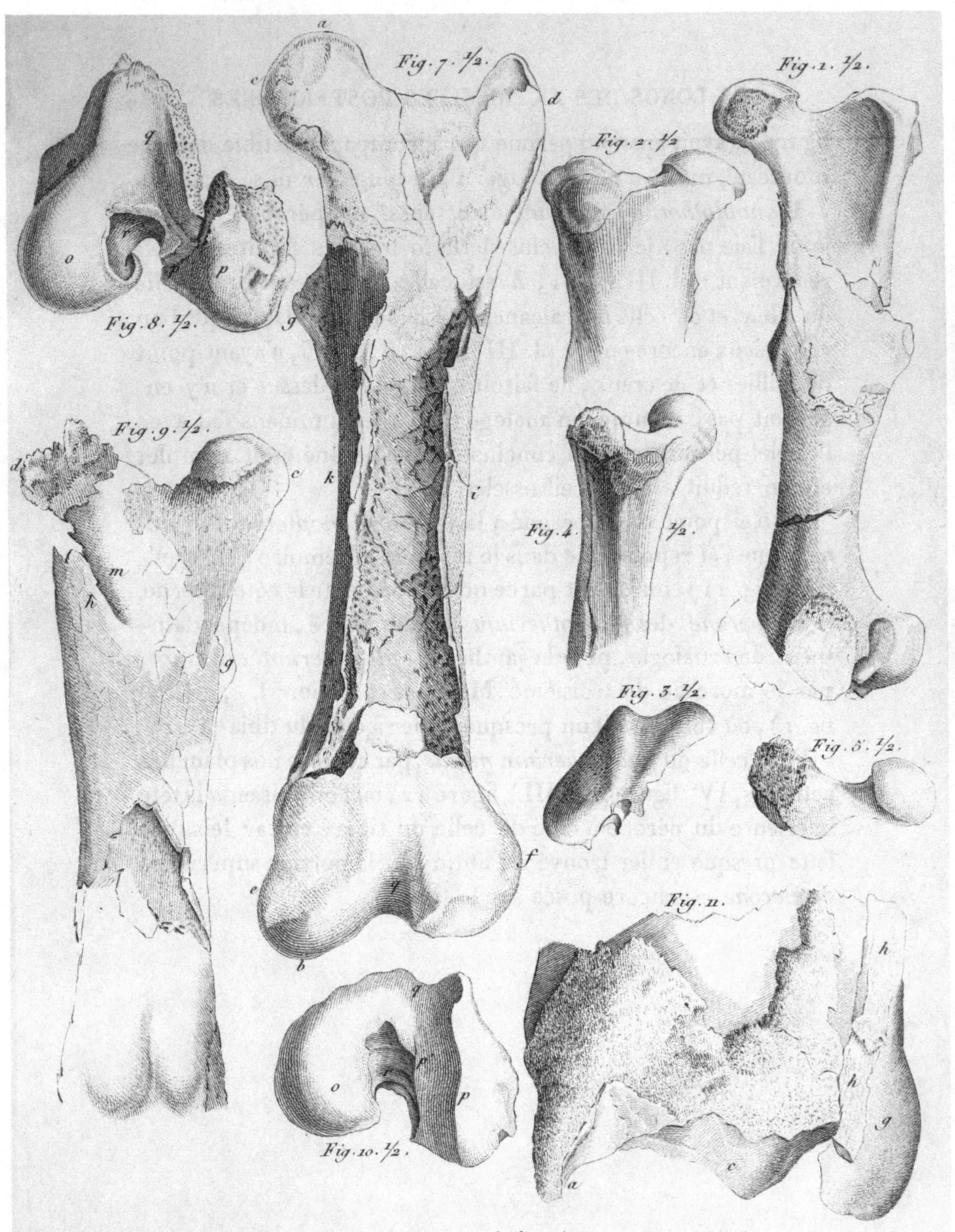

FOSSILES DE PARIS. Os longs de l'extrémité postérieure. PL. I.

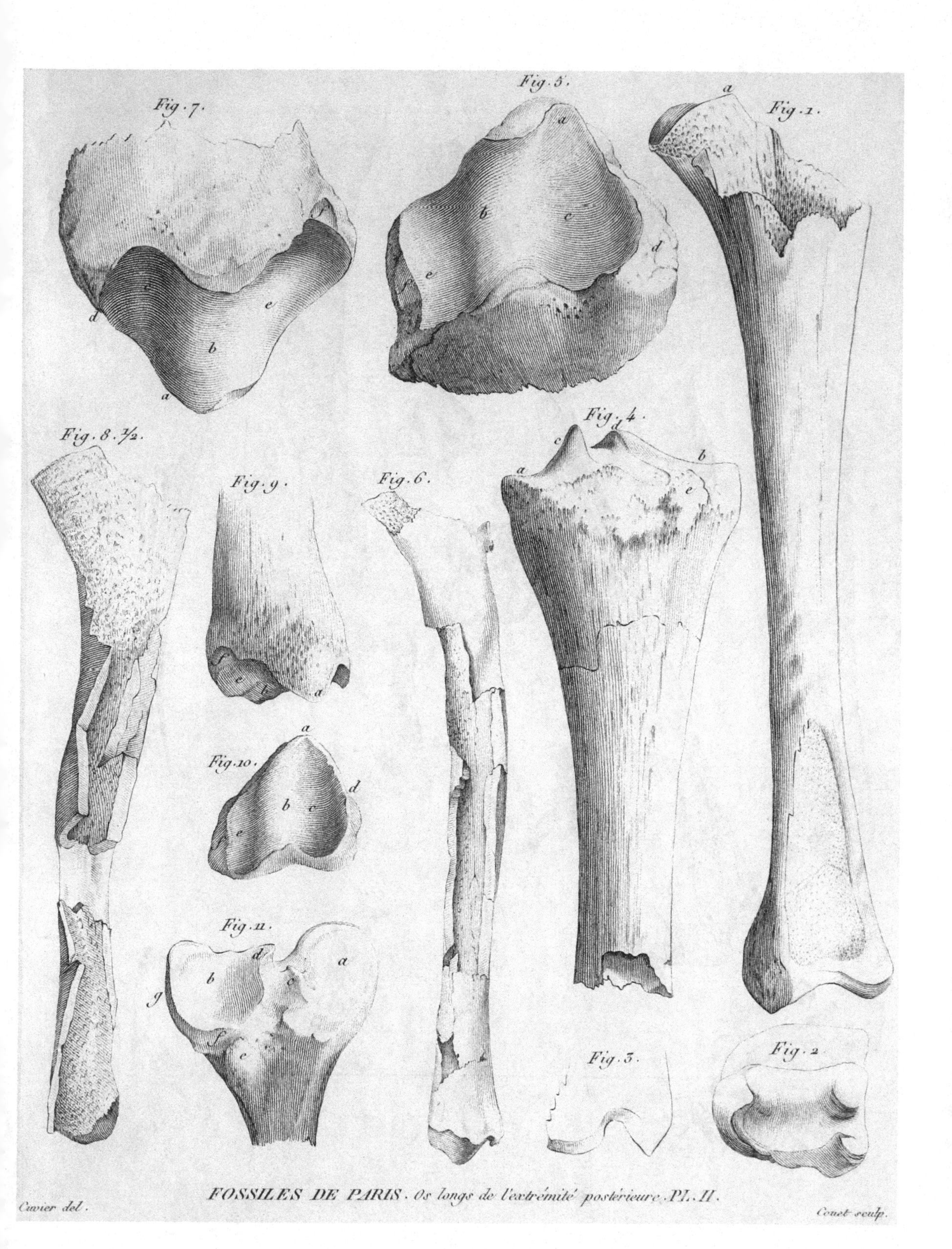

FOSSILES DE PARIS. Os longs de l'extrémité postérieure. Pl. II.

Cuvier del.

Couet sculp.

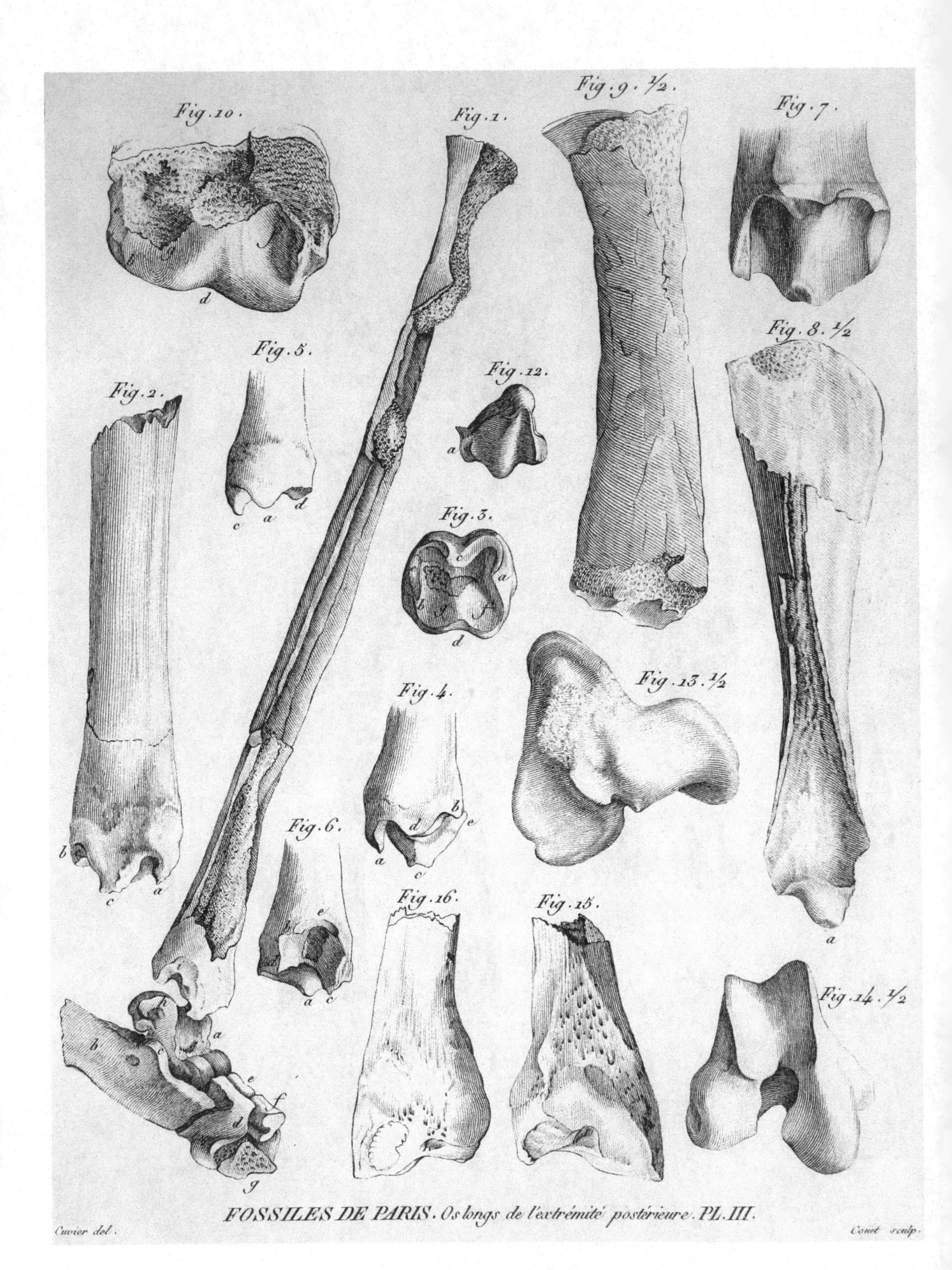

FOSSILES DE PARIS. Os longs de l'extrémité postérieure. PL. III.

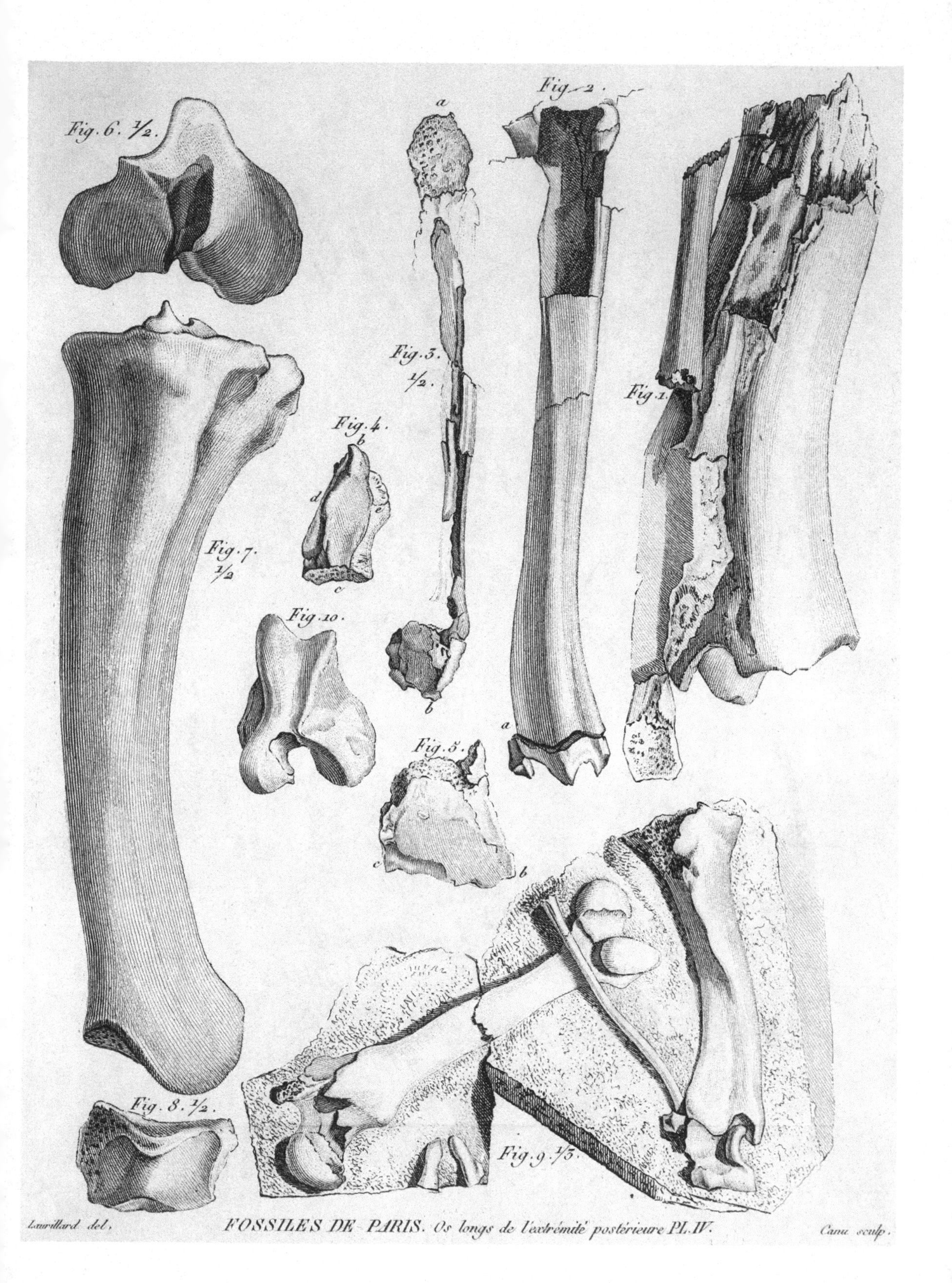

Laurillard del. FOSSILES DE PARIS. Os longs de l'extrémité postérieure Pl. IV. Canu sculp.

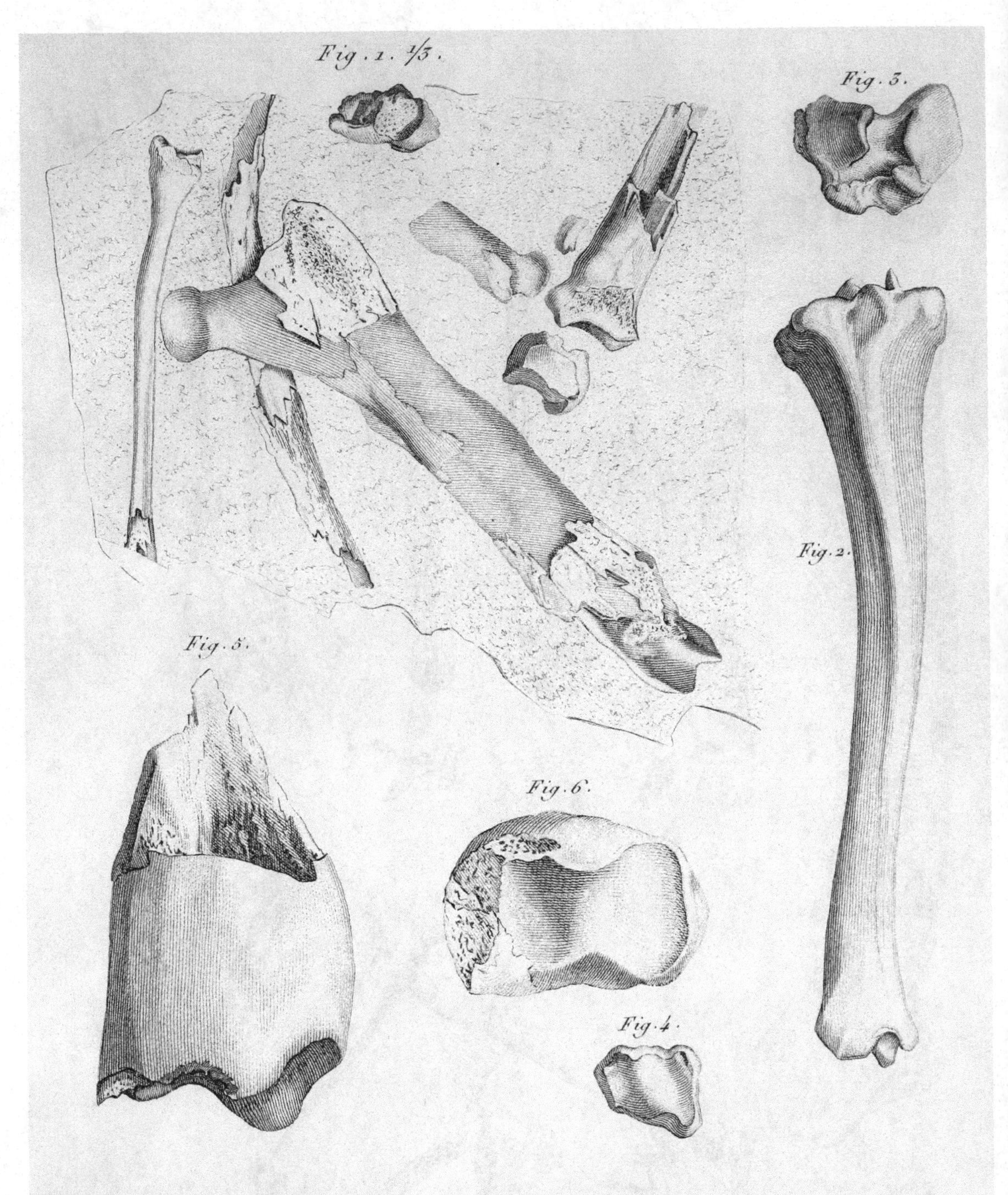

FOSSILES DE PARIS. Os longs de l'extrémité postérieure. PL. V.

Laurillard del.

Canu sculp.

QUATRIÈME MÉMOIRE.

SECONDE SECTION.

LES OS LONGS DES EXTRÉMITÉS ANTÉRIEURES.

LA nature de la chose nous servoit mieux ici que dans la section précédente, parce que les trois os longs de l'extrémité de devant, l'*humerus*, le *radius* et le *cubitus*, ont des rapports mutuels plus intimes et des formes correspondantes plus prononcees que ceux de l'extrémité postérieure.

Les circonstances nous ont aussi favorisés à quelques égards, en nous offrant les os dont nous allons parler, réunis dans les mêmes morceaux avec des os de pieds ou autres déjà déterminés.

Ainsi le morceau de la section précédente, planche V, figure 1, nous donnoit une tête de *radius* avec un calcanéum, un *cuboïde* et un *fémur d'anoplotherium commune*.

Ce même *radius* s'est retrouvé dans un autre morceau encore articulé avec le *semilunaire du carpe* de cet *anoplotherium* (III.e Mém. sect. II, pl. III, fig. 1), et accompagné d'une partie de son *humerus*.

Une portion de l'*humerus* de la même espèce est, avec le même *sémilunaire* et deux doigts, dans le morceau de la même section, planche IV, figure 1.

Le pied de devant de l'*anoplotherium minus* (*ib.* pl. V, fig. 9) étoit accompagné de son radius.

Le pied de devant de *palæotherium crassum* (*ib.* pl. II, fig. 1 et 2) étoit aussi avec des portions plus ou moins considérables des trois os de l'avant-bras.

Enfin, le squelette du *palæotherium minus* trouvé à *Pantin* (V.[e] Mém. Iere sect.), avoit ces trois os presque entiers.

Mais ces secours, joints à ceux que je vais mentionner, sont devenus beaucoup plus importans par une division très-nette que je n'ai pas tardé à reconnoître dans le système de l'articulation du coude, et d'après laquelle tous ces os se sont trouvés répartis en deux familles bien distinctes.

Une partie de mes *radius* ont leurs têtes supérieures creusées de trois enfoncemens que séparent deux arêtes mousses.

Les autres n'ont qu'une saillie au milieu, et par conséquent deux enfoncemens.

Il falloit nécessairement qu'il y eût deux sortes de têtes inférieures d'*humerus*: les unes à trois saillies, pour correspondre aux premiers radius, qui ont trois enfoncemens; les autres, à deux saillies, pour correspondre aux radius qui n'ont que deux enfoncemens.

Il s'est en effet trouvé des humérus de ces deux façons, et quand ils ont été avec leurs radius, ces derniers étoient comme on devoit le conjecturer.

J'ai vu ensuite que les *radius* joints à des pieds d'*anoplotherium*, et que je viens de mentionner, étoient à trois enfoncemens.

J'en ai conclu que ceux à deux devoient appartenir au genre *palæotherium*; et en effet les morceaux contenant plusieurs os, et l'analogie du *cochon* et du *tapir*, ont confirmé ces deux résultats.

Examinant alors les *cubitus* d'après leur disposition à s'articuler aux radius et aux humérus ainsi déterminés, il ne m'a pas été non plus difficile de les répartir.

Ainsi j'ai trouvé moyen d'assigner le genre de tous les humérus, les cubitus et les radius que j'ai eus en ma possession ; et leur grandeur, ainsi que leur réunion dans quelques morceaux avec d'autres os déjà déterminés, m'ont aisément donné lieu de les rapporter chacun à son espèce.

C'est d'après ces données que je vais les décrire.

ART. I.er LES OS DE L'EXTRÉMITÉ ANTÉRIEURE DE L'ANOPLOTHERIUM COMMUNE.

1.° *Le radius.*

Le triple enfoncement de la tête supérieure du *radius* fournit le caractère dominant de cette extrémité, dans le genre *anoplotherium.*

Cette tête est représentée de grandeur naturelle planche II, figure 14 : et le *radius* lui-même, à demi-grandeur, figure 7.

Je l'ai eu, comme je viens de le dire, avec son *cubitus*, la tête inférieure de son *humerus* et son *sémilunaire;* une autre fois avec divers os du pied, et plusieurs fois isolé, mais presque toujours mutilé.

Sa tête supérieure est un ovale transverse. La concavité du milieu est un autre ovale qui a son grand axe dirigé obliquement. Les deux enfoncemens latéraux ne sont presque que des plans inclinés.

Cette division en trois fossettes, qui rend le ginglyme du radius avec l'humérus pour ainsi dire encore plus serré que ne pourroit faire la division en deux, ne se trouve que dans le *cochon* et les *ruminans.* Les autres pachydermes n'ont que deux enfoncemens à leur radius. L'analogie est donc bien conservée ici, puisque nous avons toujours vu l'*anoplotherium* se rapprocher du cochon et des ruminans plus que ne fait le *palæotherium.* Mais dans ces animaux, c'est l'enfoncement du milieu qui est le plus petit; et dans l'*anoplotherium*, c'est le plus grand: par conséquent il a encore ici un caractère distinctif qu'il ne partage avec aucun autre genre, et qui se retrouvera nécessairement dans son humérus.

La largeur d'une des plus grandes de ces têtes est de 0,055; sa hauteur, de 0,035.

La longueur du seul radius que j'aie eu entier étoit de 0,29; mais ce n'étoit pas tout-à-fait un des plus grands.

La tête inférieure s'est trouvée beaucoup plus rarement complète que l'autre; je ne l'ai eue qu'une fois, mais dans une circonstance bien intéressante : elle étoit en place avec le p tit os du métacarpe (III.e Mém. sect. II, pl. II, fig. 8 et 9), qu j'ai jugé devoir appartenir au pied de devant de l'*anoplotherium commune.* Depuis lors j'ai eu l'idée d'adapter à cette tête de radius l'os sémilunaire (*ib.* pl. III, fig. 1, n.os 1—6) du carpe de cette espèce: il s'y est arrangé parfaitement, et l'on a vu que la facette de l'un étoit faite pour l'autre. Ainsi non-seulement j'ai connu par là la tête inférieure du radius de cette espèce; mais ma conjecture sur le doigt imparfait ou surnuméraire de son pied de devant (III.e Mém. sect. II, p. 107) s'est trouvée parfaitement confirmée.

La tête inférieure du radius en question est représentée de grandeur naturelle planche I, figure 8 : *a* est son bord antérieur; *b*, le postérieur; *c*, l'externe; *d*, l'interne. L'arête oblique *a e* sépare la facette *a e d*, destinée à recevoir le *sca-*

phoïde, de celle (*a e b c*) qui porte le *sémilunaire*. C'est cette dernière qui correspond si bien à la facette supérieure du sémilunaire (III.e Mém. sect. II, pl. III, fig. 1, n.° 1). Cette arête se prolonge sur cette portion de la face carpienne du radius, qui se recourbe sur le bord postérieur, derrière le scaphoïde, en *e;* et c'est ce qui fait un des caractères de ce genre, qui lui est commun avec le *cochon*, et plus marqué encore dans les *ruminans*, mais qui manque au *tapir* et au *rhinocéros*, dans lesquels cette partie recourbée est simple et sans arête.

Le diamètre transverse de cette face articulaire carpienne est de 0,055; l'antéro-postérieur, de 0,026.

2.° *L'humerus.*

J'en ai trouvé la tête inférieure avec l'un des radius précédens, et les deux os s'articulent parfaitement. Cette tête est à moitié grandeur, planche I, figure 2, par devant; figure 3, par derrière, figure 4, en dessous.

Il seroit fort inutile de vouloir la comparer à celle d'aucun humérus connu. Sa poulie radiale a deux enfoncemens, et par conséquent trois éminences pour les enfoncemens du radius. Celle du milieu est arrondie comme une portion de sphéroïde, et plus large que les deux autres, qui ne sont qu'en portions de cônes, pour répondre aux plans inclinés du radius. Le bord interne descend très-bas, parce que la facette de ce côté s'élargit beaucoup vers le bas.

En arrière il n'y a qu'un seul enfoncement demi-circulaire pour le *cubitus*, qui est la continuation très-élargie de l'enfoncement interne de devant. Le condyle interne est beaucoup plus saillant que l'autre.

Au-dessus de l'articulation devoit être un trou qui perçoit l'os d'outre en outre. Cela se juge, parce que le bord *a*, fig. 2, est entier et non rompu.

La structure la plus approchante est celle du *cochon* et surtout du *pécari*; mais, comme je l'ai déjà annoncé, la saillie du milieu, loin d'être la plus large, est la plus étroite.

Largeur de la poulie en avant	0,063
———————— en dessous	0,053
Son plus petit diamètre dans l'enfoncement interne . . .	0,03
Largeur de l'os d'un condyle à l'autre	0,087

Un autre morceau, pl. I, fig. 1, m'a donné la coupe de la totalité de l'os; celle de la tête inférieure, ainsi que sa grandeur, ne laissent pas de doute sur l'espèce. Voici ses dimensions:

Largeur en bas entre les deux condyles	0,09
Longueur totale	0,325
Largeur en haut	0,075
Plus petit diamètre vers le tiers inférieur	0,035

Il ne seroit pas sûr de juger des formes de la tête supérieure d'après une telle empreinte; mais on peut toujours s'assurer que la crête deltoïdienne descendoit fort bas, peut-être même plus que dans le cheval.

Je n'ai eu du *cubitus* de cette espèce qu'une portion de l'*olécrâne* articulée avec un fragment de l'*humerus*. Elle m'en a fait reconnoître d'autres obtenus isolément, et dont je donne une de grandeur naturelle, pl. II, fig. 6; mais comme l'articulation n'y est pas toute entière et que sa partie radiale manque tout-à-fait, je n'ai pu en tirer de caractère suffisant.

Néanmoins les dimensions de l'humérus et du radius de cette espèce étant connues, nous avons les proportions de son extrémité antérieure, et nous pouvons la comparer à la postérieure.

Le bras est long de 0,325.

Le radius, et par conséquent l'avant-bras, à compter du pli antérieur du coude, de 0,29 à 0,30.

Dans la section précédente, nous avons vu un fémur de 0,37, dans la même pierre avec une tête de radius, large de 0,053, précisément comme seroit celle qui correspondroit à notre humérus.

Et par les proportions trouvées dans la même section, le tibia correspondant eût été de 0,287.

Ajoutant de part et d'autre les pieds, on verra que l'extrémité postérieure n'excède pas beaucoup l'antérieure, et que cette espèce ne devoit pas être prompte à la course; ce que ses proportions trapues pouvoient déjà faire soupçonner.

ART. II. LE RADIUS DE L'ANOPLOTHERIUM MEDIUM.

J'ai eu deux têtes inférieures de *radius* qui, par leur forme, ne peuvent appartenir qu'à ce genre, et par les dimensions qu'à cette espèce. L'arête très-prononcée sur la portion recourbée de la face articulaire qui correspond au scaphoïde du carpe, ne permet pas de méconnoître un *anoplotherium*.

Une de ces têtes est représentée de grandeur naturèlle, par devant, planche I, figure 9 : par derrière, figure 10; par sa face carpienne, figure 11. *a* est la facette pour l'extrémité inférieure du cubitus; *b*, celle qui reçoit le sémilunaire; *c*, celle du scaphoïde; *d*, la portion recourbée.

Cet os porte à son bord interne une apophyse pointue *e*, dont il n'y a que les carnassiers et surtout les *felis* qui offrent quelque chose d'approchant: mais ce n'est pas une raison pour leur attribuer ce *radius;* car les carnassiers n'ont, comme on sait, qu'un seul os pour remplacer le *scaphoïde* et le *sémi-lunaire*, et par conséquent qu'une seule facette à leur *radius.*

ART. III. L'HUMÉRUS ET L'AVANT-BRAS DE L'ANOPLOTHERIUM MINUS.

Nous avons donné deux portions d'avant-bras mutilées l'une et l'autre, III.e Mém. sect. II, fig. 9 et 10. Le radius de la figure 9 a sa tête supérieure bien entière. Nous le donnons à part, planche II, figure 8, par devant; figure 9, par le côté externe; figure 10, par derrière; figure 11, par le côté interne; figure 12, par sa face articulaire humérale: elle est parfaitement semblable en petit à celle de l'*anoplotherium commune*, et leur proportion est comme 1 à 5; car la largeur de la petite est de 0,01, et celle de la grande, 0,053.

Le petit radius a 0,07, et le grand, 0,30. Celui-ci est donc plus épais à proportion de sa longueur; en quoi il suit la règle générale déterminée par les lois de la résistance.

Le bord postérieur de cette petite tête (pl. II, fig. 10) montre deux facettes larges et presque contiguës pour l'articulation avec le *cubitus;* mais la portion de cet os (III.e Mém. sect. II, pl. V, fig. 10) ne m'a donné aucune de ses faces articulaires, et je n'en ai pas eu d'autre.

J'ai obtenu récemment un *humerus* qui appartient évidemment à cette espèce. (Pl. II, fig. 13—16.) Il a 0,067 de long, 0,015 de large en bas. Sa tête inférieure représente très-bien en petit celle de l'*anoplotherium commune;* elle a les trois saillies, le grand trou, l'inégalité des condyles, etc.

Je n'ai pu encore trouver aucune partie du bras ni de l'avant-bras de l'*anoplotherium minimum.*

ART. IV. DES TROIS OS DE L'EXTRÉMITÉ ANTÉRIEURE DANS LE PALÆOTHERIUM MINUS.

Les radius à trois enfoncemens appartenant aux *anoplotheriums*, il ne restoit pour l'autre genre que ceux à deux.

L'analogie justifie encore ici cette distribution. Le *tapir* et le *rhinocéros* n'ont aussi que deux enfoncemens à leur *radius*, et deux saillies à leur *humerus*.

Une tête supérieure bien entière, articulée avec la tête supérieure de son cubitus et représentée avec elle (pl. II, fig. 1, 2, 3 et 4), se trouve répondre, pour la grandeur, à l'avant-bras du squelette entier de *palæotherium minus* de notre cinquième Mémoire. Je la considère donc comme appartenant à cette espèce, d'autant que la tête inférieure de l'humérus du même squelette s'articule passablement avec elle.

1.° *Le radius.*

Sa tête (pl. II, fig. 3) est transversalement oblongue, à peu près également haute des deux côtés. Celle du *tapir* et du *rhinocéros* est beaucoup plus étroite à l'externe.

Le bord interne est moins saillant. Le bord postérieur (pl. II, fig. 4) a deux facettes presque dans le même plan, pour s'articuler avec celles de l'*humerus*, sur lequel le *radius* doit être à peu près immobile.

Le radius presque entier du squelette a 0,115 de long, jusqu'à l'endroit où il est rompu.

2.° *Le cubitus.*

La facette sigmoïde s'élargit en avant et se bifurque pour venir se joindre aux deux facettes radiales, qui sont prèsque dans le même plan que ses prolongemens, et dont elle ne se distingue que par une légère arête. *Voy.* planche II, figure 2. La face de l'os qui regarde le radius est très-aplatie ; l'olécrâne comprimé, plus concave du côté interne, se rejetant un peu vers l'externe. *Voyez* figure 1.

Tout cela est assez semblable au tapir ; mais dans celui-ci la facette sigmoïde ne se continue qu'avec la radiale interne, et est séparée de l'externe par un enfoncement. La radiale externe y est aussi plus saillante comme une pyramide trièdre.

Le cubitus entier du squelette de Pantin est long de 0,143 ; l'olécrâne, de 0,034 et haut de 0,017. C'est un peu plus que n'auroit l'os des figures 1 à 4 de la planche II.

3.° *L'humérus.*

Il nous est donné, et quant à ses dimensions et quant à sa tête inférieure, par le squelette du cinquième Mémoire. Il a 0,105 de long et 0,035 de diamètre antéro-postérieur dans le haut. Sa tête inférieure est à deux saillies.

ART. V. DES TROIS OS DANS LE PALÆOTHERIUM CRASSUM.

L'empreinte complète de ceux de l'avant-bras et une partie de celle de l'humérus se voient dans le morceau représenté troisième Mémoire (sect. II, pl. II, fig. 1).

Le *cubitus* a 0,23 de long avec l'olécrâne qui en a 0,05; mais on ne peut rien distinguer de ses articulations.

Ce qui reste de l'*humerus* s'accorde avec des fragmens plus considérables que j'ai eus séparément.

Trois sont des têtes inférieures complètes. J'en représente une de grandeur naturelle planche I, figure 5 et 6. Sa poulie articulaire est large de 0,045, et l'os a entre ses deux condyles 0,055. Cette dernière dimension est un peu plus forte dans le *tapir*. L'autre est la même. Du reste, cette tête inférieure est semblable à celle du *tapir;* seulement la saillie externe de sa poulie est plus ronde, et non séparée du bord de l'os par une concavité. Le condyle externe est aussi moins gros, surtout par derrière.

M. *de Drée* possède un *humerus* brisé longitudinalement, qui s'accorde, dans ce qui en reste, avec cette tête inférieure. Je le donne, à demi-grandeur, planche I, figure 7.

Sa longueur d'*a* en *b* n'est que de 0,16; mais la tête supérieure y manque. Le *tapir* n'a pour la même partie que trois millimètres de plus. L'os entier fossile auroit eu 0,19, et en comptant les apophyses, 0,20. C'est une proportion convenable pour le fémur, que nous avons trouvé, dans la section précédente, de 0,24.

Un *radius* qui s'articule parfaitement avec cet *humerus* ne peut venir d'une autre espèce. Nous le représentons à demi-grandeur, planche II, figure 16; et sa tête supérieure de grandeur naturelle, figure 15, et par derrière, figure 18. Elle est à deux enfoncemens : et le côté interne un peu plus étroit, précisément comme celle du *palæotherium minus* (*ib.* fig. 3 et 4). De ses deux facettes cubitales l'une est plus étroite que l'autre, comme il le faut pour correspondre à celles d'un cubitus qui doit être semblable à celui de la figure 17.

Le diamètre transverse de sa face humérale est de 0,04; l'antéro-postérieur, 0,02.

On juge, par ce morceau, que ce *radius* doit être plus long que celui du *tapir;* car il ne s'élargit pas encore vers le bas, quoiqu'il ait 0,145, et celui du *tapir* le fait à 0,13. Il y en a d'ailleurs une autre preuve relative au *cubitus*. L'empreinte de cet os (III.ᵉ Mém. sect. II, pl. II, fig. 1) a 0,23. Le *cubitus* de *tapir* n'a que 0,21, quoique son olécrâne soit un peu plus long, ayant 0,06, et celui de notre animal seulement 0,05.

De tout cela je conclus que la longueur totale du radius auroit été de 0,018; et c'est ce qu'annonce aussi l'empreinte mentionnée ci-dessus.

Nous avons vu dans la section précédente que le *tibia* est long de 0,20, et celui du *tapir*, de 0,21.

Notre *palæotherium crassum* avoit donc les pieds de devant un peu plus longs, et ceux de derrière un peu plus courts à proportion que le *tapir*, et devoit être encore un peu moins léger que lui à la course.

J'ai une tête inférieure de cubitus que je crois devoir rapporter à cette espèce; elle est semblable à celle du *tapir*, mais un peu plus large.

ART. VI. DU CUBITUS DU PALÆOTHERIUM MEDIUM ET DE SON RADIUS.

J'ai eu le cubitus presque entier deux fois, mais toujours isolé. Cependant sa grandeur et sa ressemblance avec le *tapir*, jointes à ce qu'il est plus long et plus grêle que celui de l'article précédent, ne laissent point de doute sur l'espece. Je représente cet os de profil, à demi-grandeur (pl. II, fig. 13), et sa partie supérieure, par sa face radiale, de grandeur naturelle (*ib.* fig. 17)

La ressemblance de sa partie supérieure avec le *tapir* est à s'y méprendre. Seulement l'espace non lisse qui sépare le côté interne de la facette sigmoïde de la radiale du même côté, est moins grand et moins enfoncé; l'olécrâne est à peu près de même longueur que celui du tapir, mais moins haut, et les facettes articulaires, ainsi que la largeur de l'os sous la tête du radius, sont beaucoup moindres. L'os lui-même est beaucoup plus long et plus grêle. La face inférieure ou carpienne (pl. II, fig. 19) est un triangle dont l'angle externe et l'antérieur sont un peu aigus et l'interne obtus. Le premier se recourbe en arrière et en haut pour porter le *pisiforme*. Le tout est fort semblable à la même partie dans le *tapir*.

Quoique un peu plus petit, ce cubitus est long en tout de 0,2. L'olécrâne a 0,05 de long, et 0,03 de haut. La largeur de la partie de l'os qui reçoit la tête supérieure du radius est aussi de 0,03. La corde de l'arc de la facette sigmoïde est de 0,025. La tête inférieure n'a que 0,02 sur son plus grand côté.

Quant au *radius*, je n'ai eu qu'une moitié de sa tête inférieure, savoir la portion à laquelle s'attachoit le *scaphoïde du carpe*. Je l'ai trouvée avec le *carpe* même dans le morceau du cabinet de M. *de Drée* (III.[e] Mém. sect. II, pl. I, fig. 1, *a b*).

Elle est semblable à la partie correspondante du *tapir*. Le creux antérieur *a* est plus profond, parce que le *scaphoïde* est plus saillant; mais la partie recourbée en arrière *b* est la même dans les deux espèces, et n'a point l'arête qui la distingue dans les *anoplotheriums*.

Le hasard n'a pas permis que j'obtinsse aucun des trois os du *palæotherium magnum ;* mais je ne serois pas embarrassé de les rétablir, d'après les données que me fournissent les formes des espèces voisines et les proportions de celle-ci.

QUATRIÈME MÉMOIRE.

TROISIÈME SECTION.

LES OMOPLATES ET LES BASSINS.

Les os plats sont les plus difficiles à obtenir entiers : il n'y a peut-être dans aucun cabinet une omoplate fossile qui ne soit fracturée, même de celles que l'on trouve dans les terrains meubles. Les os de même nature, incrustés dans nos pierres à plâtre, se brisent inégalement quand on fend celles-ci; et si leur empreinte atteste encore leur contour, il n'y reste presque jamais d'apophyses, ni d'autres saillies minces, assez entières pour qu'on puisse déterminer leurs formes. Ce n'est qu'après beaucoup de temps et des prodiges de patience de la part de mes aides, pour dégager de la pierre les parties foibles, que j'ai pu rassembler les renseignemens imparfaits qui rempliront cette section.

ART. I.er LES OMOPLATES.

Toutes celles que j'ai eues se sont clairement laissées rapporter à deux formes générales.

Les unes, comme celle dont la tête est représentée planche I, fig. 7, 8, 9, avoient un *acromion*, c'est-à-dire que leur épine, plus saillante en avant que dans le reste de sa longueur, y emet de son angle externe une production isolée qui se dirige aussi en avant.

Les autres (fig. 1 et 3) n'ont aucun acromion; l'épine se confond en avant avec la face externe de l'omoplate, et s'élève insensiblement jusqu'aux deux tiers de sa longueur, où est sa partie la plus saillante, et où son bord est en même temps le plus élargi.

Un des objets principaux de l'*acromion* étant de donner attache à la *clavicule*, on devoit s'attendre qu'il n'existeroit point dans les animaux où la *clavicule* manque entièrement.

Cela est en effet presque toujours ainsi. Les pachydermes et les solipèdes n'en ont pas même de vestige : dans les ruminans, la partie la plus saillante de l'épine est bien en avant; mais elle y est tronquée net.

Il n'y a que le genre des *chameaux* qui fasse exception à cette règle; l'angle antérieur et externe de l'épine s'y prolonge et y forme un véritable acromion, encore plus marqué dans le *lama* que dans le chameau et le dromadaire.

En voila assez pour nous faire rapporter nos omoplates fossiles pourvues d'acromion à notre genre *anoplotherium*, puisque nous sommes habitués par toutes nos recherches précédentes à le voir se rapprocher des chameaux dans toutes les circonstances où il s'éloigne un peu des pachydermes ordinaires.

Les omoplates sans *acromion* appartiendront donc aux *palæotheriums;* et en effet l'analogie vient de son côté confirmer ce résultat.

L'épine de l'omoplate du *rhinocéros* et du *tapir* a sa partie la plus saillante vers le tiers postérieur de l'os, et ses deux extrémités se perdent insensiblement dans la face externe. Le *cochon* et le *cheval* ont aussi ce caractère ; mais l'*hippopotame* se rapproche davantage de la forme des ruminans.

D'après cette règle, il nous sera aisé, en ayant égard aux grandeurs, de répartir entre les espèces les omoplates ou les fragmens d'omoplates que nous avons recueillis.

§ I.er *Omoplates de palæotheriums.*

J'en ai eu de trois sortes.

La première, représentée à moitié grandeur, planche I, figure 1 et 2, ne peut être comparée qu'à celle du *rhinocéros* par son contour ovale, sans fortes échancrures, et par la position de son épine.

Dans le *tapir*, l'épine est un peu plus vers le bord postérieur; les fosses y sont par conséquent moins égales : et il y a une échancrure demi-circulaire derrière le tubercule qui tient lieu de l'apophyse coracoïde. (*Voyez nos planches sur l'ostéologie de ce genre.*)

Le tubercule ressemble ici à celui du rhinocéros; mais l'épine commence plutôt : elle forme sa saillie moins subitement; son bord est renflé sur plus de moitié de sa longueur. La fosse post-épineuse est coupée plus obliquement en arrière; le bord postérieur de l'omoplate n'a point de bourrelet, etc. (Comparez cette figure avec celles de nos planches sur l'ostéologie du rhinocéros).

Cette omoplate est longue de 0,22; large à l'endroit qui l'est le plus, de 0,091 ; à l'endroit le plus étroit, de 0,035. La plus grande saillie de l'épine est de 0,02; la hauteur de la tête articulaire, de 0,035; sa largeur, de 0,03; la saillie du tubercule acromial, de 0,01.

La seconde sorte d'omoplate se voit également en demi-proportion, planche I, figure 3.

A peu près de la même grandeur que la précédente, elle en diffère sensiblement par le contour de sa fosse post-épineuse, qui s'élargit davantage en arrière; ce qui donne à l'os une figure plus triangulaire, et le rapproche davantage du *rhinocéros* et du *cochon*. Du reste, l'épine, le tubercule et la tête articulaire sont à peu près les mêmes.

Le bord de l'os et celui de la tête articulaire étant mutilés, on ne peut pas en donner des dimensions générales bien présises; mais voici celles de quelques parties.

Largeur à l'endroit le plus large, 0,12. C'est un quart de plus que dans la précédente.

Largeur à l'endroit le plus étroit, 0,043; il lui faudroit 0,048 pour avoir la même proportion. Plus grande saillie de l'épine, 0,02; du tubercule acromial, 0,01. On voit par ce qui reste qu'elle devoit être au moins aussi longue que l'autre.

Ces deux omoplates conviennent chacune à peu près également bien, par leur grandeur, au *palæotherium medium* et au *palæotherium crassum*. Il n'y a pas de motifs bien positifs pour en accorder une à la première espèce plutôt qu'à la seconde. Cependant je ne crois pas non plus aller contre la vraisemblance, en donnant de préférence l'omoplate la plus large au *palæotherium crassum*.

Le fragment de tête, figures 4 et 5, quoique un peu plus grand que la tête de la figure 3, ne paroît pas en différer par l'espèce; mais je crois avoir une portion d'une troisième sorte, dans le morceau représenté figure 6. La hauteur de la tête n'y est qu'un peu plus de moitié de celle de notre première sorte, et la longueur totale de l'os ne fait que les trois cinquièmes. En comparant ce morceau avec ce qui reste de l'omoplate au squelette presque entier trouvé à Pantin, j'y trouve assez de ressemblance pour l'attribuer à la même espèce; je crois donc que c'est ici l'omoplate du *palæotherium minus*. On y voit la tubérosité qui caractérise cet os dans les palæotheriums, et ce qui reste de la naissance de l'épine est

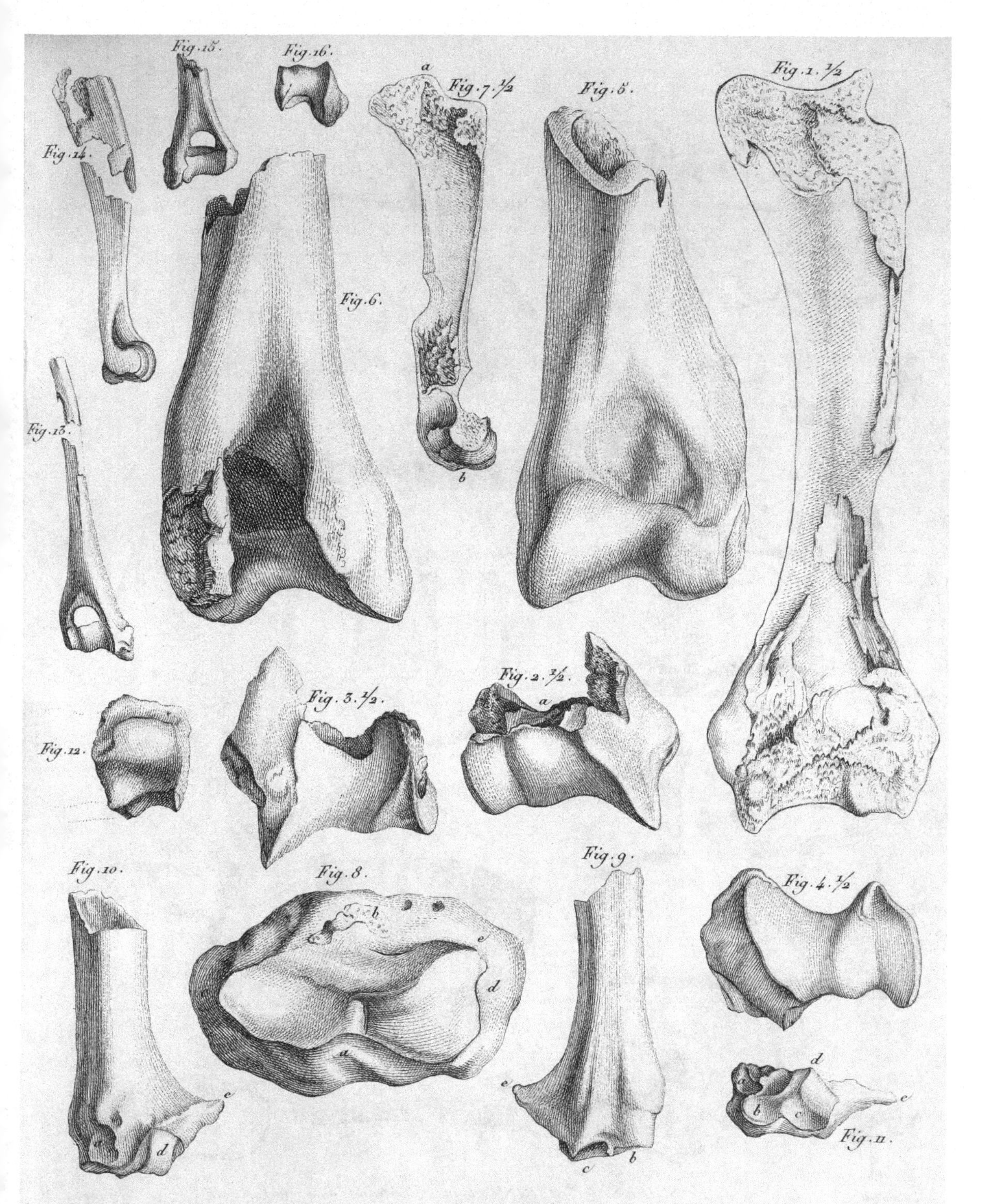

FOSSILES DE PARIS. Os longs de l'extrémité antérieure. PL. I.

Laurillard del. Canu sculp.

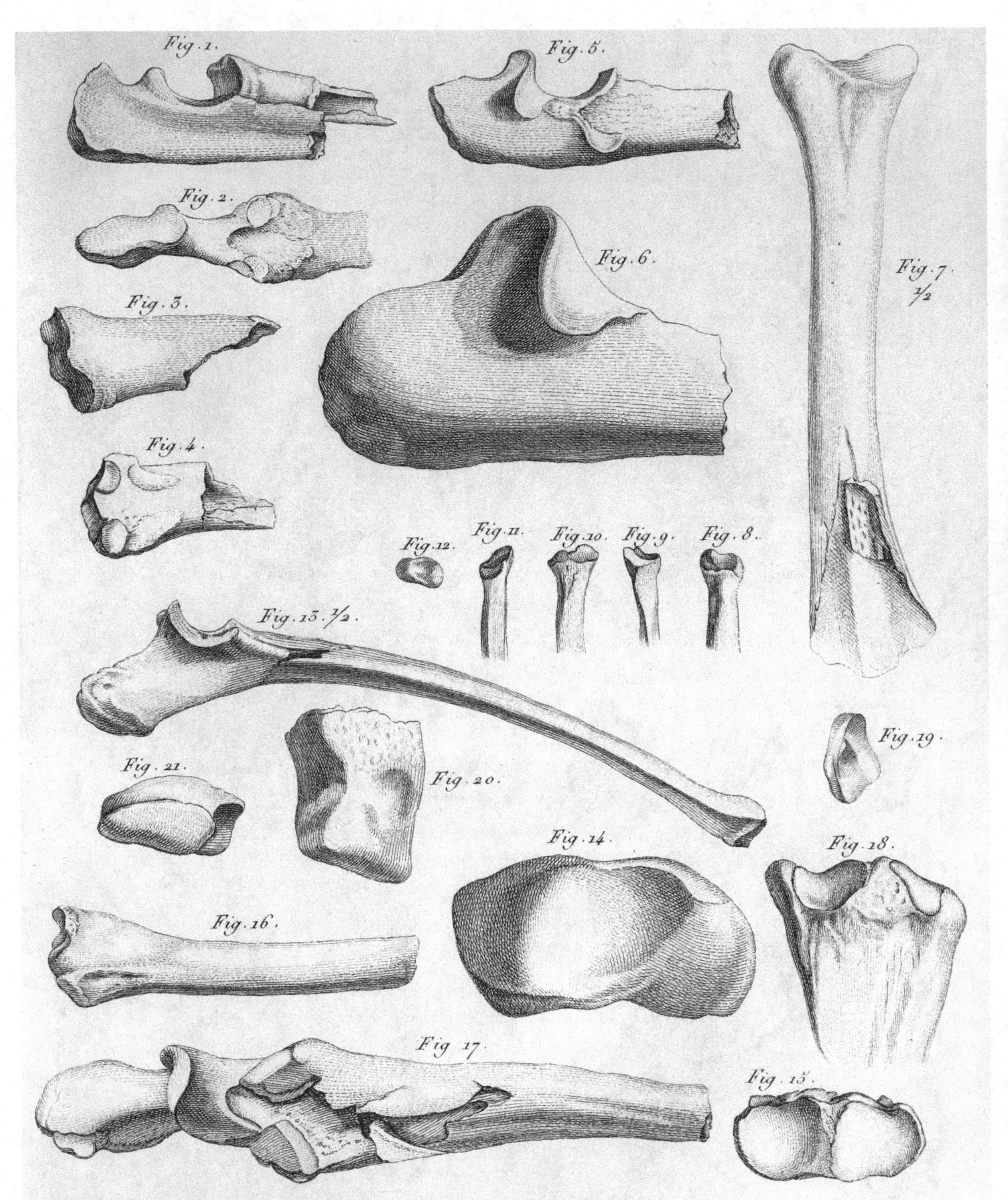

Laurillard del. FOSSILES DE PARIS, Os longs de l'extrémité antérieure. PL. II. Canu sculps.

très-semblable. La forme générale, telle que l'a fournie le squelette de Pantin, paroît avoir ressemblé un peu plus au *palæotherium crassum* qu'au *medium*.

Longueur de l'os dans le fragment détaché	0,156
Hauteur de la tête	0,025
Largeur	0,015
Longueur de ce qui reste de l'os dans le squelette de Pantin.	0,115
Sa plus grande largeur	0,036
Hauteur de sa tête	0,02
Hauteur de sa tubérosité	0,006
Largeur de la tête	0,01

Je n'ai eu aucune partie de l'omoplate du *palæotherium magnum*.

§ II. *Omoplates d'anoplotherium.*

Nous avons eu deux têtes bien entières, dont une, avec la naissance de l'épine et l'acromion complet, est représentée par sa face externe, figure 7; par son bord inférieur ou postérieur, figure 8; par sa face articulaire, figure 9. L'acromion ressemble par sa forme et par sa saillie à celui du lama; mais la tubérosisé coracoïdienne ressemble davantage à celle du chameau, surtout par ce caractère de n'être point séparée du bord de la face articulaire par une échancrure.

C'est aussi là ce qui nous aidera à distinguer les omoplates d'anoplothërium qui n'ont pas conservé leur acromion. Au reste, la face articulaire du chameau et du lama est beaucoup plus ronde, et celle de l'anoplotherium se rapproche un peu pour le contour de celle du tapir.

Hauteur de la face articulaire	0,061
Largeur	0,045
Élévation de l'acromion sur la face externe de l'os	0,04
Profondeur de l'échancrure de l'épine sous l'acromion . .	0,023
Largeur de l'os à l'endroit de la tubérosité	0,08

Nous avons trouvé dans le cabinet de M. de Drée l'empreinte d'une grande omoplate dont la tête étoit evidemment semblable à celle que nous venons de décrire. Nous en donnons une figure au quart de sa grandeur, planche I, figure 11. Quoique les limites de l'os n'y soient pas bien entières, on y voit cependant que les omoplates de ce genre étoient beaucoup plus larges à proportion que celles des palæotheriums; leur longueur étoit au moins 0,25, et leur largeur devoit fort approcher de 0,2. Il est évident qu'une omoplate de cette grandeur ne peut appartenir qu'à l'*anoplotherium commune.*

Ses proportions nous autorisent à rapporter aux *anoplotherium medium* et *minus*, les omoplates représentées figures 13 et 12, quoique ni l'une ni l'autre n'ait conservé les parties caractéristiques de la tête. La premiere est du cabinet de M. de Drée; la seconde, de celui de M. Camper, qui a bien voulu m'en envoyer un dessin. J'en possède moi-même une portion de cette dernière sorte, qui me fait voir que celle de M. Camper n'avoit pas conservé toute sa largeur.

Longueur de l'omoplate de l'anoplotherium medium . . .	0,123
Sa largeur	0,067
Largeur du cou	0,016
Longueur de l'omoplate de l'*anoplotherium minus*	0,085
Largeur du cou	0,011

Il ne nous reste donc à désirer que l'omoplate de l'*anoplotherium minimum.*

ART. II. LES BASSINS.

§ I. *Bassin d'anoplotherium commune.*

Les bassins sont plus difficiles encore que les omoplates à obtenir un peu entiers, à cause des différentes courbures suivant lesquelles leurs parties se replient, et qu'il est presque impossible de ne pas briser avec la pierre.

Cependant nous avons eu des renseignemens assez complets sur celui de l'*anoplotherium commune*: nous en avons trouvé plusieurs parties essentielles bien conservées, et le squelette presque entier trouvé à Montmartre en contenoit assez pour nous démontrer, d'une manière positive, l'identité d'espèce.

La portion la plus considerable est représentée à moitié grandeur, planche II, figure 1 et 2. Une autre portion (fig. 3) nous a servi à compléter ce qui manquoit à la première pour le pubis et la fosse cotyloide; mais nous n'avons encore pu y joindre la partie inférieure de l'ischion.

Ce bassin, comparé à ceux des autres animaux, ne montre d'analogie qu'avec ceux du tapir et du chameau. C'est au chameau qu'il ressemble davantage par la grandeur et la figure de la partie évasée de l'os des îles, par la largeur du cou de ce même os; mais il a plus de rapport avec le tapir par la fosse cotyloide, le pubis, le trou ovalaire et tout ce que l'on voit de l'ischion.

La partie évasée de l'os des îles est plus arrondie à proportion: son épine antérieure est moins pointue que dans le chameau; l'échancrure de la fosse cotyloïde est plus large, et son bord, derrière cette échancrure moins saillant. Dans le chameau, ce bord dépasse la partie adjacente du bord du trou ovalaire, et il y a entre deux un canal assez profond qui va gagner l'échancrure; dans l'anoplotherium, au contraire, le bord du trou ovalaire n'est point caché derrière celui de la fosse: il le dépasse de plusieurs millimètres. Le tapir tient le milieu entre ces deux structures. La branche transversale de l'os pubis est beaucoup plus courte dans le chameau, et s'élargit beaucoup plus promptement du côté de la ligne médiane, que dans l'anoplotherium et le tapir.

Principales dimensions de ce bassin.

Diamètre de la fosse cotyloïde 0,06

Nous avons vu qu'il y a des têtes de fémur larges de 0,055.

Largeur du cou de l'iléon à l'endroit le plus étroit 0,06
Largeur de sa partie évasée . . . . 0,2 et plus.

Nous ne pouvons pas donner la longueur totale du bassin, parce que nous n'avons pas ses deux extrémités entières; mais elle doit être au moins de 0,38 à 0,4.

Diamètre longitudinal du trou ovalaire 0,085
Diamètre transversal 0,06
Longueur de la branche transversale du pubis 0,07
Largeur 0,03

§ II. *Bassin de palæotherium crassum ou medium.*

C'est à ce genre que nous rapportons le morceau représenté, à moitié grandeur, planche II, figure 4 et 5, et celui du côté opposé, figure 6; et nous avons pour cela deux sortes de motifs, qui ne sont pas pris à la vérité dans les analogies anatomiques, mais qui ne nous en paroissent pas moins suffisans, eu égard à l'ensemble des circonstances.

1.° Ce bassin est plus petit que celui de l'*anoplotherium commune*, et cependant il n'est pas assez petit pour convenir à l'*anoplotherium medium*.

2.° Il offre des différences qui peuvent passer pour génériques. Le cou de l'os des îles est beaucoup moins large à proportion, plus prismatique. L'échancrure de la fosse cotyloïde est imprimée d'une manière moins profonde : l'ischion est moins large à sa naissance derrière la fosse cotyloïde. Tous ces caractères rapprochent un peu cet os de son analogue dans le tapir.

3.° Enfin, nous en avons trouvé une fois une portion jointe à une partie de la queue; et celle-ci étoit formée de vertèbres beaucoup plus petites et garnies d'apophyses beaucoup plus saillantes que la partie correspondante de la queue de l'anoplotherium; elle appartenoit donc à une queue plus petite et plus courte, comme nous verrons par plusieurs autres morceaux, qu'étoit la queue du palæotherium.

L'ischion de ce bassin est remarquable par la manière dont il s'évase et s'élargit en arrière, surtout à son bord dorsal; ce qu'on voit du bord opposé montre que le trou ovalaire devoit être très-allongé.

On voit qu'il n'y a dans nos motifs rien qui puisse faire donner ce bassin au *palæotherium medium* plutôt qu'au *crassum.*

Principales dimensions de ce bassin.

Diamètre de la fosse cotyloïde	0,04
Nous avons vu que celui de la tête du fémur est de	0,037
Largeur du cou de l'os des îles	0,033
Longueur totale du bassin, au moins	0,28
Distance depuis le bord postérieur de la fosse, à l'extrémité postérieure de l'ischion	0,075
Moindre largeur de l'ischion	0,015
Largeur de son évasement en arrière, au moins	0,055
Longueur du trou ovalaire, au moins	0,065

§ III. *Bassin d'une troisième sorte, que nous conjecturons appartenir à l'anoplotherium medium.*

Sa grandeur proportionnelle est encore ici notre motif

principal. Notablement plus petit que le précédent, il est presque aussi large au cou de l'ischion : sa fosse cotyloïde a à peu près moitié de la largeur de celle du bassin d'*anoplotherium commune*, ce qui doit très-bien convenir à l'*anoplotherium medium ;* mais seroit un peu trop grand pour le *palæotherium minus*.

Nous avouons cependant que ce que nous en possédons n'est pas assez complet pour nous fournir des caractères convaincans : nous en avons un os des îles, mutilé vers le haut, et représenté, à demi-grandeur, planche I, figures 14 et 15. La fosse cotyloïde s'y trouve encore presque entière. Nous complétons ce morceau au moyen d'un ischion de la même espèce, planche I, figure 16, et planche II, figure 7. On voit que la partie postérieure de l'ischion s'évase d'une manière plus oblique que dans le bassin de palæotherium.

Voici les dimensions que nous avons pu obtenir.

Largeur du cou de l'os des îles	0,032
Diametre de la fosse cotyloïde	0,03
Distance du bord postérieur de la fosse à l'extrémité de l'ischion.	0,063
Moindre largeur de l'ischion	0,012
Largeur de sa partie évasée	0,045

Voilà tout ce que nous avons pu recueillir jusqu'ici de morceaux caractérisés appartenans aux bassins. Si nous en recueillons quelques autres, nous les donnerons dans un supplément. Nous avons donc terminé, autant qu'il dépend de nous, la description des extrémités de nos singuliers animaux, et il ne nous reste, pour terminer celle de leurs squelettes, qu'à parler de leurs vertèbres et de leurs côtes.

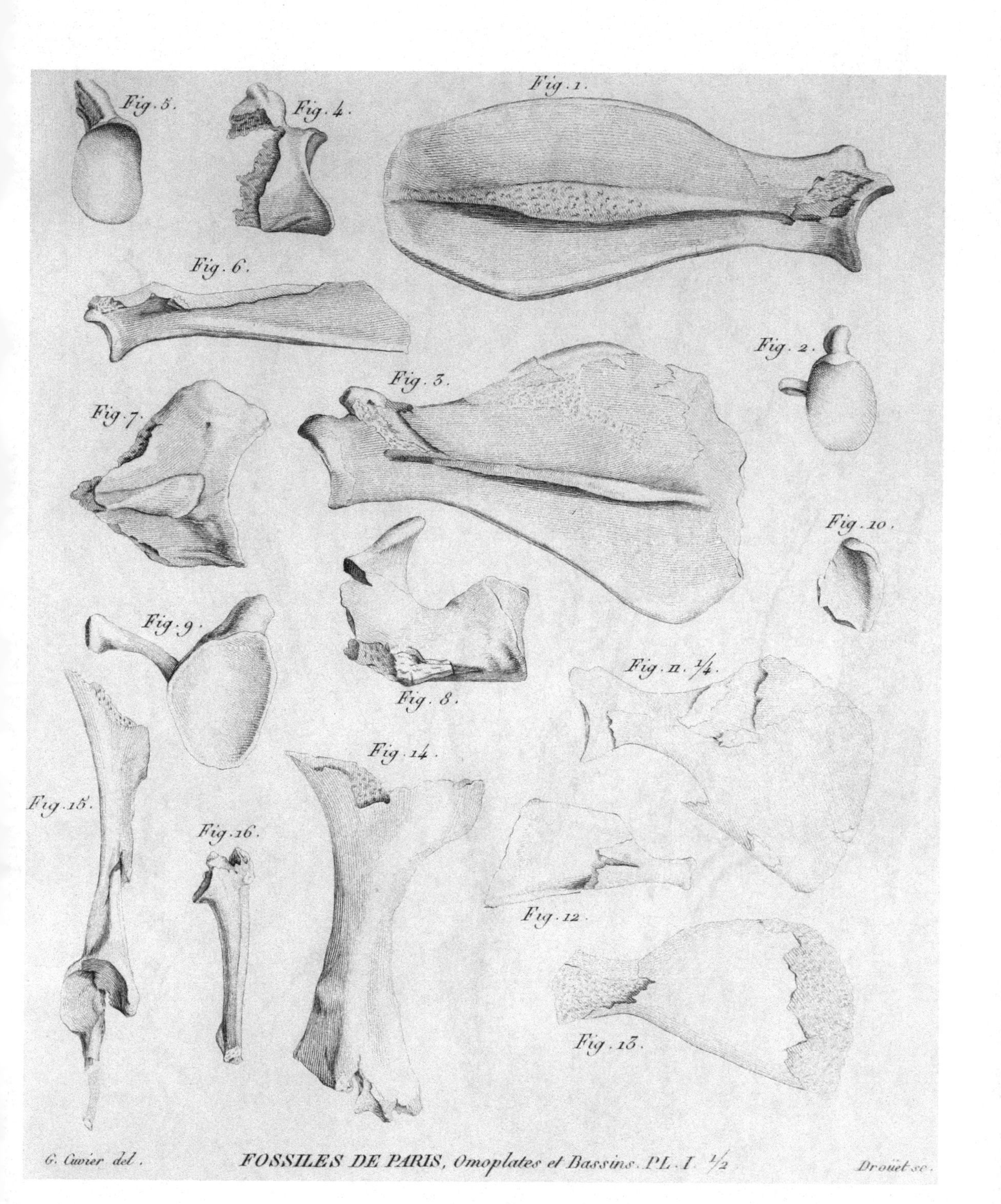

G. Cuvier del. FOSSILES DE PARIS, Omoplates et Bassins. PL. I. 1/2 Droüet sc.

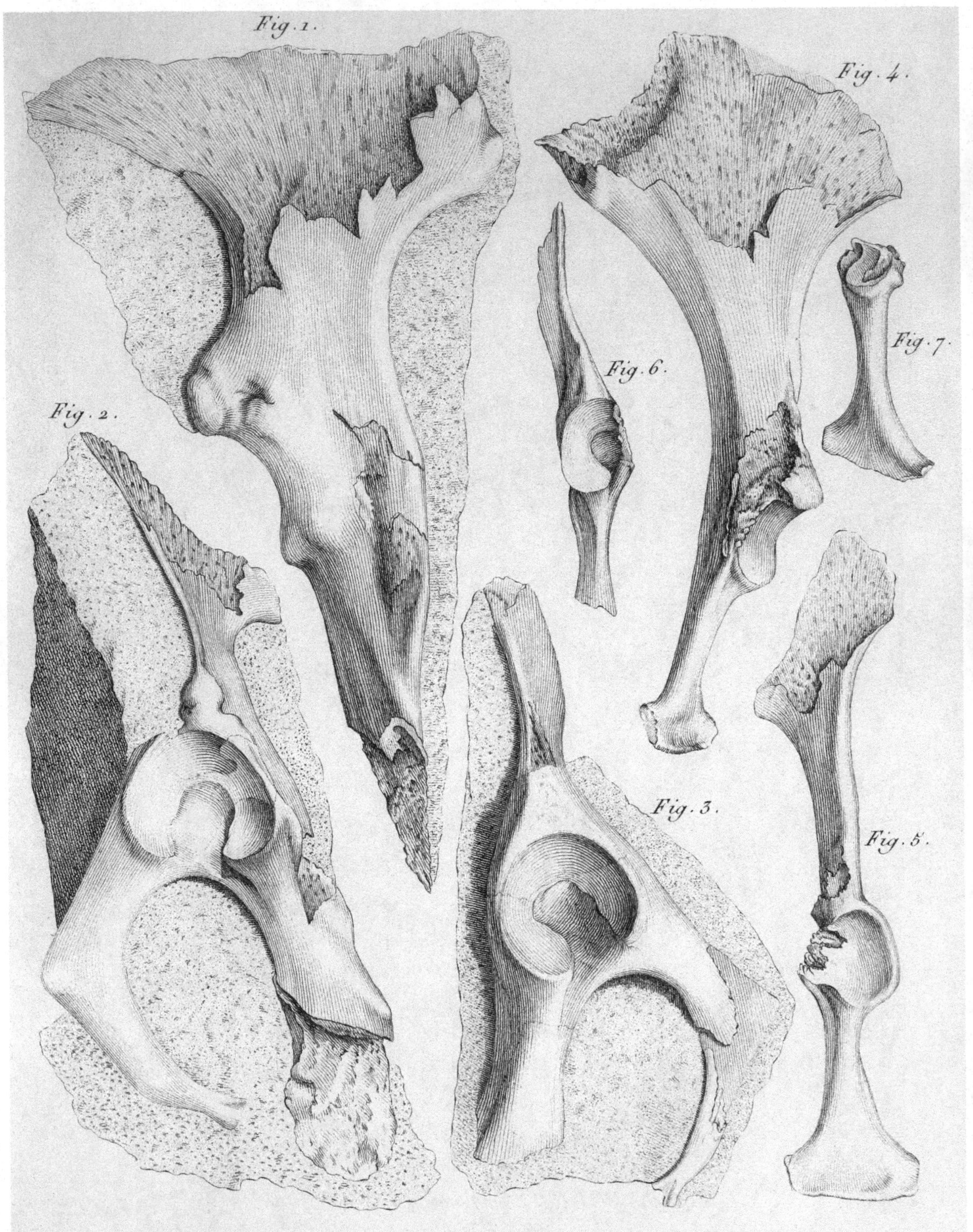

Laurillard del. *FOSSILES DE PARIS*, *Omoplates et Bassins.* PL. II. 1/2 Couet sc.

CINQUIÈME MÉMOIRE.

Sur les os du Tronc.

PREMIÈRE SECTION.

Description d'un squelette presque entier trouvé dans les carrières de Pantin.

J'AVOIS déjà découvert le nombre et la forme des dents; j'étois parvenu à reconstituer des têtes; j'avois trouvé ou j'avois rétabli des pieds complets; j'avois rassemblé des omoplates, des humérus, des fémurs: que je désespérois encore de déterminer jamais ce qui est relatif à l'ostéologie du tronc. En effet, les os de nos carrières sont presque tous détachés, épars, souvent même ils étoient déjà brisés avant d'être incrustés; on pouvoit donc croire qu'on reconnoîtroit la forme de quelques vertèbres, la longueur de quelques côtes; mais comment se flatter de savoir jamais le nombre de ces parties, qui est si variable dans la nature, que même des espèces congénères diffèrent entre elles à cet égard. L'*aï* et l'*unau*, par exemple, ont, l'un 9, l'autre 7 vertèbres cervicales; l'un 14, l'autre 23 vertèbres dorsales; l'un 4, l'autre 2 vertèbres lombaires. Le premier a 13 vertèbres coccygiennes, l'autre n'en a que 7 ou 8, etc.

J'avois à la vérité déjà en mon pouvoir quelques morceaux où l'on voyoit soit un certain nombre de côtes, soit un certain nombre de vertèbres à la suite les unes des autres, et dans leur connexion naturelle; mais il s'en falloit bien qu'ils me donnassent dans son entier, même une seule des divisions du tronc, comme les lombes, ou le thorax, ou la queue.

Par exemple un morceau du cabinet de l'académie, aujourd'hui appartenant à l'institut, et représenté par Guettard dans ses mémoires sur différentes parties des sciences et des arts, tome I, Pl. IV, le plus complet de tous ceux de ce genre que j'eusse encore vus, ne m'offroit cependant que neuf côtes.

Le hasard voulut qu'au moment où je me croyois pour jamais arrêté dans mes recherches, on découvrît un morceau précisément propre à m'éclairer, sur une grande partie des points qui m'avoient manqué jusque-là. Il fut trouvé à Pantin, et M. de Saint-Genis qui s'est occupé long-temps de la recherche des os fossiles de nos carrières, et dont la collection m'a été si utile pour mes mémoires précédens, s'empressa de me donner avis de cette importante découverte. Les ouvriers s'imaginèrent que c'étoit le squelette d'un bélier, et l'on en parla sous ce titre dans les papiers publics; mais M. Frochot, préfet du département ayant acquis ce morceau, et en ayant fait présent à notre Muséum au nom de la commune de Paris, il me fut aisé de voir que c'étoit un squelette presque entier de l'un de mes palæotheriums.

Il y a deux pièces qui sont la contre épreuve l'une de l'autre, les os se partageant presque toujours en deux, lorsque la pierre se fend; je n'ai fait graver que la moitié où il est resté le plus d'os, mais l'autre m'a servi à compléter la description.

La figure est très-exacte, et représente l'objet à moitié de sa grandeur.

Après la première inspection, on s'aperçoit qu'outre le grand squelette, dont les os sont à leur place, il y a entre A et B des os épars d'un autre individu beaucoup plus jeune, car ils sont tous épiphysés. Le graveur a eu soin de donner à cette partie de sa figure, un ton plus clair qu'au reste, afin de rendre la distinction des deux individus plus facile. Le grand squelette appartenoit à un animal adulte; on n'y voit plus d'épiphyses, et il est probable que si la pierre eût été cassée plus heureusement, ou si les ouvriers eussent recherché les fragmens qui tenoient à ses bords, nous n'aurions plus rien à désirer pour la connoissance complète de cette espèce; mais la tête est presque entièrement enlevée en C; l'avant-bras est cassé près du poignet en D; la jambe à son tiers inférieur en E; la tête du fémur est fortement entamée en F; la queue et presque tout le bassin sont emportés sur la ligne F A G.

Ainsi ce sont précisément les extrémités, c'est-à-dire les parties les plus caractéristiques pour les naturalistes, qui sont enlevées dans ce morceau.

Heureusement il nous en reste quelques-unes qui, d'après nos recherches précédentes, peuvent suffire pour déterminer l'espèce : ce sont la dent molaire supérieure entière *a*, et la moitié de molaire inférieure *b*; celle-ci sur-tout qui est encore en place, et qui a par conséquent bien certainement appartenu à cet individu, est décisive par sa forme cylindrique, et prouve que l'animal étoit du genre *palæotherium*. Sa grandeur ne laisse ensuite aucun doute sur son espèce qui ne peut être, parmi celles que nous connoissons, que le *palæotherium minus*, et nous verrons plus bas que tout contribue à faire croire que ce l'est réellement.

Ce morceau nous montre d'abord toute la branche montante de la mâchoire inférieure *c, d, e*; et l'on voit qu'elle est dans cette espèce comme dans les autres de palœotherium et d'anoplotherium, très-large à sa partie inférieure. La proportion entre l'apophyse coronoïde *c* et le condyle *d*, est aussi la même.

On voit ensuite des portions de six vertèbres cervicales, *f, g, h, i, k, l*; l'atlas est la seule qui manque. Elles forment ensemble une longueur de 0,125, et le cou tout entier pouvoit avoir 0,140.

L'omoplate *m, n, o* n'a laissé qu'une partie de son empreinte, mais l'épine est dans l'autre moitié de la pierre. La longueur de cet os est de 0,110; sa largeur vers *m n*, paroît avoir été de 0,053, et celle vers *oo'* est de 0,025. Il n'y a point d'apophyse coracoïde, et l'on ne peut déterminer l'endroit où l'épine fesoit le plus de saillie. Nous ne faisons pas de doute que l'acromion n'ait manqué comme dans tous les animaux à sabot.

L'humérus *p, q, r* est presque entier; sa tête inférieure l'est tout-à-fait. Il a 0,105 de long, et 0,035 de large en *p q*.

L'avant-bras *s, t, u* se compose de deux os; le cubitus *s u*, et le radius *t*, lesquels restent distincts dans toute leur longueur, ce qui prouve bien que l'animal n'est point un ruminant, car dans cet ordre le cubitus ne consiste plus que dans l'olécrane, qui n'est lui-même qu'un appendice du radius, auquel il se soude entièrement.

D'un autre côté, on peut juger par la position du radius,

entièrement en avant du cubitus, et par la forme de la tête inférieure de l'humérus, que le radius n'avoit point de mouvement sur son axe longitudinal, et que la main ne tournoit pas, ce qui éloigne aussi notre animal des familles des quadrupèdes et des carnassiers; il n'y auroit que les rongeurs et les pachydermes qui pussent le réclamer sous ce rapport.

Ce qu'on voit du cubitus, fait une longueur de 0,143; l'olécrane a 0,034 de long, 0,017 de haut.

Il y a dix côtes presque entières (de 2 à 11), et l'on voit en arrière d'elles des portions de cinq autres (de 12 à 16) dont tout le reste est demeuré dans la seconde moitié de pierre, celle que je n'ai pas fait dessiner; de plus la largeur de l'espace vide entre l'humérus et la première côte visible, ainsi que la longueur de celle-ci, fait présumer qu'il y avoit au moins une côte en avant, qui n'a pas subsisté dans ce morceau; c'est pour cela que j'ai mis le n.° 2 à la première côte visible. L'animal en auroit donc eu au moins seize et peut-être dix-sept de chaque côté. Ce n'est guère que parmi les édentés, les solipèdes et les pachydermes que ce nombre est surpassé; aucun ruminant n'a plus de quatorze côtes, et parmi les carnassiers il n'y a que l'hyène et le glouton qui en aient seize.

Il est impossible de dire combien de ces côtes s'attachoient au sternum, et combien étoient simplement de fausses côtes, car il ne reste aucun vestige du sternum.

Les douze premières vertèbres dorsales ont entièrement disparu dans les deux moitiés de la pierre; on ne voit que les quatre dernières (de XIII à XVI). La seizième côte est même disposée de manière qu'on voit qu'elle répond à-la-fois à la dernière vertèbre dorsale et à la première lombaire.

La XIIIeme dorsale montre une apophyse assez forte, α, et son apophyse épineuse est encore assez obliquement dirigée en arrière ; celle de la XIVeme l'est un peu moins ; la XVeme, la XVIeme et les trois premières lombaires, I, II, III l'ont dirigée en avant.

Les deuxième et troisième lombaires II et III montrent de fortes et larges apophyses transverses β et γ.

Je n'ose pas dire positivement jusqu'où vont les lombes, ni si les vertèbres marquées de IV à VII y appartiennent toutes : on seroit porté à le croire d'après la forme de leur corps.

La longueur de la partie dorsale de l'épine du dos, a dû être de 0,25. Ce qu'on voit de la partie lombaire est de 0,128, c'est-à-dire plus de moitié.

Aucun pachyderme ni aucun édenté n'a tant de vertèbres lombaires ; le chameau seul, parmi les animaux à sabot, en a ce nombre de sept ; mais il est très-commun parmi les rongeurs et les quadrumanes, et un peu moins parmi les carnassiers.

Nous ne pouvons rien dire sur les vertèbres sacrées et coccygiennes, puisqu'elles avoient absolument disparu de notre morceau ; il n'y restoit non plus qu'un petit fragment du bassin situé vers A, à un pouce de profondeur, et qu'il est impossible d'apercevoir dans la figure. Il est fâcheux que nous soyons privés de ce moyen puissant de détermination.

Il l'est encore plus que le fémur ne soit pas resté entier.

Ce qu'on en voit a 0,12 de long de F en *f*, mais il n'est pas possible de dire au juste combien il en manque, quoiqu'on voie bien que la partie manquante ne peut pas être considérable.

Ce fémur, ainsi que l'humérus, avoit eu ses parois écrasées et affaissées ; il s'étoit élargi en s'aplatissant. Ce qu'il y a le plus à regretter, c'est qu'on ne puisse juger s'il avoit ou non le troisième trochanter, qui caractérise le cheval, le rhinocéros et le tapir, et que nous avons retrouvé dans ceux des fémurs de nos carrières que nous attribuons au genre *palæotherium*.

Ce qui reste du tibia *y* est long de 0,075 ; ce qu'il offre de plus remarquable est sa forme triangulaire bien marquée; le péroné *z* posé dessus est grêle et distinct dans toute la portion qu'on en voit; il est à-peu-près droit, et devoit très-peu s'écarter en dehors du tibia. La même disposition a lieu dans les autres pachydermes, mais non dans les ruminans qui n'ont point de péroné distinct; ainsi c'est une nouvelle preuve que notre animal ne vient point de cet ordre.

Il y a en *x* une rotule qui n'offre rien de particulier.

Voilà tout ce que ce squelette m'a présenté pour la connoissance ostéologique de l'espèce à laquelle il a appartenu; j'ai cherché, à la vérité, à examiner les os de jeune individu qui sont incrustés dans la même pierre, afin de voir s'ils ne me donneroient pas quelques-unes des parties qui manquent à l'individu adulte; mais excepté trois dents, toutes les trois molaires supérieures, je n'ai rien trouvé d'entièrement reconnoissable, tant ces jeunes os sont confondus et mêlés, et tant leur fragilité les a fait s'altérer lorsque la pierre s'est brisée.

Ce n'est donc qu'en cherchant à adapter aux pièces que nous trouvons dans cette pierre quelques-unes de celles que nous avons décrites dans nos mémoires précédens, que nous parviendrons à réintégrer ce squelette.

Or nous avons une portion de mâchoire inférieure qui s'arrangeroit très-bien pour la grandeur avec la portion restée dans cette pierre-ci; c'est celle du palæotherium minus indiquée dans notre deuxième mémoire sur les fossiles de nos environs, article I, § II, et représentée *ib.* pl. XI, fig. 1.

Ces deux portions devoient appartenir à une tête d'environ 0,15 de longueur, c'est-à-dire un peu plus grande que celle d'un renard, qui n'en a que 0,145. Les proportions du cou et du corps sont de même un peu plus grandes que celles d'un renard. Le cou est, comme nous l'avons vu, de 0,14 dans notre animal, de 0,125 dans le renard. Le dos et les lombes pris ensemble de 0,37 dans notre animal, et de 0,32 dans le renard; mais la proportion des lombes au dos est plus grande dans le renard, où elle est comme 15 à 17, que dans notre animal, où elle est, ainsi que nous l'avons vu plus haut, comme 1 à 2; c'est que le renard est d'une forme beaucoup plus grêle.

Nous trouvons parmi les pieds de derrière que nous avons décrits dans notre troisième mémoire, celui de l'article VII, et de la pl. VI, qui est long de 0,14, ce qui revient aussi, comme nous l'avons dit, à la longueur du pied du renard.

Rien ne s'oppose à ce que ce pied ne s'adapte à la jambe de notre squelette, car le pied seroit au fémur comme 7 à 6 ou

6,5; et dans le cochon ces deux parties sont comme 10 à 9.

Les animaux à sabots, à formes plus légères, ont le pied plus long; il est dans le bœuf comme 5 à 3, et dans le cerf la proportion est encore plus en faveur du pied; mais ceux dont les formes sont plus lourdes ont des proportions inverses. Dans le rhinocéros, le pied est plus court que la cuisse d'un huitième.

Il n'y a non plus rien que de naturel dans la proportion de la tête au pied; nous avons déja vu que cette proportion est presque réalisée dans le renard qui a la tête de 0,145, et le pied de 0,15. Notre animal, au contraire, a la tête un peu plus longue, comme 15 à 14; mais il y a bien d'autres espèces dans ce cas, et le cochon entre autres l'a comme 9 à 8.

Si nous examinons maintenant les proportions du cou et des membres, nous verrons que l'humérus ayant 0,105, le cubitus sans l'olécrane 0,11; supposant à la main que nous n'avons pas, une proportion à-peu-près pareille à celle du cochon, elle auroit aussi environ 0,11; retranchant quelque chose à cause des plis du coude et de l'épaule, on auroit à-peu-près 0,3 pour la hauteur du membre de devant : or nous avons vu plus haut que le cou a 0,14 de long, et nous avons jugé que la tête en devoit avoir 0,15, c'est 0,29 pour la longueur totale.

Il résulte de cette égalité que l'animal pouvoit paître et boire très-commodément, sur-tout si, comme sa qualité de *palœotherium* doit le faire croire, il avoit une petite trompe pour compléter ce qui manque à son cou et à sa tête pour égaler son train de devant.

Le fémur a dû avoir à-peu-près 0,12 ou 0,13; le pied avoit 0,14, et sans le calcanéum 0,12, nous pouvons aisément donner autant à la jambe ; ce sera pour l'extrémité postérieure o,36. Nous avons vu que l'extrémité antérieure a dû avoir o,3, c'est-à-dire o,o6 de moins, proportion très-ordinaire et assez commode pour donner à l'animal de la facilité à la course.

Nous sommes donc à présent les maîtres de dessiner le squelette presque entier de notre animal ; et le squelette une fois reconstitué, il n'y a rien de si aisé que d'y attacher des muscles, puisque les limites des muscles sont déterminées d'une manière absolue par les apophyses des os auxquelles ils prennent les attaches.

Le pied de devant nous manque encore à la vérité, mais comme nous connoissons celui du palæotherium medium, nous ne serons pas bien téméraires en supposant que le pied du palæotherium minus n'en différoit que par la grandeur, et non par le nombre des doigts.

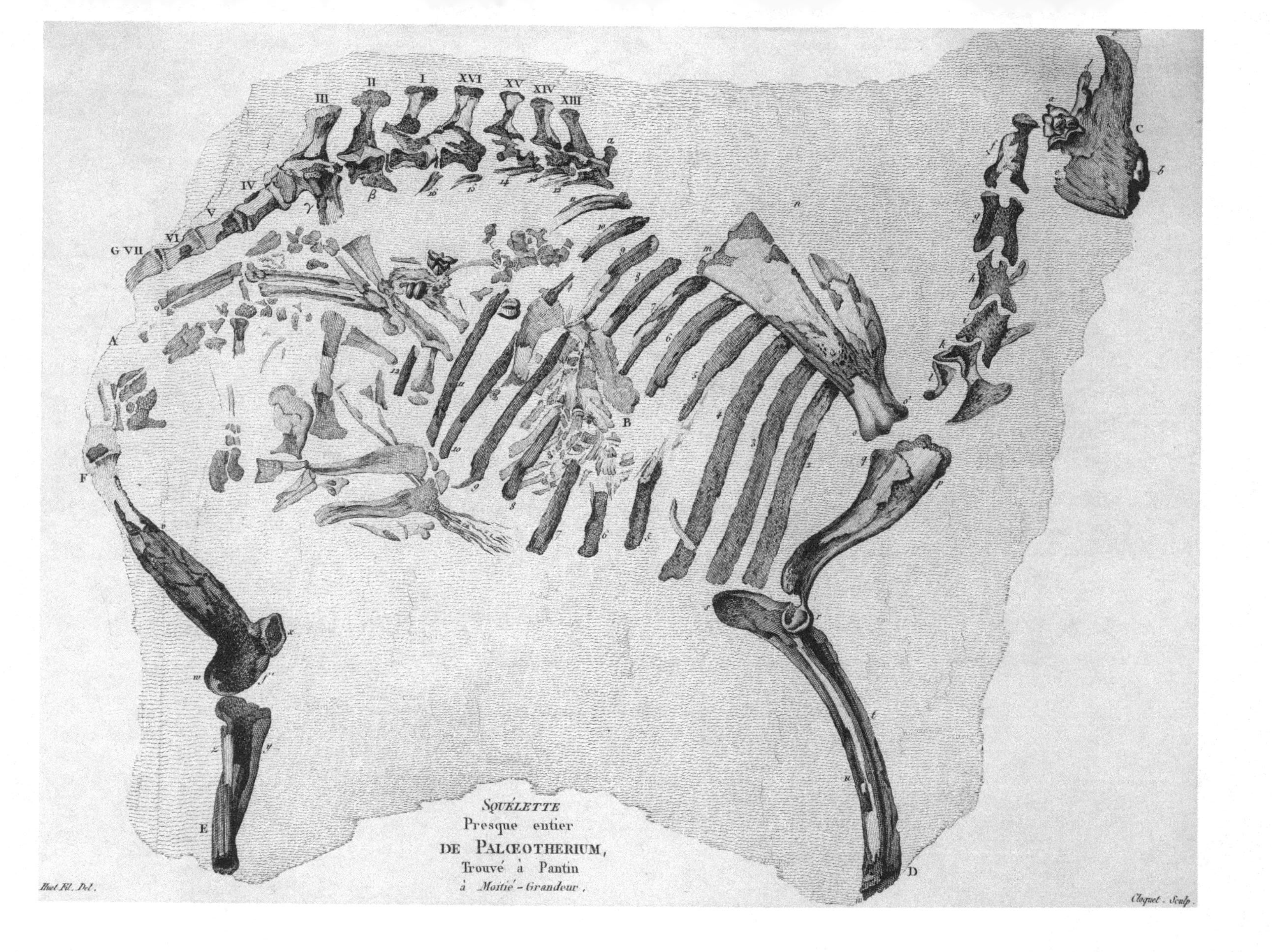

Squélette
Presque entier
DE PALÆOTHERIUM,
Trouvé à Pantin
à *Moitié-Grandeur.*

Huet Fil. Del.

Cloquet. Sculp.

CINQUIÈME MÉMOIRE.

IIe SECTION.

DESCRIPTION DE DEUX SQUELETTES PRESQUE ENTIERS D'*ANOPLOTHERIUM COMMUNE*.

Article I. *Premier squelette trouvé dans les carrières de Montmartre.* (Pl. I, fig. 1.)

Je travaillois depuis plus de huit ans à l'examen des ossemens de nos carrières, et, toujours réduit à des fragmens isolés, je n'avois pas même eu l'avantage de trouver une seule réunion d'os propres à confirmer par le fait la combinaison opérée seulement par l'analogie, des deux sortes de pieds avec les deux sortes de mâchoires. Le squelette de Pantin, décrit dans la section précédente, ne me donnoit lui-même rien d'absolu à cet égard, puisque les pieds y manquent, et que l'on n'y voit qu'une portion assez peu considérable de la mâchoire inférieure.

Enfin, au mois de décembre de l'année dernière 1806, j'eus le bonheur de voir mes travaux couronnés par un morceau qui démontre sans équivoque la justesse de mes rapprochemens, et leur ôte toute apparence de conjectures.

On découvrit dans la grande carrière de Montmartre, dans le milieu de la couche dite des *hauts piliers*, le squelette presque entier d'un animal de la grandeur d'un petit cheval. Les ouvriers recueillirent avec assez de soin et m'apportèrent cinq grosses pierres (A, B, C, D, E) qui se rapprochent encore par leurs jointures naturelles, et qui comprennent une grande partie de la queue, le bassin, les côtes, les deux tiers du fémur et quelques os épars du pied de derrière. Ils m'apportèrent aussi deux autres pierres (F, G) qui contiennent les deux mâchoires ; mais la partie qui joignoit cette tête au tronc étant tombée en petits éclats, ils négligèrent de la recueillir. Ce squelette, comme tous ceux des grandes espèces de nos carrières, ne comprend que les os d'un seul côté, celui sur lequel le cadavre étoit tombé, le côté opposé ayant été détaché et enlevé avant que la pierre à plâtre ait pu l'incruster. Il paroit aussi que, pendant cet intervalle, une cause quelconque, peut-être des animaux voraces avoient fait disparoître l'extrémité antérieure, et enlevé et rongé une partie de la postérieure ; car il est aisé de voir que le bas du fémur (*a*) avoit été emporté avant d'être incrusté. La même cause aura sans doute détaché la jambe et séparé les os du pied : mais il n'en reste pas moins constant pour quiconque jette un coup d'œil sur ce beau morceau, qu'il nous présente une portion considérable du squelette d'un seul et même animal ; que ces mâchoires, ces côtes, ce bassin, cette queue, ces os du pied se sont appartenus, et qu'ils sont les restes d'un cadavre tombé dans le liquide où se cristallisoit le gypse.

Or ce squelette nous confirme tous les caractères de l'*anoplotherium commune*, tels que je les avois établis sur des morceaux isolés, et nous apprend une infinité de circonstances que je n'aurois pas pu deviner sans lui.

1.° Nous avons conclu (II.ᵉ Mém. art. II, § I) que l'*anoplotherium* devoit avoir quarante-quatre dents, savoir : onze de chaque côté à chaque mâchoire, sans canines saillantes. On voit ici en effet (en *b*, *c*) les vingt-deux dents du côté droit, onze en haut et onze en bas, toutes avec les figures que nous leur avions déterminées, et comme nous les donnerons plus en détail dans notre Supplément.

2.° La combinaison de ces têtes à quarante-quatre dents avec les grands pieds de derrière didactyles, que nous avons établie dans notre III.e Mémoire, I.re section, article X, se trouve aussi pleinement confirmée. Le calcanéum, le scaphoïde, le cunéiforme, le métatarsien et les phalanges éparses dans l'une de nos pierres (E), sont précisément les os dont nous avons composé ce pied.

3.° Une circonstance particulière de la composition de ce pied, que nous avons exposée dans l'article premier de la même section, se trouve ici non-seulement confirmée, mais encore déterminée avec plus de précision. Nous y avons dit qu'outre les deux doigts parfaits il devoit y avoir un petit os surnuméraire, articulé à la petite facette du scaphoïde et à celle du métatarsien interne. Cet osselet est ici en place (en *d*), de forme ovale et ne dépassant que de très-peu le cunéiforme voisin. Nous avons eu deux autres réunions de ces mêmes os, et nous les décrirons dans un supplément.

4.° Dans notre IV.e Mémoire, I.re section, article I.er, § 2, nous avons attribué à l'anoplotherium les grands fémurs à deux trochanters : c'est en effet un semblable fémur dont la partie supérieure se trouve ici en place (en *a*, *f*).

Nous insistons exprès sur ces détails, pour démontrer de plus en plus la certitude des lois zoologiques, relatives à la coexistence des diverses formes.

Voici maintenant ce que nous avons appris pour la première fois par la vue de ce squelette.

1.° Comme nous le possédions déjà lorsque nous avons rédigé la troisième section de notre Mémoire précédent, c'est lui qui nous a dirigés, ainsi que nous l'avons dit, dans la répartition des bassins entre les différentes espèces.

2.° Il nous a donné la proportion réelle de la tête et des autres parties du corps que nous n'aurions pu avoir autrement, puisque les seuls fémurs varient entre eux d'un quart pour la longueur, selon les individus auxquels ils ont appartenu.

3.° Le nombre des côtes, qui est de toutes les circonstances anatomiques celle qui échappe le plus complétement aux lois de l'analogie zoologique, nous est donné à très-peu près. Il y en a onze entières, et en avant, *g*, en un petit fragment d'une douzième. Ce nombre de douze étant précisément celui du chameau est bien convenable pour un genre qui a déjà tant d'analogie avec celui-là.

Ce qui pouvoit être resté à ce squelette en vertèbres cervicales, dorsales ou lombaires, a été négligé par les ouvriers, et nous aurions été frustrés par leur négligence du renseignement qui nous étoit peut-être le plus indispensable, si le second squelette que nous avons à décrire n'y avoit suppléé.

4.° Mais la chose qui nous a été la plus nouvelle dans ce squelette, celle à laquelle nous avions le moins lieu de nous attendre, ç'a été la grandeur énorme de la queue. Les dix vertèbres conservées intactes et articulées ensemble (*h*, *i*) ne sont pas à beaucoup près les seules dont elle se composoit. On voit, à leur grosseur, à la saillie de leurs apophyses, à la grandeur des petits osselets en chevrons attachés sous leurs jointures, qu'il devoit y en avoir encore beaucoup d'autres; et en effet nous en avons trouvé dans deux autres morceaux plusieurs dont nous ne doutons point qu'elles n'aient appartenu à la portion de queue qui manque ici; mais comme elles ne viennent pas du même endroit, et encore moins du même squelette, nous les avons fait représenter séparément. Il y en a d'abord (*fig.* 2) quatre trouvées ensemble ; et l'on juge par la grandeur de la première qu'il devoit y en avoir au moins une entre elle et la dernière de celles qui sont restées au squelette. L'autre morceau (*fig.* 3) en offre cinq qui terminent la queue, comme on peut le juger par la forme de la dernière ; mais leur grandeur ne permet pas d'en supposer moins de deux entre la première des cinq et la dernière des quatre précédentes : d'où je conclus que la queue de l'*anoplotherium* avoit au moins vingt-deux vertèbres, et qu'elle égaloit le corps en longueur, si elle ne le surpassoit pas.

Aucun quadrupède connu n'a la queue de cette grosseur et de cette longueur, si l'on en excepte le kanguroo : et c'est encore là un caractere à ajouter à tous ceux qui font de l'*anoplotherium* l'un des êtres les plus extraordinaires de cet ancien monde dont nous recueillons si péniblement les débris.

Des os de queue si considerables ne pouvoient manquer d'avoir des muscles proportionnés : nous avons sur ceux de l'*anoplotherium* plus que des conjectures. Leurs tendons, qui étoient apparemment en partie ossifiés, ont laissé sur la pierre des traces qui nous font juger que l'épaisseur de cette queue étoit aussi énorme que sa longueur. On ne doit pas être étonné de ces traces, puisque les cartilages des côtes en ont laissé aussi de fort évidentes.

Dimensions de ce squelette.

Longueur de la mâchoire inférieure, depuis la première incisive jusqu'à l'angle postérieur 0,323

Idem, jusque derrière la dernière molaire 0,212

Distance depuis le bord du petit fragment de première côte jusqu'au bord postérieur de la dernière 0,57

Largeur de la partie évasée de l'os des îles	0,204
Longueur probable du cou	0,06
Longueur que l'os innominé devoit avoir, en calculant d'après les morceaux décrits dans le IV.e mémoire, III.e sect.	0,4
Longueur du calcanéum	0,114
Hauteur verticale de son corps	0,058
Hauteur du scaphoïde en avant	0,02
Hauteur du cunéiforme	0,014
Longueur du métatarsien	0,104
Longueur de la première phalange	0,035
——— de la seconde	0,027
——— de la troisième	0,018
Diamètre du corps du fémur	0,05
Longueur de ce qui reste de queue	0,63
Longueur probable de ce qui en manque d'après les pièces citées ci-dessus.	0,45
Longueur totale de la queue	1,08
Longueur probable du corps avec la tête et sans la queue	1,5
Longueur totale, à peu près	2,58

ou un peu plus de sept pieds et demi, dont la queue prend trois pieds quatre pouces.

Nous établirons dans notre résumé général les proportions qu'un tel individu devoit offrir dans toutes ses parties.

ART. II. *Autre squelette de la même espèce, trouvé à Antony.*

A peine avois-je achevé l'article précédent, que je reçus un second squelette du même animal, plus complet encore, à certains égards, que le premier, mais qui avoit surtout cela d'heureux, que ce qui s'y trouvoit le mieux conservé étoit précisément ce qui manquoit dans l'autre, et par conséquent ce qui me restoit à connoître pour compléter l'ostéologie de l'espèce. On l'avoit découvert à Antony, à deux lieues au midi de la rivière, dans le commencement du mois de mars. Les carrières de cet endroit sont à près de cent pieds sous terre, et descendent au moins à cinquante ou soixante pieds au-dessous de la rivière de Bièvre qui coule à peu de distance. La masse principale de gypse qui occupe le fond est épaisse de huit pieds, et recouverte d'un grand nombre de bancs de différentes sortes de marnes, entremêlés de quelques petits bancs de gypse. Le squelette s'est trouvé entre deux de ces bancs de marne : un inférieur plus blanc, et un supérieur plus brun et plus feuilleté. Cette partie est nommée par les plâtriers le *souchet*. On avoit déjà trouvé, il y a quelques années, un grand squelette de cette espèce dans le même banc, et j'étois descendu moi-même dans la carrière pour le voir en place; mais comme je ne possédois pas alors les moyens que j'ai imaginés depuis, de conserver et de dégager de leur gangue les os les plus fragiles, je ne pus tirer presque aucun parti de cette découverte J'ai été plus heureux cette fois, comme on va le voir.

M. *Cadet-de-Gassicourt*, pharmacien de l'Empereur, et M. *Ducler*, professeur de cosmographie à l'Athénée de Paris, ayant été avertis de ce que l'on venoit de trouver, engagèrent les ouvriers à retirer les morceaux avec soin, et voulurent bien me donner tous ceux qu'on leur remit; néanmoins ils n'eurent pas tout à beaucoup près : une partie des pièces fut portée chez M. *Defrance*, habile naturaliste qui demeure à Bourg, près d'Antony, et la distribution du tout s'étoit faite si irrégulièrement qu'aucun des morceaux donnés séparément à ces personnes ne pouvoit se rejoindre. Mais M. *Defrance* s'empressa de son côté de m'apporter les siens, et je reconnus alors, en consultant la correspondance des cassures, ainsi que celle des os restés de part et d'autre, que tous ces morceaux avoient été disposés dans la carrière, précisément dans l'ordre où notre planche II les représente. Les recolant l'un à l'autre, soutenant avec du plâtre ceux qui étoient trop foibles, et enlevant avec les précautions convenables toutes les portions de marne qui recouvroient encore quelques parties des os, on a mis ce squelette dans l'état où la figure le montre.

Il a été facile alors de reconnoître que le corps de l'animal s'étoit trouvé enfoui, couché sur le ventre, dans une position horizontale; que sa tête seulement, *a*, *b*, *e*, avoit été dérangée et jetée sur le côté; que les côtes, *f*, *g*, *h*, *i*, avoient été brisées et écrasées, ainsi que tous les autres os, par la pesanteur des couches qui s'étoient formées dessus, mais qu'elles étoient à peu près restées à leur place; que toutes les vertèbres dorsales, *k*, *l*, lombaires, *m*, *n*, et sacrées, *o*, *p*, avoient conservé leurs connexions naturelles entre elles et avec le bassin, et étoient restées en ligne droite, mais que leurs apophyses épineuses avoient été affaissées par la même cause qui avoit déprimé tous les autres os, et que de cette manière elles avoient été fléchies en arrière, dans les vertèbres dorsales, et sur le côté gauche dans les lombaires et les sacrées.

On reconnoissoit aussi facilement des portions considérables des deux os des îles, surtout du gauche *q*, du fémur du même côté *s s'*, de son tibia *t t'*, et de son péroné *u u'*, et sa rotule toute entière *v*, encore dans leurs rapports naturels. Presque tout l'avant-bras gauche *w w'* étoit placé obliquement sous les côtes du même côté; la main gauche toute entière *x x'*, très-peu déplacée, se trouvoit sous les apophyses transverses droites des vertèbres lombaires. Il restoit aussi quelques parties de l'omoplate *y*, et de l'humérus droit *z*, et l'on voyoit en arrière quelques vertèbres de la queue éparses, & &, ainsi que la tubérosité de l'ischion droit 1 1, qui devoit avoir été brisé et déplacé avant d'être incrusté.

Il manquoit entièrement à ce squelette les vertèbres du cou, l'avant-bras et la main du côté droit, l'omoplate et l'humérus du côté gauche, le pied gauche et toute l'extrémité postérieure droite, soit que ces parties aient été enlevées avant l'incrustation complète du squelette, soit, comme il me paroît plus probable, que les ouvriers aient négligé les morceaux qui les contenoient ou qu'ils les aient donnés à des personnes qui ne me les ont pas remis.

Quoi qu'il en soit, ce morceau, tel que je l'ai rétabli, nous donne une infinité de renseignemens précieux ou de confirmations heureuses sur la structure de cet animal antique, auquel j'ai donné le nom d'*anoplotherium commune.*

1.° Sa tête est la plus complète que j'aie encore obtenue: elle confirme tout ce que j'ai découvert sur les dents; elle me donne le profil tout entier, l'arcade zygomatique, également entière, *c d*, la portion de l'orbite 2, celle de la suture intermaxillaire, 3, par conséquent la détermination positive du nombre des incisives, qui est de six, enfin la forme du nez. La description de cette tête fera l'objet d'un article de mon Supplément.

2.° Je vois à peu près quelle étoit la forme des vertèbres du dos, *k*, *l*, et surtout la longueur de leurs apophyses épineuses. On se rappelle que dans l'article précédent nous en avons fixé le nombre à douze par le moyen de celui des côtes, mais que nous n'en connoissions pas encore la forme.

3.° J'obtiens le nombre et la forme des vertèbres lombaires, *m*, *n*; il y en a six: leurs apophyses transverses, surtout celles des quatre dernières, sont extrêmement longues, larges, et se dirigent un peu en avant. C'est un rapport frappant de notre animal avec le *cochon* et les *ruminans*, dont nous avons vu qu'il se rapproche par tant d'autres points.

4.° Je compte trois vertèbres sacrées, *o, p;* toutes les trois extrêmement fortes et pourvues de grosses apophyses, telles qu'elles devoient être pour porter l'énorme queue que nous avons vue dans l'article précédent. Si nous n'avions pas connu cette queue, nous n'aurions pu deviner l'usage de vertèbres aussi considérables placées à cet endroit.

5.° Mais ce qui m'a le plus intéressé dans ce squelette, c'est sans contredit la main, *x x'*. Dans mon troisième Mémoire, j'avois reformé le carpe de l'*anoplotheruim* avec une partie seulement de ses os trouvés chacun séparément, et jamais je n'avois eu aucun morceau propre à confirmer mes conjectures en me montrant ces os dans leur connexion naturelle; le nombre même des doigts étoit pour moi, comme on l'a vu, un résultat de conjectures. J'ai eu le bonheur de trouver ici une main presque entière et précisément telle que je l'avois devinée.

Elle a deux doigts parfaits seulement, et le vestige d'un troisième: le *semi-lunaire*, l'*unciforme* et le *grand os*, que j'ai décrits dans mon troisième Mémoire, section II, article V, se trouvent entiers et en place. Ils y sont accompagnés de parcelles du scaphoïde, d'une portion considérable du cunéiforme, du trapézoïde et de l'unciforme. Les sésamoïdes y sont en place. Je donnerai la description détaillée de cette partie et sa figure en grand dans un article de supplément.

Cet individu étoit un des plus grands dont j'aie encore possédé des parties. Voici celles de ses dimensions qu'il a été possible de prendre:

Dimensions de ce squelette.

Longueur de la tête depuis les incisives jusqu'à la crête occipitale . . .	0,435
Longueur de la mâchoire inférieure depuis les incisives jusqu'à son angle postérieur-inférieur	0,33
Hauteur de la même depuis son bord inférieur jusqu'au condyle articulaire	0,106
Hauteur de la même derrière la dernière molaire	0,06
Hauteur de la tête à ce même endroit	
Sa hauteur à l'extrémité du nez	0,12
Distance des incisives à l'apophyse postorbitaire de l'os de la pomette . .	0,236
——— au trou sousorbitaire.	0,15
Longueur des six vertèbres lombaires prises ensemble	0,415
Largeur de la quatrième	0,26
Longueur des os du métacarpe	0,13
Largeur	0,58
Longueur des premières phalanges	0,042
Largeur	0,03

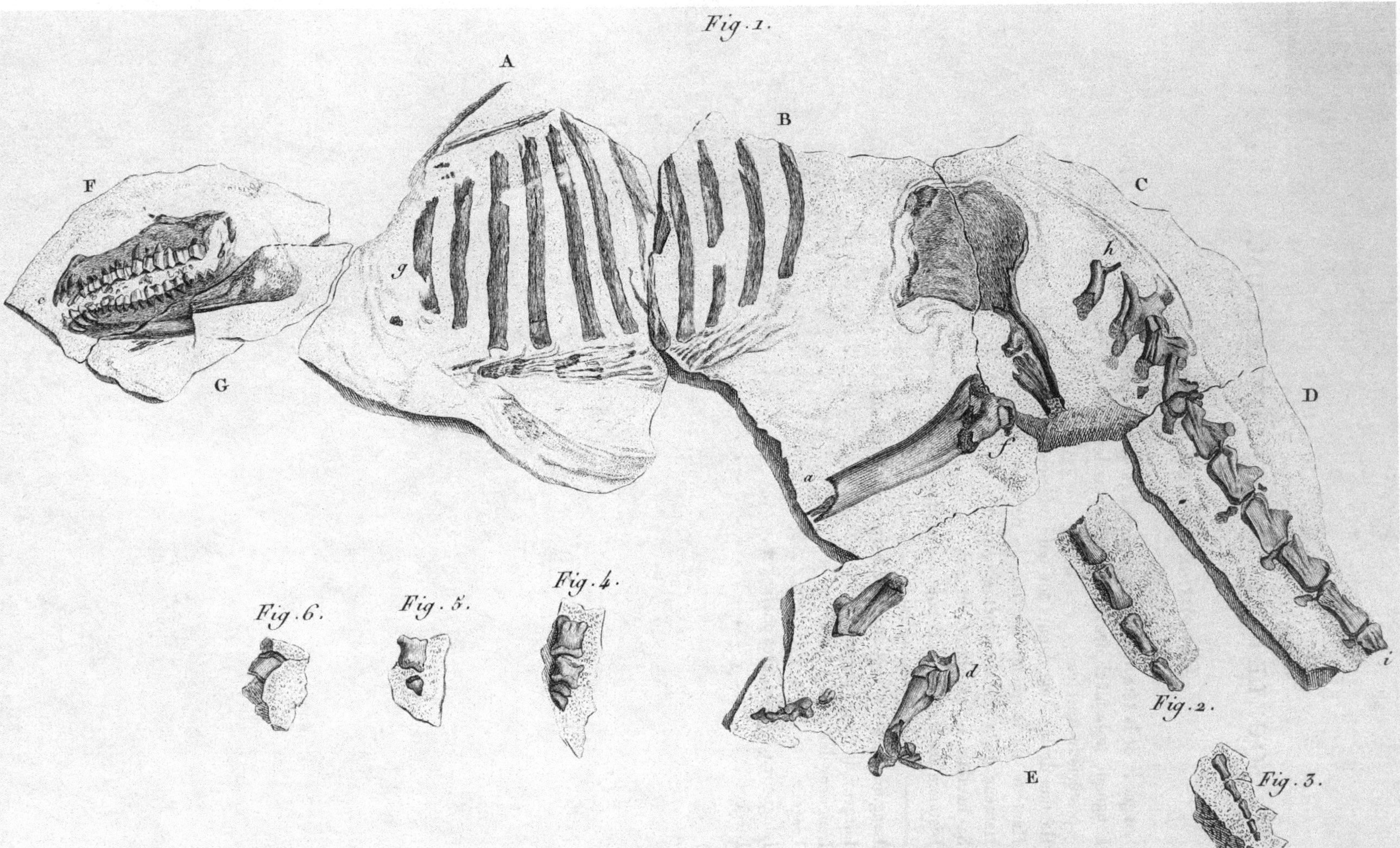

Fig. 1.

A

B

C

D

E

F

G

a

b

c

d

f

g

h

i

Fig. 2.

Fig. 3.

Fig. 4.

Fig. 5.

Fig. 6.

Squelette d'ANOPLOTHERIUM COMMUNE, trouvé à Montmartre.

Huitieme de la grandeur naturelle.

Laurillard del.

Canu sculp.

Squelette d'ANOPLOTHERIUM COMMUNE trouvé à Antony.

Huitième de la grandeur naturelle.

Laurillard del. Canu sculp.

CINQUIÈME MÉMOIRE.

TROISIÈME SECTION.

Vertèbres et côtes isolées.

C'est ici de toutes les parties de mon travail, celle qui devoit me donner le plus de peines, et que je pouvois le moins espérer de rendre complète. Les vertèbres sont des os d'une forme si compliquée, elles se hérissent de tant de saillies, se creusent de tant d'enfoncemens, qu'il est presque impossible qu'elles ne se brisent pas avec les pierres qui les contiennent, et que les plus grands soins ne peuvent souvent parvenir à en débarrasser assez complétement les débris pour qu'on soit en état de les replacer dans leur ordre primitif.

Elles forment d'ailleurs la branche de l'ostéologie comparée la plus obscure, la moins étudiée jusqu'à présent, et celle où l'on a reconnu encore le moins de lois zoologiques constantes. Il est donc plus facile de se tromper, quand il s'agit de déterminer et de restituer des vertèbres fossiles, que lorsqu'il n'est question que de pieds ou de mâchoires.

Heureusement les trois squelettes presque entiers décrits dans les deux sections précédentes, m'ont mis sur la voie et m'ont aidé à reconnoître plus de vertèbres isolées que je ne m'y attendois. Les deux squelettes d'*anoplotherium* surtout ne m'ont presque laissé ignorer que les vertèbres du cou, dont j'ai même retrouvé une partie ailleurs. C'est ce qui me détermine à commencer par ce genre mon énumération.

Article premier.

*Vertèbres d'*ANOPLOTHERIUM.

Le squelette de *Montmartre* me fournit celles de la *queue*; celui d'*Antoni*, celles du *sacrum*, des *lombes* et du *dos*; j'ai eu séparément l'*atlas* et l'*axis* dans un groupe d'os de cette espèce; enfin, je crois avoir reconnu une ou deux cervicales isolées.

Il n'y a pas lieu de douter que l'*anoplotherium commune* n'ait eu sept vertèbres au cou, comme tous les mammifères, au *paresseux tridactyle* près. Nous savons, par ces squelettes, qu'il en avoit douze ou treize au dos, six aux lombes, trois au sacrum et vingt-deux à la queue. Les nombres du tronc sont assez semblables à ceux de la plupart des ruminans; mais celui de la queue est plus considérable qu'à l'ordinaire, et le *kanguroo* lui-même n'en a que dix-neuf. Cependant la *loutre* en a vingt-trois, et en général la queue de cet animal nageur paroît avoir beaucoup de rapport avec celle de l'*anoplotherium*.

Nous representons l'*atlas*, pl. I, fig. 1, 2, 3, à demi-grandeur, d'après un échantillon qui n'avoit perdu qu'un peu de sa partie annulaire en arriere. Sa longueur comparée à sa largeur, le contour de ses parties latérales, la position de ses facettes pour les condyles de l'occiput le rapprochent de l'atlas des *chameaux*, et spécialement du *lama*, plus que d'aucun autre animal. Il est seulement un peu plus rétréci en avant, et ses facettes articulaires pour l'axis sont posées obliquement, tandis qu'elles sont parfaitement transversales dans tous les ruminans; mais le *cochon* les a presque aussi obliques que notre animal. Elles le sont encore, quoique un peu moins, dans le cheval.

Les trous artériels antérieurs sont aussi placés à-peu-près comme dans le *cheval*; mais les postérieurs sont tout-à-fait dans le bord postérieur de l'apophyse transverse; le *lama* seul les a très-près de ce bord.

Largeur transverse *a b*	0,12
Plus grande longueur du bord externe, *c d*	0,11
Distance des bords externes des facettes articulaires, *f g*	0,065

L'*axis* dont nous n'avons qu'un fragment, fig. 4 et 5, a sa partie antérieure modifiée, conformément à la postérieure de l'atlas, c'est-à-dire que les facettes articulaires *b*, *b*, y sont très-obliques, leur bord externe descendant beaucoup en arriere; d'où il résulte que l'épine ou la partie qui pénètre dans l'*atlas* est plus saillante, plus détachée et plus pointue que dans les *ruminans*. Celle du *cheval* lui ressemble davantage; mais c'est surtout celle du *cochon* qui s'en rapproche par l'obliquite de ses facettes; seulement il les a un peu convexes, et dans l'*anoplotherium* elles sont concaves Une différence correspondante,

1 *

c'est-à-dire inverse, a lieu à l'égard des facettes postérieures de l'atlas.

Un dernier caractère qui fait différer beaucoup cet axis de celui des ruminans, c'est que ses deux facettes articulaires antérieures ne se réunissent pas sous l'épine en une espèce de collet; le *cochon* se rapproche un peu plus des ruminans à cet égard.

Il n'est pas aisé de juger de la longueur absolue de cet axis; on voit cependant déjà qu'il étoit plus long à proportion que celui du *cochon*; mais la naissance des arêtes *c*, *c*, qui devoient se terminer aux apophyses transverses, annonce, par son obliquité, qu'il n'approchoit pas de l'extrême longueur de celui du chameau; aussi l'*anoplotherium* étant beaucoup plus bas sur jambes, n'avoit pas besoin d'un cou aussi long.

Plus grande distance des bords externes des facettes articulaires *d*, *e* 0,068

Une vertèbre cervicale, qui me paroît avoir été la quatrième, est représentée fig: 8. Elle n'a conservé que la face antérieure de son corps *a* ; le reste est emporté ; mais la partie annulaire est incrustée dans la pierre. La convexité de cette face, la position en rectangle des apophyses articulaires, dont les antérieures *b*, *b*, regardent en haut, et les postérieures *c* ; c, en bas par leurs facettes; la proportion de la longueur du rectangle à sa largeur, rendent cette vertebre assez semblable à sa correspondante dans les ruminans à cou médiocre, comme les *antilopes* et les *cerfs*.

Plus grande longueur prise par les extrémités des apophyses articulaires, *b*, *c*, ... 0,095
Plus grande largeur aux apophyses articulaires antérieures 0,08
Id. aux postérieures 0,10

La figure 9 représente, à ce que je crois, la cinquième ou la sixième cervicale par sa face postérieure ou concave. Les faces des apophyses articulaires s'y rélèvent un peu; on y voit encore le canal artériel qui manqueroit à la septième, etc.; mais les apophyses transverses en sont emportées, ce qui empêche d'en déterminer plus précisément la place et le caractère.

Largeur transverse du corps	0,045
Hauteur. *id*	0,037
Plus grande distance des bords externes des apophyses articulaires postérieures	0,037

Le squelette trouvé à *Antoni*, nous fait voir huit ou neuf vertèbres dorsales en place, couchées les unes sur les autres, et montrant leur face supérieure. Il nous apprend que leurs apophyses épineuses étoient fort longues, mais que leurs corps étoient courts ainsi que leurs apophyses transverses. Ce sont là des choses ordinaires; ce qui l'est moins, c'est que les faces de leurs corps continuoient d'être convexes en avant et concaves en arrière. Cette concavité surtout me paroît plus marquée que dans les autres mammifères: on en voit la preuve dans la vertèbre séparée des figures 10 et 11. On peut remarquer aussi dans son profil, fig. 11, que la facette costale antérieure *a*, est plus élevée du côté de l'épine, que la postérieure *b*; c'est le contraire qui a lieu ordinairement.

Largeur transverse du corps	0,04
Hauteur	0,04
Longueur des apophyses épineuses dans quelques-unes des vertèbres du squelette	0,15

Ce squelette d'*Antoni* nous fait voir aussi les vertebres lombaires, la grandeur de leurs apophyses transverses, et la forme courte et carrée des épineuses. Il paroît, par la vertèbre separée, fig. 14, que leurs apophyses articulaires antérieures *a*, *a*, sont en forme de crochets, pour embrasser en dessus les postérieures de la vertèbre précédente; structure qui a plus ou moins lieu aussi dans les *ruminans* et dans le *cochon*, mais qui manque déjà au *cheval* et au *tapir*. L'espèce de crête *b*, placée sur ces apophyses en dehors, n'est si bien marquée que dans le *lama*.

Largeur transverse du corps	0,055
Hauteur	0,04
Hauteur totale prise de la crête de l'apophyse articulaire	0,085
Longueur de l'apophyse transverse	0,1
Longueur de celle de la cinquième lombaire au squelette d'Antoni	0,13
Hauteur de quelques apophyses épineuses de ce squelette	0,05

Je rapporte aussi aux vertèbres lombaires de l'*anoplotherium commune*, celle de la figure 13, quoique un peu plus petite, et que son corps soit un peu moins large; mais à quoi servoit l'apophyse épineuse inférieure *c*? les muscles inferieurs de la grande queue qui caractérise cet animal, venoient-ils s'insérer jusques là?

Largeur transverse du corps	0,038
Hauteur	0,035
Hauteur totale prise de la crête de l'apophyse articulaire	0,075

Les figures 15, 16, 17, 18 représentent par quatre faces une de ces vertèbres lombaires à crochets un peu mutilee, moitié moindre que les précédentes; d'un tissu plus ferme et d'une teinte plus foncée. Elle ressemble singulièrement à sa correspondante dans une gazelle. Je la crois, et à cause de sa grandeur, et à cause de sa forme, et à cause de son tissu, appartenir à l'*anoplotherium medium.*

Aucune de ces vertèbres lombaires n'a de convexité ni de concavité marquée aux faces de son corps.

La figure 19, pl. I, est évidemment la première vertèbre sacrée, et sa grandeur ne permet de la rapporter qu'à l'*anoplotherium commune*; elle s'accorde d'ailleurs assez bien par sa forme avec celle du squelette d'*Antoni.*

Largeur du corps en avant	0,06.
Longueur	0,055
Distance entre les extrémités des apophyses transverses	0,175

Celle de la planche II, fig. 1, paroît être une des premières de la queue, par ses apophyses transverses dirigées en arrière; mais la partie annulaire lui manque entièrement. Elle n'a point encore, non plus que la précédente, de convexité bien marquée ni en avant ni en arrière.

Largeur du corps	0,045
Longueur	0,06
Distance entre les extrémités des apophyses transverses	0,16

Le squelette de Montmartre nous a fourni les deux vertèbres de la base de la queue, fig. 2, pl. II. Leurs apophyses épineuses ont leur crète dirigée en avant; les articulaires postérieures regardent obliquement en dehors et en bas, et les postérieures en sens contraire. Les transverses sont encore longues et dirigées en arrière. Il paroît que le corps est un peu plus convexe en arrière qu'en avant. Les apophyses sont à-peu-près disposées de même dans tous les quadrupedes à grande queue, et spécialement dans le *kanguroo* et la *loutre.*

Longueur du corps de la première, *a b* 0,05
Distance entre l'apoph. artic. antérieure et la postérieure, *c d* 0,05
Hauteur de l'apophyse épineuse, *e f* 0,045
Longueur de l'apophyse transverse, *g h* 0,065

Un peu plus loin, vers le milieu de la queue, les apophyses articulaires postérieures diminuent insensiblement et disparoissent; les autres se raccourcissent aussi beaucoup, et deviennent toutes triangulaires; les articulaires antérieures sont alors dirigées en avant, les transverses en arriere et en bas, et l'epineuse au-dessus d'elles, comme des espèces d'ailes saillantes. Telles sont les vertèbres de la figure 3, pl. II, qui nous sont également fournies par le squelette de Montmartre.

Longueur de la première 0,07
Diamètre du corps 0,035

Enfin ces apophyses diminuant encore, la vertèbre se trouve réduite à un prisme dont les arêtes représentent les bases des apophyses des vertèbres précédentes, fig. 4, pl. II.

Longueur 0,065
Diamètre 0,03

Les osselets en chevron *a*, *a*, pl. II, fig. 3, sont très-considérables, ayant jusqu'à 0,055 de longueur, ce qui prouve que les muscles de cette queue étoient très-puissans.

Outre cette queue attachée au squelette, j'en ai encore une portion de huit vertèbres, de Villejuif, parfaitement semblable.

Il est probable que les autres espèces d'*anoplotherium* ne différoient pas beaucoup de la première par les formes de leurs vertèbres cervicales, dorsales et lombaires; nous en avons même une espèce de preuve dans cette vertèbre lombaire, pl. I, fig. 15 à 18; qui ne peut guère venir que de l'*anoplotherium commune*; mais par rapport à la queue, l'analogie ne nous dit rien, et comme nous n'avons rien trouvé qui en ait fait partie, nous restons dans l'ignorance à cet égard.

ARTICLE II.

Vertèbres de PALÆOTHERIUM.

Nous n'avons pas été si heureux pour ce genre-ci que pour le précédent, puisque nous n'en avons qu'un seul squelette mutilé et d'une espèce inférieure (le *palæotherium minus*); aussi ne pouvons-nous donner des notions aussi complètes de sa colonne vertébrale; nous n'avons d'autre moyen de suppléer à l'insuffisance de ce squelette, qu'en rapportant aux *palæotheriums* toutes les vertebres différentes de celles que nous avons reconnues appartenir aux *anoplotheriums*.

C'est à ce titre que nous donnons aux premiers l'axis dont on voit un fragment, pl. I, fig. 6 et 7, et celui dont une partie plus considerable est représentée, pl. II, fig 5. J'ai trouve celui-ci dans une même pierre avec une mâchoire de *palæotherium crassum*, ce qui semble faire une preuve encore plus positive. Il s'éloigne plus de l'*axis* des ruminans que celui de l'*anoplotherium*, par l'isolement de son epine, et par la direction oblique et la convexité de ses facettes articulaires antérieures qui le rapprochent du *cochon*; mais la proportion de sa longueur et de sa largeur, et la direction de ses apophyses transverses l'en éloignent pour le rapprocher des *antilopes*.

Longueur totale de la vertèbre, pl. II, fig. 5, *a b*	0,075
Distance de c à *d*	0,06
Demi-largeur, *e f.*	0,017
Longueur de l'épine	0,01

On voit par le squelette de *Pantin* que le *palæotherium minus* avoit à-peu-près un axis de cette forme. On y aperçoit encore les grands rapports que ses autres vertèbres cervicales devoient aussi avoir avec celles des *antilopes*, surtout par l'élargissement graduel d'une lame qui part en dessous de leurs apophyses transverses, jusqu'à la sixième où cette lame s'élargit en une espèce d'aile trapézoidale.

Ce squelette montre enfin que les apophyses articulaires de toutes ces vertèbres regardent obliquement, les antérieures en dedans et en haut, les postérieures en sens contraire, et que les corps ont leur face antérieure convexe.

D'après ces analogies, nous rapportons au genre *palæotherium* la septieme cervicale, représentée pl. I, fig. 20. Ses deux petites facettes costales en arrière, tandis qu'elle n'en a point en avant, lui assignent sa place dans l'épine, et sa grandeur la donne au *palæotherium medium* ou au *crassum*. Son corps est très-concave en arrière, et sa partie annulaire se porte singulièrement en avant. Son apophyse transverse, qui est mutilée, devoit être médiocre, et ne point produire d'aile inférieure. C'est ainsi qu'elle est faite dans les *antilopes* et dans beaucoup d'autres herbivores; car si nous avons pris ici les *antilopes* pour objet de comparaison, c'est plutôt pour la proportion de la longueur à la largeur, que pour les autres caracteres; la production d'une lame large vers le bas, par les apophyses transverses aux troisième, quatrième, cinquième et sixième vertèbres ayant lieu plus ou moins dans les *bœufs*, les *moutons*, les *cochons*, les *tapirs*, etc.

Longueur du corps de cette vertèbre cervicale, pl. I, fig. 20	0,042
Largeur transverse en arrière	0,038
Hauteur verticale, *ib.*	0,022
Distance de l'extrémité de l'apophyse articulaire antérieure à celle de la postérieure	0,05

On voit donc que les *palæotheriums* avoient le cou plus long à proportion que les *cochons* et les *tapirs*, et qu'ils se rapprochoient des ruminans à cou médiocre et à taille élancée comme *cerfs* et *antilopes*; cela est certain du moins pour le *minus*.

Le squelette de *Pantin* ayant seize paires de côtes et seize vertèbres dorsales, il n'y a pas de raison pour croire que ce nombre ne fût pas semblable dans les autres espèces; mais nous avons très-peu de renseignemens sur ces vertèbres elles-mêmes.

Nous en donnons une, pl. II, fig. 6 et 7, qui paroît avoir appartenu à la partie antérieure du dos du *palæotherium medium*. Elle n'a rien de très-différent de son analogue dans le *tapir*, si ce n'est que son apophyse épineuse doit avoir été plus longue à proportion.

Longueur du corps, *a b*	0,035
Hauteur verticale, *a c*	0,03
Diamètre transverse, *d e*	0,032
Plus grande largeur entre les extrémités des deux apophyses transverses, *f g*	0,09
Hauteur de l'apophyse épineuse, *h i*, au moins	0,12

Ces apophyses devoient diminuer promptement; car le squelette de *Pantin* nous montre que la treizième avoit déja la sienne assez courte; c'étoit aussi la dernière qui se dirigeât en arrière. La quatorzième et la quinzième y sont presque droites, la seizième et toutes les lombaires s'y dirigent en avant, et toutes sont coupées carrément dans le haut.

Nous avons jugé dans le temps, par ce squelette de *Pantin*, qu'il y avoit sept vertèbres aux lombes, et les premières au moins paroissent avoir eu des apophyses transverses assez grandes.

Nous n'avons trouvé aucune vertèbre lombaire isolée que nous puissions rapporter à ce genre avec certitude. Nous n'en avons pas vu non plus le *sacrum*, ni la *queue* attachée à son corps; mais une portion de queue, pl. II, fig. 9, composée de cinq vertèbres, et que nous ne pouvons guère rapporter qu'au *palæotherium medium*, semble nous indiquer que la queue n'étoit pas aussi longue à proportion que dans l'*anoplotherium*. La premiere de ces vertèbres est longue de 0,03, large de 0,02.

Outre le petit nombre des vertèbres que nous venons de décrire et de replacer, nous en avons eu une infinité d'autres, ou trop mutilées, ou cassées de manière à ce qu'il soit impossible d'en fixer les caractères, ce qui arrive d'autant plus souvent, que la ténuité de la plupart des apophyses les fait éclater quand la pierre se brise, ou empêche de les en extraire entières quand elles y sont restées.

Ainsi les figures 10 et 11 en représentent qui sont cassées verticalement en travers; dont la première paroît être une cervicale, la deuxième une lombaire. Par la grandeur on rapporteroit bien la première à l'*anoplotherium commune*, l'autre au *palæotherium medium*, mais on voit aisément qu'il peut y avoir dans les parties enlevées ou cachées dans la pierre, une infinité de caractères qui auroient besoin d'être connus pour laisser porter un jugement définitif. L'embarras augmente quand la cassure se fait par un plan oblique ou par une surface irrégulière qui rend la coupe entièrement méconnoissable. Nous ne donnerons donc point à nos lecteurs la peine de suivre toutes les combinaisons, et de faire tous les efforts d'imagination nécessaire pour se représenter la veritable forme qu'auroient ces os si compliqués, si l'on parvenoit à les rétablir dans leur intégrité. Aussi bien n'en avons-nous pas un besoin absolu, pour nous faire une idée juste de la forme et du naturel des animaux dont nous nous sommes jusqu'à présent si péniblement occupés.

Article III.

Des côtes.

Les squelettes d'*anoplotherium* nous indiquent douze ou treize pour le nombre des côtes de ce genre, et celui de *palæotherium* en donne seize; deux nombres très-convenables, d'après les affinités zoologiques de ces deux genres, dont le premier se rapproche des ruminans et des cochons qui en ont treize ou quatorze, tandis que l'autre est plus voisin des tapirs, des rhinocéros, des chevaux qui en ont dix-neuf et dix-huit.

Les côtes d'*anoplotherium commune* sont plus larges à proportion, et les mitoyennes ont environ 0,3 de longueur, sur 0,025 de largeur. J'en ai deux series que je ne puis rapporter qu'au *palæotherium medium* : elles sont beaucoup plus étroites; mais on ne peut mesurer toute leur longueur. J'en ai aussi de deplacées d'un squelette de *palæotherium majus*, qui sont longues de 0,4, et larges de 0,03. Du reste, ces côtes, dont on trouve une quantité innombrable d'isolées, ne donnent lieu à aucune observation particuliere, et leurs têtes sont à-peu-près comme dans tous les animaux voisins de ceux-ci.

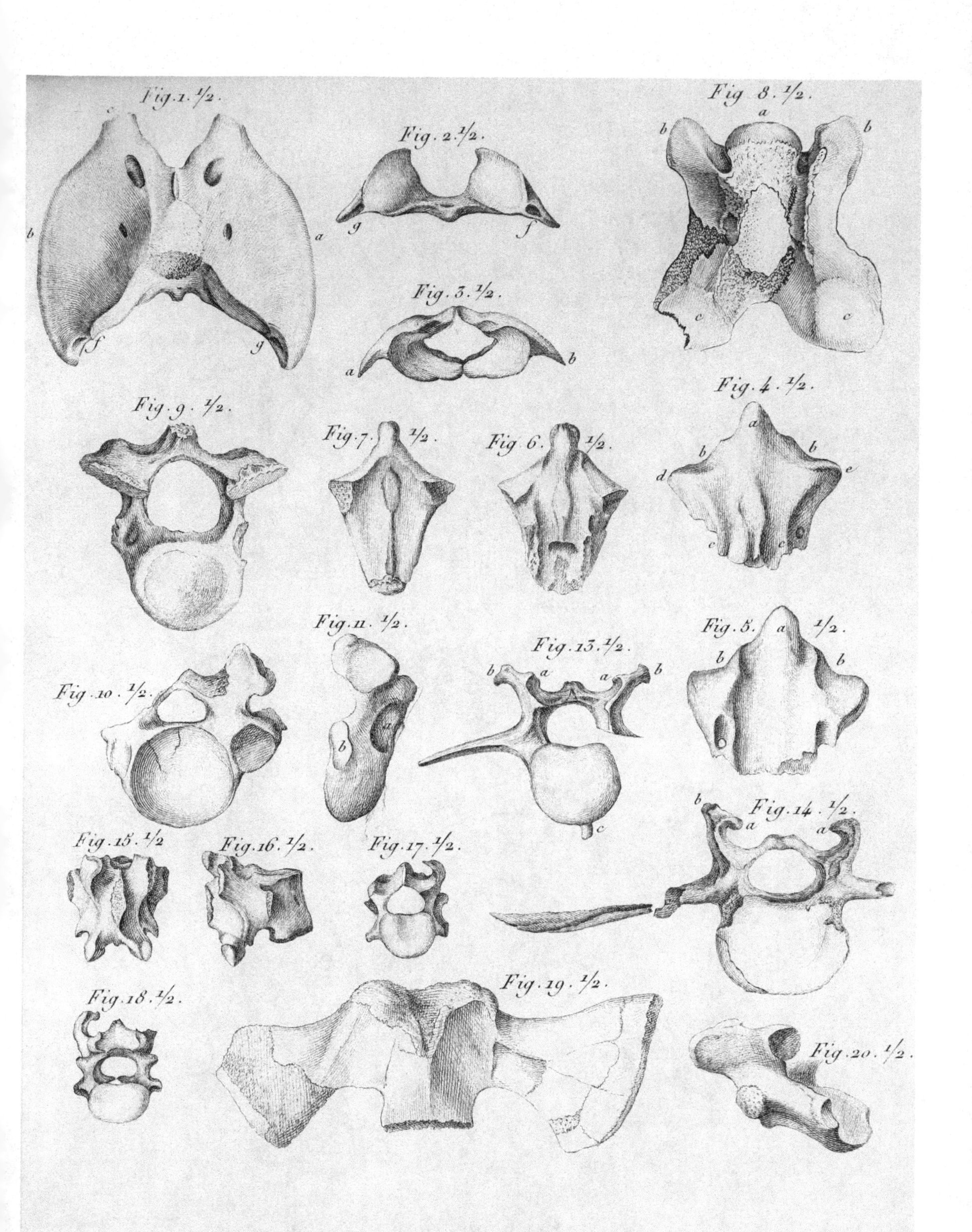

OS FOSSILES DE PARIS. vertebres. Pl. I.

Laurillard del. Canu sculp.

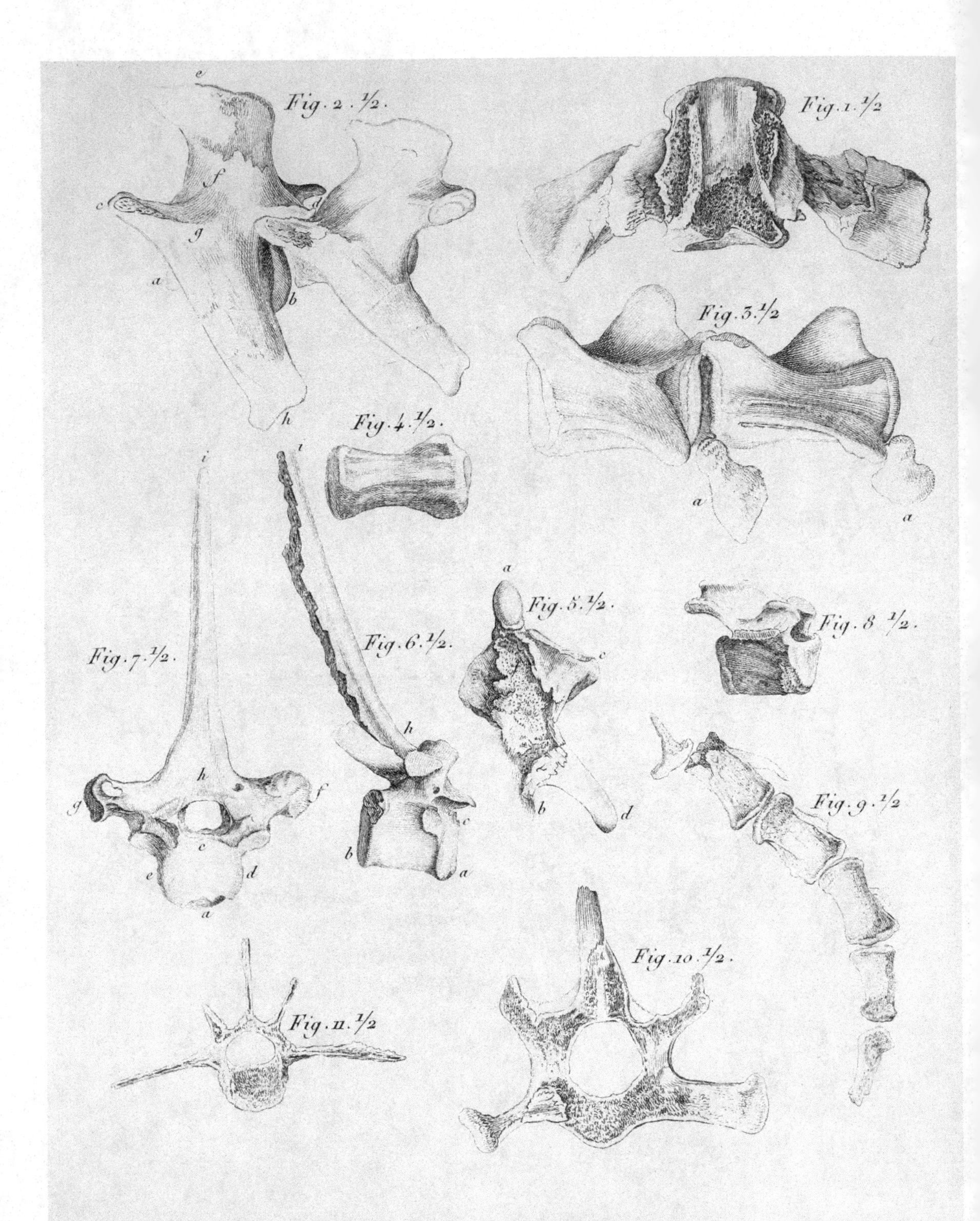

OS FOSSILES DE PARIS. vertèbres. PL. II.

Laurillard del. Canu sculp.

SIXIÈME MÉMOIRE,

SERVANT DE SUPPLÉMENT AUX CINQ PREMIERS,

Dans lequel on décrit des morceaux nouvellement tirés des carrieres, et propres à compléter les précédens.

PENDANT les quatre années que j'ai mises à dessiner et à décrire les morceaux qui ont fait le sujet de mes cinq premiers Mémoires sur les ossemens fossiles de nos carrières à plâtre, il m'a été apporté plusieurs morceaux nouveaux qui sont peut-être plus complets et plus instructifs que tous les précédens, mais qui n'ont pu être décrits avec eux, parce qu'ils sont arrivés après la publication du Mémoire où ils auroient dû entrer.

Je les réunis aujourd'hui, avant de m'occuper de la restauration définitive des squelettes dont ils deviendront des matériaux indispensables.

Il y auroit eu sans doute plus d'ordre dans les Mémoires précédens; j'y aurois marché avec plus de sûreté, et le lecteur auroit trouvé plus de facilité à les étudier, si j'avois attendu, pour les rédiger, que je possédasse les morceaux dont je vais parler; mais il y a d'un autre côté cet avantage, que le principal but auquel je tends dans ce travail, celui de prouver la constance des lois relatives à la coexistence de certaines formes dans les êtres organisés, et la possibilité qu'elles donnent de connoître l'ensemble d'une espèce par une seule de ses parties, est beaucoup mieux rempli; et comme, dans toute science, une méthode générale nouvelle pour arriver à la vérité est beaucoup plus importante qu'une vérité particulière quelconque découverte par les méthodes connues, le lecteur trouvera une instruction plus utile dans le chemin pénible au travers duquel je l'ai conduit pour retrouver les espèces, n'ayant pour guide que quelques morceaux à demi-tronqués, que si je lui en avois présenté sur-le-champ les squelettes tout refaits et dans toute leur intégrité.

Cependant ce travail avoit besoin d'être récompensé par la confirmation évidente du résultat; et, pour l'obtenir, il étoit nécessaire de trouver dans la nature les parties et les rapports que l'on avoit devinés.

C'est ce que j'ai eu le bonheur d'obtenir à force de constance dans mes recherches, et ce que je vais présenter au Public, exposant avec autant de candeur les erreurs qui m'étoient échappées, que je montrerai avec satisfaction les points sur lesquels j'avois été plus heureux.

Je suivrai dans ce supplément le même ordre que dans les Mémoires, parlant d'abord des dents, ensuite des têtes, et finissant par les pieds. L'ostéologie des troncs a besoin de peu de confirmation, puisque nous l'avons trouvée à peu près complète dans une espèce de chacun des deux genres.

Mes planches ayant éte dessinées et gravées à mesure que je recevois les objets, n'ont pu avoir autant d'ordre que le Mémoire lui-même; mais elles n'en donneront qu'une idée plus juste de l'espèce de chaos d'où j'ai été obligé de faire sortir mes animaux.

ARTICLE PREMIER.

Pièces propres à confirmer l'union établie ci-devant des pieds à trois doigts avec les mâchoires à dents canines saillantes, et celle des pieds à deux doigts avec les mâchoires à dents toutes égales.

Les squelettes entiers d'ANOPLOTHERIUM trouvés à Montmartre et à Antony, ayant démontré la justesse de la combinaison des mâchoires sans dents canines avec les pieds didactyles, celle des mâchoires pourvues de ces dents avec les pieds à trois doigts, se trouve nécessairement juste. Le lecteur sera cependant bien aise d'apprendre qu'elle a aussi été démontrée de la même manière. On a trouvé dans les carrières de Clignancourt un squelette dont je n'ai pas donné de figure, parce qu'il avoit été presque entièrement brisé par la négligence des ouvriers, et qu'il n'y étoit resté de reconnoissable qu'une moitié de mâchoire inférieure et un tarse. Je ne représente point ce tarse ici, parce qu'il est lui-même en très-mauvais état, et que j'en donne un semblable tout entier, pl. I, fig. 4-12; j'annonce seulement qu'on y reconnoît très-bien l'astragale, le scaphoïde, une partie du cuboïde et le métatarse du *Palæotherium crassum.*

Quant à la demi-mâchoire, comme elle est parfaitement conservée, je la représente pl. I, fig. 1 et 2, et je vais en reparler dans l'instant sous un autre rapport; qu'il nous suffise de conclure ici que la répartition que nous avons faite des pieds et des têtes n'a plus rien d'hypothétique.

Le même genre de confirmation a eu lieu pour le *Palæotherium magnum.* On a trouvé deux fois à Montmartre son squelette presque entier; tous deux étoient en désordre et ne pouvoient être dessinés, parce qu'ils ne donneroient point d'idée juste de la forme de l'animal; mais la réunion des têtes et des extrémités n'en résultoit pas moins d'une manière évidente. La mâchoire inférieure, pl. X, fig. 1, l'omoplate, une partie de l'extrémité de derrière, pl. XI, fig. 2, toute celle de devant, pl. XI, fig. 1, 3, 4, et quelques autres os, se reconnurent parfaitement dans le premier, et dans l'autre on eut sur-tout l'avantage inappréciable de trouver une tête presque entière, pl. XII, fig. 1, avec un fémur, *ibid.* fig. 2, et quelques autres os.

C'étoient donc encore des pieds tridactyles joints à une mâchoire à dents canines, et le *calcaneum* du premier étoit spécialement semblable à celui que j'avois jugé venir de cette espèce. (*Troisième Mémoire*, sect. I, art. VI, et pl. II, fig. 5.)

Cette combinaison une fois reconnue véritable dans

une ou deux espèces de chaque genre, il étoit presque inutile de la chercher dans les autres; un hasard heureux nous en a cependant encore procuré une preuve bien évidente pour l'*Anoplotherium medium*. Nous en avons eu la moitié antérieure du squelette presque complète, partagée entre deux pierres, dont nous donnons celle qui a conservé le plus de parties, pl. XIV, fig. 1. *ab* est la tête renversée; *c*, *d*, *e*, trois vertèbres du cou; *f*, une partie de l'omoplate d'un côté; *gh*, l'humérus; *ik*, le cubitus; *lm*, le radius, rompus l'un et l'autre en avant; *g'h'*, *i'k'*, *l'm'*, les mêmes os de l'autre côté conservés sur toute leur longueur; *no*, le carpe et le commencement du métacarpe : ces deux dernières parties sont représentées à part, par-devant, fig. 3, et du côté externe, fig. 4. La fig. 2 est la portion de tête restée à la pierre opposée, et où l'on voit un plus grand nombre de dents.

Nous reviendrons sur toutes les parties de ce beau morceau quand nous traiterons des détails qu'elles nous font connoître.

Article II.

Pièces servant à compléter les descriptions des dents et des mâchoires.

La partie la plus importante pour le zoologiste est aussi celle que nous avons le plus complétement réussi à rassembler, et il ne nous manque plus absolument rien pour restaurer la série entière des dents dans les deux genres ; nous pouvons même en montrer presque toutes les parties réunies dans le même morceau, ainsi qu'on va le voir dans les paragraphes suivans.

§ Ier. DENTS DE PALÆOTHERIUM.

1°. *Demi-mâchoire inférieure presque complète de* PALÆOTHERIUM CRASSUM.

Nous n'avions pas encore eu pour le genre *Palæotherium* une série complète de dents; c'étoit en rapprochant des morceaux que nous l'avions établie : il nous manquoit aussi pour ce genre la forme de l'angle postérieur de la mâchoire inférieure.

La demi-mâchoire que je viens de citer nous donne tout cela pour le *Palœotherium crassum ;* c'est pourquoi je l'ai fait représenter avec soin, pl. I, fig. 1 et 2. On y voit les trois incisives et la canine d'un côté, et six molaires; la première petite molaire seule manque, mais il reste une trace de son alvéole ; l'angle postérieur est arrondi et élargi comme dans le *Daman* et dans le *Tapir*, avec lesquels les *Palœotheriums* ont tant d'autres rapports.

Dimensions de cette demi-mâchoire.

Longueur totale	*a — b.*	0.26
Longueur de l'espace occupé par les molaires	*c — d.*	0.122
Distance de la première molaire à la canine	*e — c.*	0.02
Distance de la dernière molaire au bord postérieur . .	*d — b.*	0.081
Hauteur de la mâchoire vis-à-vis la dernière molaire . .	*d' — f.*	0.053

2°. *Mâchoire inférieure presque complète de* Palæotherium medium.

J'ai été plus heureux encore par une autre mâchoire dont j'ai réussi à dégager entièrement les deux côtés du gypse, et que je représente, pl. II, fig. 1. La première petite molaire y est même conservée d'un côté; les deux canines y sont aussi : mais il n'y a que deux incisives, les autres n'ayant laissé que leurs alvéoles; les canines sont plus rondes, plus coniques; les incisives plus fortes qu'à la précédente : ce qui me fait juger que c'est peut-être ici la mâchoire du *Palæotherium medium*. Mais j'avoue qu'il seroit bien difficile d'établir entre les deux des caractères spécifiques suffisans.

Dimensions de cette mâchoire.

Longueur totale	*a* — *b*.	0.305
Longueur de l'espace occupé par les molaires	*c* — *d*.	0.158
Distance de la première molaire à la canine	*d* — *e*.	0.02
Distance de la dernière molaire au bord postérieur . . .	*a* — *c*.	0.087
Hauteur de la mâchoire vis-à-vis la dernière molaire . . .	*c* — *f*.	0.06
Hauteur de la mâchoire vis-à-vis la première molaire . .	*d* — *g*.	0.025
Distance de la dernière molaire droite à la dernière molaire gauche	*c* — *h*.	0.063
Distance de la seconde molaire droite à la seconde molaire gauche	*i* — *k*.	0.04

3°. *Partie considérable et branche montante entière de la mâchoire inférieure du* Palæotherium medium.

Les deux morceaux précédens ne nous donnoient cependant ni le condyle, ni l'apophyse coronoïde ; nous les trouvons dans celui-ci, pl. IV, fig. 2. L'apophyse s'élève peu au-dessus du condyle qui est transversalement demi-cylindrique. Les six dernières dents restées en place sont encore peu usées ; tout ce qui étoit en avant est emporté.

Dimensions de cette portion de mâchoire.

Longueur de l'espace occupé par les molaires	*a* — *b*.	0.132
Distance de la dernière molaire au bord postérieur . . .	*a* — *c*.	0.60
Distance de l'apophyse coronoïde au condyle	*d* — *e*.	0.038
Hauteur de la mâchoire depuis le bord inférieur jusqu'à l'apophyse coronoïde	*f* — *d*.	0.106

4°. *Mâchoire inférieure presque complète de* Palæotherium minus.

Sa concordance avec celle du squelette de Pantin.

Nous n'avions jusqu'ici du *Palæotherium minus* qu'une série de molaires (*Deuxième Mémoire*, pl. 11, fig. 1) ; c'étoit aussi, jusqu'à un certain point, par conjectures, que nous attribuions au même animal que le squelette de Pantin, et que nous ajoutions en conséquence à cette série de molaires la branche montante que nous offre ce squelette. (Voyez *Cinquième Mém.* pl.

pl. I.) Aujourd'hui nous avons une mâchoire presque complète de cette espèce ; les dents que l'on y voit sont parfaitement les mêmes que celles de la série mentionnée tout-à-l'heure, et toute la partie postérieure de la mâchoire est entièrement semblable à celle du squelette de Pantin. La réunion est donc bien justifiée; il n'y a point de doute non plus que cette mâchoire n'appartienne au genre *Palæotherium*; car, quoique toute son extrémité antérieure manque, la canine, d'un côté, a laissé son empreinte en *e*. Nous donnons cette mâchoire pl. II, fig. 2, et vue en dessus, fig 3, afin de montrer les couronnes des dents et la forme du condyle articulaire qui est en portion de cylindre. Nous donnons une autre mâchoire moins complète du cabinet de M. de Lamétherie, pl. VI, fig. 2 et 3. Ce morceau a l'avantage de montrer mieux l'angle que les deux branches font ensemble.

Dimensions de la première de ces deux mâchoires.

Longueur de l'espace occupé par les molaires	*a* — *b*.	0·06
Distance de la première molaire à l'empreinte de la canine	*d* — *e*.	0·01
Distance de la dernière molaire au bord postérieur . .	*b* — *c*.	0·052
Largeur de la branche au-dessous du condyle	*b'* — *c'*.	0·03
Hauteur de la mâchoire vis-à-vis la dernière molaire .	*b* — *f*.	0·026
Hauteur de la mâchoire depuis le bord inférieur jusqu'au condyle	*g* — *h*.	0·06
Hauteur de la mâchoire depuis le bord inférieur jusqu'à l'apophyse coronoïde	*g* — *i*.	0·074
Largeur transversale du condyle	*k* — *h*.	0·013

5°. *Portion considérable des deux mâchoires de* PALÆOTHERIUM MAGNUM.

Nous avions établi cette espèce sur deux dents mâchelières seulement (*Deuxième Mém.* pl. IX, fig. 3); c'étoit aussi par une sorte de conjecture que nous y avions rapporté la canine et les trois incisives (*ibid.* pl. VIII, fig. 2), et le germe de mâchelière supérieure (*ibid.* pl. XI, fig. 4). Nous avons aujourd'hui la confirmation de ce résultat, et en général toute la suite des dents du *Palæotherium magnum*.

Pl. III, fig. 1, est un morceau qui offre une portion considérable des deux mâchoires de cette espèce. On y voit une incisive, la canine inférieure cassée, mais ayant laissé son empreinte; la supérieure cassée et sa pointe déplacée; les six premières molaires d'en bas entières, et cinq de celles d'en haut cassées verticalement.

Toutes ces parties sont semblables à leurs analogues dans le *Palæotherium crassum*, mais deux fois plus considérables.

Principales dimensions de ce morceau.

Longueur de l'espace occupé par les molaires inférieures	*a* — *b*.	0.175
Distance de la première molaire inférieure à la canine	*b* — *c*.	0.033
Hauteur de la mâchoire inférieure vis-à-vis la première molaire	*b* — *d*.	0.078
Longueur de l'espace occupé par les molaires supérieures	*e* — *f*.	0.145

6°. *Portion considérable de mâchoire inférieure du même, vue par sa face interne.*

Pl. I, fig. 3, nous donnons une portion de la mâchoire inférieure de la même espèce; on y voit également les six premières molaires, mais par leur face interne, ainsi qu'une portion de canine et d'incisive, et leur ressemblance avec le *Palæotherium medium*, à la grandeur près, n'est pas moins complète.

Dimensions de ce morceau.

Longueur de l'espace occupé par les molaires. . . .	*a* — *b*.	0·179
Distance de la première molaire à la canine	*a* — *c*.	0·02
Hauteur de la mâchoire vis-à-vis la seconde molaire .	*d* — *e*.	0·076

7°. *Portion considérable de mâchoire inférieure du même, vue par la face externe, avec la branche montante complète.*

Elle est représentée pl. X, fig. 1; c'est celle qu'on a trouvée à Montmartre, avec le premier squelette. Elle nous donne l'angle postérieur, le condyle, l'apophyse coronoïde, qui nous manquoient jusqu'ici.

La largeur de la branche montante, le contour arrondi de l'angle postérieur, la proportion des deux apophyses, tout ressemble aux espèces précedentes, tout confirme l'analogie des *Palæotheriums* avec les Tapirs et les Damans pour cette partie, et la constance des lois zoologiques.

Dimensions de ce morceau.

Longueur de l'espace occupé par les six mâchelières . .	*a* — *b*.	0·21
Distance de la dernière au bord postérieur	*b* — *c*.	0·11
Hauteur de la mâchoire au condyle	*d* — *e*.	0·16
Hauteur de la mâchoire à l'apophyse coronoïde . . .	*f* — *g*.	0·185

8°. *Les dents mâchelières supérieures et une canine du même.*

Leur concordance avec le germe décrit ci-devant.

Nous n'avons possédé jusqu'à présent en mâchelières supérieures du *Palæotherium magnum* qu'un germe représenté IIe Mém. pl. XI, fig. 4; depuis nous avons eu le bonheur d'obtenir la série complète des deux côtés de la mâchoire supérieure. Nous donnons seulement celle d'un côté avec la canine correspondante, pl. V, fig. 1. Ce beau morceau nous montre : 1°. la grande ressemblance de la dernière molaire avec le germe dont nous venons de parler; ce qui confirme pleinement l'attribution que nous avions faite de ce germe à cette espèce.

2°. La pénultième nous montre bien les deux lignes saillantes transversales qui caractérisent les dents de Palæotherium dans un état de demi-détrition.

3°. Cette détrition, beaucoup plus avancée dans la quatrième dent, y réunit ensemble ces deux lignes à leur extrémité interne, et ne laisse qu'un trou dans le milieu de la couronne.

4°. Elle est au contraire moins avancée dans les trois premières dents, parce que ce sont des dents de remplacement qui ont succédé aux dents de lait depuis que les arrière-molaires sont sorties de la gencive.

5°. Nous apprenons ici que la première molaire supérieure est seule d'une forme différente des autres, plus comprimée, moins carrée et sans colline transversale.

6°. Si l'on compare maintenant ces dents avec les différentes molaires de Rhinocéros que nous avons données dans la première partie de notre Ouvrage, on verra combien elles leur ressemblent, et quelle facilité il y auroit à les confondre si on en voyoit de chaque espèce séparément et hors de leur connexion avec les canines ou avec le crâne.

Dimensions de ce morceau.

Longueur de l'espace occupé par les molaires	*a* — *b*.	0.226
Distance de la première molaire à la canine	*b* — *d*.	0.038
Largeur transversale de la dernière molaire.	*g* — *h*.	0.036
Largeur transversale de la seconde molaire	*e* — *f*.	0.026

9°. *Séries de plusieurs mâchelières supérieures de* PALÆOTHERIUM MEDIUM CRASSUM *et* MINUS, *vues par leur couronne.*

Nous n'avons dans notre premier Mém. pl. III, fig. 2, qu'une série très-altérée des mâchelières sup rieures du *Palæotherium medium*, et nous n'avons pu en donner séparément qu'une seule un peu entière, *ibid.* pl. IV, fig. 2, 3 et 4. Nous avons aujourd'hui les trois dernières d'un côté bien complètes, avec un fragment, pl. VIII, fig. 5.

Longueur occupée par les trois dernières	*a* — *b*.	0·063
Longueur de la derniere	*b* — *c*.	0·025
Largeur en avant	*c* — *d*.	0·023
Largeur en arrière	*d* — *e*.	0·015

Nous possédons encore les trois dernières du côté opposé, pl. IX, fig. 14, un peu moins usées que les précédentes, mais à peu près des mêmes dimensions. Les unes et les autres sont analogues à celles du grand Palæotherium que nous venons de décrire, et n'offrent, comme elle, que deux lignes transversales simples. Enfin nous en voyons, pl. X, fig. 2 *A*, avec plusieurs parties de la tête si bien conservées, qui ont absolument les mêmes caractères; mais qui, étant un peu plus petites, pourroient bien appartenir au *Palæotherium medium*.

Longueur des six	*a* — *b*.	0·11
Longueur des trois dernières	*a* — *c*.	0·06
Longueur des quatre premières	*b* — *A*.	0·068

La fig. 4 de la planche VI offre les cinq premières mâchelières d'un Palæotherium encore sensiblement plus petites que les précédentes, et nous étions d'abord assez tenté de croire qu'elles viennent du *Palæotherium minus;* mais nous ne les trouvons pas tout-à-fait assez petites pour lui; et le morceau qui suit nous paroissant lui appartenir à plus juste titre, nous croyons plutôt qu'elles indiquent quelque nouvelle espèce dont nous donnerons encore ailleurs des fragmens. Nous nous bornons donc à donner ici les dimensions de ce morceau.

Longueur de l'espace occupé par les cinq mâchelières . .	*a* — *b*.	0.075
Largeur transversale de la cinquième mâchelière . . .	*c* — *d*.	0.018
Largeur transversale de la seconde mâchelière	*e* — *f*.	0.012
Longueur des quatre dernières qni correspondent aux quatre premières de la figure précédente		0.06

On peut rapporter, avec beaucoup de certitude, au *Palæotherium minus* le morceau pl. XIII, fig. 1, qui présente les quatre dernières mâchelières d'un côté et trois de l'autre; car ces quatre ayant été appliquées sur leurs correspondantes de la mâchoire inférieure, pl. II, fig. 2, se sont trouvées occuper la même longueur, et la pénultième est d'ailleurs parfaitement semblable à celle qui étoit restée au squelette de Pantin.

Ces mâchelières se distinguent de celles des autres Palœotheriums, parce qu'elles sont plus étroites transversalement, et que l'arrête saillante transverse antérieure est interrompue dans son milieu; ce qui, pendant les premiers momens de la détrition, y laisse un disque isolé, comme nous allons voir qu'il a lieu dans les Anoplotheriums; mais ce disque est toujours moins rond et plus comprimé.

Longueur des quatre mâchelières *ab*	0.052
Longueur de la dernière	0.015
Largeur	0.011

§. II. Dents d'Anoplotheriums.

1°. *Série entière des dents tant supérieures qu'inférieures d'*Anoplotherium commune, *vue par la face interne.*

Nous avons vu dans notre quatrième Mémoire que le squelette entier d'Anoplotherium a confirmé tous nos résultats sur le nombre des dents de ce genre, en offrant les vingt-deux du côté droit par leur face extérieure. Déjà, avant de le posséder, nous avions une autre confirmation du même fait dans le beau morceau de notre pl. IX, fig. 1, qui offre ces mêmes dents par leur face intérieure, et qui montre même la couronne de celles d'en bas. Outre les vingt-deux dents d'un côté, ce morceau nous fait voir la première d'en haut *c* et d'en bas *d* du côté opposé, et les racines des quatre inférieures suivantes, *e*, *f*, *g*, *h*, encore restées avec une portion de l'os. La figure distinctive de chacune des incisives s'y présente nettement.

Les mitoyennes d'en bas *d*, *d'*, sont petites, droites, et ont leur couronne plate et en ellipse; les suivantes *e'* sont triangulaires; les externes *f'* aussi, et plus grosses et plus pointues; les canines *g'* enfin ne se distinguent de celles qui les précèdent que parce qu'elles sont encore plus grosses et plus pointues.

Les mitoyennes supérieures *c* et *i* ont de grosses racines renflées vers le collet, et leur couronne, coupée en demi-ellipse, a sa face antérieure très-bombée; les deux

deux suivantes *k* et *l* sont aussi très-fortes et triangulaires comme celles d'en bas ; toutes les trois ont un petit crochet à leur bord externe.

La canine *m* est très-large, plus tronquée, moins pointue, et manque de crochet.

Je prends ces dernières circonstances dans la tête du squelette de Montmartre.

Longueur de l'espace occupé par les onze dents supérieures	*a* — *b*.	0.21

2°. *Série entière des mâchelières supérieures du même, vues par leur couronne.*

Ce morceau, représenté pl. VIII, fig. 2, achève ce que le précédent avoit si bien commencé et ne nous laisse plus aucun embarras sur la figure des mâchelières supérieures de *l'Anoplotherium*, dont nous n'avions pu prendre que des idées bien imparfaites dans notre deuxième Mémoire, pl. XI, fig. 3. On y voit sur-tout que la sixième et la septième molaire ressemblent à la cinquième, et que toutes les trois ensemble, fort différentes des quatre qui les précèdent, ont des rapports avec celles du *palæotherium*, mais moindres que nous ne le pensions.

Dimensions de ce morceau.

Longueur de l'espace occupé par les mâchelières	*a* — *b*.	0.153
Largeur transversale de la dernière mâchelière	*c* — *d*.	0.038
Largeur transversale de la seconde mâchelière	*e* — *f*.	0.01

3°. *Différence caractéristique des mâchelières supérieures d'*ANOPLOTHERIUM COMMUNE, *et de* PALÆOTHERIUM MEDIUM *et* CRASSUM.

CETTE différence résulte de la comparaison des morceaux que nous venons de décrire.

Pour les quatre premières molaires, elle est frappante et nous l'avions déjà indiquée ; elles ont, dans le *Palæotherium*, à peu près la même forme que les trois dernières; mais dans l'*Anoplotherium*, leur couronne offre seulement deux lignes saillantes parallèles à ses deux bords.

Pour les trois dernières, le caractère est beaucoup moins sensible, et nous l'avions méconnu dans notre deuxième Mémoire.

Le voici : dans le *Palæotherium*, la colline transversale antérieure est simple comme la postérieure ; dans l'*Anoplotherium*, au contraire, elle se termine par une pointe (*d* fig. 2, pl. VIII) séparée du reste de sa longueur par un sillon profond, et cette pointe forme, en s'usant, un petit disque arrondi (*d'*, *ibid.*) ; lequel demeure assez long-temps distinct du reste de la colline. Au moyen de cette différence, nous sommes en état de corriger deux erreurs que nous avions commises dans notre premier Mémoire.

1°. Nous y avons donné, pl. IV, fig. 5, et pl. V, fig. 3, 4 et 5, pour des dents de *Palæotherium*, quatre mâchelières supérieures qui appartiennent réellement au genre *Anoplotherium*.

2°. L'autre erreur, beaucoup plus grave, c'est que nous avons attribué, dans ce même Mémoire, au genre *Polœotherium*, une tête dont nous avons donné différens morceaux dans la pl. VII, et qui est réellement celle d'un *Anoplotherium*, ainsi que nous nous en sommes aperçus en examinant de nouveau la dent qui y étoit restée attachée.

Il est remarquable que cette erreur soit jusqu'à présent la seule que nous ayions pu reconnoître dans un travail fondé d'abord sur des morceaux si peu nombreux et si mutiles. Elle va être amplement réparée par les morceaux que nous décrirons dans l'article suivant.

Au reste, nous avons vu ci-dessus que l'espèce du *Palœotherium minus* a aussi une petite interruption dans sa colline transverse antérieure, mais que le disque qui en résulte est comprimé et non pas rond. Ce caractère suffira, avec de l'attention, pour le distinguer.

4°. *Série presque complète des dents d'* ANOPLOTHERIUM MEDIUM.

Nous les avons observées dans la tête du demi-squelette mentionné ci-dessus, et représenté pl. XIV.

Elles sont en même nombre qu'à l'*Anoplotherium commune*, c'est-à-dire 44 en tout.

Les trois arrière-molaires (fig. 1, 2 et 3) ressemblent beaucoup à celles de l'*Anoplotherium commune*, et ont aussi une petite colline particulière à l'angle interne antérieur; mais elle est moins profondément séparée, et doit se confondre plûtôt par la trituration.

La quatrième molaire de remplacement (*ibid.* 4), qui précède immédiatement la première des arrière-molaires, ressemble encore beaucoup, par ses deux collines longitudinales, à son analogue dans l'*Anoplotherium commune*.

Mais les trois premières molaires de remplacement (*ibid.* 5, 6 et 7) ont ici une forme toute particulière, extrêmement allongée et comprimée; leurs saillies, du côté interne, étant presque réduites à rien, ce sont de vraies dents tranchantes, à bord festonné, et il est très-probable que l'animal en tiroit quelque parti pour manger de la chair.

Les molaires inférieures présentant les mêmes analogies et les mêmes différences avec celles de l'*Anoplotherium commune*, la dernière, dont on voit l'empreinte, fig. 2 et 8, est de même à trois croissans; et les trois qui les précèdent (*ibid.* 9, 10 et 11) à deux chacune; mais les trois antérieures, qui sont bien conservées (fig. 2, 12, 13 et 14), sont aussi allongées, comprimées et tranchantes que celles qui leur correspondent à la mâchoire supérieure.

Les analogues des canines supérieures (*ibid.* 15) sont peu considérables, tranchantes et taillées en triangle oblique, aussi bien que les incisives externes (fig. 1 et 2; 16).

Les canines d'en bas, à juger par ce qui reste d'une, fig. 2; 17, et les incisives externes de la même mâchoire (*ibid.* 18, 18), ont la même forme et la même grandeur.

Les quatre incisives mitoyennes d'en bas (*ibid.* 19, 19, 20, 20), sont coupées carrément presque comme celles de l'homme.

Les deux mitoyennes supérieures (fig. 1, 21, 21), sont très-élargies à leurs bords et tranchantes; enfin, une empreinte de l'incisive placée à côté de la mitoyenne supérieure (fig. 1, 22), annonce qu'elle étoit un peu pointue.

Longueur de l'espace occupé par les onze dents de chaque côté . . . . 1 décimètre.

Pièces propres à montrer la succession des dents, leur détrition et l'altération des formes des mâchoires dans L'ANOPLOTHERIUM.

Nous en avions déja quelques-unes dans cet état de passage, qu'on voit deuxième Mémoire, pl. VIII, fig. 5. La demi-mâchoire inférieure offre, en *c*, une troisième molaire de lait très-usée, et une molaire de remplacement *g*, prête à lui être substituée; en avant est une molaire de remplacement déjà venue, et encore toute fraîche, et les trois arrière-molaires le sont aussi. Celle de la pl. XIII, fig. 1, quoique un peu plus grande, étoit moins avancée. Sa dernière arrière-molaire n'étoit pas encore venue; aussi la dernière de lait y étoit-elle moins usée; la mâchoire supérieure, même Mémoire, pl. XI, fig. 3, étoit au contraire un peu plus avancée; ses quatre molaires de lait étoient sorties aussi bien que ses incisives, mais depuis peu de temps.

Depuis lors, nous avons eu plusieurs autres preuves que les animaux de nos carrières étoient soumis, par rapport à la détrition et à la succession de leurs dents, aux mêmes lois que nos pachydermes herbivores d'aujourd'hui.

Notre pl. VIII, fig. 4, offre une mâchoire plus jeune que les deux que nous venons de rappeler.

Ses trois dernières molaires de lait, *a*, *b*, *c*, sont encore en place, elles ont les formes que doivent prendre non pas celles qui les remplaceront, mais les arrière-molaires. Ainsi la dernière de lait *c* offre trois croissans, comme ils seront à la troisième et dernière arrière-molaire. Il n'y a point encore de germe de remplacement de visible, la première arrière-molaire *d*, seule est en place mais non encore usée. La seconde *e*, est en germe et prête à percer l'alvéole. On n'aperçoit point encore de trace de la dernière, les deux incisives restées dans ce morceau venoient de sortir et de remplacer les incisives de lait. Elles ne sont encore nullement usées.

Dimensions de cette demi-mâchoire.

Longueur totale	*l* — *m*.	0·185
Longueur de l'espace occupé par les molaires	*a* — *e*.	0·104
Hauteur de la mâchoire, depuis le bord inférieur jusqu'au condyle	*n* — *o*.	0·064
Hauteur de la mâchoire, depuis le bord inférieur jusqu'à l'apophyse coronoïde	*n* — *p*.	0·9

ARTICLE III.

Pièces servant à compléter la description des têtes.

Les têtes sont bien plus difficiles à trouver entières, que les dents, à cause des grands vides de leur intérieur, dont les parois ont cédé à la pression du plâtre qui se formoit dessus ; et il est beaucoup plus malaisé d'en rapprocher les divers fragmens, à cause de l'irrégularité et de la complication de leurs formes. Cependant encore à cet égard nous avons été assez heureux ; et si l'on en excepte l'occiput, il n'est plus aucune partie de la tête, dont nous ne puissions donner des idées assez justes au moins dans une ou deux espèces de chaque genre.

§ Ier. *Têtes d'Anoplotherium.*

1°. *Profil presque complet de la tête de* l'ANOPLOTHERIUM COMMUNE, pl. VI, fig. 1.

Il a été trouvé séparément dans une pierre heureusement fendue; toutes les dents y sont en tout ou en partie, moyennant la précaution que l'on a eue de reporter dans ce dessin les antérieures qui étoient restées sur le côté opposé de la pierre. On voit distinctement la forme du nez osseux qui étoit très-différent de celui des palæotherium, et qui ne devoit point porter de trompe charnue, puisque les os s'avancent jusque sur le bord de la mâchoire. Le contour de la mâchoire inférieure est resté tout entier ou par ses os ou par leur empreinte ; mais il n'est resté du crâne que l'ouverture de l'oreille et la facette condyloïde pour la mâchoire inférieure. On a suppléé, avec des points, dans la figure, l'apophyse mastoïde et le condyle, d'après la pièce représentée, premier Mémoire, pl. VII, fig. 1 et 2, et que nous venons de reconnoître appartenir à une tête de la même espèce ; c'est aussi elle qui a servi à tracer le contour de l'orbite et l'arcade zigomatique, mais celle-ci se voit mieux dans le morceau suivant.

Dimensions de cette tête.

Longueur de la mâchoire inférieure.	0.300
Hauteur de la mâchoire, depuis le bord inférieur jusqu'à l'apophyse coronoïde	0.145
Hauteur de la tête, depuis le bord inférieur de la mâchoire jusqu'au haut du frontal, vis-à-vis les dernières mâchelières . . .	0.168

2°. *Autre profil de l'*ANOPLOTHERIUM COMMUNE, *plus complet à quelques égards que le précédent*, pl. VII.

C'EST celui du squelette d'Antony, que j'ai fait représenter à part, presque de grandeur naturelle, à cause de son heureuse conservation.

Il montre l'os du nez et l'intermaxillaire dans toute leur intégrité ; il nous apprend la position de la suture intermaxillaire et celle du trou sous-orbitaire ; l'arcade zygomatique y est parfaitement conservée, ainsi que l'apophyse mastoïde et la branche montante de la mâchoire inférieure, mais celle-ci est un peu en arrière de de sa vraie position. Ce morceau jouit encore de l'avantage de nous faire connoître le contour en profil de la partie postérieure du crâne, que nous n'avions point jusqu'à présent. Enfin etant lié à un squelette assez complet, il nous fait connoître la proportion de la tête avec le corps.

Dimensions de cette tête.

Longueur, depuis le bout du museau jusqu'à l'occiput	0.433
Longueur de la mâchoire inférieure	0.334
Hauteur de la tête, à l'endroit des os du nez	0.137
Hauteur de la tête, depuis le bord inférieur de la mâchoire jusqu'au haut du frontal	0.189
Plus petite largeur de l'arcade zygomatique	0.023
Sa plus grande largeur	0.028

3°. *Coupe de la presque totalité de la tête de l'*ANOPLOTHERIUM COMMUNE, *par sa base*, pl. VIII, fig. 1.

CE morceau, qui a coûté beaucoup de peine à restaurer, nous apprend que la tête de l'*Anoplotherium* étoit assez étroite à proportion de sa longueur.

Il ne commence en avant que par la canine *a*, qui est bien entière, ainsi que les deux premières molaires. On ne peut les voir dans le dessin que par leur racine : la place vide des trois molaires suivantes marquée de leurs empreintes est en *d*, *e*, *f*; enfin les deux dernières, *g*, *h*, ont laissé leur couronne engagée dans le plâtre.

Du côté opposé, il n'est resté d'entier que la quatrième molaire *e'*. A peine aperçoit-on en *i* quelques parcelles de l'arcade zygomatique d'un côté ; mais les bases temporales de l'une et de l'autre sont assez bien conservées en *k*, *k*. On voit aussi en *l* une apophyse mastoïde qui descend profondément dans le plâtre, mais qui n'a pu être rendue dans un dessin horizontal; enfin cette tête se termine aux condyles occipitaux, *m*, *m*, dont il n'y a qu'un de bien conservé, et entre lesquels est restée une portion de l'occiput *n*. Le diamètre du trou occipital se voit dessous en *o*, rempli par le plâtre.

Tout l'espace en avant d'*o*, et entre *k* et *k*, est la base intérieure du crâne sur laquelle reposoit le cerveau : *p* et *p* sont les restes des fosses qu'occupoient les lobes postérieurs. Sur *q*, *q*, etoit couchée la moelle allongée. En *r* est le plancher du méat auditif osseux, et en *s* une partie du cadre du tympan. La cavité de la caisse *t* est ouverte en dessus, et fort considérable; ce qui nous montre que cet animal avoit l'ouïe bonne.

Les trous *u*, *u*, sont placés comme les trous ovales des ruminans, et les sillons *v*, *v*, conduisent à la fente spbéno-orbitaire.

Les ruminans, sans ressembler entièrement à notre anoplotherium pour cette partie, sont cependant encore la classe qui s'en approche le plus.

Les apophyses clinoïdes antérieures et postérieures, les trous optiques, la lame cribleuse de l'ethmoïde ont entièrement disparu.

Le trou *x* qui sort du crâne en *x'*, le trou *y*, dont le premier n'est qu'une branche, ont aussi exactement leurs analogues dans les ruminans où ils paroissent tenir lieu du trou nommé dans l'homme *épineux*. On voit l'issue du trou *y*, premier Mémoire, pl. VII, fig. 1. *b*.

Dimensions de ce morceau.

Longueur totale, depuis le condyle *m* jusqu'à la canine	0.34
De la dernière molaire *h* à la canine *a* (inclusivement)	0.155
Entre les centres des deux trous ovales *uu*	0.033
Entre les naissances des deux arcades zygomatiques	0.07

Je possède un autre morceau qui contient le palais depuis la dernière molaire jusqu'au bord antérieur de l'os incisif, avec plusieurs dents; mais comme il ne nous apprendroit rien de nouveau, je me borne à donner ses dimensions.

Longueur totale, depuis le bord postérieur des dernières molaires jusqu'au bord antérieur des os incisifs	0.18
Longueur totale, en y comprenant la canine seulement	0.155
Largeur entre les bords externes des deux dernières molaires . .	0.1
Largeur entre ceux des deux quatrièmes	0.07
Largeur entre ceux des deux premières	0.055

4°. *Tête presque complète d'*ANOPLOTHERIUM MEDIUM.

C'EST celle du demi-squelette, pl. XIV, fig. 1 et 2. Ayant été écrasée très-obliquement, elle ne nous apprend guère autre chose, sinon que l'animal avoit le museau très-pointu, et qu'il ressembloit en ce point à un lévrier, ou à une gazelle, comme par la légèreté de ses jambes. On voit cependant encore en *p* quelques restes du rocher, et en *q* l'ouverture du trou occipital. La branche montante de la mâchoire inférieure est aussi très-bien conservée en fig. 2, et l'on y voit qu'elle se rapproche encore un peu plus que celle de l'*Anoplotherium minus*, (deuxième Mémoire, pl. IX, fig. 1) des formes des ruminans, rapport que nous avons déjà vu être annoncé par les molaires d'en bas, comme il l'est aussi par les pieds de l'animal.

Longueur de cette tête . . . . *a* — *b*. 0·17

Il est impossible d'en donner d'autres dimensions.

§ II. Têtes de Palæotheriums.

1°. *Coupe horizontale de la tête du* Palæotherium medium *ou* crassum, *avec quelques parties du profil*, pl. V, fig. 2.

Je la dois à l'amitié de M. Héricart de Thury, ingénieur des mines, et c'est celle qui fut trouvée en 1800 aux environs de Meaux, et que M. de Lamétherie annonça dans le *Journal de physique*.

La plus grande partie des dents molaires étoient restées dans la pierre opposée, de manière à ce qu'on a pu les rattacher sur celle-ci. La première répondoit alors au point *b*, et la septième au point *a*; en *c*, se voyoit encore la partie un peu concave où devoit répondre la canine inférieure quand les mâchoires étoient fermées. Le bord antérieur de l'orbite répond au point *d*, mais il n'a pu être exprimé dans le dessin.

Cette coupe nous apprend combien le museau du *Palæotherium* se rétrécissoit en avant, sous la base de la trompe, et combien les arcades zygomatiques s'écartoient en dehors. Sa tête surpasse, à ces deux égards, celle du tapir, la seule, cependant, qui ait quelque ressemblance avec elle.

L'on y distingue en *e* une face condyloïdienne plus concave que celle du tapir, et qui devoit gêner davantage le mouvement de la mâchoire dans le sens longitudinal. Aussi les dents du tapir qui ont leurs collines toutes transversales, exigeoient-elles ce genre de mouvement beaucoup plus que celles de notre *Palæotherium*, dont les collines sont presque toutes en sens contraires; car il faut, pour la trituration, que le mouvement horizontal de la mâchoire se fasse sur-tout en coupant la direction des élévations qui hérissent la couronne des mâchelières.

Les deux rochers, *ff*, se présentent avec une figure irrégulièrement arrondie. On distingue encore, à l'un, la fenêtre ronde et la fenêtre ovale, *g* et *h*; l'autre, qui est en partie cassé, nous montre une partie du vestibule *i*, un canal semi-circulaire *k*, et une partie de la caisse *e*. Celle-ci, dont on voit aussi une partie de l'autre côté en *l'*, avec la moitié supérieure de l'ouverture extérieure *m*, paroît avoir été moins considérable que dans l'*Anoplotherium*.

La moelle allongée *n* est représentée par la forme que le gypse a prise dans la cavité qui la contenoit, et l'on voit, par les restes *o* de l'occiput, que cette partie faisoit une saillie considérable en arrière, comme dans le *tapir* et le *cochon*.

La partie *p*, sur laquelle étoient les apophyses ptérygoïdes qui ont été enlevées, montre encore en *q* quelques traces des canaux qui logeoient les nerfs trijumeaux.

On auroit pu espérer, puisque cette tête se montre par sa face inférieure, qu'en creusant la pierre on trouveroit tout le dessus du crâne; mais cet espoir a été déçu : et tout avoit eté rongé, à quelques lignes près, avant d'être incrusté de gypse, circonstance qui est au reste générale dans les os de nos carrières.

Longueur totale d'*o* en *r*	0.29
Longueur totale occupée par les sept mâchelières	0.13
Plus grande demi-largeur *ps*	0.08
Idem, vis-à-vis le bord antérieur de l'orbite *dt*	0.05
Idem, à l'oreille *mu*	0.05
Largeur de la moelle allongée en *n*	0.025

2°. *Pièce montrant les rapports des dents et du palais avec l'arcade zygomatique, et l'apophyse basilaire probablement dans le* PALÆOTHERIUM CRASSUM, pl. X, fig. 2, A et B.

CE morceau, déjà cité, par rapport aux dents, nous montre bien en *e* la face inférieure de la naissance antérieure de l'arcade zygomatique. Toute l'apophyse ptérygoïde est arrachée en *ff*. La petite aile du sphénoïde *g* est un peu brisée, et va se joindre à la partie *h* du temporal qui reçoit le condyle de la mâchoire inférieure. Le corps du sphénoïde *i* laisse, entre lui et la petite aîle *g*, une échancrure qu'occupoit en partie le rocher. Enfin, *k* est l'apophyse basilaire de l'occipital, et *l* présente quelques fragmens de l'apophyse mastoïde, qui, dans cet animal comme dans le tapir et tant d'autres, appartenoit en partie à l'occipital et en partie au temporal. Aucun de ces os n'étant entier, il seroit inutile d'en donner la mesure; celle des dents l'a été ci-dessus.

Dimensions.

Longueur de l'espace occupé par les six dents	*a* — *b*.	0.112
Distance de	*a* — *h*.	0.077
Distance de	*a* — *l*.	0.107

3°. *Tête presque entière du* PALÆOTHERIUM MINUS, pl. IV, fig. 1.

CE morceau et le suivant sont les plus complets et les plus caractéristiques que j'aye encore obtenus de tout le genre PALÆOTHERIUM, et l'on y voit parfaitement réunis les caractères pris du nombre des dents, de leurs espèces, de leur structure, ainsi que de la forme du museau et des autres parties, caractères que je n'avois pu, jusqu'à présent, que conclure du rapprochement et de la combinaison de morceaux plus ou moins mutilés et trouvés isolément.

Il a fallu beaucoup de patience et des procédés très-délicats pour découvrir cette tête, comme on la voit maintenant par le côté droit.

La pierre qui la contenoit s'étoit fendue de manière à montrer le côté opposé, qui s'étoit trouvé aux trois quarts brisé et éclaté par cette rupture; les fragmens en étoient tombés, soit dans le premier moment, soit pendant plusieurs mois que la tête étoit restée dans les mains des ouvriers.

Mais quand on me l'apporta, je m'aperçus aussitôt que le côté droit étoit resté incrusté et complétement caché dans la pierre naturelle; j'espérai que si on parvenoit à l'en dégager, on le trouveroit plus entier que l'autre.

On sacrifia donc celui-ci, en le plongeant dans une masse de plâtre cuit et gâché; et quand le plâtre fut durci, on enleva, avec des ciseaux et des burins, toute la masse primitive de pierre qui renfermoit le côté droit de la tête; mais les portions de pierre naturelle sont restées, entre les parties osseuses, dans les endroits où elles ne recouvroient rien d'intéressant.

C'est une opération à peu près analogue à celle par laquelle on restaure les tableaux, ou en les portant du bois sur la toile, ou en les changeant de toile; seulement l'opération du restaurateur de tableau est le double de la nôtre.

Le premier coup d'œil jeté sur cette tête, y fait retrouver ces mâchelières semblables à celles du rhinocéros que j'ai déjà décrites tant de fois; on les y voit, jointes à des canines et à des incisives, toutes semblables, pour le nombre et pour la forme, à celles du tapir. Ainsi, la réunion de ces caractères pris de deux genres voisins, et qui en constituent un nouveau, est mise ici dans le jour le plus complet.

En remettant, par la pensée, dans sa position naturelle l'os intermaxillaire, qui s'en trouve un peu éloigné, on reforme toute la partie osseuse du museau; on voit alors quelle échancrure profonde sépare la proéminence des os du nez de tout le bord inférieur des narines, et comment cette proéminence est en quelque sorte suspendue en l'air comme un auvent.

La

La jonction des os maxillaires et des os nazaux se faisant fort au-delà de la suture intermaxillaire, l'ouverture osseuse des narines se trouve entourée de six os; les deux nazaux, les deux maxillaires et les deux intermaxillaires.

Or j'ai déjà dit, il y a long-temps, à l'occasion du *Palæotherium medium*, que cette conformation n'existe, parmi les quadrupèdes connus, que dans les seuls *rhinocéros* et *tapirs*.

Dans le cheval lui-même, qui a aussi l'échancrure nazale très-profonde, elle ne se porte point jusqu'aux os maxillaires, et les narines osseuses ne sont entourées que de deux paires d'os.

Néanmoins les os nazaux de notre *Palæotherium* sont minces comme dans les animaux ordinaires, et ne peuvent servir à porter une corne comme dans les *rhinocéros*.

Mais l'échancrure qui est au-dessous, doit avoir le même usage qu'elle a dans tous les animaux où on l'observe; celui de loger les muscles nécessaires pour mouvoir un nez cartilagineux plus prolongé qu'à l'ordinaire.

On peut voir dans mes leçons d'anatomie comparée que les muscles de la trompe du *tapir* ont beaucoup d'analogie avec ceux des nazeaux du *cheval*, et que la première n'est qu'une espèce de prolongement de ceux-ci.

Notre *Palæotherium minus* ayant les os du nez plus allongés que le *tapir*, et se rapprochant, à cet égard, du *cheval*, devoit avoir un nez cartilagineux intermédiaire entre ceux de ces deux animaux; c'est-à-dire, plus long et plus mobile que celui du *cheval*, mais plus court que celui du *tapir*.

Il différoit, à cet égard, du *Palæotherium medium* qui, comme nous l'avons dit en décrivant son crâne, ayant les os du nez à peu près aussi courts que ceux du *tapir*, devoit avoir aussi la trompe à peu près aussi longue que lui.

Au reste, nous avions déjà prévu, par la structure du pied de derrière, que le *Palæotherium minus* devoit se rapprocher un peu plus du *cheval*, que ne feroit le *medium*.

Dans celui-ci, le pied de derrière avoit, comme dans le *tapir*, trois doigts à sabots presque égaux; dans le *Palæotherium minus*, les doigts latéraux étoient déjà, comme nous l'avons dit, trois fois plus minces et d'un tiers plus courts que celui du milieu. Il n'y a qu'une légère nuance de là au pied du *cheval*, où le doigt du milieu seul est pourvu d'un sabot, et touche la terre; tandis que les deux latéraux réduits à de simples rudimens, sans ongles ni sabots, sont cachés sous la peau.

C'est une chose qui étonne toujours, quelque accoutumé qu'on y soit, que cette nécessité inévitable des rapports de structure entre les parties les plus éloignées du même animal, et en général d'un être organisé quelconque, nécessité devenue le seul fondement possible de toute méthode et de toute histoire naturelle philosophique.

Pour revenir à notre tête fossile, elle nous montre la position du trou sous-orbitaire, et la figure de l'orbite, de l'arcade zygomatique et de la branche montante de la mâchoire inférieure.

L'orbite est assez grand, ouvert du côté de la tempe; l'arcade zygomatique est courbée vers le bas; deux caractères communs à tous les herbivores à sabots : la branche montante de la mâchoire inférieure est très-large, et son angle postérieur arrondi, comme dans le *tapir*.

Mais ce que ce morceau a de plus important sous le rapport géologique, c'est que non seulement ses parties osseuses ont conservé une portion de leur matière animale, noircissant au feu, et donnant tous les produits des os naturels, comme le font tous les autres os fossiles de nos carrières à plâtre sans exception; mais qu'il paroît y être resté quelques-unes des parties molles qui lui adhéroient dans l'état de vie.

On voit, le long de sa mâchoire inférieure, dans les intervalles où ses lames extérieures sont cassées, et jusque vers les bords des alvéoles, des filamens flexibles formant des ramifications, et dont quelques parcelles ont donné, en brûlant, une odeur animale.

Elles pénètrent jusque dans l'intérieur des os, et je ne puis douter que ce ne soient des restes de vaisseaux ou de nerfs.

Nous aurions donc jusqu'à des parties molles d'un animal détruit depuis tant de siècles.

Dimensions de ce morceau.

Longueur totale de la mâchoire inférieure	*a* — *b*.	0·167
Espace occupé par les molaires inférieures	*c* — *e*.	0·081
Distance de la première molaire inférieure à la canine .	*c* — *d*.	0·012

Distance de la canine supér. au trou sous-orbitaire . .	*f* — *g*.	0.033
Profondeur de l'échancrure nazale	*g* — *h*.	0.04
Distance de l'échancrure nazale à l'orbite	*h* — *i*.	0.025
Diamètre de l'orbite, depuis le bord supérieur de l'arcade jusqu'à l'apophyse post-orbitaire	*m* — *o*.	0.026
Hauteur de la tête, depuis le bord inférieur de la mâchoire jusqu'au haut du frontal	*o* — *p*.	0.118

4°. *Tête presque entière de* PALÆOTHERIUM MAGNUM, pl. XII, fig. 1.

Ce magnifique morceau, presque aussi complet que le précédent, est l'une de mes acquisitions les plus récentes, et confirme heureusement, pour la grande espèce, toutes les circonstances d'organisation que j'avois établies ou conjecturées pour le genre où je la place.

La demi-mâchoire inférieure montre clairement ses trois incisives, la canine, l'espace vide derrière celle-ci, et les sept molaires avec leurs croissans, ainsi que la largeur de sa branche montante et le contour arrondi de son angle postérieur. Dans la supérieure on voit les empreintes de deux incisives, une canine et sept mâchelières dont plusieurs entières.

La brièveté des os du nez, la longueur des parties montantes des os maxillaires qui forment les bords des narines osseuses, s'y montrent manifestement; la position basse de l'œil nous apprend un caractère particulier de physionomie que nous n'avions pas encore vu aussi évidemment représenté, premier Mémoire, pl. IV, fig. 1; on voit, de plus, que l'œil devoit être fort petit.

L'arcade zygomatique est à peu près entière.

En un mot, ici, comme dans la tête précédente, il ne nous manque plus que l'occiput.

Cette tête étant trop grande pour entrer dans mes planches, je l'ai fait réduire d'un quart seulement, afin que le dessin conservât encore une partie de l'effet que produit la grandeur de l'original.

Dimensions.

Longueur totale de la mâchoire inférieure	0.430
Espace occupé par les molaires inférieures	0.210
Distance de la première molaire inférieure à la canine	0.027
Distance de la canine supérieure à l'orbite	0.214
Distance de l'échancrure nazale à l'orbite	0.080

5°. *Portion de l'intérieur du crâne du* PALÆOTHERIUM MEDIUM *ou* CRASSUM, pl. XIII, fig. 15.

L'OCCIPUT est en *a*; le crible de l'os ethmoïde en *b*; en *c* est le condyle articulaire du temporal, et en *d* une partie de l'arcade zygomatique.

6°. *Pièce servant à confirmer la forme du museau du même*, pl. XIII, fig. 2.

CE morceau, du cabinet de Lavoisier, m'a été communiqué par madame la comtesse de Rumfort.

Il ressemble beaucoup à celui du premier Mémoire, pl. V, fig. 1 et 2 : mais les mâchelières supérieures y sont en meilleur état. On les y voit toutes les sept, entières ou fracturées, avec une canine tronquée; en bas il ne reste qu'une mâchelière, une incisive et une canine bien entière.

Ce qui nous intéresse le plus dans ce morceau est l'intégrité du long bord des narines, qui continue de montrer que l'animal portoit une trompe.

Dimensions.

Longueur de l'espace compris par les sept molaires	0.136
Distance de la première molaire supérieure à la canine	0.007
Distance de la première molaire inférieure à la canine	0.014

ARTICLE III.

Pièces servant à compléter la description des pieds.

PREMIÈRE PARTIE.

Pieds de devant.

§ Ier. Pieds de devant d'Anoplotheriums.

1°. *Extrémité de devant presque entière* d'Anoplotherium medium.

C'est celle du demi-squelette, pl. XIV. On y voit le carpe et le métacarpe en position, par le côté interne, fig. 1, en *n*, *o*. Il est représenté par le côté externe, fig. 4, et de face fig. 3; dans ces trois figures, *A* est le métacarpien du medius; *B* celui de l'annulaire, *C* le vestige du petit doigt, *D* celui de l'index, *E* celui du pouce.

F, le scaphoïde....	Du carpe, lequel n'a point de trapèze.
G, le semi-lunaire.	
H, le cunéiforme..	
I, le pisiforme.....	
K, le trapézoïde...	
L, le grand os....	
M, l'unciforme...	

La fig. 5 représente les têtes supérieures des cinq os du métacarpe désignés par les mêmes lettres que dans les figures précédentes.

Fig. 6 est le grand os vu par sa face inférieure et supérieure.

Fig. 7, l'unciforme vu de même.

Fig. 8, le trapézoïde, *idem.*

Fig. 9, le semi-lunaire; 1 à sa face supérieure, 2 à l'inférieure, 3 à l'interne, mais renversé par l'inadvertance du graveur, 4 à l'externe.

Fig. 10 est le cunéiforme; 1 par sa face interne, 2 par l'inférieure, 3 par la supérieure.

Fig. 11 est le scaphoïde; 1 par sa face supérieure, 2 par l'inférieure.

Fig. 12 est le pisiforme vu par sa face articulaire.

Si l'on compare ce carpe avec ceux des autres animaux, l'on trouve, comme on devoit s'y attendre, que c'est à celui du *cochon* qu'il ressemble le plus; dans les ruminans, le trapèze seroit soudé avec le grand os; et dans le cheval, où le nombre seroit le même, les os seroient tous plus écrasés; dans le *pécari* sur-tout où les métacarpiens latéraux sont plus minces à proportion que dans le *cochon*, la ressemblance est frappante.

La différence principale avec le *cochon*, consiste en ce que l'unciforme de celui-ci se prolonge en dehors et en arrière pour porter le métacarpien du petit doigt; tandis qu'ici il se dirige d'abord en arrière, n'ayant qu'un très-petit vestige à porter.

Quant au métacarpe, il est évidemment distinct de tous ceux que l'on connoît, et diffère même assez de celui de l'*Anoplotherium commune*.

Les deux grands os du medius et de l'annulaire ressemblent bien à ce qu'on voit dans le *cochon*, excepté qu'ils sont beaucoup plus allongés; mais le petit doigt et l'index sont développés dans le *cochon* et réduits ici à de simples vestiges comme le pouce. Les *chameaux* et *lamas* qui ont le trapézoïde séparé, comme les *chevaux* et les *cochons*, ont les deux os du métacarpe soudés comme les autres ruminans, et manquent de tout vestige de doigts latéraux.

Pour l'*Anoplotherium commune*, sa différence consiste en ce que son index est plus développé, ayant un métacarpien entier, quoique court, et deux phalanges au moins.

Ce demi-squelette nous donne encore une idée juste des deux os de l'avant-bras que nous n'avions pas si complets; il confirme ce que nous avions dit quatrième Mémoire, page 157, d'une tête inférieure de radius

que

que nous possédions seule alors et que nous attribuâmes avec raison à l'*Anoplotherium medium*. Il nous fait connoître l'*humerus* de cette espèce, que nous n'avions pas encore vu, et nous confirme un des caractères ostéologiques du genre, en nous montrant que le trou entre les condyles de cet os se trouve aussi comme dans l'*Anoplotherium commune*. L'omoplate y est trop altérée pour nous apprendre autre chose que sa grandeur; et les trois vertèbres du col dont il est resté des vestiges ne sont guère plus instructives, elles nous montrent seulement que le col devoit être assez long et proportionné à la hauteur des jambes.

Dimensions.

Longueur de la tête	0·170
Longueur de l'espace occupé par les dents	0·100
Longueur des trois vertèbres du col prises ensemble	0·130
Largeur du col de l'omoplate	0·020
Longueur de l'humérus	0·130
Longueur du cubitus	0·200
Longueur du radius	0·163
Longueur du carpe	0·020

2°. *Pied de devant presque entier* d'ANOPLOTHERIUM COMMUNE, pl. IV, fig. 3.

C'est celui du squelette d'*Antony*. Il est vu par la face postérieure, et diminué d'un tiers seulement pour tenir dans la planche.

A est l'extrémité inférieure du radius, pareille à celle que nous avions déjà donnée, quatrième Mémoire, section II, pl. I, fig. 8.

B, le grand os vu par derrière, et conforme à celui que nous avons donné pour tel, troisième Mémoire, section II, pl. III, fig. 3; cette face y est représentée n° 5.

C, l'unciforme, également donné pour tel, *ibid.* fig. 2; cette face y est représentée n° 5.

D, vestige du petit doigt, à peu près tel que nous l'avions conjecturé, *ibid.* pl. V, fig. 24.

E, débris du cunéiforme.

F, débris du semi-lunaire.

G, débris du scaphoïde.

H, os qui paroît avoir été le vestige d'un doigt; ce ne peut être que le pouce, puisque nous avons décrit et représenté l'index, *loco citato*, pl. II, fig. 8, 9, 10 et 11, et que nous lui avons assigné sa place, pl. V, fig. 24. Il faudra donc ajouter ce vestige de pouce, à la main de l'*Anoplotherium commune*, telle que nous l'avions représentée dans cette fig. 24; et nous verrons qu'en effet le carpe que nous allons décrire, et l'analogie avec l'*Anoplotherium medium*, confirment cette addition; aussi l'avions-nous conjecturée, troisième Mémoire, page 107. Il est cependant fâcheux que l'index ait disparu de cette main d'*Antony*, car nous n'aurions plus eu rien à désirer sur cette partie. Les deux métacarpiens I et K; les premières phalanges L, M; le débris d'une seconde N; les sésamoïdes O, O, O, O, ressemblent aux parties analogues déjà attribuées à cette espèce dans le troisième Mémoire. Nous avons donné quelques dimensions de cette main dans notre cinquième Mémoire, page 21.

3°. *Portion considérable du carpe* d'ANOPLOTHERIUM COMMUNE *montrant six os.*

Nous la donnons à demi-grandeur, pl. XIII, fig. 6; elle comprend le *semi-lunaire A*, le *cuneiforme B*, le *trapézoïde C*, le *grand os D*, l'*unciforme* E, le vestige du petit doigt *F*, et les têtes supérieures des deux grands métacarpiens, *G* et *H*.

Comme nous avons amplement décrit le semi-lunaire, le grand os et l'unciforme dans notre troisième Mémoire, et qu'ils se trouvent ici tels que nous les avions annoncés alors, il suffit de parler maintenant des trois autres os.

Le *trapézoïde* que nous avons représenté de grandeur naturelle; par-devant, fig. 7; par sa face interne, ou répondante au grand os, fig. 8; par l'externe, fig. 9; par la postérieure, fig. 10; par la supérieure, fig. 11; et par l'inférieure, fig. 12, est plus large et plus étendu en arrière que celui du *cochon*, parce que le métacarpien d'index, qu'il devoit porter sur sa facette inférieure *a*, est plus gros. La même raison l'a rendu aussi plus large que celui de l'*Anoplotherium medium*, décrit ci-devant; sa facette *c*, pour l'os scaphoïde est oblique, concave, et descend beaucoup en arrière et de côté. Il a à sa face interne une facette *d*, en arrière, qui répond à celle du grand os, marquée *n*, troisième Mémoire, section II, pl. III, fig. 3, n° 4; et plus bas une autre *e*, répondant à celle marquée *m*, *ibid.* Sa facette *b*, pour le vestige de pouce, est verticale, et fort petite; ce qui prouve que ce vestige étoit encore plus petit que celui du petit doigt *F*: il devoit cependant surpasser celui du *cochon*, qui est presque nul.

C'est aussi la petitesse du vestige de petit doigt qui fait que l'unciforme *E* est tronqué verticalement à son bord externe, au lieu de s'y porter de côté et en arrière comme dans le *cochon*.

Ce vestige est en effet un osselet arrondi de toutes parts, excepté à sa face articulaire; nous l'avions déjà rencontré quelquefois; et, avant de l'avoir trouvé en place, nous le prenions pour un osselet sésamoïde.

Le *cunéiforme B* est représenté de grandeur naturelle, pl. IX en dessous, fig. 9; en arrière, fig. 10; en avant, fig. 11; en dessus, fig. 12. Sa face cubitale *a* est presque rhomboïdale; en arrière, elle en a une oblique *b*, pour le pisiforme; *c* et *c'* à la face semi-lunairienne répondent aux facettes concaves marquées *i* dans le semi-lunaire, troisième Mémoire, section II, pl. III, fig. 1, n°4.

Enfin sa face inférieure *d* pour l'unciforme est en quart d'ellipse, et il n'a point de facette articulaire à son bord externe.

Nous avons encore trouvé ce *cunéiforme* une autre fois isolément.

Le scaphoïde seul nous manque donc encore pour terminer ce carpe d'*Anoplotherium commune*, et il ne nous seroit pas difficile de le refaire en remplissant d'une matière molle l'intervalle compris entre le *radius*, le *semi-lunaire*, le *grand os* et le *trapézoïde* que nous possédons tous les quatre.

4°. *Trapézoïde singulier, voisin de celui de l'*ANOPLOTHERIUM COMMUNE, pl. IX, fig. 5-8.

IL en diffère seulement par l'apophyse *a*, sur laquelle sa face articulaire radiale se prolonge, et il seroit possible que ce fût une différence individuelle ou accidentelle.

§ II. PIEDS DE DEVANT DE PALÆOTHERIUMS.

1°. *Pied de devant presque entier de* PALÆOTHERIUM CRASSUM, pl. XI, fig. 6.

IL confirme ce que nous avions déjà reconnu dans deux autres morceaux, troisième Mémoire, section II, pl. I, fig. 2 et 3, et pl. II, fig. 2.

Il nous montre de plus la forme singulièrement élargie des dernières phalanges, et la brièveté des premières et secondes; enfin il nous donne quelques os du carpe plus entiers.

A, le métacarpien du medius.
B, celui de l'annulaire.
C, débris de celui de l'index.
D, E, F, les trois phalanges du medius.
G, H, I, *idem* de l'annulaire.
K, débris de deux phalanges de l'index.
L, semi-lunaire du carpe.
M, cunéiforme.
N, pisiforme déplacé.
O, unciforme.
P, vestige de petit doigt.

Nous apprenons ici que, dans le *Palæotherium crassum*, cet os étoit beaucoup plus court que dans le *medium*. (Voyez-le dans ce dernier, troisième Mémoire, section II, pl. I, fig. 1. O).

Dimensions.

Longueur du medius	0.111
Sa plus petite largeur	0.021
Longueur de l'annulaire	0.092
Sa plus petite largeur	0.014
Longueur des deux phalanges D et E du medius	0.017
Longueur de la phalange F du medius	0.018

Les phalanges G, H, I ont à peu près les mêmes dimensions.

2°. *Autre morceau contenant deux pieds de devant du même rapprochés, dont un montre l'index entier.*

Ces deux pieds ne faisant que confirmer tout ce que nous avons vu dans les précédens, nous avons cru pouvoir nous dispenser de les faire graver.

3°. *Scaphoïde du carpe du* PALÆOTHERIUM CRASSUM.

Il nous avoit manqué dans le pied représenté dans notre troisième Mémoire, section II, pl. I, fig. 2, ainsi que dans les deux dont nous venons de parler; mais nous l'avons eu deux fois séparément. Il diffère de celui du *Palæotherium medium*, représenté troisième Mémoire, section II, pl. II, fig. 12-15, parce qu'il est plus large transversalement à proportion de sa hauteur; nous n'avons cependant pas jugé nécessaire de le faire dessiner

4°. *Grand os bien entier de* PALÆOTHERIUM MEDIUM.

Nous ne l'avions eu, jusqu'à présent, que mutilé et divisé en deux parties, troisième Mémoire, section II, pl. V, fig. 1-8. Le *Palæotherium crassum* lui-même ne nous avoit offert le sien que mutilé, *ibid.*, pl. I, fig. 2 et 3, et fig. 10, 11, 12. Mais nous l'avons en entier de la premiere espèce, isolé dans une pierre, et nous avons pu rejoindre les parties représentées à part. Nous le donnons par toutes ses faces, pl. XIII, fig. 19-24.

5°. *Scaphoïde du carpe de* PALÆOTHERIUM MAGNUM.

Nous l'avons aussi obtenu séparément; il est de plus d'un tiers plus grand que celui du *Palæotherium medium*, mais du reste il lui ressemble entièrement, et nous n'avons pas non plus jugé nécessaire de le faire représenter.

6°. *Pied de devant presque entier de* PALÆOTHERIUM MAGNUM *trouvé avec toute l'extrémité antérieure.*

C'EST celui qui a été trouvé avec la mâchoire inférieure de la pl. X, et avec presque tout le squelette; nous l'avons représenté à moitié grandeur, pl. XI, fig. 4, C, D, avec le radius B auquel il tenoit.

En *a* est la tête inférieure du radius épiphysée;

b, *c* et *d* sont des débris de trois os du carpe;

Le pisiforme est détaché en E;

f est le métacarpien du doigt externe;

g, celui du doigt interne.

Dimensions.

Longueur du radius	0.332
Longueur des métacarpiens	0.159
Longueur des trois phalanges prises ensemble	0.025

SECONDE PARTIE.

Pieds de derrière.

§ Ier. PIEDS DE DERRIÈRE D'ANOPLOTHERIUMS.

1°. *Portion de tarse et de métatarse* d'ANOPLOTHERIUM COMMUNE, *servant à prouver que le troisième doigt n'y étoit qu'un petit vestige.* Pl. IX, fig. 2, 3 et 4.

Nous l'avions déjà soupçonné d'après la petitesse de la deuxième facette articulaire du scaphoïde (troisième Mémoire, pl. I, fig. 6, *b*).

Il nous auroit cependant été difficile d'assigner sa figure, si nous ne l'avions trouvé entier et à sa place avec les parties voisines du pied, comme nous les représentons ici, de grandeur naturelle (pl. IX, fig. 2, 3, et 4).

a, *a*, est le scaphoïde du tarse; *b*, *b*, le grand cunéiforme; *c*, le métacarpien du doigt interne; *d*, la première phalange du même doigt; *e*, celle du doigt externe, dont le reste des os est perdu; *f*, un os sésamoïde

moïde hors de place ; *g*, un autre os sésamoïde, en place; *h*, fig. 2, est le petit osselet irrégulièrement rhomboïdal, qui représente à lui seul tout le troisième doigt. On l'a enlevé de la figure 3, pour laisser voir la facette du scaphoïde *i*, et celle du métatarsien *k*, contre lesquelles il s'articule ; il faut savoir que ces deux os sont ici un peu écartés l'un de l'autre, et que dans l'état naturel ils seroient plus rapprochés.

L'osselet lui-même est montré, figure 4, par son autre face ; on y distingue les deux facettes par lesquelles son articulation s'opère ; *l* répond à *i*, et *m* à *k*.

Il ressemble exactement au vestige de pouce du *cochon* et du *pécari ;* et, comme ce dernier n'a pas non plus de petit doigt, l'on peut dire que le pied de derrière des *Anoplotheriums* n'est autre chose qu'un pied de *pécari* dont on auroit supprimé le doigt intérieur. Il y a cependant toujours cette différence que, dans le *pécari*, les os du métatarse et du métacarpe se soudent avec le temps, tandis qu'ils restent toujours séparés dans l'*Anoplotherium.*

Il est important de remarquer que le scaphoïde est plus complet, sur-tout à son apophyse descendante en arrière *n*, *n*, que celui que nous avions représenté d'abord.

Dimensions.

Longueur du métatarsien	0.100
Longueur de sa première phalange	0.031
Largeur du scaphoïde d'avant en arrière	0.045
Largeur du grand cunéiforme d'avant en arrière	0.027

Longueur de l'osselet . . . . 0·000
Vestige du troisième doigt . . . . 0·024
Sa largeur . . . . 0·022

2°. *Autre portion prouvant la même chose.*

Elle ne contient qu'un *scaphoïde*, un grand *cunéiforme*, et un osselet *rhomboïdal*, venus d'un individu plus grand et plus vieux que le précédent, comme on le reconnoît aux rugosités des os, et elle offre à peu près les mêmes configurations des os et des facettes.

3°. *Scaphoide et Cuboide du pied de derrière* d'Anoplotherium medium.

Je ne les avois pas trouvés entiers dans le beau pied de derrière, troisième Mémoire, pl. III, fig. 1. Mais un morceau du cabinet de M. de Drée me les a fournis, et je les représente pl. II. Le *cuboïde*, fig. 9-12; savoir: le côté externe, fig. 12, où l'on voit, en *a*, la partie échancrée pour le calcanéum; le côté interne, fig. 11; le supérieur, fig. 9, et l'inférieur, fig. 10; *b* y est une facette pour le métatarsien du grand doigt externe, et *c* une apophyse saillante.

Le *scaphoïde*, fig. 13-18; savoir: le côté externe, c'est-à-dire celui du bord interne du pied, fig. 16; l'opposé ou celui qui s'articule au cuboïde, fig. 14; l'inférieur, fig. 13, où il y a une facette *a* pour le cunéiforme, et une autre *b* pour le vestige de troisième doigt; l'antérieur, fig. 15; le postérieur, fig. 17; le supérieur, fig. 18.

Ces deux os ressemblent assez à leurs analogues dans

l'*Anoplotherium commune*, excepté qu'ils sont plus comprimés, et forment un tarse plus étroit. Ils ont aussi beaucoup de ressemblance avec le *cochon*, et plus encore avec le *pécari*, attendu que celui-ci n'a point de petit doigt.

4°. *Jambe, et partie du tarse*, d'ANOPLOTHERIUM MINUS.

CE morceau contient le tibia, le calcanéum et une bonne partie de l'astragale de cette espèce, et complète ce que nous en avions dit, troisième Mémoire, section II, page 110, d'après le morceau représenté, *ibid.* pl. V, fig. 11. Comme nous n'avions alors aucun os du tarse entier, nous les donnons maintenant pour montrer leur ressemblance avec ceux des autres *Anoplotheriums*.

§. II. PIEDS DE DERRIÈRE DE PALÆOTHERIUMS.

1°. *Trois os du tarse de* PALÆOTHERIUM CRASSUM.

J'EN ai trouvé les trois pièces les plus importantes ensemble et bien conservées, et je les donne, pl. I. Le *calcanéum*, fig. 4 en dessus, et 5 en avant; l'astragale, fig. 6 en dessus, fig. 7 en avant; fig. 8, par le côté péronien; fig. 9, par le côté du dedans de la jambe, ou tibial; fig. 10 en dessous. Le *scaphoïde*, fig. 11 en dessus, et 12 en dessous. Nous avions déjà un astragale moins parfait, troisième Mémoire, section I, pl. III, fig. 8 et 9; un calcanéum ou plutôt son empreinte, *ibid.*, pl. V, fig. 1, et un scaphoïde, fig. 3; mais il est plus agréable de les voir dans leur état d'intégrité, et trouvés articulés ensemble. Ils annoncent d'ailleurs toujours l'affinité déjà reconnue entre le pied de derrière du *Palæotherium* et celui du *tapir*.

2°. *Astragale entier de* PALÆOTHERIUM MEDIUM.

IL étoit fort mutilé dans le pied décrit au troisième Mémoire. En voici un echantillon bien conservé, que m'a donné M. de Faujas, pl. II, fig. 4-8. On voit qu'il a, comme nous l'avions déjà annoncé d'après des morceaux incomplets, moins de largeur que celui du palæotherium crassum, et que ses saillies sont toutes plus délicates et moins émoussées; du reste ce sont les mêmes rapports de parties et de facettes; et la même analogie avec le *tapir*.

3°. *Scaphoïde de* PALÆOTHERIUM MAGNUM (pl. III, fig. 3) *trouvé isolément*.

4°. *Son cuboïde et son cunéiforme trouvés réunis à son calcanéum dans le squelette.* (Le cuboïde, pl. X, fig. 3-6; le cunéiforme, *ibid.*, fig. 7 à 8).

CES trois os, ainsi que le calcanéum lui-même (troisième Mémoire, section I, pl. II, fig. 3), ressemblent beaucoup à leurs analogues dans le palæotherium crassum, à la grandeur près, excepté qu'ils sont plus larges et plus écrasés, comme il arrive toujours dans les animaux d'un plus gros volume.

5°. *Pied de derrière presque entier du même, trouvé avec la plus grande partie du squelette.*

C'EST celui qui a été trouvé avec la mâchoire inférieure de la pl. X, et presque tout le squelette; les phalanges en ressemblent à celles du pied de devant, que nous représentons, pl. XI, fig. 4. D; le tarse, dans ce qu'on en voit, est pareil, à la grandeur près, à celui des autres *Paœlotheriums.* Il ne nous reste donc à donner que les dimensions.

Longueur des os du métatarse	0.124
Longueur des trois phalanges prises ensemble	0.055
Longueur des deux premières prises ensemble	0.022
Largeur des trois doigts pris ensemble	0.076

ARTICLE V.

Pièces servant à compléter le reste des extrémités.

§ I. EXTRÉMITÉS DE PALÆOTHERIUM.

1°. *Omoplate, humérus, cubitus et radius du* PALÆOTHERIUM MAGNUM, *trouvés ensemble et avec son pied de devant et sa mâchoire inférieure*, pl. XI, fig. 1, 3 et 4.

NOUS avons déjà parlé plusieurs fois des deux squelettes de cette espèce trouvés à Montmartre. L'un des deux nous ayant montré toute l'extrémité antérieure réunie, ne laisse aucun lieu au doute.

Le pied a été décrit ci-dessus, il tient encore au radius, comme nous le représentons fig. 4; et le cubitus, l'humérus et l'omoplate, quoique dérangés, sont à fort peu de distance dans les pierres. L'omoplate a été représentée, fig. 4, dans la situation où elle s'est trouvée; mais pour ne pas prendre trop de place, on a figuré séparément l'humérus et le cubitus.

Tous ces os portent les caractères reconnus pour le genre, mais leurs dimensions absolues nous donnent les moyens de restituer ce squelette.

Dimensions.

Longueur de l'omoplate	0.290
Sa plus grande largeur	0.142
Largeur de son col	0.060
Longueur de l'humérus	0.300
Largeur de sa tête supérieure	0.085
Largeur de sa tête inférieure	0.087
Longueur du radius	0.332

2°. *Fémur du même, trouvé avec les os précédens*, pl. XI, fig. 2.

Nous avions déterminé les caractères génériques des fémurs de *Palæotherium* d'après un seul de ces os trouvé isolément (quatrième Mémoire, section Iere, pl. I, fig. 1), et nous en avions placé le principal dans le troisième trochanter qui rapproche ces animaux des chevaux, des rhinocéros et des tapirs, comme tout le reste de leur ostéologie les en rapproche aussi.

Il étoit bon cependant de voir un de ces fémurs à trois

trochanters en liaison avec le reste du squelette, et c'est ce qui nous est arrivé deux fois; d'où nous avons pu conclure, non seulement la justesse de ce caractère en général, mais encore les dimensions de cet os dans l'espèce particulière du *Palæotherium magnum*.

Nous avons représenté ce fémur à moitié grandeur, pl. XI, fig. 2. On peut voir que le troisième trochanter ressemble pour la forme et la position, et le fémur entier pour l'épaisseur proportionnelle, au fémur de l'espèce plus petite que nous venons de citer.

Dimensions.

Longueur	0.330
Largeur de la tête supérieure	0.122
Largeur au troisième trochanter	0.086

3°. *Autre fémur du même, trouvé avec la grande tête*, pl. XII, fig. 2.

Il confirme tout ce que le précédent nous avoit appris, et nous montre la tête inférieure et le corps plus entier, tandis que la tête supérieure l'est davantage dans le précédent.

Dimensions.

Longueur	0.350
Largeur au troisième trochanter	0.070
Largeur de la tête inférieure	0.105

4°. *Radius de* PALÆOTHERIUM CRASSUM, pl. XIII, fig. 1. A, B et C.

Nous n'avions eu que sa tête supérieure (quatrième Mémoire, section II, pl. II, fig. 15 et 16). Le voici entier, à une légère interruption près, vers le haut; nous en retirons la connoissance de la tête inférieure du radius des *Palæotheriums* que nous n'avions qu'imparfaitement (troisième Mémoire, section II, pl. I, fig. 1. *a.*), et nous la donnons ici, pl. XIII, fig. 1. B et C. Elle diffère sensiblement de celle des *Anoplotheriums*, et est disposée de manière à correspondre à un scaphoïde et à un semi-lunaire tels que nous les avons décrits dans les *Palæotheriums*, dans le troisième Mémoire, section II, et dans le présent Mémoire de supplément

5°. *Humérus de* PALÆOTHERIUM MEDIUM, pl. XI, fig. 3, A et B.

Nous l'attribuons à cette espèce, parce qu'avec tous les caractères du genre, il est plus allongé que celui de notre quatrième Mémoire, section II, pl. I, fig. 5, 6 et 7, que nous avons attribué avec raison au *Palæotherium crassum*.

Dimensions.

Longueur	0·200
Largeur de la tête inférieure	0·046

6°. *Cubitus de* PALÆOTHERIUM MINUS, pl. IV, fig. 4.

UN peu plus complet dans sa longueur que ceux que nous avons décrits dans notre quatrième Mémoire, il l'est moins dans la partie de l'olécrâne, et ne nous apprend d'ailleurs rien d'intéressant.

§ II. EXTRÉMITÉS D'ANOPLOTHÉRIUM.

1°. *Radius d'*ANOPLOTHERIUM COMMUNE.

Nous ne l'avions jamais trouvé complet, et ce n'étoit que par des combinaisons tirées des formes des articulations que nous avions rapporté l'une à l'autre les deux têtes, quatrième Mémoire, section II, pl. II, fig. 14, et pl. I, fig. 8.

Au moment où nous livrons ce sixième Mémoire à l'impression, l'on nous apporte un radius complet qui confirme toutes nos conjectures. Nous le donnons, pl. XIII, fig. 16, 17 et 18. On voit que ces deux têtes sont précisément celles que nous avions attribuées à ce genre.

Dimensions.

Longueur	0.315
Largeur de la tête supérieure	0.056
Largeur de la tête inférieure	0.061

ARTICLE VI.

Pièces qui paroissent annoncer des espèces non encore comprises dans les Mémoires précédens.

1°. *Mâchelières supérieures d'un* ANOPLOTHERIUM *intermédiaire pour la taille entre le* MEDIUM *et le* COMMUNE.

D'APRÈS les caractères que nous avons d'exposés, nous ne pouvons attribuer qu'au genre *Anoplotherium* les dents de la fig. 5 de notre pl. VI, et celles de la fig. 13, pl. IX, puisqu'on y voit la petite colline conique séparée de la colline transverse antérieure; et comme elles sont notablement plus petites que celles de l'*Anoplotherium commune*, nous étions d'abord fort tenté de les rapporter au *medium*; mais la tête complète de celui-ci que nous avons obtenue ensuite, pl. XIV, nous ayant fait voir qu'il les avoit encore beaucoup plus petites, nous sommes presque obligés de les considérer comme provenant d'une espèce intermédiaire; espèce qui, au reste, est déjà indiquée par le tibia (quatrième Mémoire, section Iere, page 144, pl. III, fig. 7, et pl. IV, fig. 1).

Comme nous ne lui avons pas encore donné de nom, nous l'appellerons dorénavant *Anoplotherium secundarium.*

Largeur *ab*, pl. IX, fig. 13	0.015
Largeur *bc*	0.013
Longueur, pl. VI, fig. 5	0.02
Largeur *bc*	0.015

2°. *Os du métatarse et du métacarpe de* PALÆOTHERIUM, *singulièrement courts à proportion de leur largeur.*

L'os du métacarpe est représenté pl. IV, fig. 6 et 7. Sa forme est entièrement celle de ses analogues dans ce genre, mais ses proportions lui sont propres.

Longueur	0.063
Largeur de la tête supérieure	0.019
Largeur du corps en bas	0.025

Presque aussi large que dans le *crassum*, il est de près de moitié plus court; d'un $\frac{1}{6}$ plus court même que dans le *minus*. Cette différence légitime bien l'établissement d'une espèce que j'appellerai *Palæotherium curtum*.

Elle est confirmée par un annulaire droit que j'ai eu aussi bien entier, en tout semblable à celui du *Palæotherium crassum*, excepté dans les proportions.

Longueur	0.063
Largeur de la tête supérieure	0.019
Largeur en bas	0.019

3°. *Tête d'une petite espèce probablement voisine des deux genres précédens.*

La tête représentée pl. XIII, fig. 4, A et B, est embarrassant , plus petite que le *Palæotherium* et même que l'*Anoplotherium minus*, elle approche de l'*Anoplotherium minimum;* mais la branche montante de sa mâchoire inférieure est aussi large que dans les grands *Anoplotheriums* et que dans tous les *Palæotheriums.*

Elle est écrasée; on voit, en *a*, fig. A, une portion du côté droit de la mâchoire inférieure, que l'on a enlevé en fig. B, pour montrer la partie de la mâchoire supérieure qu'il cachoit.

La canine supérieure *b*, fig. B, et les inférieures *c* et *d*, dépassent un peu les autres dents. Les inférieures ont leur pointe tronquée un peu obliquement en biseau; les supérieures sont comprimées et pointues, comme il est le plus ordinaire. Je ne peux trouver de traces que de quatre incisives tant en haut, *ff*, qu'en bas, *g*.

Les trois premières molaires inférieures, *h*, *i*, *k*, sont tranchantes et pointues. J'en vois ensuite les racines de trois autres, *l*, *m*, *n*, et une septième, *o*, qui est grande, oblongue, et, à ce qu'il me paroît, présente aussi une sorte de double croissant.

En haut je n'en compte que six; la première, *p*, est comprimée, les deux suivantes ne le sont pas; mais comme elles sont un peu mutilées, je ne puis dire au juste leur forme. Les trois dernières ne diffèrent pas beaucoup de leurs analogues dans les deux genres *Anoplotherium* et *Palæotherium*.

Il n'y a point d'intervalle vide entre la canine et la première molaire.

Les formes de cette tête ne se sont point conservées; on ne peut y distinguer que celles de la mâchoire inférieure.

Au total elle paroît plus voisine des *Anoplotheriums*; et si elle appartenoit à ce genre, elle y formeroit une espèce de plus; mais ses caractères sont trop incomplets pour qu'on ose l'y inscrire.

Dimensions.

Longueur de la mâchoire inférieure jusqu'à la canine	0.067
Hauteur de la mâchoire inférieure	0.016

4°. *Portion de mâchoire qui annonce un quadrupède pachyderme d'un genre différent des précédens.*

JE n'en ai eu que le seul morceau représenté pl. XIII, fig. 23, A, B et C. Mais il me suffit pour me démontrer l'existence d'un genre de pachydermes différent des *Palæotheriums* et des *Anoplotheriums.*

Les incisives, s'il y en avoit, sont perdues. La canine inférieure *a* est pointue et de grandeur médiocre; entre elle et la première molaire *b* est un espace vide. Cette première molaire est conique, arrondie, pointue, nullement tranchante, et portée sur deux grosses racines qui vont en s'écartant.

La seconde, *c*, est comprimée, portée aussi sur deux racines; et sa pointe mousse est divisée en deux par une échancrure, de manière que le lobe postérieur est le plus court.

A la suite de cette seconde molaire venoient deux dents dont la place est constatée par l'empreinte qu'elles ont laissée sur la pierre; ce sont des dents tuberculeuses, représentées fig. 3, B et C. Elles ressemblent assez aux troisième et quatrième molaires du babiroussa, et en général tout cet appareil annonce un animal du genre des cochons; mais aucun cochon connu n'a la première molaire de cette forme conique, et il n'y a que le pécari où la canine soît si petite; or le pécari est en outre d'une taille moindre que l'individu auquel cette mâchoire a appartenu.

Dimensions.

Longueur de l'espace compris par la canine et les deux premières molaires	0·074
Espace compris entre la canine et la première molaire	0·027
Longueur de la canine	0·016
Sa largeur	0·009
Hauteur de la première molaire	0·011
Sa largeur à sa base	0·016
Hauteur de la seconde molaire	0·007
Sa largeur à sa base	0·014

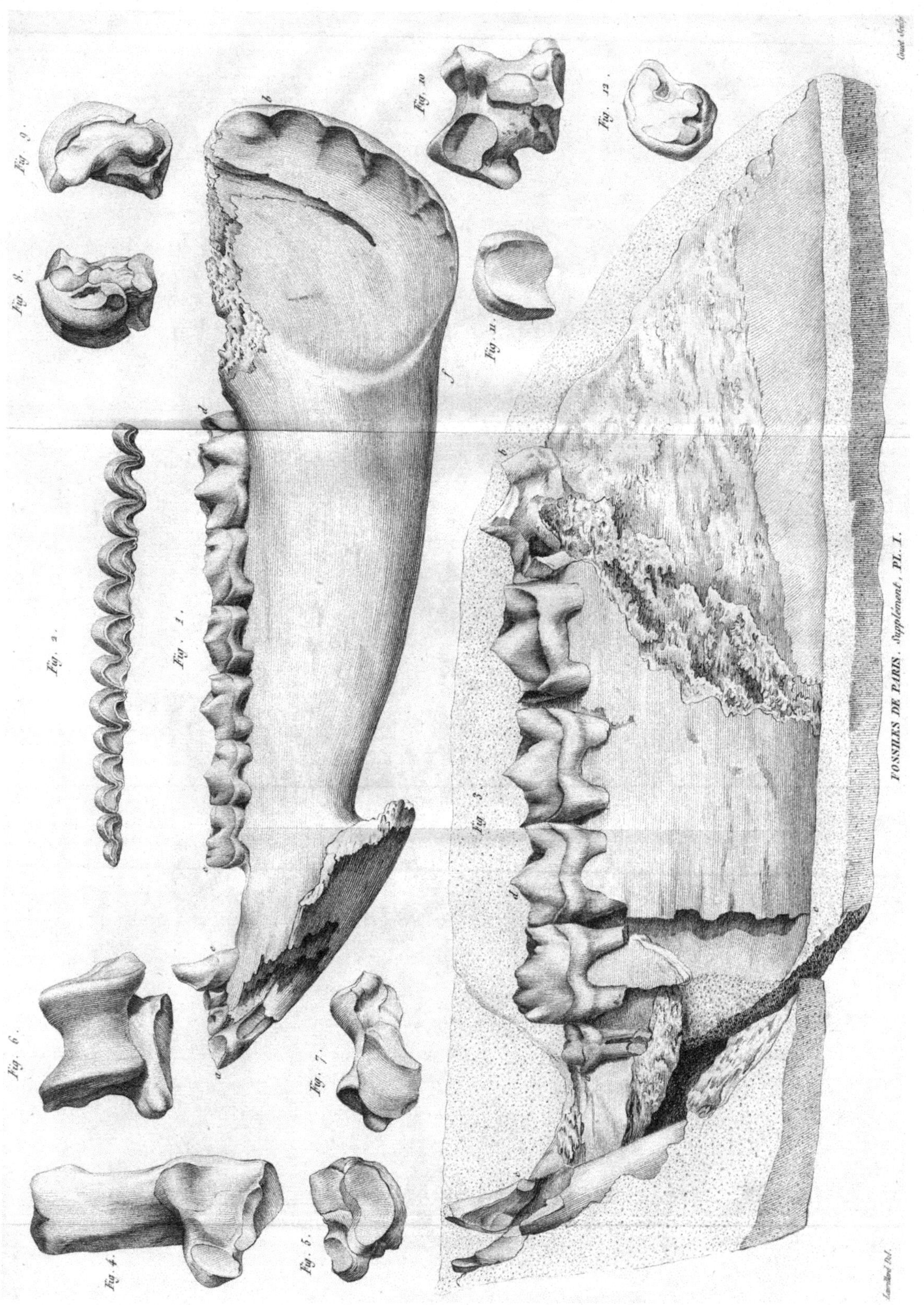

The material originally positioned here is too large for reproduction in this reissue. A PDF can be downloaded from the web address given on page iv of this book, by clicking on 'Resources Available'.

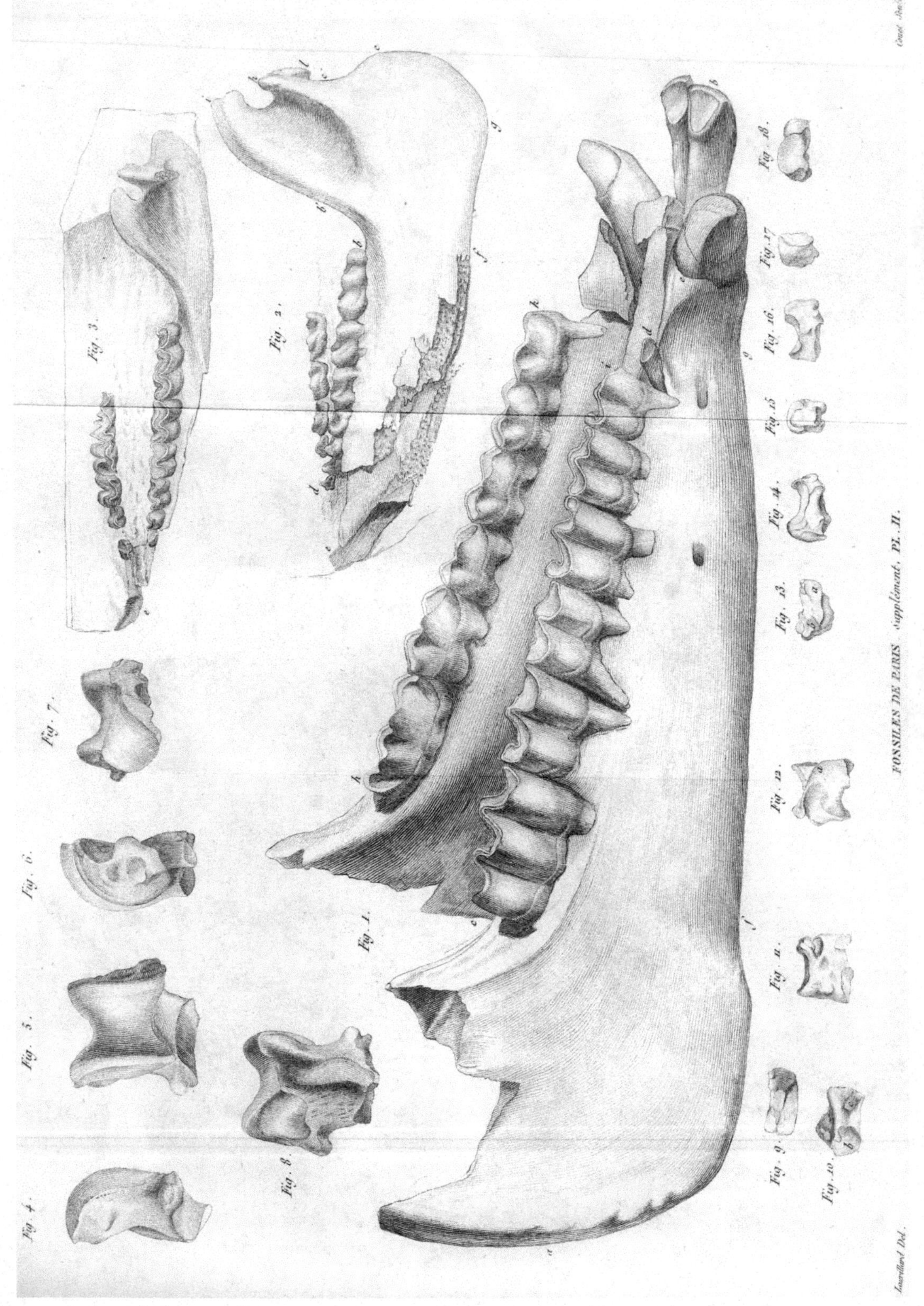

The material originally positioned here is too large for reproduction in this reissue. A PDF can be downloaded from the web address given on page iv of this book, by clicking on 'Resources Available'.

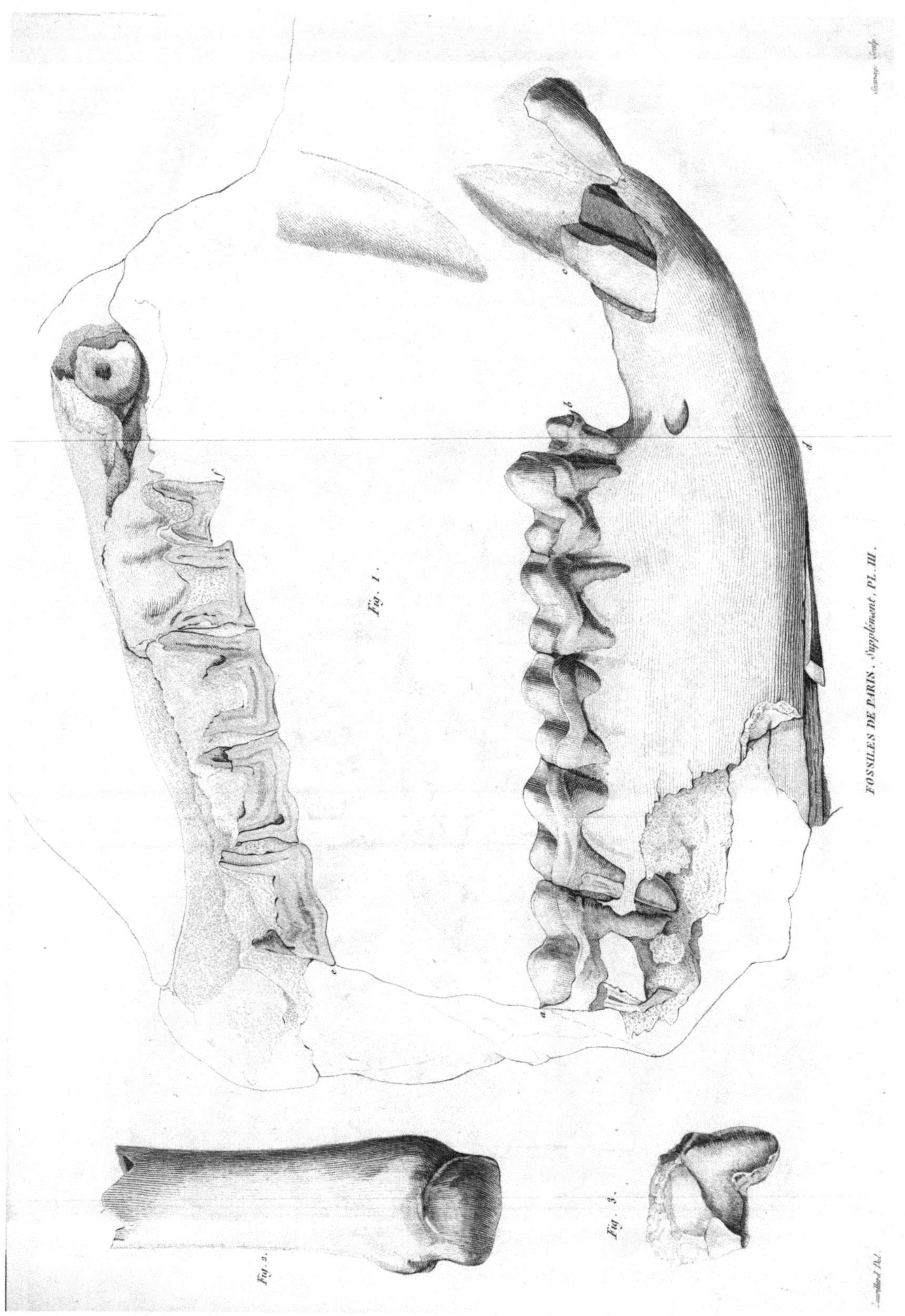

The material originally positioned here is too large for reproduction in this reissue. A PDF can be downloaded from the web address given on page iv of this book, by clicking on 'Resources Available'.

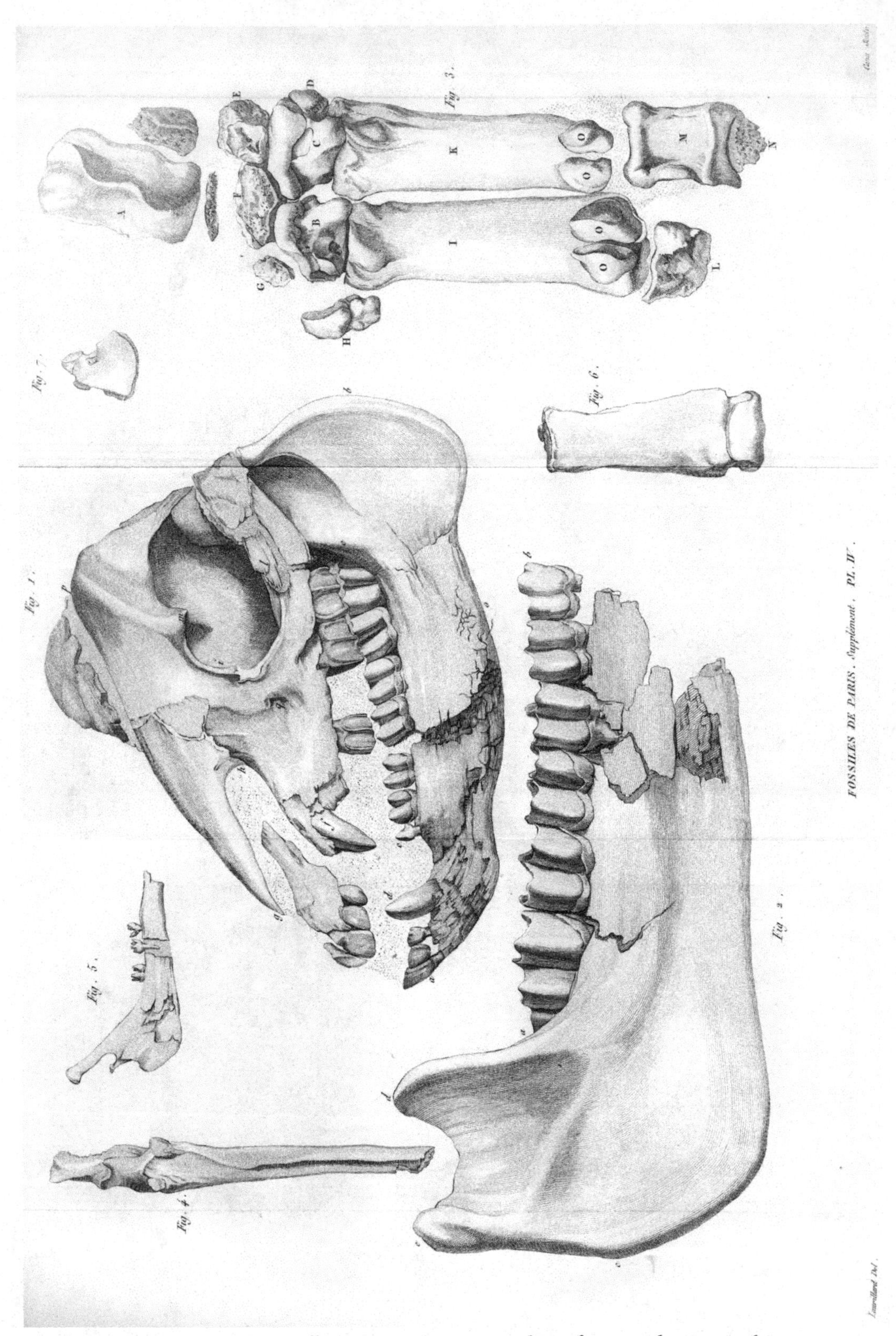

The material originally positioned here is too large for reproduction in this reissue. A PDF can be downloaded from the web address given on page iv of this book, by clicking on 'Resources Available'.

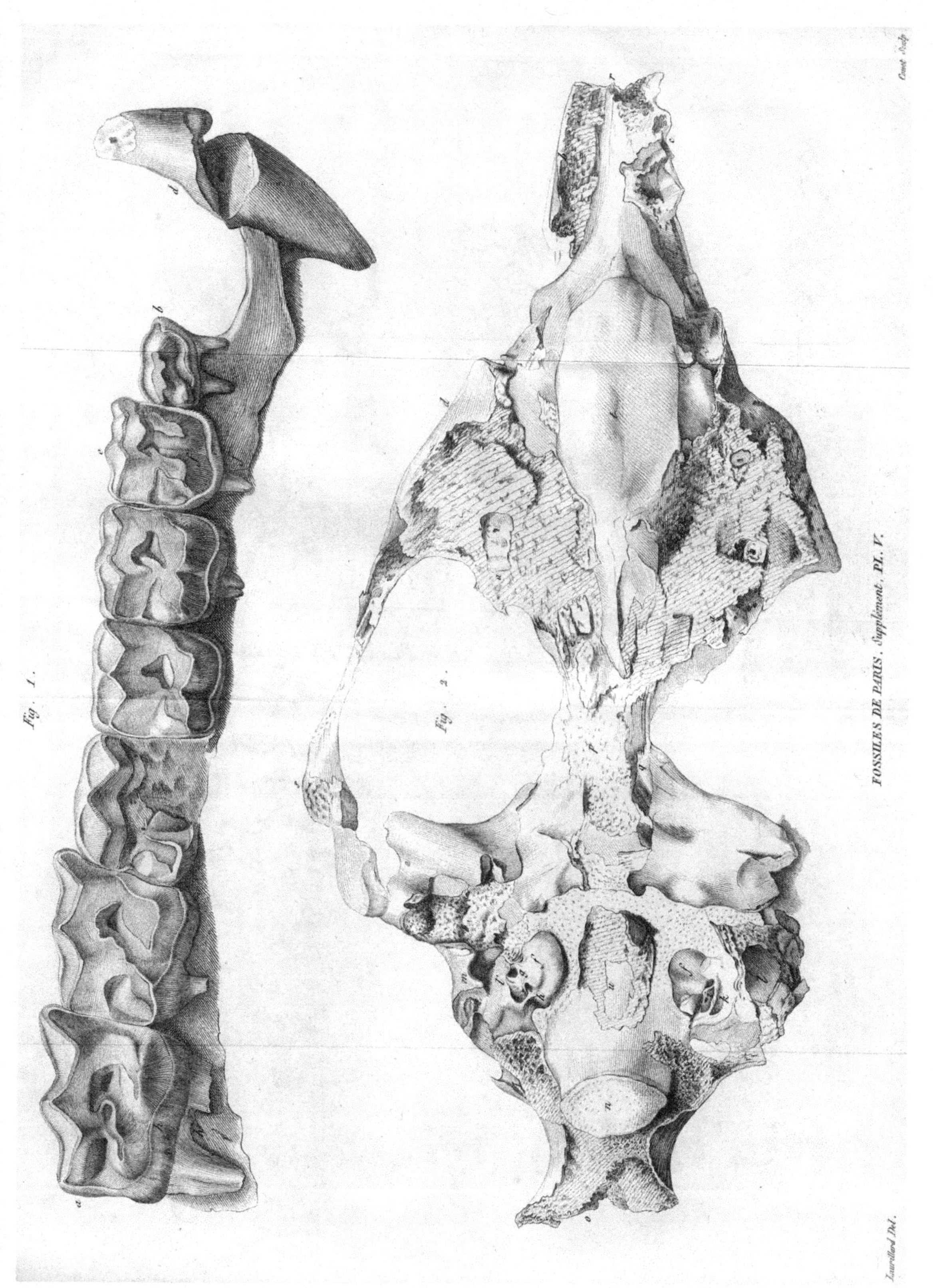

The material originally positioned here is too large for reproduction in this reissue. A PDF can be downloaded from the web address given on page iv of this book, by clicking on 'Resources Available'.

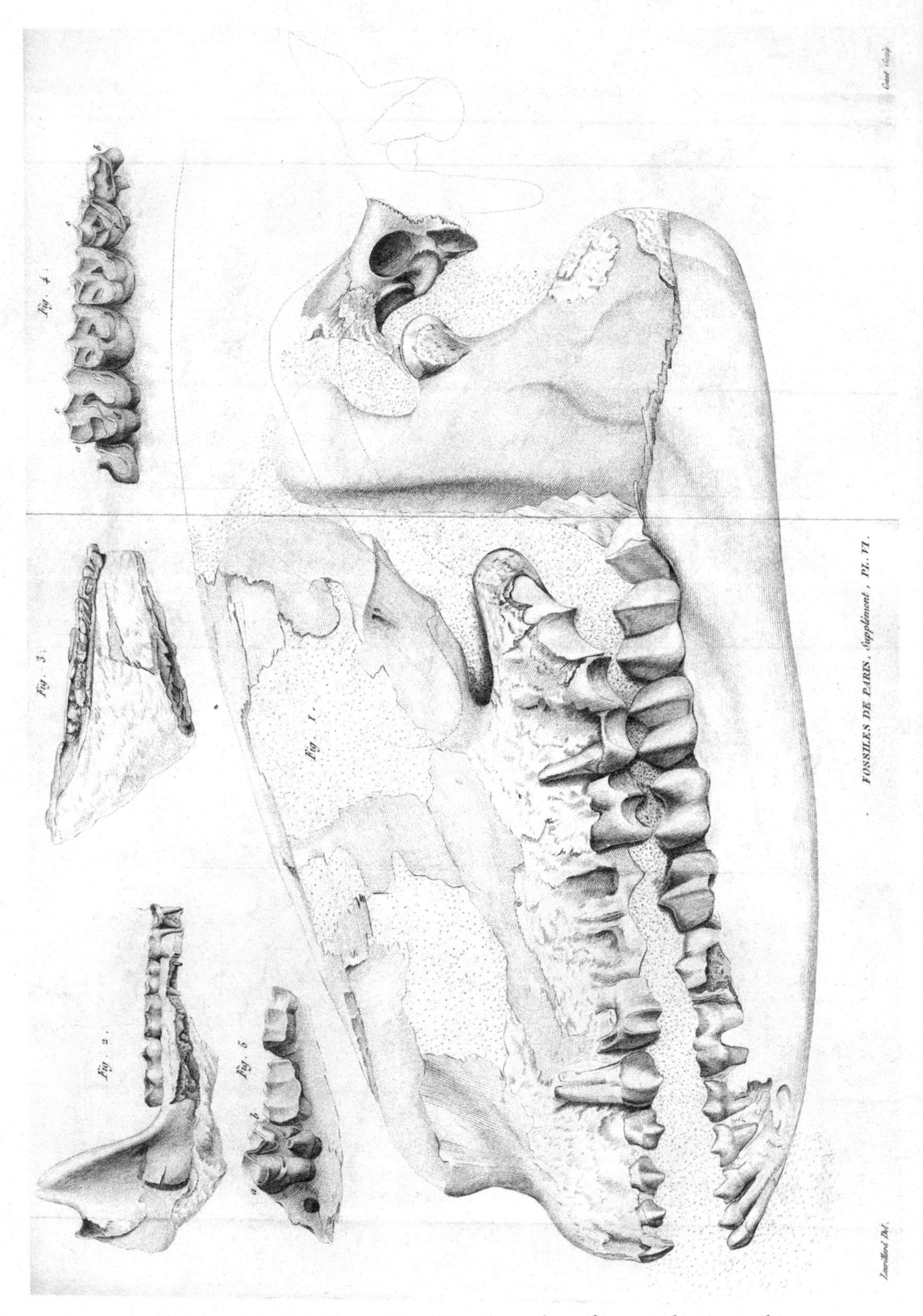

The material originally positioned here is too large for reproduction in this reissue. A PDF can be downloaded from the web address given on page iv of this book, by clicking on 'Resources Available'.

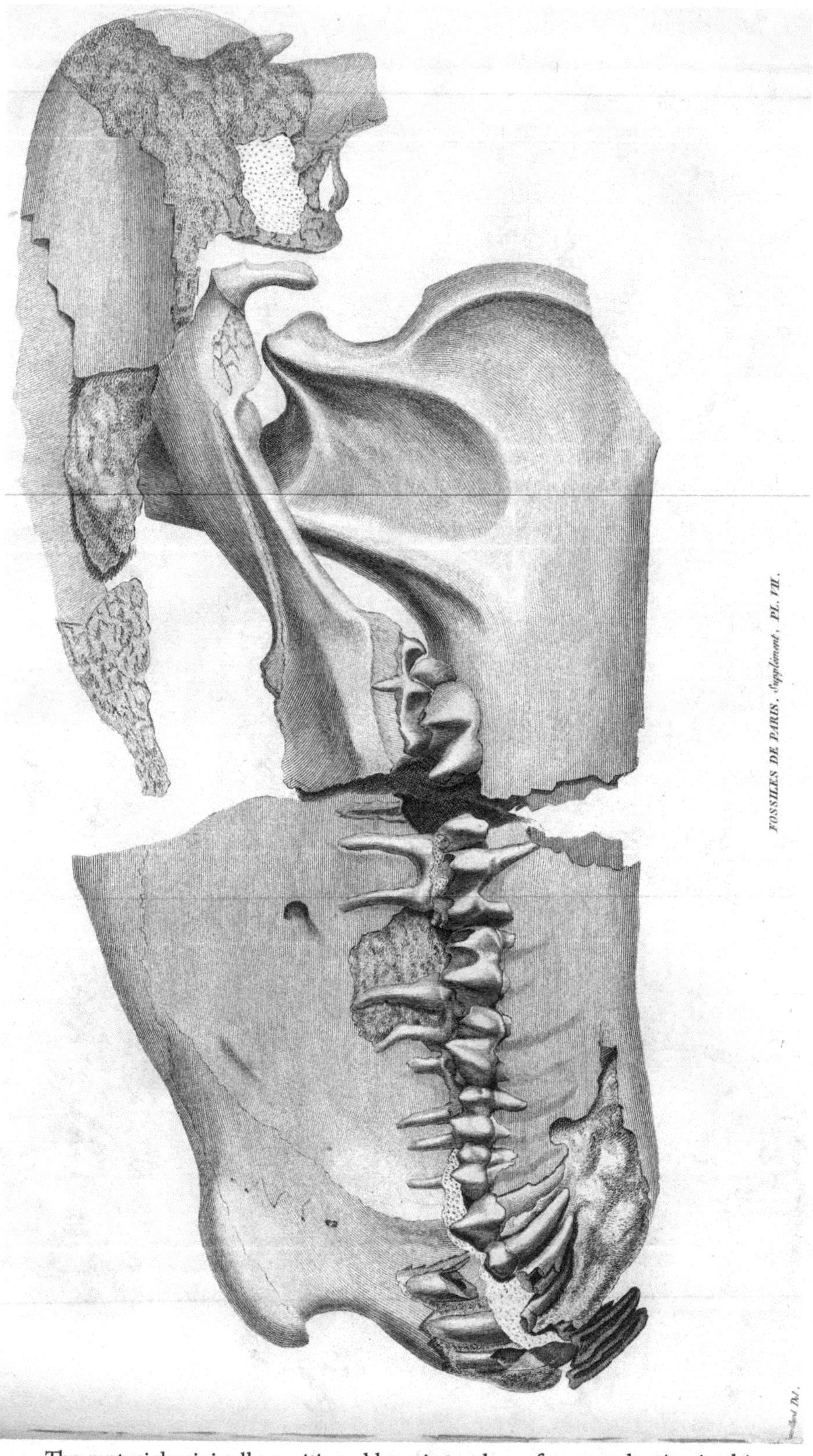

The material originally positioned here is too large for reproduction in this reissue. A PDF can be downloaded from the web address given on page iv of this book, by clicking on 'Resources Available'.

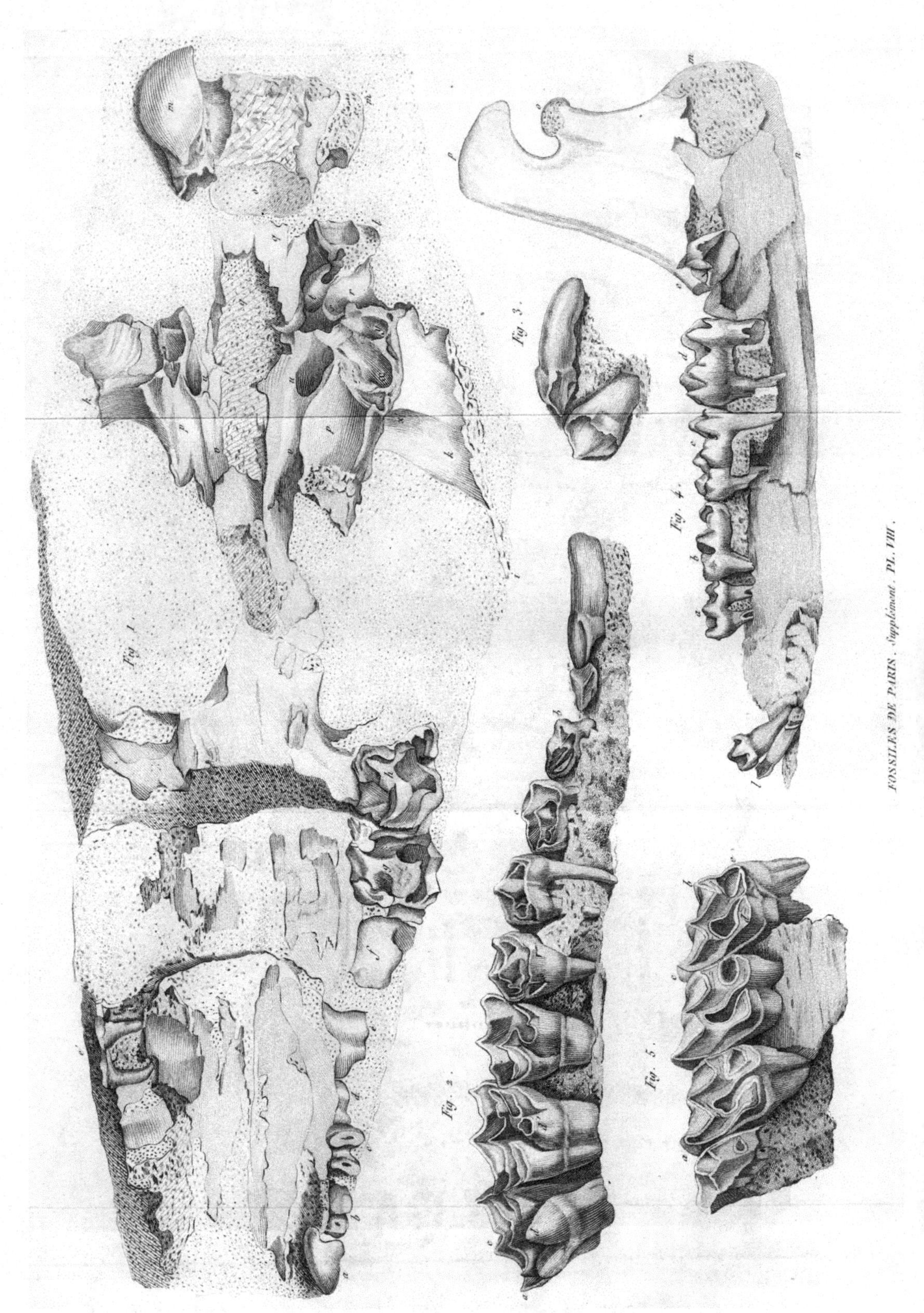

The material originally positioned here is too large for reproduction in this reissue. A PDF can be downloaded from the web address given on page iv of this book, by clicking on 'Resources Available'.

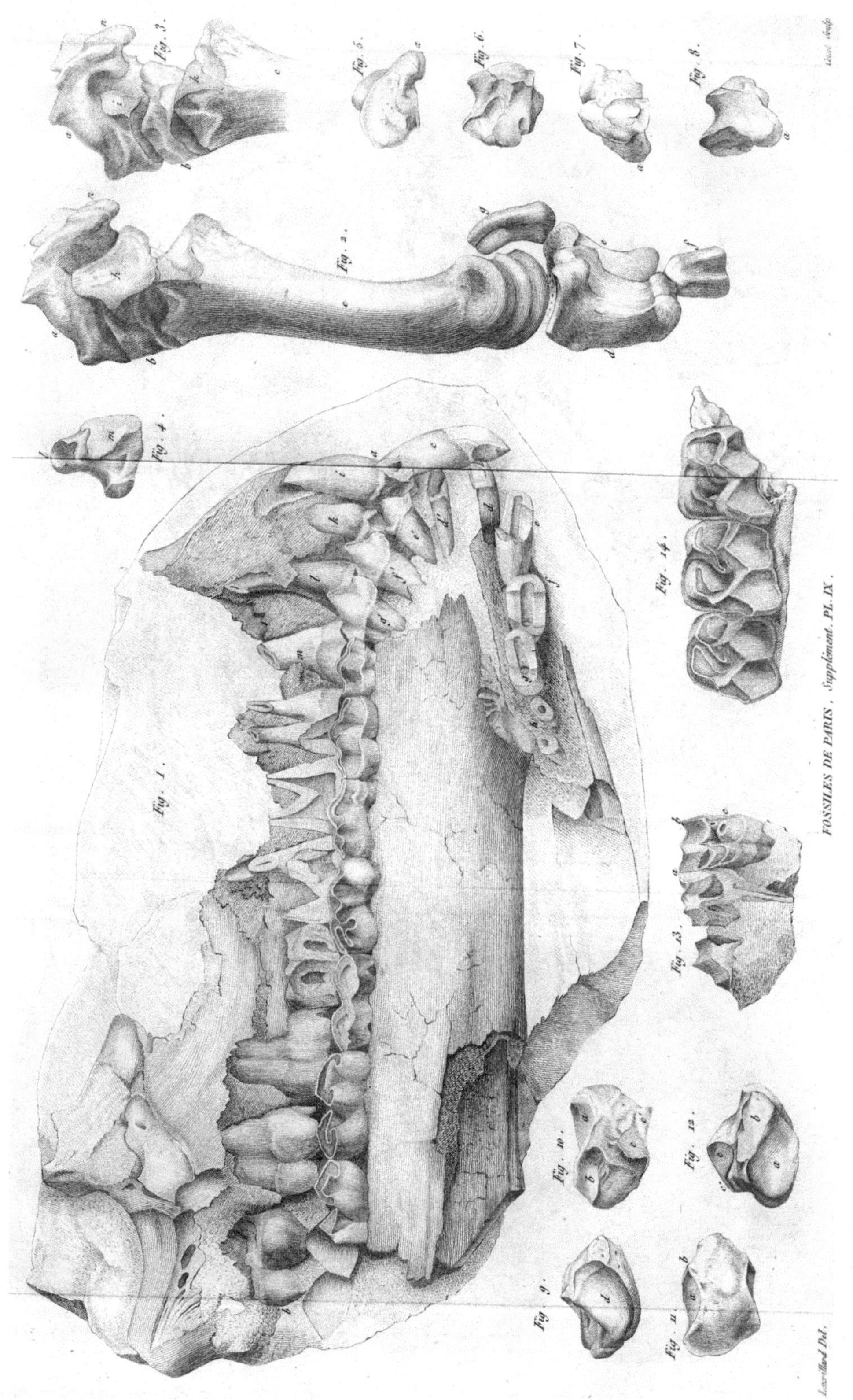

The material originally positioned here is too large for reproduction in this reissue. A PDF can be downloaded from the web address given on page iv of this book, by clicking on 'Resources Available'.

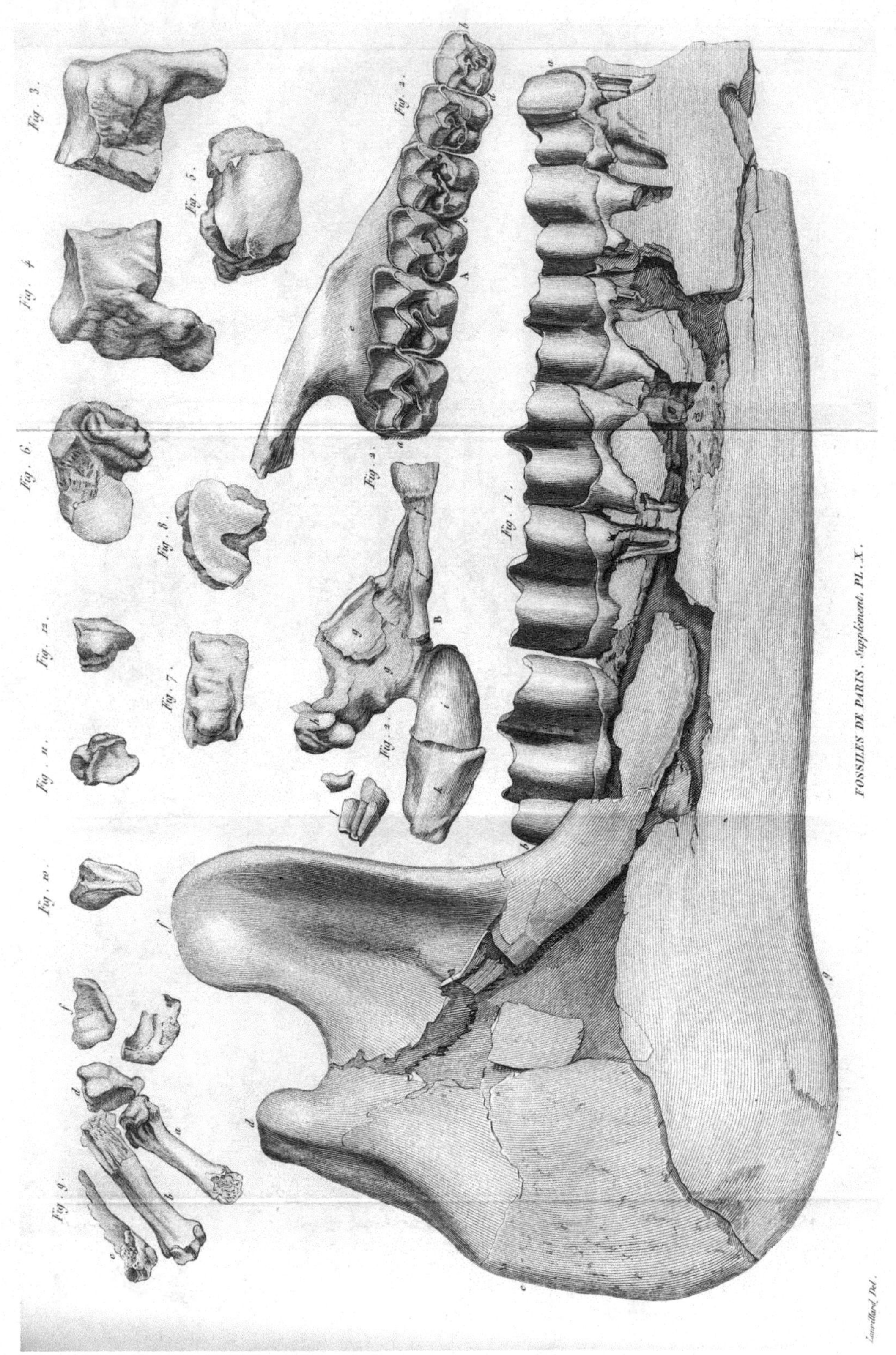

The material originally positioned here is too large for reproduction in this reissue. A PDF can be downloaded from the web address given on page iv of this book, by clicking on 'Resources Available'.

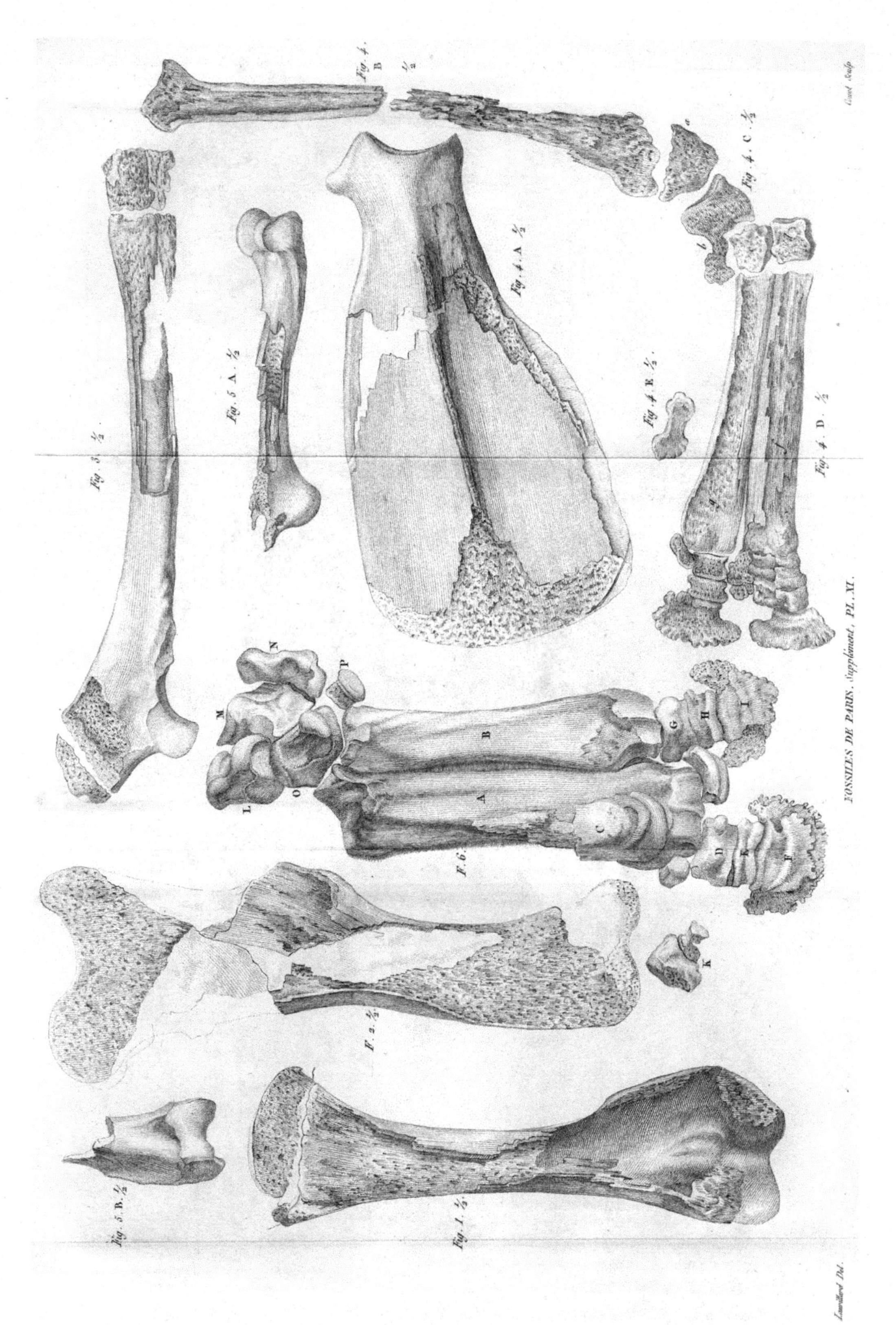

The material originally positioned here is too large for reproduction in this reissue. A PDF can be downloaded from the web address given on page iv of this book, by clicking on 'Resources Available'.

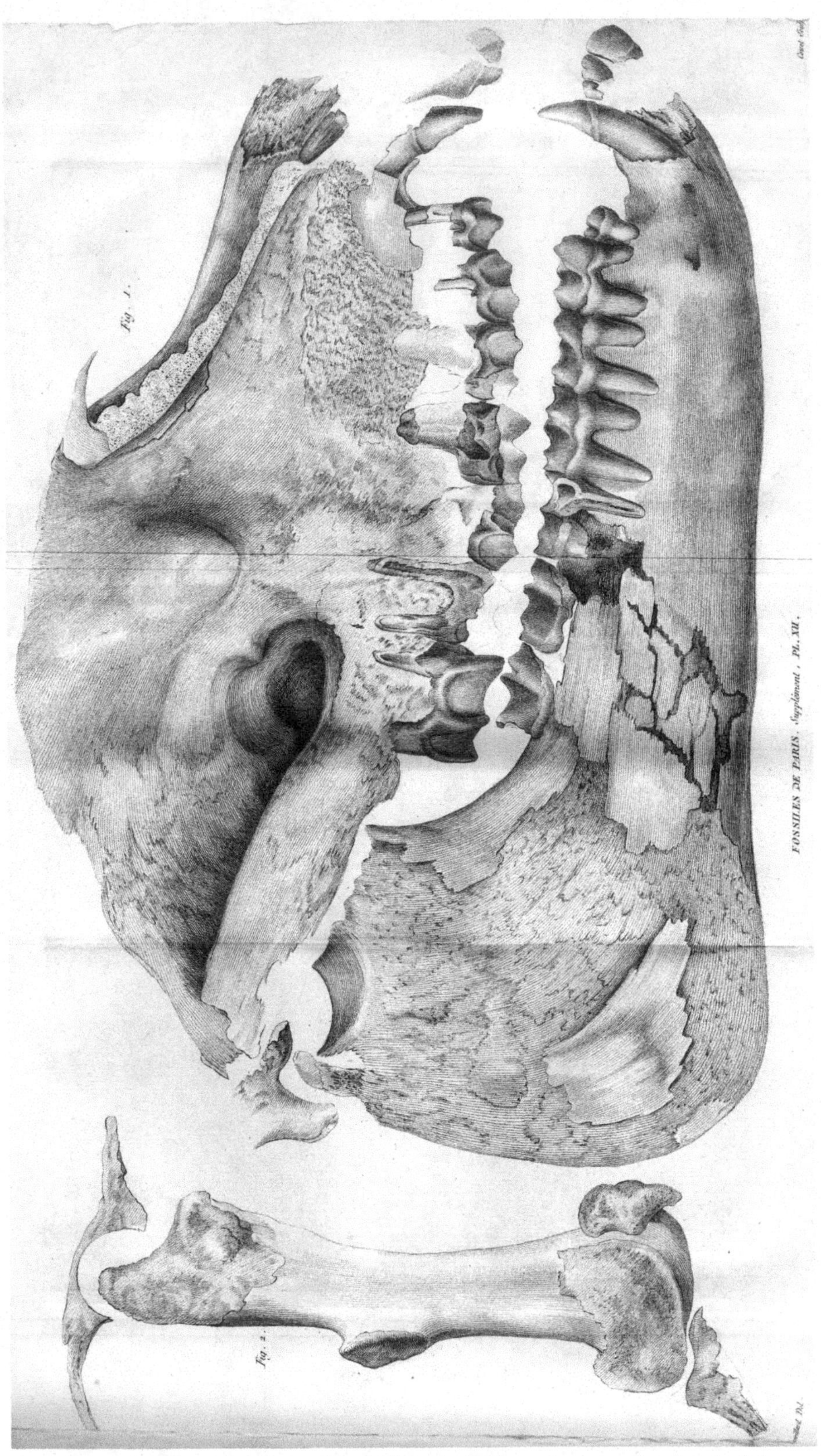

The material originally positioned here is too large for reproduction in this reissue. A PDF can be downloaded from the web address given on page iv of this book, by clicking on 'Resources Available'.

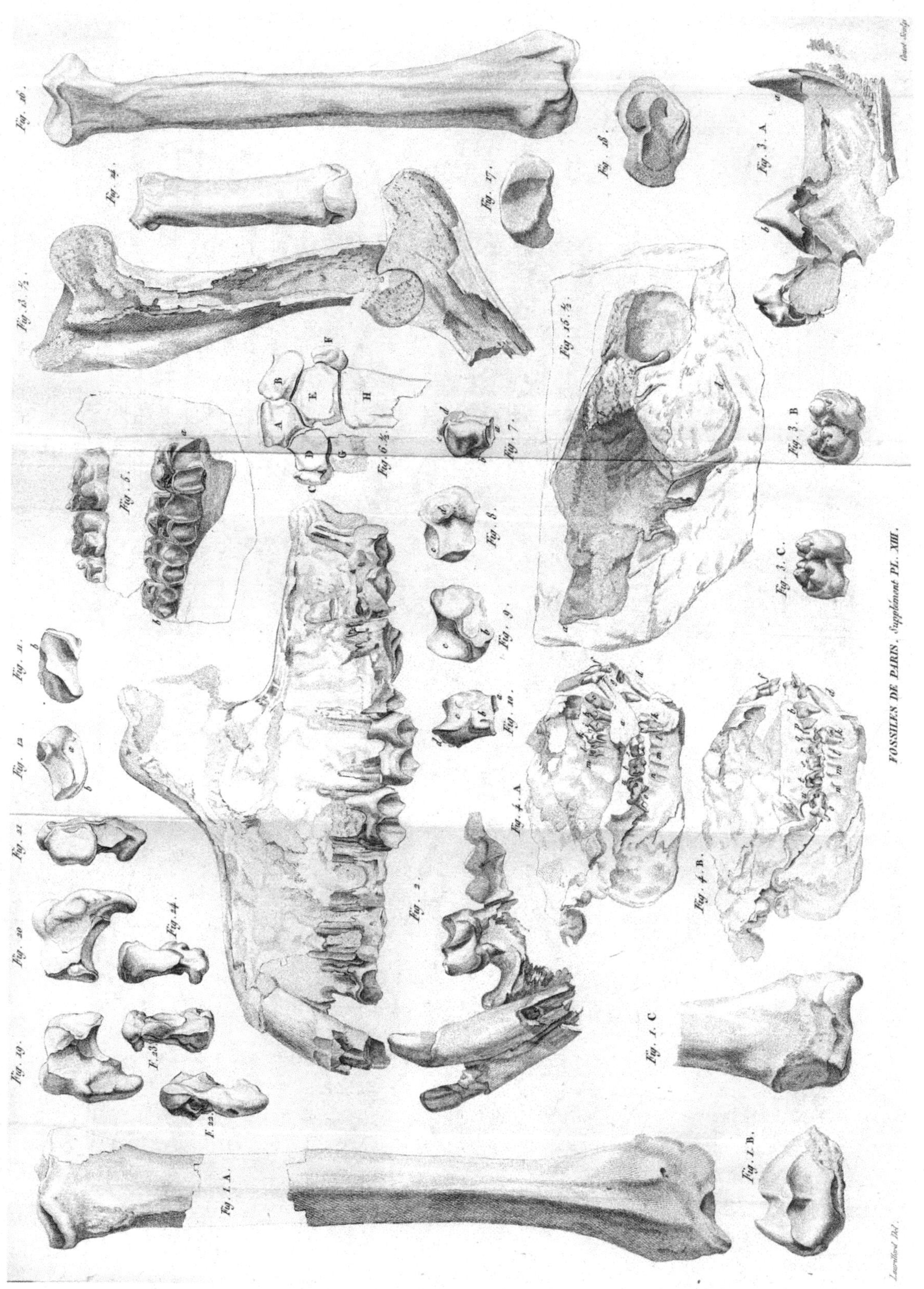

The material originally positioned here is too large for reproduction in this reissue. A PDF can be downloaded from the web address given on page iv of this book, by clicking on 'Resources Available'.

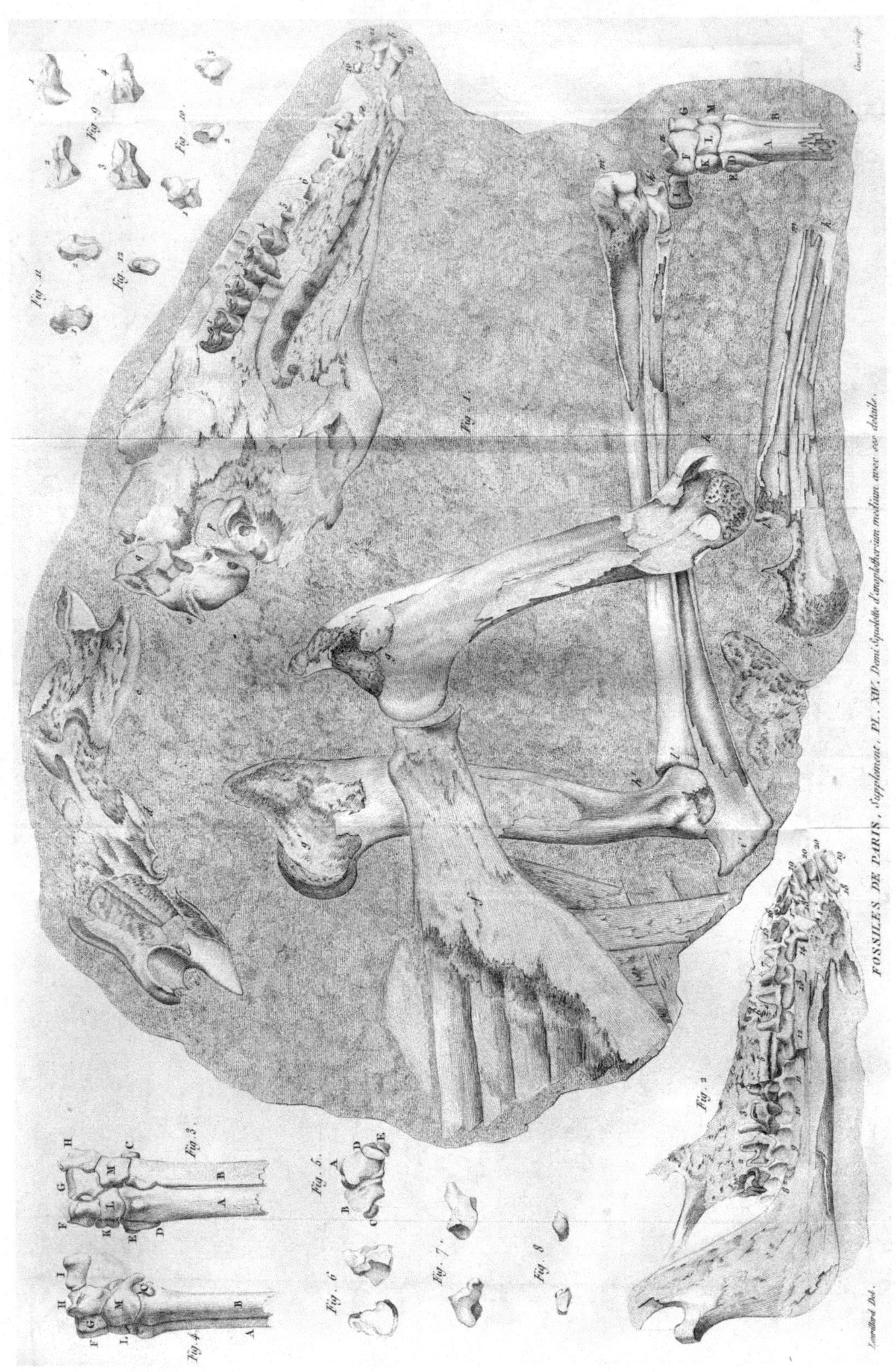

The material originally positioned here is too large for reproduction in this reissue. A PDF can be downloaded from the web address given on page iv of this book, by clicking on 'Resources Available'.

SEPTIÉME MÉMOIRE.

Résumé général et rétablissement des Squelettes des diverses espèces.

Après avoir obtenu, par la longue et pénible analyse qui a rempli les six Mémoires précédens, toutes les pièces des squelettes de nos animaux ; après avoir assigné à chacune isolément la place qui lui convenoit, il s'agissoit d'en faire la synthèse, de les rapprocher, d'en opérer l'assemblage et de reproduire aux yeux, sinon les animaux entiers, du moins leur charpente osseuse.

Pour cet effet nous avons pris pour base de notre travail dans chaque genre, les squelettes fossiles les plus complets que nous en ayons eu ; et, recherchant dans les Mémoires précédens les os qui manquent à ces squelettes, mais qui appartiennent à leur espèce, nous les y avons rattachés.

Nous avons d'abord employé le dessin seulement en rendant, à l'exemple des géographes, par des lignes ponctuées, les parties rétablies sur de simples conjectures, et, par des traits pleins, celles que nous avons copiées d'après des pièces effectives.

Nous avons imaginé ensuite un moyen encore plus convaincant qui nous a réussi pour certaines parties.

Nous possédions, par exemple, un assez grand nombre d'os séparés des pieds de l'*Anoplotherium commune*, pour qu'en les assortissant d'après leur grandeur, nous ayions pu recomposer les quatre pieds, en suppléant seulement à ce qui pouvoit avoir été enlevé à quelques os d'un côté, par des réparations en cire imitées d'après les os du côté opposé; nous avons donc rapproché toutes ces pièces après les avoir détachées du plâtre, en les plaçant sur des gâteaux de glaise, parce qu'ils sont trop fragiles pour être assemblés autrement, et nous en avons fait des parties de squelette comme si elles étoient provenues du même individu, quoiqu'il nous ait fallu des morceaux fournis peut-être par vingt individus différens. De cette manière il a été plus aisé de dessiner correctement ces parties, et la réunion effective de tous ces os frappe davantage l'observateur que s'il étoit obligé de les rassembler seulement par la pensée, après avoir appris péniblement à les connoître chacun à part.

Cette opération nous ayant bien réussi pour l'*Anoplotherium commune*, nous l'avons tentée sur les *Palæotheriums;* et, quoique nous fussions moins riches en os de ce genre, nous sommes aussi parvenus à en remonter certaines parties dont nous avons fait le même usage.

Il n'y a donc point à douter que les dessins qui accompagnent ce Mémoire et qui offrent le résultat général de nos recherches sur les animaux inconnus dont

dont les os remplissent nos carrières à plâtre, ne représentent, à très-peu de chose près, les squelettes de ces animaux tels qu'ils auroient été si on les eût faits immédiatement après leur mort.

ARTICLE PREMIER.

*Rétablissement du squelette de l'*ANOPLOTHERIUM COMMUNE, pl. I.

LE fond de notre dessin est pris du squelette de Montmartre, pl. Ire de notre cinquième Mémoire, section II.

Nous rétablissons plus complétement la tête d'après celle d'Antony, *ibid.*, pl. II, et supplément pl. VII, ainsi que d'après le profil de la pl. VI du même supplément.

Les vertèbres atlas et axis nous sont fournies, cinquième Mémoire, section III, pl. I, fig. 1, 2, 3, 4 et 5.

Nous ne pouvons avoir recours qu'à la conjecture pour les cinq autres vertèbres du col; mais leur longueur totale nous est donnée par celle des jambes de devant.

Le squelette d'Antony nous procure les vertèbres du dos et celles des lombes, et nous trouvons les côtes et queue dans celui de Montmartre.

Nous avons l'omoplate, quatrième Mémoire, section III, pl. I, fig. 11; l'*humérus* de face, *ibid.*, section II, pl. I, fig. 1; son articulation inférieure, *ibid.*, fig. 2 et 3; le *radius*, supplément pl. XIII, fig. 16; la tête supérieure du *cubitus*, quatrième Mémoire, section II, pl. II, fig. 6. La longueur de cet os est donnée par celle du *radius*.

Le *carpe*, supplément, pl. XIII, fig. 6; presque toute la main, *ibid.*, pl. IV, fig. 3; le vestige d'index, troisième Mémoire, section II, pl. II, fig. 8 et 9; les phalanges, *ibid.*, section III.

Nous restaurons le bassin en combinant ce que nous offre le squelette de Montmartre avec les débris de la pl. II du quatrième Mémoire, section III; le fémur, le tibia, le péroné et l'astragale nous sont donnés ensemble, quatrième Mémoire, section Iere, fig. 9, avec les deux dernières phalanges.

Il ne reste rien à ajouter à ce que nous avons dit et représenté touchant la composition du pied, dans le troisième Mémoire, section Iere, pl. I, et dans le supplément, pl. IX, fig. 2, 3 et 4.

Ainsi voilà l'ostéologie de notre animal complétement reconstruite; toutes les attaches des muscles sont donc données, et les muscles eux-mêmes peuvent être aisément replacés.

Quiconque envisagera cet animal ainsi reproduit, sera frappé de ses formes lourdes, de ses jambes grosses et courtes, et sur-tout de son énorme queue. A la grosseur des membres près, il a beaucoup de la stature de la loutre, et il est très-probable qu'il se portoit souvent comme elle sur et dans les eaux, sur-tout dans les lieux marécageux; mais ce n'étoit sans doute point pour y pêcher. Comme le rat-d'eau, comme l'hippopotame, comme tout le genre des sangliers et des rhinocéros, notre *Anoplotherium* étoit herbivore ; il alloit donc chercher les racines et les tiges succulentes des plantes aquatiques. D'après ses habitudes de nageur et de plongeur il devoit avoir le poil lisse comme la loutre, peut-être même sa peau étoit-elle demi-nue comme celle des pachydermes dont nous venons de parler. Il n'est pas vraisemblable non plus qu'il ait eu de longues oreilles qui l'auroient gêné dans son genre de vie aquatique, et je penserois volontiers qu'il ressembloit, à cet égard, à l'*hippopotame* et aux autres quadrupèdes qui fréquentent beaucoup les eaux.

ARTICLE II.

*Rétablissement du squelette d'*ANOPLOTHERIUM MEDIUM, pl. II.

IL nous manquera pour celui-ci le tronc et la queue ; mais sa tête, une partie de son col et toute son extrémité antérieure nous sont fournis ensemble, supplément, pl. XIV ; son tibia et son tarse se voient, quatrième Mémoire, section Iere, pl. III, fig. 1 et 2 ; son pied de derrière tout entier jusqu'aux phalanges onguéales, troisième Mémoire, section Iere, pl. III, fig. 1 ; la tête inférieure de son fémur, quatrième Mémoire, section Iere, pl. III, fig. 10. La longueur de ce même os pouvoit déjà se conjecturer d'après celle de l'humérus, et au moment où j'écris je viens de le recevoir tout entier. On voit qu'autant les allures de l'*Anoplotherium commune* étoient lourdes et traînantes quand il marchoit sur la terre, autant le *medium* devoit avoir d'agilité et de grâces; léger comme la gazelle ou le chevreuil, il devoit courir rapidement autour des marais et des étangs où nageoit la première espèce; il devoit y paître les herbes aromatiques des terrains secs, ou brouter les pousses des arbrisseaux; sa course n'étoit point sans doute embarrassée par une longue queue; mais, comme tous les herbivores agiles, il étoit probablement un animal craintif, et de grandes oreilles très-mobiles, comme celles des cerfs, l'avertissoient du moindre danger; nul doute, enfin, que son corps ne fût couvert d'un poil ras, et par conséquent il ne nous manque que sa couleur pour le peindre tel qu'il animoit jadis cette contrée où il a fallu en déterrer, après tant de siècles, de si foibles vestiges. Remarquons en passant qu'ainsi revêtu de sa peau, s'il eût été rencontré par quelques-uns de ces naturalistes qui veulent tout classer d'après des caractères extérieurs, on n'eût pas manqué de le ranger avec les ruminans, et cependant il en est à une assez grande distance par ses caractères intérieurs, et très-probablement il ne ruminoit pas.

ARTICLE III.

*Rétablissement d'une partie du squelette de l'*ANOPLOTHERIUM MINUS.

Nous n'avons ni son col, ni son tronc, ni sa queue; mais sa mâchoire inférieure nous est fournie, deuxième Mémoire, pl. IX, fig. 1. Nous pouvons aisément refaire une tête dessus, d'après l'analogie des deux espèces précédentes.

Nous avons sa jambe et son pied de derrière, troisième Mémoire, section II, pl. V, fig. 2; son avant-bras et son pied de devant, *ibid.*, fig. 9 et 10; son humérus, quatrième Mémoire, section II, pl. I, fig. 13-16. Il nous donne, par conjecture, la longueur de son fémur.

Si l'*Anoplotherium medium* étoit, dans le monde antédiluvien, le chevreuil de notre région, l'*Anoplotherium minus* en étoit le lièvre; même grandeur, même proportion de membres devoit lui donner même degré de force et de vitesse, même genre de mouvemens.

ARTICLE IV.

Rétablissement du squelette du PALÆOTHERIUM MAGNUM.

L'AYANT eu plusieurs fois, mais toujours en désordre, nous n'avons pu compter ni ses vertèbres, ni ses côtes, quoique nous ayions un grand nombre de celles-ci: nous avons du moins de quoi rétablir sa tête et ses extrémités à peu près complétement.

Sa tête est: supplément, pl. XII, fig. 1; ses dents supérieures, *ibid.*, pl. V, fig. 1; sa mâchoire inférieure, *ibid.*, pl. X, fig. 1; pl. I, fig. 3; pl. III, fig. 1: l'omoplate, l'humérus, le cubitus, le radius et le pied de devant, *ibid.*, pl. XI, fig. 1, 3 et 4; le fémur, *ibid.*, pl. XI, fig. 2, et pl. XII, fig. 2; le tibia, quatrième Mémoire, section Iere, pl. IV, fig. 6, 7 et 8; le calcanéum, troisième Mémoire, section Iere, pl. II, fig. 3;

le cuboïde, le scaphoïde et un cunéiforme, supplément, pl. X, fig. 4-8. Enfin nous possédons encore un pied de derrière presque complet.

Il n'est rien de plus aisé que de se représenter cet animal dans son état de vie, car il ne faut pour cela qu'imaginer un *tapir* grand comme un cheval. Un naturaliste, qui auroit pris la peine de compter ses doigts, lui en auroit bien trouvé un de moins au pied de devant; s'il eût examiné ses mâchelières, ce que tant de naturalistes d'aujourd'hui ne font pas, il eût encore trouvé d'autres différences; mais pour le gros du monde, il n'y auroit eu que celle de la taille; et si l'on peut s'en rapporter à l'analogie, son poil étoit ras, ou même il n'en avoit guère plus que le tapir et l'éléphant.

ARTICLE V.

Rétablissement du squelette de PALÆOTHERIUM CRASSUM.

COMME nous ne pouvons jusqu'à présent bien distinguer la tête du *Palæotherium medium* et du *Palæotherium crassum*, nous emploirons également pour l'un et pour l'autre, en la grandissant un peu, la tête de jeune individu, premier Mémoire, pl. IV, fig. 1, en la complétant par les morceaux représentés dans le même Mémoire, et par ceux du supplément, pl. II, fig. 1; pl. IV, fig. 2; pl. V, fig. 2; et pl. III, fig. 2. Ce qui peut manquer encore pour une restauration complète, sera suppléé par conjecture au moyen des têtes de

Palæotherium magnum et *minus*, que nous avions à peu près entières.

Il faudra en agir de même pour le tronc, que nous serons obligés de copier d'après celui du *Palæotherium minus* en le grandissant convenablement.

Quant aux membres, nous sommes mieux pourvus. Nous avons l'omoplate, quatrième Mémoire, section III, pl. 1, fig. 3; l'humérus, *ibid.*, section Ière, pl. I, fig. 5, 6 et 7, et supplément, pl. XIII, fig. 13; l'avant-bras, troisième Mémoire, section II, pl. II, fig. 1 et 2; le radius séparé, supplément, pl. XIII, fig. 1; le pied de devant, *ibid.*, pl. I, fig. 2 et 3, et supplément pl. XI, fig. 6; le bassin, quatrième Mémoire, section III, pl. II, fig. 4 et 5; le fémur, *ibid.*, section Ière, pl. I, fig. 1.

Le tibia, le péroné et le pied de derrière, troisième Mémoire, section Ière, pl. V, fig. 1 et 2; la plupart des pièces les plus importantes de ce même pied, supplément, pl. I, fig. 4-12. Nous ne savons presque rien de la queue, sinon qu'elle devoit être médiocre.

Cette espèce-ci ressembloit encore beaucoup plus au tapir que la précédente, puisqu'elle n'en différoit pas même par la grandeur et les proportions; et à moins que son poil ne fût très-différent, je suis persuadé que la plupart des voyageurs auroient confondu ces deux animaux, s'ils eussent existé à la même époque.

ARTICLE VI.

Rétablissement d'une grande partie du squelette de PALÆOTHERIUM MEDIUM.

COMME c'est sur-tout par les extrémités qu'il diffère du précédent et que nous en possédons la plus grande partie, nous pouvons au moins en rétablir tout ce qui fait caractère distinctif.

L'omoplate est quatrième Mémoire, section III, pl. I, fig. 1; le pied de devant, troisième Mémoire, section II, pl. I, fig. 1; le tibia, quatrième Mémoire, pl. II, fig. 1; le pied de derrière, troisième Mémoire, section Ière, pl. IV.

C'étoit encore ici en apparence un tapir, mais plus haut sur jambes, et à pieds plus longs et plus délicats.

ARTICLE VII.

Rétablissement du squelette du PALÆOTHERIUM MINUS.

CELUI-CI à été trouvé presque complet à Pantin, et dessiné, cinquième Mémoire, section Ière. Il ne s'agit que d'y ajouter la tête entière, supplément, pl. IV, fig. 1; le tibia, quatrième Mémoire, section Ière, pl. II, fig. 6; pl. IV, fig. 2, et sur-tout pl. V, fig 2, 3 et 4. Le tarse et le pied de derrière entier, troisième Mémoire, section I$_{ère}$, pl. VI, et la portion de pied de devant, *ibid.*, section II, pl. II, fig. 7; la queue seule manquera. Si nous pouvions le ranimer aussi aisément que nous

en

en avons rassemblé les os, nous croirions voir courir un tapir plus petit qu'un mouton, à jambes grèles et légères; telle étoit à coup sûr sa figure. Enfin il y avoit, au milieu de ces quatre espèces, une cinquième, le *Palæotherium curtum*, à jambes plus basses que dans la plus petite, et presque aussi grosses, aussi trapues que dans la seconde. Ce devoit être l'extrême de la lourdeur et de la mauvaise grâce; mais que ce contraste ne nous étonne point : le paresseux phascolome ne rampe-t-il pas en quelque sorte au milieu de la famille légère des kangurous sautillans, des sarigues grimpeurs et des phalangers volans ?

En dernière analyse, il résulte des longues combinaisons et recherches dont ce volume se compose jusqu'ici, que nos environs fournissent au catalogue systématique des animaux, deux genres entièrement nouveaux, que l'on peut caractériser ainsi :

Class. MAMMALIA.

Ordo. PACHYDERM.

Genus I. PALÆOTHERIUM. (*Pone Tapirum et ante Rhinocerotem et Equum ponendum.*)

Dentes 44. *Primores utrinque* 6.
Laniarii 4, *acuminati paulò longiores, tecti.*
Molares 28, *utrinque* 7. *Superiores quadrati; inferiores bilunati.*
Nasus productior, flexilis.
Palmæ et plantæ tridactylæ.

Genus II. ANOPLOTHERIUM. (*Inter Rhinocerotem aut Equum, ab unâ et Hippopotamum, Suem et Camelum, ab alterâ parte ponendum.*)

Dentes 44, *serie continuâ.*
Primores utrinque 6.
Laniarii primoribus similes, cæteris non longiores.
Molares 28, *utrinque* 7. *Anteriores compressi. Posteriores superiores quadrati. Inferiores bilunati.*
Palmæ et plantæ didactylæ, ossibus metacarpi et metatarsi discretis; digitis accessoriis in quibusdam.

Les *Palæotheriums*, enfouis dans nos environs, ne varient presque point, ni pour les dents, ni pour le nombre des doigts; il est presque impossible de les caractériser autrement que par la taille; mais parmi ceux que l'on a trouvés ailleurs, il en est qui fournissent des caractères suffisans de forme, comme nous le verrons dans les Mémoires suivans.

1. *P.* MAGNUM. *Statura Equi.*
2. *P.* MEDIUM. *Statura Suis; pedibus strictis, subelongatis.*
3. *P.* CRASSUM. *Statura Suis; pedibus latis, brevioribus.*
4. *P.* CURTUM. *Pedibus ecurtatis patulis.*
5. *P.* MINUS. *Statura ovis, pedibus strictis, digitis lateralibus minoribus.*
Omnes e gypsi fodinis parisiensibus eruuntur.

On peut compter dans le genre *Anoplotherium* les espèces suivantes, très-faciles à caractériser.

1. *A.* COMMUNE. *Digito accessorio duplo breviori, in palmis tantùm; caudâ corporis longitudine, crassissima.*
   Magnitudo Asini aut Equi minoris. Habitus elongatus et depressus Lutræ. Verisimiliter natatorius.
2. *A.* SECUNDARIUM. *Similis præcedenti, sed statura Suis. E tibia et molaribus aliquot cognitum.*

3. *A.* MEDIUM. *Pedibus elongatis, digitis accessoriis nullis.*
Magnitudo et habitus elegans Gazellæ.

4. *A.* MINUS. *Digito accessorio utrinque in palmis et plantis, intermedios ferè æquante.*
Magnitudo et habitus Leporis.

5. *A.* MINIMUM. *Statura Caviæ Cobayæ, e maxillâ tantùm cognitum.*
Habitatio omnium, olim, in regione ubi nunc Lutetia Parisiorum.

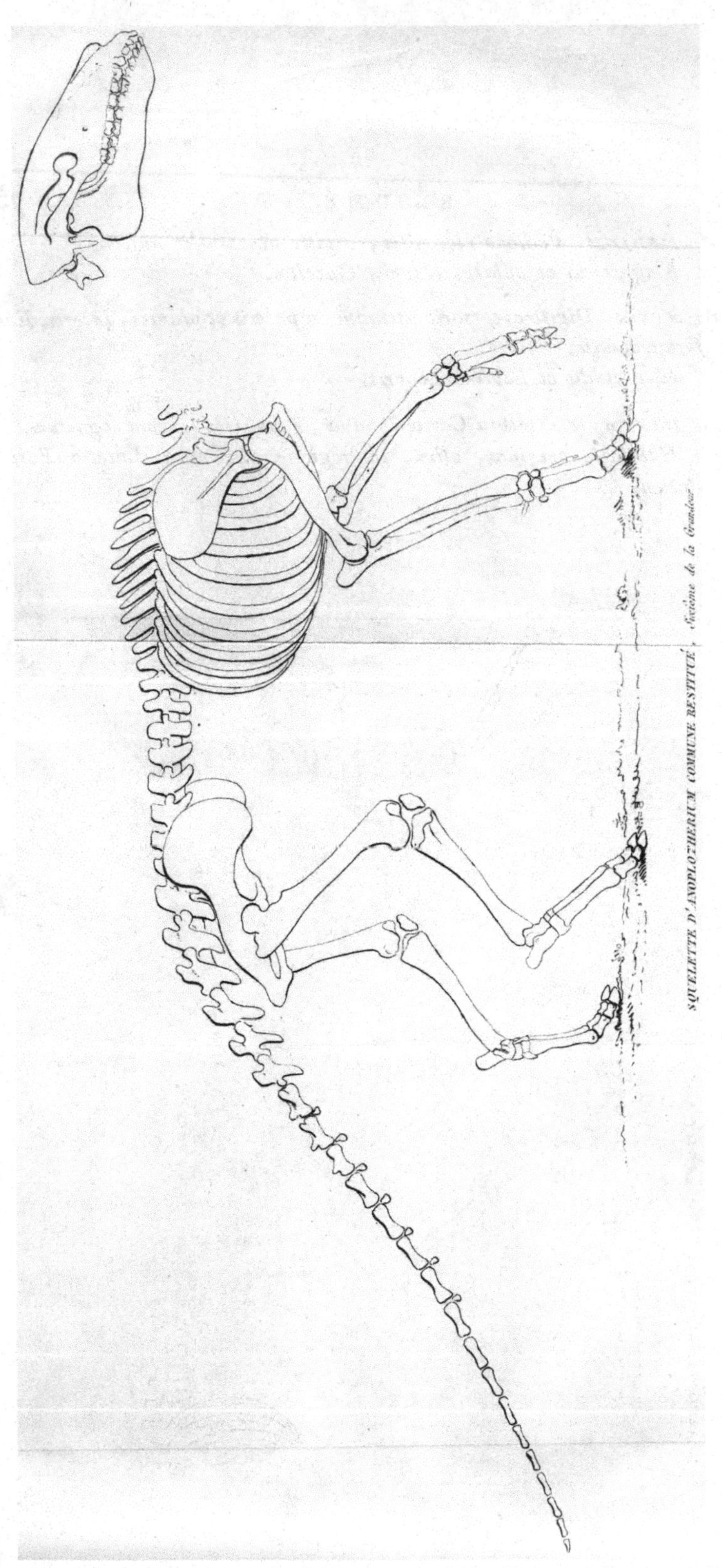

The material originally positioned here is too large for reproduction in this reissue. A PDF can be downloaded from the web address given on page iv of this book, by clicking on 'Resources Available'.

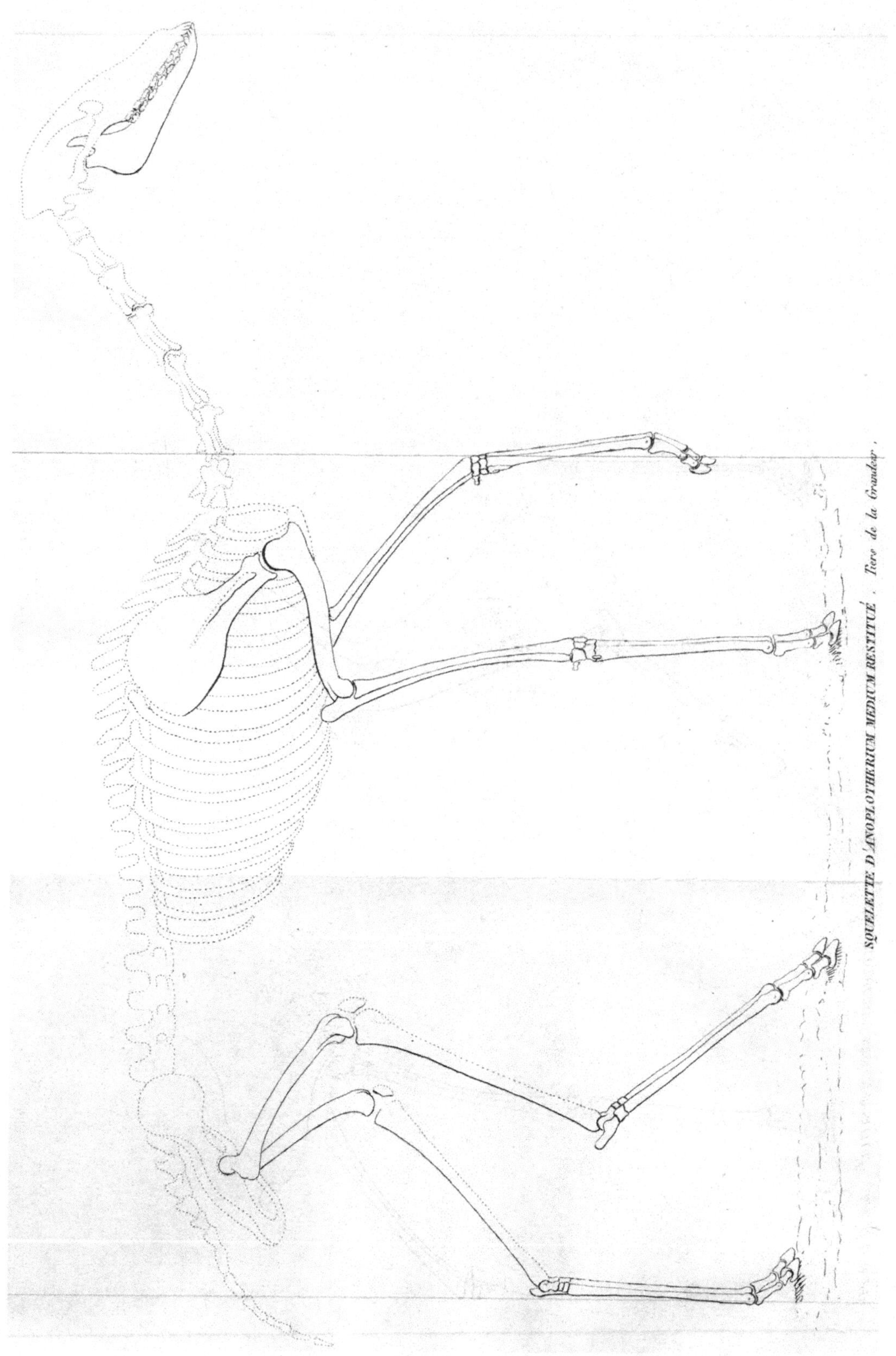

The material originally positioned here is too large for reproduction in this reissue. A PDF can be downloaded from the web address given on page iv of this book, by clicking on 'Resources Available'.

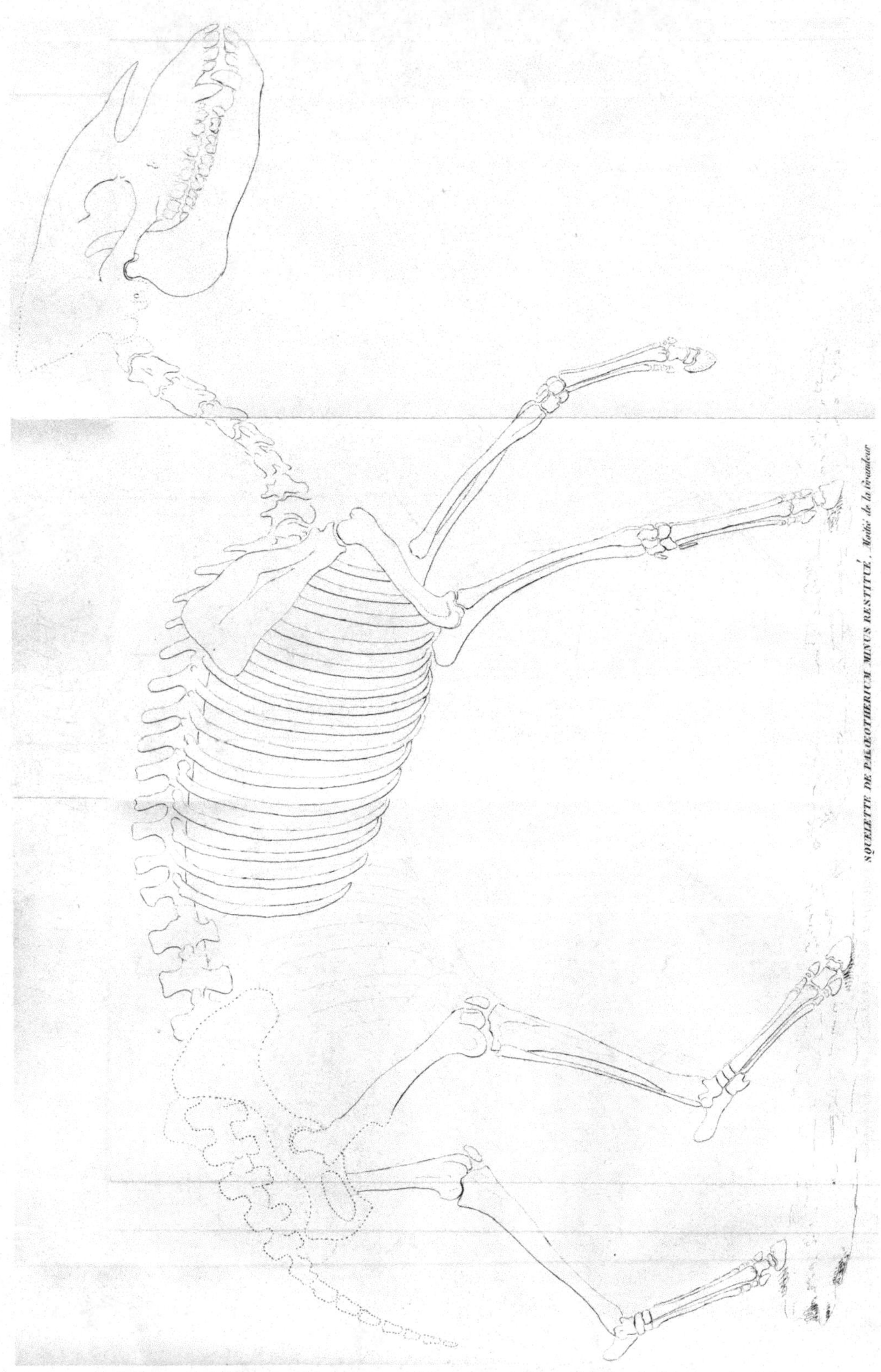

The material originally positioned here is too large for reproduction in this reissue. A PDF can be downloaded from the web address given on page iv of this book, by clicking on 'Resources Available'.

SUR DES OSSEMENS FOSSILES

Trouvés en divers endroits de France, et plus ou moins semblables à ceux de PALÆOTHERIUM.

IL eût été bien extraordinaire que les animaux jadis si abondans autour du lieu où est aujourd'hui Paris, et dont les dépouilles osseuses remplissent presque toutes nos carrières à plâtre, n'eussent ressemblé à aucun de ceux qui pouvoient exister dans le même temps en d'autres endroits, et qu'il n'y eût pas même ailleurs des espèces du même genre.

Aussi la chose n'est-elle pas ainsi. Nous avons déjà vu (IIme Mém., art. II, §. III) des dents molaires trouvées aux environs d'*Orléans* par M. *Defay*, lesquelles ressemblent si fort à celles de nos *palæotheriums*, que nous n'hésiterions pas à les regarder comme du même genre, si nous étions sûrs qu'elles étoient acccompagnées d'incisives et de canines.

Ces dents sont un peu moindres que celles de notre *palæotherium medium*, qui nous ont servi jusqu'à présent de terme de comparaison; et j'ai trouvé, parmi les os recueillis par M. *Defay*, deux fragmens d'humérus qui leur correspondent à peu près pour la grandeur. J'en donne la figure, pl. II, fig. 3 et 4, 5 et 6.

M. *Daudin*, ancien ingénieur des ponts et chaussées du département du *Tarn*, le même qui a découvert dans la Montagne-Noire, près de Castelnaudary, les ossemens de tapir que nous avons décrits à leur article, les a trouvés mêlés de quelques os et dents tout-à-fait semblables à celles des environs d'*Orléans*, excepté la grandeur qui est encore un peu moindre. J'en ai représenté, pl. II, fig. 7, un fragment de mâchoire inférieure, contenant les trois dernières molaires du côté droit. On peut surtout y remarquer la double pointe de l'angle rentrant intermédiaire, qui caractérise les dents des environs d'*Orléans*.

Il y a eu dans ce dernier pays une espèce à peu près du même genre et beaucoup plus grande, plus grande même que notre *palæotherium magnum* des environs de Paris.

Je ne la connois que par son seul *astragale;* mais je ne me la représente pas moins bien, d'après cet os unique, que si j'en avois vu tout le squelette.

Cet *astragale* a été trouvé, comme les autres os fossiles, à *Montabusard* près d'*Orléans*. M. *Prozet*, habile pharmacien d'Orléans, en a fait présent au conseil des mines; et M. *Tonnelier*, garde du cabinet de ce conseil, a bien voulu me le communiquer. Je le représente de grandeur *naturelle*, pl. II, fig. 1, en dessus, et fig. 2 en dessous.

C'est celui du côté gauche; quoique ses faces scaphoïdienne et cuboïdienne soient un peu altérées, on ne peut se méprendre sur sa forme.

Il ressemble parfaitement à celui du *palæotherium crassum*, à la grandeur près. (Voyez II.me Mém., pl. III, fig. 8 et 9.) Il est même plus court, à proportion de sa largeur; mais c'est une chose naturelle dans un grand animal qui devoit avoir les membres épais.

Parmi les animaux vivans, il n'y a que le *tapir* et le *rhinocéros* qui lui ressemblent un peu.

Quant à la taille, il est plus gros que celui des plus grands *chevaux*, et n'a qu'un huitième de moins que celui du *rhinocéros*. Voici ses dimensions :

Largeur de la poulie tibiale, d'*a* en *b*	0,07
Largeur de la face tarsienne, de *c* en *d*. . . .	0,06
Longueur, à prendre du creux de la rainure tibiale *e* jusqu'à la face tarsienne *f*	0,058
Longueur, à prendre des rebords de la poulie *g* à la face tarsienne	0,07

En supposant à l'animal entier des proportions analogues à celles du *rhinocéros*, ce qui n'est point invraisemblable, il devoit avoir à peu près 2,6 mèt., ou près de 8 p. de long, sans compter la queue, sur environ 5 pieds de hauteur au garrot.

Voilà donc une espèce considérable dont l'ancienne existence ne nous est révélée que par un seul ossement. Qu'il seroit intéressant d'en avoir d'autres dépouilles !

Une quatrième espèce d'animal, voisine des *palæotheriums* de nos carrières à plâtre, a été trouvée près de *Bnchsweiler*, dans le département du *Bas-Rhin*, par feu *Jean Hermann*, célèbre professeur de *Strasbourg*, et l'un des plus savans naturalistes de ces derniers temps.

Mon collègue *Faujas*, en ayant vu les os dans le cabinet de ce professeur, eut la bonté de m'avertir de leur existence, et M. *Hammer*, gendre et successeur d'*Hermann*, ayant bien voulu les confier à mon examen, je les fais connoître au public, à ce que je crois, pour la première fois.

Ils ont été découverts dans la montagne de *Saint-Sébastien*, l'une des collines inférieures de la chaîne des Vosges, dans une couche calcaire, mêlée de coquillages d'eau douce, et, ce qui est bien remarquable, surmontée, comme les couches de gypse qui contiennent les palæotheriums de nos environs, par plusieurs couches pleines de productions marines.

Je ne puis mieux faire connoître les détails intéressans de leur position, qu'en transcrivant, à la suite de cet article, une lettre de M. Hammer, où cet habile naturaliste trace le tableau géologique le plus exact de toute la contrée.

La principale des pièces qui m'ont été confiées par M. *Hammer* est une portion considérable de mâchoire inférieure, contenant toutes les dents du côté gauche, en nature ou en empreinte.

Je l'ai fait dessiner, pl. I, fig. 1, telle que je l'ai rendue, après avoir beaucoup travaillé à la débarrasser de la pierre qui l'incrustoit: *a*, *a*, est un reste de la branche montante; *b*, *b*, *b*, est la dernière molaire, que l'on ne peut voir de ce côté de la pierre, mais qui a laissé des portions du côté opposé; *c*, *d*, *e*, *f*, *g*, sont cinq autres molaires, occupant tout l'espace entre cette dernière et la canine; *h*, est un fragment et l'empreinte de cette canine, et *i*, *k*, *l*, sont les trois incisives de ce côté.

On voit donc déjà que cet animal a des canines et des incisives de *palæotherium;* mais qu'il a une molaire de moins, et qu'il manque de l'espace vide qui, dans les *palæotherium* ordinaires, se trouve entre la première molaire et la canine.

Les couronnes de ces molaires sont composées de doubles croissans, comme celles des *palæotheriums*, et la dernière est de même en croissant triple. On peut en juger par la fig. 3, où les quatre molaires intermédiaires, *c*, *d*, *e*, *f*, sont représentées par leurs couronnes. Mais leur face externe n'est pas aussi rigoureusement divisée en demi-cylindres; elle a quelque chose de plus bombé, de plus arrondi en tout sens, et ressemble davantage à celle des molaires d'*anoplotherium*. Elles sont aussi plus larges à proportion.

La canine est plus grêle, plus arrondie dans son contour, et a quelque chose de plus irrégulier. On peut en juger par la canine entière et isolée, incrustée dans la même pierre, en *m*.

La première molaire, *g*, est un peu pointue et non tranchante; l'incisive externe, *i*, est également plus pointue que dans les palæotheriums.

Tels sont les caractères *spécifiques* offerts par cette mâchoire inférieure. Sa grandeur surpasse un peu celle des *palæotherium medium* et *crassum;* mais elle est au-dessous de l'*anoplotherium commune*. Elle a, depuis la premiere incisive jusque derrière la dernière molaire, 0,195; une demi-mâchoire inférieure, bien conservée, de *palæotherium crassum* n'a, pour le même intervalle, que 0,175 ou un dixième de moins; celle d'un *anoplotherium commune*, a 0,23 ou plus d'un dixième et demi de plus.

Voici les autres dimensions que fournit ce morceau :

Longueur de la canine isolée *m*	0,07
Longueur de sa partie extérieure *c*	0,03
Grosseur au collet	0,016
Longueur de la dent *b*.	0,04
c.	0,032
d.	0,025
e.	0,02
f.	0,018
g.	0,015
Grosseur de —— *h*	0,015
Largeur de —— *c*	0,022
de —— *d*	0,018
de —— *e*	0,015
de —— *f*	0,012

Un second des morceaux envoyés par M. *Hammèr* provient de la mâchoire supérieure du côté droit, et contient trois molaires, à ce que je puis juger, la 2.e, la 3.e et la 4e. Il est dessiné par sa face externe, fig. 5; par l'interne et par la couronne, fig. 2.

Ces dents, sans sortir de la forme générale commune aux *palæotheriums*, aux *anoplotheriums*, aux *rhinocéros* et aux *damans*, ont cependant aussi leurs caractères distinctifs particuliers.

1.° Leur face extérieure présente trois portions bombées en deux sens, tandis que les autres genres en ont deux concaves.

2.° Les dents antérieures à la cinquième ou à la quatrième, *o* et *p*, n'ont qu'une colline transverse; elles en ont deux dans les autres genres, excepté les trois premières de l'*anoplotherium*, qui n'en ont point de transverses du tout, mais bien deux longitudinales.

La dernière dent, *n*, de ce morceau, qui me paroît la quatrième ou la cinquième, a deux collines transverses, absolument disposées comme dans le *palæotherium* ou dans le *daman*, et manquant de ce crochet que l'on voit dans le *rhinocéros*, ainsi que de cette petite colline conique que l'on observe dans l'*anoplotherium*.

Ce qui me fait juger que cette dent, *n*, n'est ni la dernière ni même la pénultième, c'est que j'en ai trouvé une beaucoup plus grande dans un troisième morceau représenté, fig. 4, et qui doit avoir été plus en arrière, au moins de deux rangs; car si on la joignoit immédiatement à la dent *n*, elle la déborderoit trop.

Du reste, cette dent, qui est du côté gauche, est semblable à l'autre, ayant de même ses deux collines transverses, sans crochet ni pointe isolée. Sa face externe ne montre que deux portions bombées, et s'aplatit en avant.

Toutes ces molaires supérieures ont des collets bien prononcés. Elles répondent assez bien par la grandeur à celles de la mâchoire d'en bas.

Celle de la fig. 4 a, par sa face externe, d'*a* en *b*, 0,04;
Par l'antérieure, d'*a* en *c*, 0,042;
Par l'interne, de *c* en *d*, 0,031;
Et par la postérieure, de *d* en *b*, 0,022.

Son obliquité montre qu'elle étoit la dernière de son côté; les autres sont beaucoup plus carrées.

La dent, *n*, a	en dehors	0,029;
	en dedans	0,028;
	en avant	0,031;
	en arrière	0,029.

Les autres diminuent plus de longueur que de largeur transverse, et deviennent un peu oblongues dans ce dernier sens.

o est longue de 0,025,
et large de 0,032;
p est longue de 0,022,
et large de 0,030.

Cette correspondance de grandeur, confirmée par le rapport des formes, prouve suffisamment que ces molaires supérieures viennent d'animaux de même espèce que ceux qui ont fourni les inférieures, et il n'y a nul doute que ces animaux n'aient été fort voisins de ceux auxquels nous venons de les comparer, c'est-à-dire, des *palæotheriums*.

L'etude de ces dents de *Buchsweiler* m'a fait revenir sur

deux morceaux que j'ai représentés à l'article de l'ostéologie du *rhinocéros*, dans la planche des dents fossiles de cet animal, fig. 2 et 4.

Il ne m'a pas été difficile de voir que c'étoit faute d'attention que je les avois regardées comme des dents de *rhinocéros*. Elles sont plus petites, et toutes leurs formes les rapprochent de celles que j'ai décrites dans le Mémoire actuel.

Celle de la figure 4 ne diffère de celle du même nombre dans ma planche actuelle, que parce qu'elle n'est point usée, et par un peu moins d'obliquité.

Quant au morceau représenté dans le Mémoire cité, fig. 2, les dents qu'il contient sont extrêmement semblables à celles que j'ai marquées *n* et *o*, dans les fig. 2 et 5 de ma planche actuelle. Seulement elles sont moins usées et un peu plus petites.

Comme ce morceau s'est trouvé près d'Issel, en Languedoc, au pied de la Montagne-Noire, il est très-possible qu'il provienne de la même espèce dont j'ai représenté un fragment de mâchoire inférieure, pl. II, fig. 7.

Quoi qu'il en soit, voilà toujours quatre contrées différentes, dans la seule France, où la famille des *palæotheriums* a laissé des traces : *Paris*, *Montabusard*, *Buchsweiler* et *Issel*.

Il y en a dans une cinquième contrée, mais que je ne connois point; car j'ai trouvé récemment, dans le cabinet de M. *Delamétherie*, deux machelières supérieures entièrement semblables à celles de *Buchsweiler*, mais fortement teintes en bleu, et incrustées d'un sable argilleux. Le propriétaire en ignoroit l'origine.

Les autres morceaux envoyés par M. *Hammer* ne sont point aussi caractéristiques que lès précédens : cependant ils ne laissent pas de nous instruire de certaines choses utiles a la connoissance plus précise de cet animal.

L'un d'eux est un fragment de mâchoire inférieure, qui a son bord inférieur entier, mais où les dents sont brisées jusqu'à la racine: c'étoient les cinq molaires postérieures. On en peut prendre les longueurs par ce qui en reste. Les voici:

Longueur de la dernière	0,04;
de la pénultième.	0,027;
de l'antépénultième.	0,023;
de celle qui précède l'antépénultième	0,018;
De la première des cinq	0,013.

Ces dimensions ne sont pas assez différentes de celles que j'ai données ci-dessus, pour que nous ne regardions pas ce morceau comme de même espèce.

Il nous fournit donc la dimension en hauteur et en épaisseur de cette mâchoire que nous n'avions pas eue dans celui de la fig. 1, pl. II.

Hauteur en avant de la dernière molaire . .	0,065
Epaisseur au même endroit	0,032

Un autre fragment de mâchoire inférieure qui contenoit les racines d'une dernière molaire, longue de 0,045, avoit 0,038 d'épaisseur.

Deux autres fragmens, plus mutilés, donnoient la même dimension.

Dans un quatrième, les racines de la dernière dent donnoient 0,047 de longueur, et l'épaisseur étoit aussi de 0,038.

Cette grande épaisseur ne se retrouve que dans les *pachydermes*; l'*éléphant* la surpasse encore beaucoup. Le *cochon*, le *rhinocéros* et l'*hippopotame* ont à peu près ces proportions ; mais les autres animaux ont les mâchoires plus minces. Nos *palæotheriums* et nos *anoplotheriums* des environs de Paris ne les ont pas non plus si épaisses.

EXTRAIT

D'une lettre de M. Hammer *à M.* Cuvier, *sur le gisement des os de* Bastberg.

Strasbourg, 3 messidor, an 13.

Le *Bastberg* (mont de Saint-Sébastien) se trouve encore compris dans cette bande de montagnes secondaires ou avancées qui borde nos Vosges. Mais avant l'examen de celui-ci, je tirerai un peu de loin quelques observations qui serviront peut-être à me rendre plus clair.

Le bassin où la grande vallée du Rhin, dans l'ancienne Alsace, s'est formé entre les deux chaînes de montagnes des Vosges à l'ouest, et de la Forêt-Noire à l'est. Ces deux chaînes de montagnes se correspondent par leurs pics et par leur composition ; on trouve les mêmes roches à peu près de côté et d'autre, la même direction des vallons latéraux, mais en sens opposé. La grande vallée est divisée en deux dans son milieu environ, par un groupe ou une petite chaîne de montagnes isolées, basaltiques, bien élevées, de la longueur environ de 7 à 8 lieues sur une largeur de 3 à 4 lieues ; ces montagnes sont nommées le Kaiserstuhl, de leur pic le plus élevé. Sur la dernière colline du groupe, à l'extrémité sud, est bâti le Vieux-Brisac, et le Rhin baigne tout le pied occidental de la chaîne. L'intervalle entre le Kaiserstuhl et la chaîne des Vosges est plus large que celui entre la même montagne et celles de la Forêt-Noire. Le Rhin paroît avoir passé jadis par ce dernier; mais son lit, bouché par ses propres alluvions et par celles d'une petite rivière rapide sortant de la Forêt-Noire, l'a forcé de prendre son cours d'aujourd'hui, en serpentant en grandes sinuosités au pied occidental du Kaiserstuhl, où des rochers basaltiques avancés lui opposent des éperons naturels indestructibles.

Ce qui rend cette petite chaîne ou groupe de montagnes isolées intéressante, c'est la nature de ses roches. Il est composé de basalte et de wakke très-fréquemment bulleuse (amygdaloïde), mélangés de hornblende basaltique (pyroxène), de feld-spath, de spath calcaire, peu de zéolithe, etc. On ne retrouve plus ces roches qu'au pied occidental des grandes Alpes, en Auvergne, vers le nord, dans la Hesse, la Saxe, la Bohême, etc. Je n'entrerai pas dans de longs détails sur cette montagne remarquable, pour ne pas m'éloigner trop de mon sujet. J'observerai seulement que c'est elle que M. de Dietrich (Journal de physique, septembre 1783, Mémoires présentés à l'académie par des savans étrangers, t. 10), a décrite comme volcanique, et que feu mon beau-père Hermann a réclamé la priorité de la découverte de ce volcan. Mais je n'y ai trouvé qu'un basalte, une wakke et des roches, qui, d'après leur nature, leur gisement, etc., ne peuvent pas être les produits d'un volcan; je n'y ai observé aucun crater, rien qui puisse être pris pour tel. Le basalte repose sur du calcaire très-ancien, sans aucune trace de pétrification. Ce que M. de Dietrich a pris pour cendres volcaniques n'est qu'une marne calcaire très-fine et terreuse, qui forme des collines considérables autour et au milieu du Kaiserstuhl, surtout sur son bord oriental, et qui contient des masses globuleuses (géodes) et différemment figurées de marne endurcie, avec beaucoup de coquilles fossiles terrestres et d'eau douce, preuve de son origine moderne. Nous rencontrerons encore cette même marne dans la suite. Je quitte le Kaiserstuhl, pour me rapprocher du Bastberg.

Au-dessus du Kaiserstuhl, aux environs de Brisac, et plus haut vers Bâle, où le vallon du Rhin est dans son intégrité, on a trouvé dans les terrains, peut-être marneux, mouillés par le Rhin, et que ses eaux enlèvent, des restes fossiles d'éléphans; j'en possède. Depuis la sortie du Rhin des montagnes de la Suisse, jusqu'à la pointe méridionale du Kaiserstuhl (le Rhin se tient très-près des montagnes de l'Allemagne dans toute cette étendue, et se jette toujours de ce côté-là dans son cours), une bande large de collines calcaires et marneuses borde la chaîne primitive des Vosges. Beaucoup de coquilles fossiles et pétrifiées s'y rencontrent; mais je ne connois pas d'os fossiles qu'on y ait trouvés. Dans cette même étendue, le vallon propre ou la plaine d'Alsace n'augmente insensiblement qu'à la largeur de 5 à 6 lieues, d'une chaîne à l'autre. Depuis l'extrémité méridionale du Kaiserstuhl, jusqu'à son extrémité au nord, sur une longueur de 7 à 8 lieues, les montagnes secondaires sont peu larges ou presque nulles le long des deux chaînes primitives; ces dernières s'avancent même dans quelques endroits jusqu'à la plaine, qui, lavée et tourmentée par les eaux brisées contre le basalte et les roches du Kaiserstuhl, forme un bassin plus large, plus ventru, pour ainsi dire, entre des montagnes escarpées et élevées : ici, peu de restes d'animaux fossiles ; du calcaire très-ancien et sans pétrifications, appuyé contre les montagnes primitives. Dans cette partie, jusqu'à 10 lieues au-dessus de Strasbourg, les granits, gneiss, etc., se trouvent à 3 et 4 lieues du Rhin; tandis que je ne retrouve ces roches, à 10 lieues au-dessous de Strasbourg, et même rarement, qu'à une distance de 8 à 10 lieues du Rhin. Ce n'est qu'au-dessous du Kaiserstuhl, aux environs de Strasbourg, où les eaux brisées par cette montagne rentrent dans un lit commun et prennent plus de calme, que recommencent les collines avancées, les alluvions, les différens dépôts. C'est là que la vallée ou la plaine proprement dite du Rhin commence à se resserrer entre des collines et des dépôts, et à se transformer enfin en une pente douce vers les grandes chaînes : c'est là que les chaînes de montagnes primitives commencent à s'écarter entre elles, à se retirer, à se couvrir de roches secondaires et subséquentes, jusqu'à ce qu'elles disparoissent entièrement sous les masses de grès, de calcaire, etc. : c'est là que recommence la région des corps organisés fossiles, qui se perd de nouveau vers la mer.

Pardonnez si je vous conduis par des détours vers l'objet que vous désirez connoître ; mais ces observations générales et rapides pourront peut-être servir à en tirer quelques conséquences et idées géologiques. Je m'empresse à me rapprocher du Bastberg et à vous décrire quelques traits de ses environs.

Le Bastberg est à 8 lieues de Strasbourg, vers le nord-ouest, et à la même distance à peu près du Rhin. En partant du Rhin à l'est du Bastberg, et se dirigeant vers cette montagne à l'ouest, on rencontre d'abord, et très-près du Rhin, les premières collines de marne, plus ou moins calcaire ou argilleuse, mêlée de couches de sable, d'argile, etc. renfermant quelquefois des coquilles fossiles terrestres. (Cette marne est ordinairement la même que celle qui se trouve au Kaiserstuhl et au-dessous, de l'autre côté du Rhin, en grandes masses.) C'est dans une de ces collines de marne, à 3 lieues de Strasbourg, qu'on a trouvé, en l'an V, le squelette d'éléphant dont on n'a retiré qu'une défense et quelques fragmens d'os, n'ayant pas donné de suite à la recherche. On entre ensuite dans la grande plaine sablonneuse de Haguenau, qui, élevée elle-même au-dessus des collines de marne, et inégale ou formée de collines et de bas-fonds, est bordée, à l'ouest, au sud-ouest et nord-ouest, par des collines calcaires. C'est dans ces collines, dans une étendue et un cercle de 6 à 7 lieues de diamètre du sud au nord, que se trouvent déposées des couches étendues de mine de fer limoneuse, alternativement avec des couches d'argile, de calcaire, de terre végétale, toutes basées sur du calcaire ou du gravier, et à peu de profondeur. Ce dépôt ou cette région de fer est bordé au sud par des collines de gypse qui s'étendent de l'est à l'ouest (que je n'ai pas encore examinées), et vers l'ouest et le nord, par des collines calcaires qui s'élèvent de plus en plus et couvrent enfin le grès, ou alternent avec ce dernier et le font paroître en collines ou en montagnes assez élevées. Une marne de différentes sortes et couches remplit ordinairement les intervalles, ou recouvre leurs têtes et leurs flancs, en formant des collines de moindre élévation. En s'approchant de la chaîne et de la crête des hautes montagnes, le calcaire disparoît, et on ne voit que du grès, qui s'élève très-haut et couvre enfin la crête même. C'est presque sur la ligne de démarcation du calcaire et du grès qu'est situé le Bastberg; d'un côté (à l'est), il tient aux collines calcaires, et de l'autre (à l'ouest), il est séparé des montagnes de grès par un fond de la largeur d'une demi-lieue.

Tels sont en général la nature et l'aspect extérieur de cette partie de montagnes aux environs du Bastberg, surtout à l'est et vers le Rhin. Au sud, on observe la même gradation du calcaire, jusqu'aux portes de Strasbourg, et jusqu'à ce qu'on arrive à la distance de 4 à 5 lieues au sud-ouest, aux montagnes de grès de Wasselonne. Au nord, le calcaire s'étend encore à 2 et 3 lieues, et y est de même bordé par les montagnes de grès qui tirent là vers l'est, en se rapprochant du Rhin. En observant bien la situation du Bastberg, on trouve qu'il est presque au fond et plus vers le côté nord d'un grand bassin ou golfe calcaire, qui forme un demi-cercle, et qui commence à Marlenheim, à 4 lieues à l'ouest de Strasbourg; fait le tour de Saverne; tire derrière Bouxviller par Neuviller, Ingwiller, vers Niederbronn, Soulz et vers le Rhin: ce golfe calcaire, pour ainsi dire, entouré de montagnes de grès et primitives, peut avoir environ 10 lieues de profondeur sur autant de largeur.

Quant à l'intérieur, je n'ai pas encore pu observer la base du calcaire de ces contrées, ni celle du grès; mais le dernier me paroît reposer sur des roches primitives: au moins j'ai observé derrière Reichshofen ou Niederbronn, ainsi presque à l'extrémité nord du grand cercle qui entoure la contrée ou le bassin calcaire, le granit au-dessous du grés. Le calcaire me semble, en plus grande partie posé sur le grès. Le calcaire varie beaucoup pour la composition, le grain, etc. J'y reviendrai, en parlant plus particulièrement des environs de Bastberg. Le grès, toujours en couches horizontales, quelquefois plus ou moins inclinées, varie aussi par le grain plus ou moins gros; il est quelquefois en couches fortes d'un pudding très-dur, qui forme ordinairement les couches supérieures. Le grès est de deux sortes. L'une, qui paroît être la plus ancienne, est plus dure, plus grossière, rouge, en couches plus fortes et plus homogènes, et forme des montagnes plus élevées: elle renferme quelquefois des cristaux de quartz en druses, du sulfate de baryte en tables, du fer, du manganèse, etc., mais point de traces de corps organisés. La seconde sorte, indubitablement plus moderne, d'une couleur tantôt rougeâtre, tantôt blanche ou grisâtre, en couches plus régulières, plus grandes, plus variées, moins épaisses et plus distinctes, et en même temps moins dure, ne s'élève pas comme la première : elle forme des collines basses, s'appuyant contre le grès précédent, mais ordinairement isolées et comme enchâssées dans les montagnes calcaires ou marneuses; ses couches supérieures sont très-feuilletées, mélangées de marne argilleuse, et renferment aussi des couches minces d'argile sabloneuse. C'est cette sorte qui fournit communément chez nous les pierres de taille pour les constructions et les ouvrages de sculpteur ; quoique plus tendre dans la carrière, elle durcit fortement à l'air, et devient même très-dure et solide. C'est encore elle qui renferme des débris de végétaux et, quoique rarement, d'animaux. J'ai trouvé dernièrement dans les carrières étendues de ce grès, à Wasselonne, de beaux morceaux de différente grandeur, du diamètre de 3 jusqu'à 10 centimètres, qui portent les traces charbonnées et la forme d'un roseau ou d'une autre plante articulée semblable, étrangère : ils sont enclavés et sous différentes directions, mais ordinairement couchés de l'est vers l'ouest, au milieu d'une grande couche plus blanche, plus dure et, d'un autre grain que les autres couches, à la profondeur d'environ 80 pieds. Je possède un fragment d'os (probablement d'un omoplate), de la longueur de 4 décimètres 5 centimètres, sur une largeur (la plus grande) de 3 décimètres, et de l'épaisseur de 12 centimètres, qui ne peut guères venir d'un autre animal que d'un cétacé, et qui a été trouvé dans un bloc de grès à Wasselonne, il y a passé 40 ans. Cet os n'est presque point altéré. Wasselonne est à 5 lieues au sud-ouest du Bastberg.

Le calcaire des environs du Bastberg est stratiforme ou secondaire, partout où je l'ai pu l'observer. (Je n'ai encore rencontré celui de transition et le primitif que loin de là, et surtout dans le Haut-Rhin.) C'est ordinairement de l'oolithe, plus loin de la pierre calcaire compacte, sans spath ou cristallisation ; au moins là où je l'ai examiné. La stratification est très-marquée ; l'inclinaison des couches est de 10 à 15 degrés du sud au nord, ou plutôt du sud-ouest au nord-est. Les couches inférieures, autant que j'ai pu pénétrer, sont plus fortes, et contiennent peu de coquillages ou autres pétrifications ; mais les couches supérieures, moins épaisses, renferment beaucoup de gryphites, d'ammonites, des oursins, fungites, etc., moins d'autres coquilles. Ce calcaire forme de petites montagues, toutes plus basses que le Bastberg et à côté de lui, au nord, à l'est et au sud.

Je passe maintenant au Bastberg même.

Il s'élève à une hauteur considérable par-dessus tous ses voisins, et on le voit de très-loin. Il est étonnant et à regretter qu'aucun physicien n'ait encore déterminé la hauteur d'aucune des principales montagnes de notre département : n'ayant pas eu l'appareil ni le temps nécessaires, je n'ai pu déterminer celle du Bast berg; mais je l'estime à environ 250 toises au-dessus du niveau de la mer. Il est joint d'un côté, vers l'est et le sud-est, à d'autres collines: mais du côté du nord-ouest, ouest et sud-ouest, il s'en trouve séparé par des fonds, et c'est surtout à l'ouest qu'un vallon d'une demi-lieue de largeur le sépare de la grande chaîne, vers Neuviller, où les montagnes de grès commencent. Ses pentes sont douces, excepté celles de quelques côtés isolés qui sont plus rapides: c'est surtout à l'ouest qu'elles le sont le plus. La montagne se divise, aux trois quarts de sa hauteur, en deux têtes, dont l'une, le Bastberg proprement dit, située à l'est, a une forme ronde, conique; l'autre, un peu plus élevée que la première, nommée le vieux Bastberg, en est séparée par un fond à pentes douces. Celle-ci est terminée par une crête peu large, et longue d'un demi-quart de lieue environ, tirant du nord-est au sud-est, ou faisant presque un demi-cercle avec la première tête.

Pour mieux rendre ce que j'ai observé de la structure de la montagne, je partirai de Bouxviller; j'indiquerai les differentes couches que j'ai remarquées, et, arrivé au sommet, je noterai quelques observations générales qui se présentent. La petite ville de Bouxviller est située au nord-nord-est du Bastberg, dans un fond formé par le pied du Bastberg et par deux autres collines, l'une au sud-est et l'autre au nord de la ville. Vers l'est, s'étend un vallon par lequel les eaux provenant du Bastberg et des autres montagnes, s'écoulent. L'élévation de la ville au-dessus du niveau de la mer n'est pas connue; mais elle doit être assez considérable, puisque les eaux descendent assez rapidement vers le Rhin. En sortant de Bouxviller vers le Bastberg, on n'observe d'abord que de la pierre calcaire ordinaire, oolithe, etc., comme dans toutes les collines et carrières voisines, jusqu'à une élévation de 30 à 40 toises, où viennent paroître les couches d'un autre calcaire particulier, qui renferme les coquilles et les os fossiles. Ces couches sont horizontales, tandis que les couches du calcaire ordinaire des collines voisines ont une inclinaison de 10 à 15 degrés du sud-ouest au nord-est. Le calcaire est compacte, d'un grain uni et très-fin, d'un blanc grisâtre ou sale. La couche supérieure (dans une carrière qui a été ouverte sur une longueur considérable), à peu de profondeur sous la terre végétale (1 à 2 pieds), est plus compacte, plus dure et moins sujette à la décomposition que les suivantes; elle est de l'épaisseur de 3 à 5 pieds, en grandes masses ou blocs: celle-ci contient peu de coquilles, point d'os. Au-dessous de cette couche, on en rencontre une autre de la même épaisseur et du même calcaire, mais toute remplie, et, dans quelques blocs, presque toute composée de coquilles la plupart fluviatiles ou d'eau douce, planorbites, cochlites (avec quelques marines peut-être, car je ne les ai pas encore déterminées toutes). Le calcaire de cette couche est très-dur au sortir de son gîte; mais, exposé à l'air, il se fendille bientôt et se décompose. C'est jusqu'à cette couche que j'ai pu bien observer le gisement et la nature du calcaire : des décombres couvrent les suivantes. On a abandonné la carrière, parce que la pierre a été trouvée peu propre aux constructions et à d'autres usages, à cause de sa décomposition prompte. Mais un ouvrier qui a travaillé à la dernière exploitation, il y a environ huit ans, m'a donné des renseignemens sur la couche qui renferme les os fossiles. Cette couche se trouve immédiatement au-dessous de celle que je viens de décrire comme étant la seconde, par conséquent à environ 8 à 12 pieds au-dessous de l'ouverture de la carrière. Le calcaire en est le même que celui des couches supérieures; mais il renferme moins de coquilles, et les blocs sont placés sur la tête, selon l'assertion de l'ouvrier, au lieu qu'ils sont couchés horizontalement dans les couches supérieures. Cette position est très-particulière, et mérite d'être remarquée. Les os se sont trouvés enclavés dans ces blocs; mais on n'a pas pris garde d'observer s'ils s'y trouvent en désordre ou dans une situation analogue à leur disposition naturelle et originaire. On n'a pu m'indiquer non plus de quelle épaisseur est cette couche qui renferme les os; et comme on s'est arrêté à cette dernière, on ne sait rien de ce qui se trouve au-dessous d'elle. Le même homme m'a seulement assuré qu'il a livré plusieurs brouettées d'os au propriétaire de la carrière. Il seroit très-intéressant et très-facile de rouvrir cette couche, qui n'est couverte que de peu de décombres; on le pourroit faire à peu de frais et pousser même plus loin les recherches.

En quittant l'ancienne carrière et les couches qui renferment les os fossiles, et en montant plusieurs toises toujours vers le sud-ouest, on arrive sur une crête, longue d'un bon quart de lieue, qui conduit à une pente douce vers les deux têtes du Bastberg. Cette crête se termine à droite en une pente assez rapide, qui est en continuité avec la pente septentrionale et occidentale de la seconde tête du Bastberg; à gauche, elle se perd dans un fond qui descend vers Bouxviller, et monte vers la première tête de la montagne. Sur cette crête, on rencontre beaucoup de blocs et de grandes masses répandues dans les champs, d'un calcaire ou plutôt d'un marbre très-dur, compacte, fin, d'une couleur jaunâtre ou d'un blanc-jaunâtre qui résiste à l'action de l'air, qui ne renferme point de coquilles, mais qui est percé de trous et canaux ou conduits du diamètre de quelques centimètres jusqu'à près d'un décimètre. Ces trous et conduits tortueux, parfaitement circulaires, me paroissent être formés par des pholades des pétricoles ou des dattes. J'ai observé ce même calcaire vis-à-vis de cette crête, à l'est, de l'autre côté du fond, à la même hauteur. Les bords et une partie des couches y paroissent au jour. En attaquant ici la roche, on trouveroit peut-être la même stratification que de l'autre côté, où j'ai décrit les lits de la carrière.

La partie de la montagne au-dessus de ce calcaire perforé dont je viens de parler, ou la tête jusqu'au sommet, qui peut avoir encore une centaine de toises d'élévation, ne présente rien de remarquable. On ne voit qu'un calcaire ordinaire, sans pétrifications, au moins à la surface extérieure de la montagne. L'intérieur paroît être d'une autre masse, et contenir des cavernes et des réservoirs d'eau, puisque plusieurs sources sortent des flancs septentrionaux : aussi l'opinion vulgaire est que la montagne est creuse et remplie d'eau, qu'on y entend des bruits souterrains; de sorte qu'on a jadis conseillé à une princesse de Darmstadt, qui avoit sa résidence à Bouxviller, de ne pas aller sur le Bastberg, de peur qu'il ne s'écroulât. Le sommet ou la tête orientale est composée d'un calcaire d'alluvion, d'une espèce de brêche formée de morceaux plus ou moins grands, arrondis, roulés, empâtés dans une marne ou un calcaire terreux, friable et peu compacte : les morceaux arrondis sont d'un calcaire tout différent de la pâte, extrêmement dur et compacte, une espèce d'oolithe jaunâtre, mais très-différent de l'oolithe de la carrière au pied du Bastberg. Cette masse ou brêche est mêlée de beaucoup de fer oxidé. On y a établi une carrière d'où l'on retire les pierres arrondies pour le pavé de Bouxviller, à cause de leur dureté ; aussi les appellet-on là des cailloux. On n'y trouve aucun corps pétrifié ni fossile. La tête ou plutôt la crête occidentale est d'un calcaire différent de celui de l'autre crête : point de brêches ni de morceaux roulés, mais du calcaire en couches formées de plaques peu épaisses, et de la même inclinaison que le calcaire de la montagne adjacente au Bastberg; c'est un oolithe d'une nature différente, dont on trouve sur la crête beaucoup de fragmens percés de trous circulaires, grands et petits. On y rencontre des coquilles, communément bivalves, marines, mais en petite quantité. Cette seconde partie du Bastberg n'offre pas en général la même composition et stratification, ni le même calcaire, que la première, c'est-à-dire, quant à l'extérieur ; car quant à son intérieur, on n'en peut pas juger, parce qu'il n'y a pas de carrières ouvertes. Cependant ni son sommet, ni ses flancs libres et accessibles de deux côtés, et assez escarpés pour prêter des indices, ne m'en ont donné d'autres que ceux que je viens de rapporter. Au pied du flanc septentrional reposent de fortes couches de marnes particulières, comme je n'en ai encore trouvé dans aucune partie de notre département; elles sont dures ou tendres, en lits de différentes couleurs, s'élevant en collines de moyenne hauteur ou très-basses, renfermant des géodes et des morceaux cariés de spath calcaire, et recélant peut-être dans leur sein des objets intéressans ; mais ce sein est fermé et le seroit encore plus si les eaux n'avoient pas creusé des sillons profonds et invité par là l'industrie agricole à l'ouvrir et à y puiser des trésors pour ses champs, et peut-être médiatement aussi pour le naturaliste, et (qui sait ?) pour l'artiste et l'économie domestique. Cette contrée seroit-elle sans aucun dépôt de combustibles ?

Mais au lieu de me perdre dans la région des conjectures et des probabilités, au pied du Bastberg, laissez-moi m'arrêter plutôt un instant sur son sommet, où s'offrent tant d'objets et tant de sujets de réflexions, d'observations, et des conjectures plus étendues. Permettez que je vous communique quelques-unes de celles que j'y ai faites, sans les donner pour autre chose que pour ce qu'elles sont, de foibles traits d'un grand tableau.

Le Bastberg se distingue évidemment de tous les monts voisins et de toutes les montagnes calcaires que je connois dans le haut et bas Rhin et ailleurs, non-seulement par son élévation, mais surtout par sa composition. Le calcaire de sa partie moyenne se signale par sa stratification, sa nature et les corps qu'il renferme; il paroît former le noyau de la montagne jusqu'à une certaine hauteur; son ancienneté par rapport aux masses qui le couvrent est indubitable. La montagne se trouve sur la ligne de démarcation du calcaire et du grès, très-rapprochée par conséquent des montagnes primitives; l'époque de sa formation doit se rapprocher de celle du grès, quoique les fossiles qu'elle renferme paroissent indiquer le contraire, c'est-à-dire une formation subséquente à celle du calcaire avec des fossiles marins. Mais il me semble qu'on y peut facilement distinguer trois révolutions qui ont frappé et changé ces contrées à des époques très-différentes et sous des circonstances et des modifications très-diverses. Je ne parle ici que du calcaire, sans toucher aux formations antérieures, que je nommerai primitives. La première, la plus reculée sans contredit, a sans doute changé la face antérieure du globe: celle-ci paroît avoir été la plus tranquille ou la moins violente, la plus lente; elle paroît comprendre aussi les grès, au moins en partie. Elle a enfoui les corps organisés existant alors, et dont les débris se sont conservés, parce que la révolution s'est faite avec moins de force. Je m'explique au moins ainsi ce phénomène: et l'observation qu'on n'y trouve que des restes d'animaux d'une structure différente de nos animanx connus, qui paroissent avoir appartenu à un monde ou un climat imparfaitement développés pour ainsi dire, et dont on ne trouve de type, en quelque sorte, que dans les animaux particuliers du climat marécageux de l'Amérique méridionale, où ce type paroît s'être conservé au-delà de cette époque destructrice; l'observation qu'on n'y trouve avec les animaux fossiles que des coquilles d'eau douce, me semble plutôt prouver mon opinion que la réfuter. Si on ne trouve pas plus fréquemment ces fossiles, c'est, je crois, parce que les révolutions postérieures ont détruit l'ouvrage des antérieures, et qu'il ne leur a pu résister qu'un roc tel que celui de Bastberg. Et combien d'espèces nouvelles ne doit-on pas déjà à vos recherches, dans un petit espace de quelques années, espèces qui n'ont été trouvées que dans quelques endroits, où l'on a su les conserver! Combien n'en a-t-il pas été perdu par l'ignorance des hommes! Combien n'en reste-t-il pas enfoui sous terre, ou à examiner dans des collections particulières ! N'êtes-vous pas le premier qui ayez ouvert le chemin à ces recherches, et n'est-ce pas à vous qu'est dû le progrès qu'elles ont fait en si peu de temps ?

Si un jour les observations exactes sont plus multipliées et plus étendues, il y aura plus de clarté dans nos géologies ou théories de la terre.

Autant le premier dépôt ou la première révolution qui a enterré les animaux terrestres me paroît s'être faite tranquillement, autant la seconde, qui a formé le calcaire en couches inclinées et d'une toute autre nature, renfermant les mollusques marins, me semble avoir été violente, au moins dans ses premières époques. La force motrice des eaux, ou le choc du torrent dirigé du sud au nord, ou plutôt du sud-ouest au nord-est, dans ces contrées, en rencontrant un obstacle fort, a produit un contre-choc, mais inférieur en force. C'est ce qui me paroît avoir formé ces couches, pour ainsi dire élevées du côté du contre-choc ou de la force opposée. C'est ainsi que dans toute cette contrée, que je trouve former un grand sinus ou golfe entouré en demi-cercle de montagnes de grès et primitives, le courant d'eau, dirigé du sud au nord, se brisant contre la partie de l'arc du cercle opposé au nord ou contre les montagnes avancées au nord, a dû naturellement tant empêcher l'enlèvement des substances mélangées avec l'eau, qu'influer sur la nature des dépôts qui se sont formés (1). En ouvrant les collines à couches inclinées sur leurs flancs septentrionaux, on attaque les couches par leurs têtes élevées sous un certain angle : du côté de l'ouest et de l'est, on tombe sur leurs flancs et sur leur angle d'inclinaison ; au sud, on tombe sur leur plat ou leur plan incliné. Encore leurs couches supérieures présentent-elles des fossiles en plus grand nombre et mieux conservés, puisque les couches inférieures, rendues plus compactes par la pression, ont dû insensiblement diminuer aussi la force du torrent, et donner lieu à des dépôts plus tranquilles et en même temps plus mélangés ; aussi les couches diminuent-elles d'épaisseur vers le haut, les eaux ayant été épuisées par les dépôts formés.

Les dépôts de marne, ainsi que ceux de fer et de sable, proviennent d'époques différentes et plus modernes. Mais d'où viennent les restes d'éléphans dans la marne ? Ont-ils été déplacés et déposés de nouveau par les eaux ? Mais alors on ne trouveroit pas quelquefois ensemble ceux du même individu. Il reste beaucoup de choses à éclaircir.

---

(1) Si l'inclinaison des couches dérivoit du plan d'inclinaison des montagnes sur les flancs desquelles ces couches sont déposées, on les trouveroit en inclinaison inverse, c'est-à-dire, du nord au sud, du côté opposé. Or, comme je ne trouve pas ce dernier effet, je ne saurois me l'expliquer autrement. Je n'ose entrer ici dans plus de détails.

La révolution qui a frappé les espèces d'animaux inconnus et nouveaux, doit donc être plus ancienne que celle qui a enterré les éléphans ; celle qui a enterré les coquilles fluviatiles, plus reculée que celle qui a saisi les coquilles et animaux marins. Entre la première et la seconde il me remble régner un intervalle pendant lequel les eaux tenoient la contrée couverte, et donnèrent le temps aux pholades, etc., de percer le calcaire dans sa partie supérieure ou laterale. Mais pourquoi ne trouve-t-on pas, dans ce cas, des traces de madrépores, etc.? Parce que, d'après ma supposition d'une révolution postérieure, ils ont été enlevés ou détruits à la même époque peut-être où le grand vallon du Rhin s'est formé ; car il me paroît très-vraisemblable que la wakke, dont on trouve des restes au Kaiserstuhl, avec des basaltes moins durs que ceux qui forment encore les rochers de la même montagne, ont rempli une grande partie de l'espace entre les Vosges et la Forêt-Noire et ces substances étant très-décomposables par les eaux, celles-ci ont pu agir efficacement sur elles et les déposer ailleurs sous différentes formes nouvelles. Aussi trouve-t-ou a l extrémité inférieure du grand bassin du haut et du bas Rhin, vers Andernach, Francfort, Neuwied, etc., où les chaînes de montagnes de la Wetteravie et autres le ferment, de grands dépôts de substances qui me paroissent être des débris de montagnes basaltiques et de wakke, et provenir des parties enlevées des environs du Kaiserstuhl.

ADDITION
AU MÉMOIRE PRÉCÉDENT.

Nous établissions dans ce Mémoire une espece moyenne et une grande, trouvées près d'Orléans; une autre, moyenne, des environs de Buchsweiler ; enfin une petite, d'Issel en Languedoc.

Nous y rapportions encore à l'espèce de Buchsweiler des molaires supérieures du même lieu, dont la grandeur auroit peut-être dû nous donner des doutes, et sur lesquelles nous avons reçu nouvellement une pleine lumière.

M. Hammer, ayant fait un nouveau voyage à Buchsweiler, en a rapporté et nous a envoyé des morceaux qui prouvent évidemment qu'il y avoit encore en ce lieu une espèce plus grande et différente de tout ce que nous connoissions.

Nous donnons, fig. 1, la partie antérieure de la mâchoire inférieure, de grandeur naturelle.

Si l'on compare ce morceau à celui du Mémoire précédent, pl. I, fig. 1, sa supériorité de grandeur saute aux yeux.

Les quatre premières molaires n'occupent dans cet ancien morceau que 0.05, et dans celui-ci elles occupent de longueur 0.08 : toutes les autres dimensions sont proportionnelles.

Outre cette différence considérable de grandeur qui

ne vient point de l'âge, car les dents de ce nouvel animal sont moins usées que celles du précédent, il y en a une autre bien plus notable encore dans la forme.

Les collines saillantes de ces dents, au lieu d'être en croissant ou en arc de cercle, comme elles le sont encore très-sensiblement dans l'espèce moindre, sont dans la grande presque entièrement transversales et rectilignes.

On peut en juger en comparant les dents de notre précédent Mémoire, pl. I, fig. 3, ainsi que celles de la même espèce que nous donnons encore aujourd'hui, fig. 2, avec celles de la grande espèce, fig. 5.

Cette différence rapproche ce grand animal de Buchsweiler du Tapir, beaucoup plus que les autres espèces du genre, et nous aurions peut-être rapporté ses dents inférieures au Tapir, si nous n'avions eu en même temps les supérieures qui le ramenent évidemment aux Palæotheriums.

Nous en avions déjà donné une dans le Mémoire précédent, pl. I, fig. 4, et nous l'avions trouvée trop large pour être placée immédiatement après les véritables dents de l'espèce moyenne que nous y représentions aussi, fig. 2 et 5.

Nous en donnons aujourd'hui, fig. 3, deux autres semblables dans un morceau de l'os maxillaire; elles sont trop grandes l'une et l'autre pour s'accorder avec celles du Mémoire précédent, fig. 2 et 5, mais conviennent parfaitement à la mâchoire inférieure de celui-ci. Elles ont au reste les mêmes caractères que celles de l'autre espèce de Buchsweiler.

Outre ces morceaux contenant des dents, M. Hammer m'a envoyé aussi diverses portions mutilées annonçant toutes un animal de même grandeur, mais n'ayant d'ailleurs rien de caractéristique.

Celles que je viens de faire connoître suffisent pour prouver qu'il y a deux espèces à Buchsweiler; je me bornerai à dire qu'il y avoit parmi les autres une partie antérieure de mâchoire inférieure où l'on voyoit clairement les racines de six incisives entre les deux grosses canines. C'est encore un caractère commun au *Palæotherium* et au *Tapir*.

Depuis le Mémoire précédent j'ai reçu encore deux morceaux d'Orléans dont l'un contient trois molaires, toujours avec l'angle intermédiaire à deux pointes, et l'autre une portion d'os du métacarpe.

Je me suis convaincu, par l'examen de ces morceaux et de quelques autres, que les limaçons dont la pierre d'Orléans est remplie, ne sont point de mer, comme je l'avois dit d'après M. Defay, dans mon deuxième Mémoire, mais qu'ils appartiennent, comme ceux de Buchsweiler, aux genres des *limnées* et des *planorbes*.

M. Bigot de Morogues, très-habile minéralogiste, qui a fait un grand travail sur la géologie des environs d'Orléans, et qui a recueilli beaucoup de ces os fossiles de Montabusard, a bien voulu me les communiquer; ils ont confirmé les caractères particuliers assignés à leur espèce, et les coquilles renfermées dans leur gangue se sont toutes trouvées terrestres ou d'eau douce.

Cette pierre d'Orléans offre aussi, avec celle de

Buchsweiler et avec notre calcaire d'eau douce des environs de Paris, la ressemblance la plus frappante, surtout par son apparence d'argile durcie, quoiqu'elle se dissolve presque entièrement dans l'acide nitrique.

Il faudroit savoir seulement si cette pierre d'Orléans appartient à nos derniers calcaires d'eau douce, ou si, comme les couches d'eau douce qui recouvrent immédiatement nos gypses, et, comme celles de Buchsweiler, elle est encore recouverte par des couches marines. C'est ce qu'une inspection attentive des lieux peut seule faire connoître..

Ces coquilles de terre ou d'eau douce qui accompagnent constamment les *Palæotheriums*, ne laissent pas d'être un phénomène très-remarquable en géologie.

Il paroît que si l'on n'en trouve point avec les os de Palæotherium du Languedoc, c'est que le sable roulé dans lequel ces os sont aglutinés, formoit un fonds qui ne convenoit point à des coquillages habitués à vivre dans la vase.

Au surplus, il faut que j'avoue que je pourrois bien avoir commis, par rapport à ces ossemens du Languedoc, une erreur très-grave dans mon premier volume.

J'ai déjà remarqué que j'avois donné faussement au Rhinocéros des dents de Palæotherium trouvées à Issel et à Vignonet. (*Mém. sur l'ostéologie du Rhinocéros*, page 14.) Il ne seroit pas rigoureusement impossible que ces dents eussent appartenu au même animal que la mâchoire attribuée à un Tapir dans le même volume (*Mém. sur les Tapirs fossiles*, pl. III); et alors ce

Tapir n'auroit été autre chose qu'un Palæotherium presque en tout semblable au grand de Buchsweiler. Je n'en doute presque plus aujourd'hui. Des recherches sur les lieux ne tarderont pas sans doute à décider la question; et s'il se trouvoit alors que le pied de devant eût un quatrième doigt un peu développé, je n'hésiterois pas à faire de ces Palæotheriums à collines transverses aux dents d'en bas, un nouveau genre encore plus voisin des Tapirs que ne le sont les Palæotheriums ordinaires.

Quant à la petite espèce d'Issel, dont nous donnons un morceau dans le Mémoire précédent, il n'y a point de doute à son égard, et elle ressemble en tout à la moyenne d'Orléans, à la grandeur près.

Cette moyenne d'Orléans s'est aussi trouvée près de Montpellier. M. Faujas de Saint-Fonds, mon collègue au Muséum, m'en a communiqué une portion de mâchoire inférieure contenant quatre dents très-bien caractérisées, laquelle a été extraite des carrières de Saint-Geniez, à trois lieues de Montpellier, où l'on prend une bonne partie des pierres dont on bâtit dans cette ville. Malheureusement je n'ai point vu d'échantillon de la gangue, et je ne puis dire si elle étoit de mer ou d'eau douce. C'est ce morceau que M. Faujas a fait représenter, *Annales du Muséum*, t. XIV, pl. XXIV.

On trouve encore à Boutonnet, près de Montpellier, une assez grande espèce de ce genre. J'en ai vu chez M. G. de Luc, à Genève, plusieurs morceaux que ce savant avoit recueillis lui-même. Ils consistent en trois canines, dont une fort usée, et trois molaires inférieures. Deux de ces molaires montrent bien leurs doubles croissans, mais usés presque jusqu'au collet; la troisième est plus comprimée, un peu pointue, et n'auroit point formé de croissans bien marqués, quand même elle eût été plus usée. Toutes ces dents sont d'un jaune pâle et sans gangue. Leur grandeur répond assez à la moyenne espèce de Buchsweiler; mais je n'oserois en affirmer l'identité ou la différence sur des échantillons si peu nombreux et si imparfaits.

Ainsi, aux cinq espèces de Palæotheriums de nos environs, toutes trouvées dans le gypse, nous pouvons en ajouter au moins cinq des autres lieux de France, trouvées dans le calcaire d'eau douce ou dans des terrains de transport. Nous les nommons et caractériserons ainsi :

6. *P. Giganteum. Statura Rhinocerotis.*
Rarum, e lapidicinis aurelianensibus.

7. *P. Tapiroïdes. Statura Bovis; molarium inferiorum colliculis ferè rectis, transversis.*
Eruitur e lapidicinis Buxovillanis propè Argentoratum; et arenis aggregatis propè Isselium, in Occitania, sed hæc forte propria species.

8. *P. Buxovillanum. Statura Suis; molaribus inferioribus extus sub gibbosis.*
Invenitur cum præcedente.

9. *P. Aurelianense. Statura Suis; molarium inferiorum angulo intermedio bicorni.*
Invenitur, cum giganteo, in lapidicinis Aurelianensibus.

10. *P. Occitanicum. Statura Ovis; molarium inferiorum angulo intermedio bicorni.*
Invenitur in sabulis aggregatis propè Issel.

Je pourrois même à la rigueur en ajouter encore deux autres; car j'ai parmi les os d'Issel une partie d'astragale qui annonce un individu un peu supérieur à mon *P. giganteum*, et néanmoins aussi un peu différent; et j'ai reçu dernièrement des environs de Soissons une dent qui ne se rapproche entièrement d'aucune de celles des précédentes espèces.

Je la représente, fig. 6; son caractère consiste dans sa forme triangulaire, et non carrée, qui lui donne beaucoup d'affinité avec la dernière supérieure des vrais Rhinocéros. C'est ce qui m'empêche d'en faire la base d'une espèce de Palæotherium.

Je dois la connoissance de cette dent à mon confrère à l'Institut, M. Pougens, qui a bien voulu me la prêter pour la faire dessiner. On l'a trouvée en 1807, dans une sablonnière entre Soissons et la vallée de Vauxbrun, à la profondeur de quelques pieds. Il y avoit, dit-on, le corps entier de l'animal, long et gros à peu près comme un taureau; mais les ouvriers n'en conservèrent rien. C'est un malheur bien fréquent; et l'on peut juger en effet de la quantité prodigieuse d'espèces perdues qui doivent se trouver dans les entrailles de la terre, puisqu'en si peu de temps, avec si peu de moyens, et à une époque où les communications sont si limitées, le seul genre des Palæotheriums m'en a fourni à peu près une douzaine.

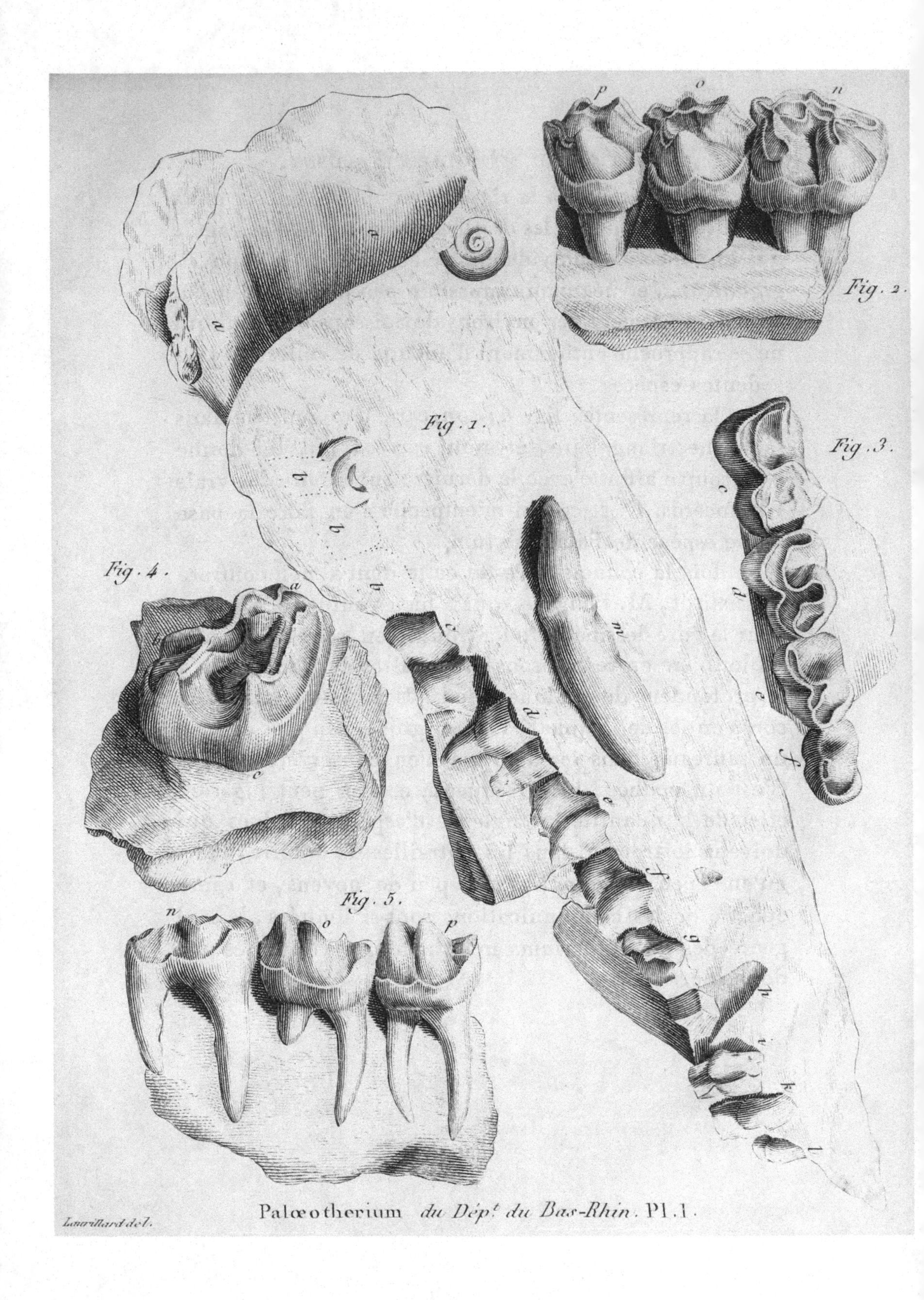

Palœotherium *du Dép.t du Bas-Rhin*. Pl. 1.

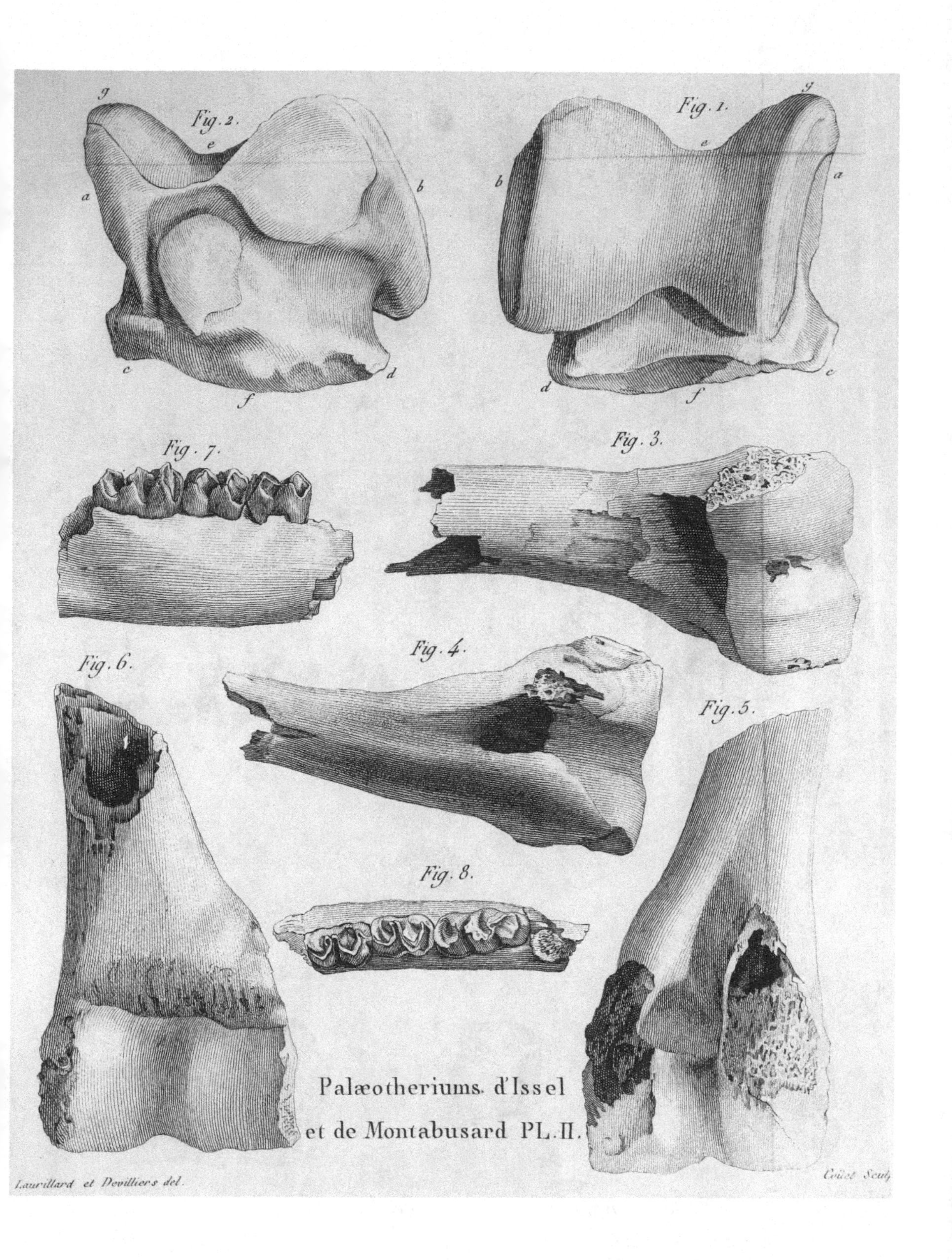

Palæotheriums d'Issel et de Montabusard PL. II.

Laurillard et Devilliers del. Couët Sculp

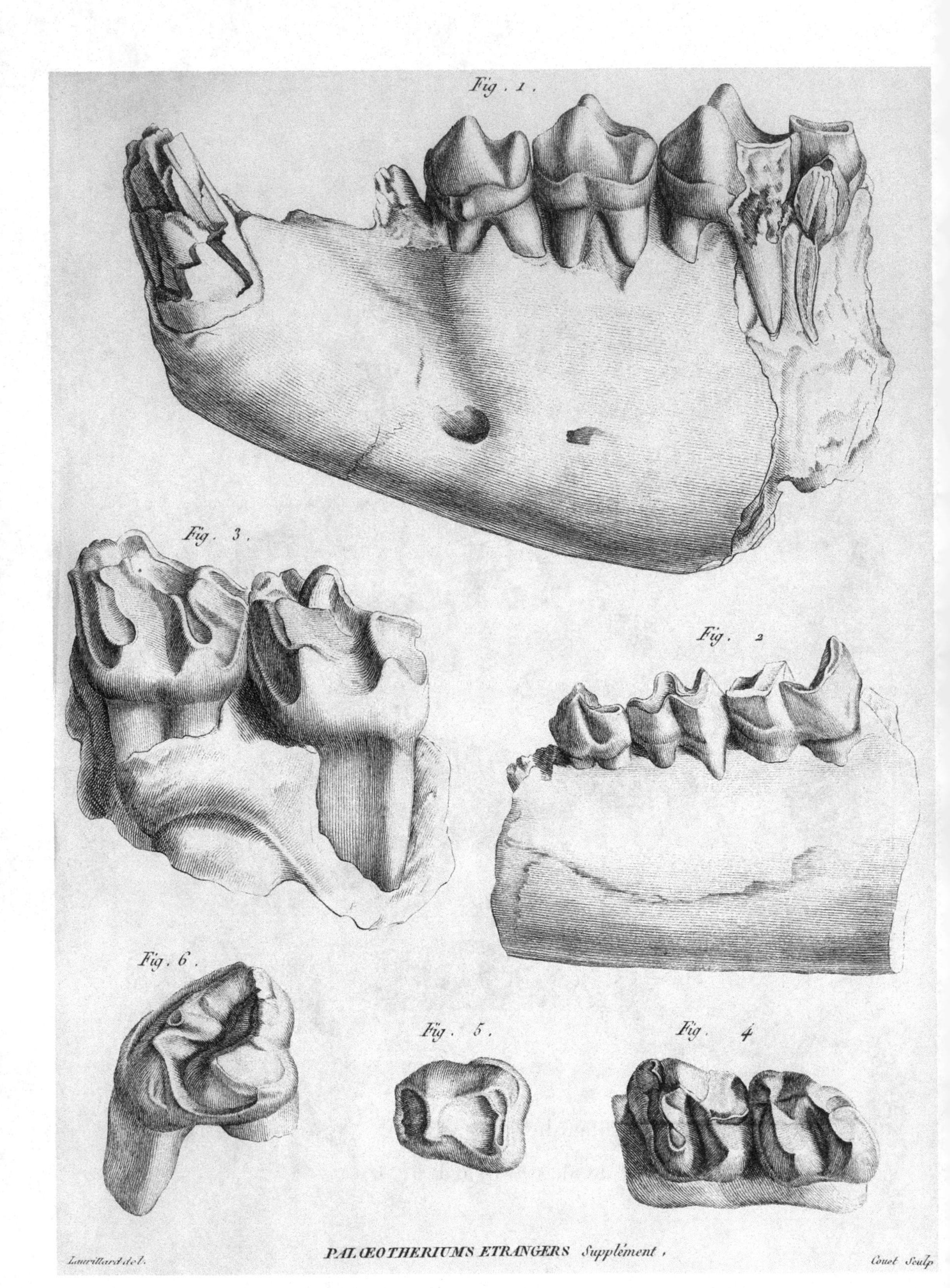

PALŒOTHERIUMS ETRANGERS Supplément.

MÉMOIRE

Sur quelques ossemens de carnassiers, épars dans les carrières à plâtre des environs de Paris.

Dans cette prodigieuse quantité d'ossemens ensevelis dans nos carrières à plâtre; parmi ces milliers d'individus de la famille des pachydermes, dont on y recueille chaque jour les débris, et qui forment environ dix espèces, il ne se rencontre que bien rarement des os de carnassiers, et le nombre des espèces auxquelles ils se rapportent est peu considérable.

Nous avons déjà donné une mâchoire du genre *canis* (II.e Mém., pl. XII, fig. 12), et nous avons prouvé qu'elle n'appartient au moins à aucune espèce de ce pays-ci, et surtout qu'elle diffère sensiblement du *renard*, tout en lui ressemblant plus qu'aux autres.

Nous avons donné ensuite (III.e Mém., pl. III, fig. 5 et 6) l'*astragale* d'un autre carnassier beaucoup plus petit que celui auquel appartenoit cette mâchoire.

Depuis lors nous avons trouvé nous-même et en place,

dans la grande carrière de Montmartre, une portion de mâchoire inférieure très-différente de celle d'un chien.

Nous en donnons le dessin, figure 12.

Elle ne contient qu'une dent entière et un fragment d'une autre. Son condyle, son apophyse coronoïde, son angle postérieur, toute sa partie antérieure, ont disparu; et cependant l'anatomie comparée est en état d'en reconnoître le genre, presque sans équivoque, au moyen de cette seule dent.

Pour le faire également reconnoître à mes lecteurs, j'ai fait représenter les dents analogues des animaux carnassiers qui les ont le plus semblables à notre dent fossile.

On sait déjà, par mes recherches exposées à l'article des *Hyènes fossiles* et dans mes *Leçons d'anatomie comparée*, tome III, page 159 et 160, que l'on peut distinguer les principaux genres des carnassiers, en n'employant que le nombre des petites dents plates, situées derrière la grosse tranchante d'en-bas, et la forme de celle-ci.

Mais lorsqu'on y regarde encore de plus près, on en vient à distinguer, par ces seuls moyens-là, jusqu'aux *sous-genres* et quelquefois jusqu'aux *espèces*.

Ainsi les *chats* et les *hyènes* n'ont point de petites dents, et parmi les *hyènes* l'espèce *tachetée* se distingue de la *rayée* par un petit talon qu'elle a de plus à la grosse tranchante: du reste celle-ci n'a que deux pointes, dans les *hyènes* comme dans les *chats*.

Le genre *canis* se distingue de tous les autres, parce qu'il a deux petites dents en arrière et un grand talon tuberculé à la tranchante. Les *blaireaux*, les *civettes* n'ont qu'une petite dent; mais le talon plat ou tuberculé de leur dernière tranchante est autant ou plus grand que dans les chiens. Les *loutres* ont le talon presque aussi grand; les *martes*, les *mouffettes* l'ont plus petit, et les *mangoustes* et *genettes* encore plus.

Tous ces genres, à compter des *chiens*, ont une petite pointe à la face interne de cette grosse tranchante.

Un sous-genre peut se former dans le genre des *martes* par l'absence de cette petite pointe intérieure; il est très-naturel, et comprendra les espèces les plus sanguinaires, savoir: le *putois* (*M. putorius*), le *furet* (*M. furo*), la *belette* (*M. vulgaris*), et l'*hermine* (*M. erminea*).

Jetant maintenant un coup d'œil sur notre morceau fossile, on voit 1.° qu'il y a derrière la grosse dent tranchante les deux racines d'une première postérieure, et l'alvéole d'une seconde; qu'à cet égard il ne peut être comparé qu'au seul genre *canis*; 2.° que cependant la grosse tranchante, par la proportion de son talon, par la hauteur, la compression et la configuration de ses pointes, s'éloigne beaucoup de son analogue dans les *chiens*, et ne peut être comparée qu'à celle des *mangoustes* ou des *genettes*. Les *genettes* en effet sont elles-mêmes beaucoup plus voisines des *mangoustes* et même des *martes* à cet égard, que des *civettes*, auxquelles on les a jusqu'à présent associées.

Les formes aiguës et tranchantes de cette molaire fossile pouvoient faire penser que c'étoit peut-être une dent de lait; car ce sont en effet là les caractères des dernières molaires de lait dans les carnassiers.

Pour vérifier ce qui pouvoit en être, j'ai fait préparer les mâchoires d'un jeune chien et d'une jeune genette.

J'y ai vu, ce dont je me doutois d'avance, que, tant que la dernière molaire de lait existe, non-seulement les petites arrière-molaires, mais même la grosse tranchante, ne paroissent point, et que celle-ci ne peut sortir qu'en faisant tomber la dernière de lait.

Cette mâchoire fossile, où les deux petites arrière-molaires étoient déjà en place et avoient leurs racines formées, ne pouvoit donc plus porter sa grande molaire de lait.

On pouvoit imaginer aussi que cette dent fossile étoit la grosse molaire tranchante tout récemment sortie de la mâchoire, et que la conservation de ses formes tendoit à sa jeunesse: mais le germe de la grosse molaire du chien a déjà dans l'alvéole les formes larges et obtuses qui le distinguent de la molaire fossile; à plus forte raison les auroit-il, s'il étoit sorti et s'il avoit commencé à servir et à s'user.

Ce que je dis des chiens a été vérifié pour toutes les variétés du chien domestique, pour le *loup*, le *renard*, le *chacal* et le *renard tricolor de Virginie* (*canis cinereo-argenteus*). C'est une chose admirable que la constance de la nature dans les plus petits détails de ce qui tient aux dents.

Le fragment de mâchoire fossile vient donc nécessairement, ou d'une espèce de *canis* dont le squelette m'est encore inconnu, ou d'un genre de carnassier intermédiaire entre les *chiens* et les *mangoustes* et *genettes*.

J'ai fait dessiner sur ma planche toutes les pièces propres à faire entendre au lecteur ces différentes structures de la même partie. On ne me blâmera point sans doute d'entrer dans de si grands détails. Puisqu'ils sont constans dans la nature, il faut que le naturaliste les remarque, et j'espère même que cette multitude de faits accessoires dont j'enrichis et j'éclaircis mon histoire des fossiles, lui donnera un mérite particulier, relatif à l'ostéologie comparée.

Notre fragment fossile est donc représenté figure 12.

La figure 15, est la mâchoire d'un jeune chien avec sa dernière molaire de lait en place, et sa grosse arrière-molaire encore dans l'alvéole. Il faut remarquer que la dernière de lait sera remplacée par une dent beaucoup plus simple, avec un seul tranchant divisé en cinq pointes et sans talon ni pointe interne. *Voyez*, figure 17, le *chien* adulte. La raison de ce changement, qui est général dans tous les animaux, c'est que la complication de cette dernière de lait se trouve reportée sur la grosse arrière-molaire.

La figure 20 est le *renard*. On voit qu'il ressemble en tout au chien.

La figure 13 est la *genette* adulte, et la figure 14 la *genette* jeune (*viverra genetta*, Lin.); mais il faut se souvenir que ce genre *viverra* est très-mal fait et embrasse beaucoup d'animaux qui n'ont rien de commun.

On peut voir dans la jeune *genette* les mêmes phénomènes de dentition que dans le jeune *chien*.

Figure 16, la *mangouste d'Egypte* (*viverra ichneumon*, Lin.).

Figure 19, la *mangouste du Cap*.

Il est facile de voir que c'est dans les *genettes* et *mangoustes* que la grosse molaire ressemble davantage à la dent fossile.

Figure 22, le *putois rayé du Cap*, nommé mal-à-propos *zorille* par *Buffon*, et *viverra zorilla* par *Gmelin*. C'est une vraie *marte*. Le vrai *zorille* des Espagnols d'Amérique, qui est le *chinche* de *Buffon* (*viverra mephitis*, Gmel.), est en figure 26 : c'est aussi une marte, aux ongles près. La vraie *marte* (*mustela martes*), et le *grison* (*viverra vittata*), qui ressemble à la *marte* par les dents, se voient en figure 21 et 25. La dent du *grison* est un peu usée.

En 18 est le *furet*, qui, comme le *putois* d'Europe, l'*hermine* et la *belette*, se distingue des autres *martes*, parce qu'il n'a pas de petite pointe intérieure à sa grosse dent.

La *loutre*, figure 27, ressemble beaucoup aux martes. Le *blaireau*, figure 23, n'en diffère que parce que le talon de sa grosse dent s'allonge sensiblement; ce qui le rend un peu plus *omnivore* que tous les autres. Enfin les *civettes* et *zibets*, figures 24 et 28, ont un grand talon très-tuberculeux.

Il me paroît aussi que la dent fossile que nous examinons ne pouvoit pas appartenir à l'espèce dont une mâchoire est décrite dans notre deuxième Mémoire. Celle-ci est entièrement dans les formes du genre *canis;* sa grandeur est à peu près celle du renard, et notre dent actuelle est sensiblement plus petite.

Après avoir déterminé cette dent, passons à l'examen des autres os de carnassiers que nous possédons. Ils se réduisent à trois, qui viennent au moins de deux genres différens.

Le premier est une tête inférieure d'humérus, figures 1, 2, 3. Outre les caractères généraux de la classe, celle-ci en offre de particuliers, dans l'absence du trou au-dessus de la poulie articulaire *a*, dans la grande saillie du condyle interne *b*, et dans le trou *c*, dont il a dû être percé et dont on voit encore une partie dans ce fragment.

Le premier et le troisième de ces caractères nous ramènent irrévocablement à choisir entre le genre des martes et celui des chats, à l'exclusion même des mangoustes.

Mais le deuxième nous rapproche plus des martes que des chats.

Il faut que l'individu dont cette tête d'humérus provient, ait été une espèce de marte à peu près de la taille du chat domestique. S'il est de la même espèce que la mâchoire fossile, il a dû être alors d'un genre tout particulier de carnassiers.

Au moment où je livre ce Mémoire à l'impression, on m'apporte une empreinte entière de cet humérus avec sa tête inférieure complète, et semblable à celle que je viens de décrire, mais un peu plus grande. Il est long de 0,112, large en bas de 0,025; la tête que j'ai décrite n'a que 0,02.

Le petit astragale de carnassier que nous avons déjà décrit et représenté (troisième Mémoire, planche III, figures 5 et 6), ressemble presque complétement à celui de la *mangouste d'Egypte*, qui ressemble, il est vrai, lui-même prodigieusement à celui du *chat*, et pour la taille et pour la configuration. Il pourroit très-bien venir du même animal que cette tête d'humérus.

Le moins que nous ayons jusqu'ici, c'est donc deux carnassiers.

Le cubitus des figures 6 et 7 en annonce un troisieme.

Il a tous les caractères de ceux des carnassiers; mais il n'a pu appartenir qu'à une espèce à jambes courtes, comme sont les *loutres* et les *mangoustes*.

Quand on examine de près le détail de ses formes, on trouve aussi que c'est au cubitus de la *mangouste* qu'il ressemble le plus; seulement la facette radiale supérieure n'est pas aussi détachée du corps de l'os. Sous ce rapport, il ressemble un peu plus à celui de la loutre. Quant à ceux des autres genres, il ne peut leur être comparé. Sa briéveté relative est surtout caractéristique.

Au reste, si l'animal qui l'a fourni étoit voisin de la mangouste, il la surpassoit du double en grandeur, et il surpassoit même les plus grandes saricoviennes ou loutres marines de l'Océan Pacifique.

Les deux épiphyses sont détachées, ce qui prouve que l'individu étoit jeune; et cependant il a encore 0,16 de longueur: l'olécrâne en a 0,035; la corde de la facette sygmoïde, 0,025; celle de la radiale supérieure, 0,02. Le corps de l'os a 0,023 de diamètre en avant de cette dernière facette. Sa face externe est singulièrement concave; il n'y a que la *mangouste* où elle le soit autant.

Je n'hésiterois pas un instant à déclarer, sur ce seul os, l'animal qui l'a porté, inconnu aux naturalistes.

J'ai encore de Montmartre un os de métacarpe, figures 4, 5, 10 et 11: c'est celui du médius d'un animal carnassier. La proportion de sa longueur (de 0,06) à sa grosseur (de 0,008 au milieu) convient également bien au genre des *chats*, à celui des *mangoustes* et à celui des *loutres*, mais exclut les *chiens*; et comme sa grandeur est double de son analogue dans la *mangouste*, je crois qu'on peut sans crainte le rapporter à la même espèce que le *cubitus* précédent.

M. *Camper* possède un autre os du métacarpe avec sa première phalange, et il a bien voulu m'en envoyer le dessin (fig. 8 et 9). Sa longueur proportionnelle est celle d'un métacarpien de chien; mais sa grandeur absolue est telle qu'on ne peut le rapporter à aucune des espèces dont nous avons des fragmens. Il indiqueroit donc un quatrième carnassier fossile dans nos carrières à plâtre.

Voilà, avec le petit *sarigue* dont je parle dans un Mémoire particulier, tout ce qu'il m'a été possible jusqu'à présent d'y recueillir en ossemens de cette classe.

N. B. Je joins à ce mémoire deux planches que mon frère a fait graver pour son *Essai sur les caractères génériques des carnassiers*, pris dans leurs machelières. Elles peuvent servir à éclaircir le sujet que je traite.

ADDITION
AU
MÉMOIRE SUR LES CARNASSIERS.

J'AI obtenu une portion de pied de devant qui appartient probablement au grand cubitus représenté au Mémoire sur les carnassiers, fig. 6 et 7. Je l'ai fait graver (Supplément, pl. X, fig. 9).

On y voit un os du métacarpe entier *a*, qui est celui du petit doigt; un autre un peu mutilé vers le haut, *b*, qui est celui de l'annulaire, et une petite partie de celui du medius *c*; l'os unciforme du carpe *d* y est bien entier, et l'on y voit en *e* et *f* des empreintes de deux autres, mais non reconnoissables.

J'ai représenté l'unciforme séparément, même planche; par devant, fig. 10; par dessous, fig. 11, et par dessus, fig. 12: mais ces dessins n'ont pas très-bien réussi; en sorte que je ne puis en faire sentir toutes les courbures. Il seroit impossible d'y suppléer par des paroles. Qu'il suffise de savoir qu'une comparaison exacte a fait trouver que ces os ont des rapports avec leurs analogues dans le blaireau, la civette et la loutre, sans ressembler parfaitement à ceux d'aucune des trois espèces. Cette analogie s'accorde avec toutes celles que nous avons saisies pour le Cubitus dont nous venons de parler.

J'ai aussi reçu depuis peu une portion considérable d'un Cubitus qui a des rapports avec ceux de la fouine et du furet, sans leur ressembler non plus tout à fait.

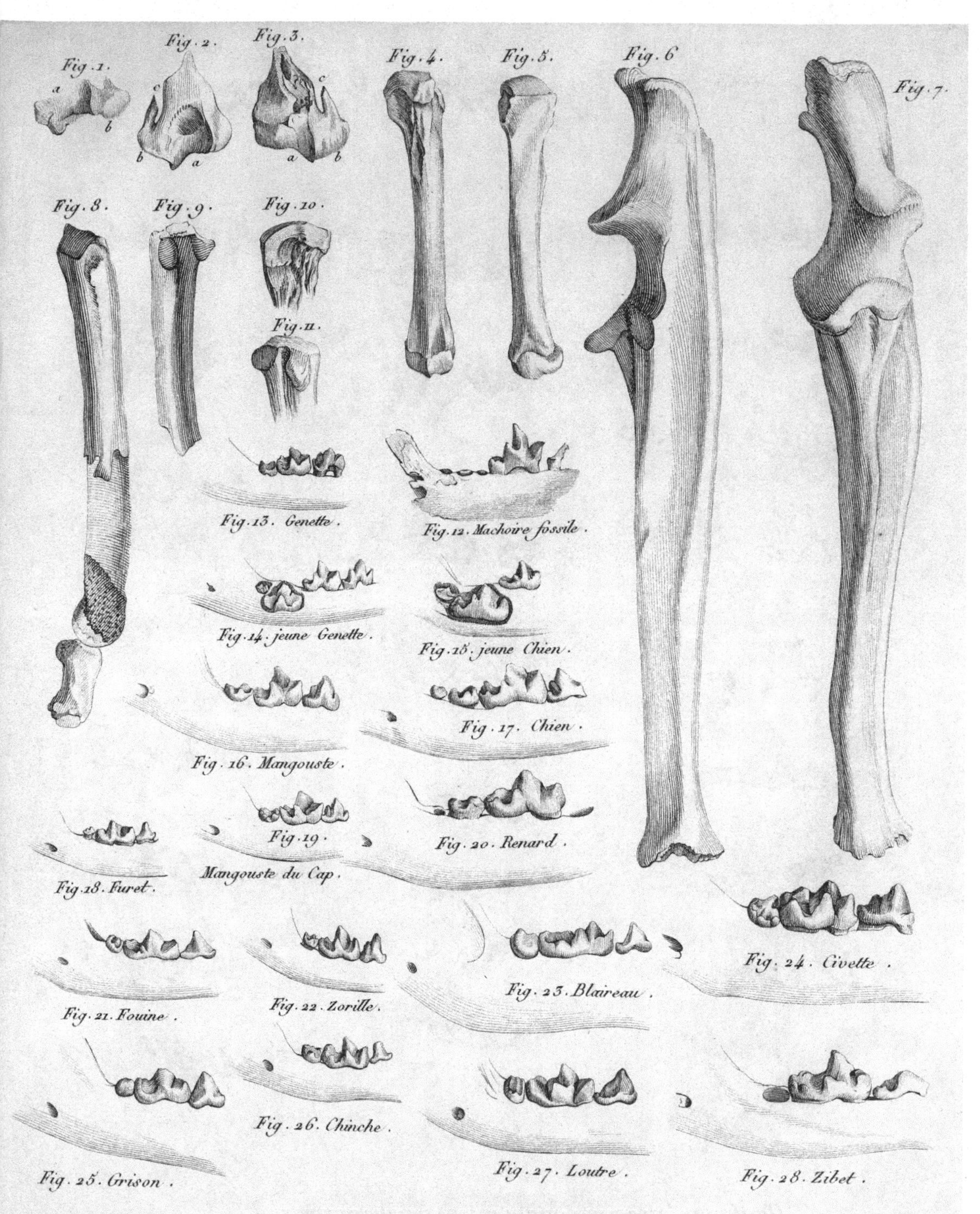

FOSSILES DE PARIS. CARNASSIERS.

Laurillard del.

Gauthier sculp.

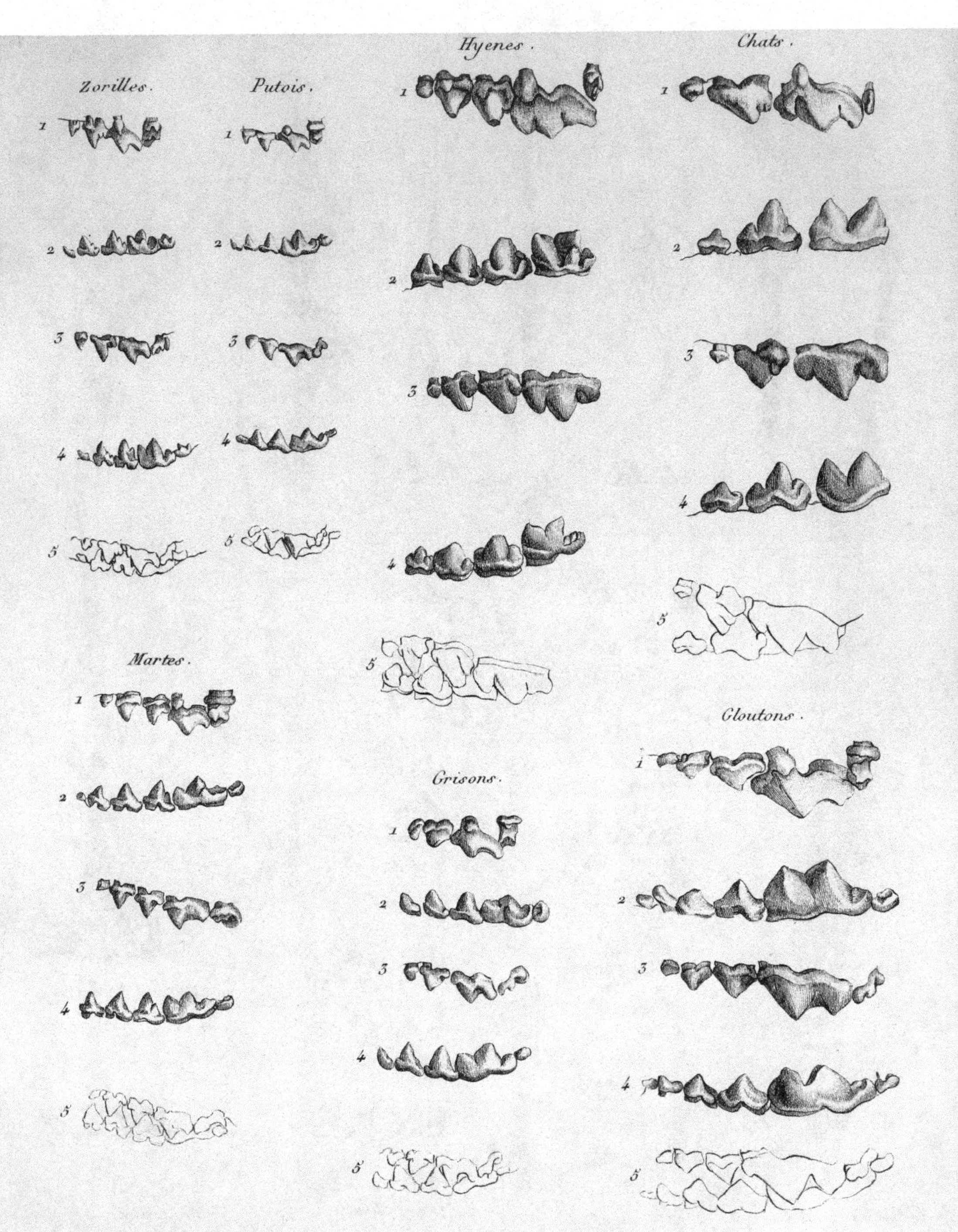

Dents molaires de mammifères carnassiers. Pl. I.

Laurillard del.

Gauthier sc.

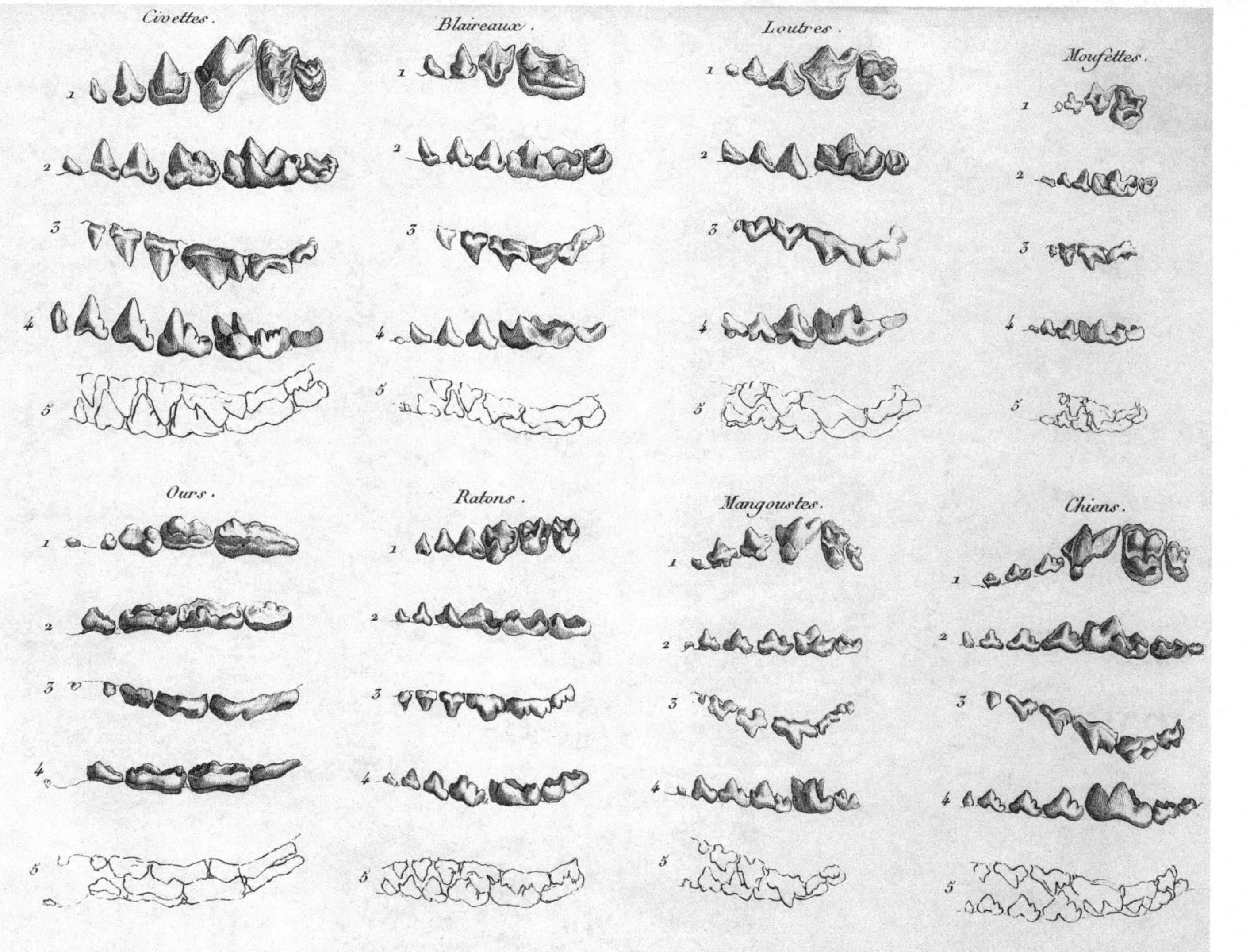

Dents molaires de mammifères carnassiers. Pl. II.

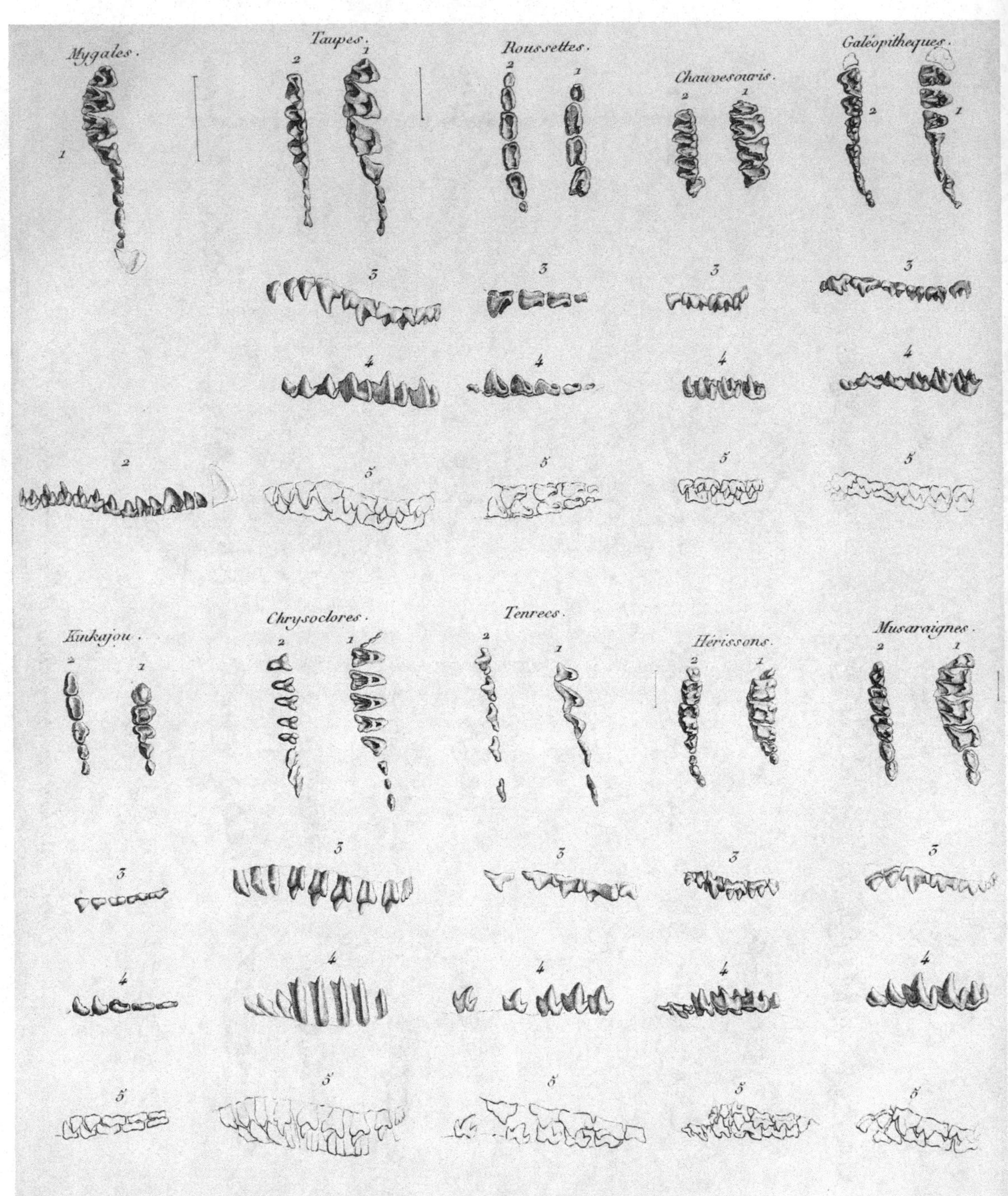

Dents molaires des Mammifères Omnivores. PL. III.

Laurillard del. Canu sculp.

MÉMOIRE

Sur le squelette presque entier d'un petit quadrupède du genre des SARIGUES, *trouvé dans la pierre à plâtre des environs de Paris.*

C'EST sans doute une chose bien admirable que cette riche collection de débris et de squelettes d'animaux d'un ancien monde, rassemblée par la nature dans les carrières qui entourent notre ville, et comme réservée par elle pour les recherches et l'instruction de l'âge présent; chaque jour en découvre quelque nouveau débris; chaque jour vient ajouter à notre étonnement en nous démontrant de plus en plus que rien de ce qui peuploit alors le sol de cette partie du globe n'a été conservé sur notre sol actuel, et ces preuves se multiplieront sans doute à mesure qu'on y mettra plus d'intérêt et qu'on y donnera plus d'attention. Il n'est presque pas un bloc de gypse dans certaines couches qui ne recèle des os: combien de millions de ces os n'ont-ils pas déja été détruits, depuis qu'on exploite les carrières et que l'on emploie le gypse pour les bâtimens! Combien n'en détruit-on pas même à présent par simple négligence, et combien n'échappent pas encore par leur petitesse à l'œil des ouvriers même les plus attentifs à les recueillir! On peut en juger par le morceau que je vais décrire. Les linéamens qui s'y trouvent imprimés sont si légers, qu'il faut y regarder de bien près pour les saisir : et cependant, que ces linéamens sont précieux ! Ils sont l'empreinte d'un animal dont nous ne retrouvons pas d'autre trace, d'un animal qui, enseveli peut-être depuis des milliers de siècles, reparoît aujourd'hui pour la première fois sous les yeux des naturalistes.

Ce morceau consiste en deux pierres qui se recouvrent, fig. 1 et 4, et entre lesquelles ce squelette s'est pour ainsi dire partagé. La première est plus grande et plus entière que l'autre. La tête, le cou, l'épine du dos, le bassin, les côtes, l'omoplate, le bras, l'avant-bras, la cuisse et la jambe, y sont très-reconnoissables : on y voit des traces de queue et de pied de derrière ; une partie des os est conservée en entier ; une autre est comme fendue : et les moitiés d'os qui manquent sont restées attachées à la seconde pierre ; quelques-uns n'ont laissé sur la première qu'une empreinte seulement, et sont restés en entier sur la seconde. Celle-ci, fig. 4, a été cassée de manière qu'une partie de l'empreinte qu'elle portoit s'est perdue : la tête y manque entièrement, et elle ne montre pas autant du pied et de la queue que la première pierre.

L'animal a été saisi à peu près dans sa position naturelle : seulement son cou paroît avoir été fortement tordu, de manière que sur la première pierre la tête se présente par le côté gauche, mais que les côtes et le pied de devant sont ceux du côté droit. Le train de derrière est posé sur sa partie dorsale, de manière à montrer également ses deux côtés, et sa partie antérieure est dans la seconde pierre, qui paroît avoir été par conséquent située sous la première. L'extrémité de derrière, droite, a le pied étendu sur la jambe ; celle du côté gauche manque toute entière dans la première pierre ; mais on trouve les deux cuisses et les deux jambes sur la seconde. Il ne reste rien du pied de devant à compter du poignet. L'extrémité de devant gauche manque entièrement dans les deux pierres. Le côté gauche de la mâchoire inférieure avoit laissé une empreinte fort distincte et quelques fragmens de sa partie antérieure. On ne distinguoit presque rien de la mâchoire supérieure; mais en creusant dans la pierre, je retrouvai la partie postérieure de la mâchoire inférieure du côté droit, presque entière, fig. 2; une dent canine de la mâchoire d'en haut du même côté, et ses quatre molaires postérieures, fig. 3. Examinant ensuite plus particulièrement le bout antérieur de mâchoire resté au côté gauche, j'y vis aussi des restes d'une canine, et j'eus une grande partie des caractères que les dents peuvent fournir.

L'empreinte de mâchoire inférieure, fig. 1, *a*, *b*, *c*, m'indiquoit déja à elle seule que cet animal devoit avoir appartenu à l'ordre des carnassiers. C'est ce que prouvent,

1.° L'élévation de l'apophyse coronoïde *a*, au-dessus du condyle *b*;

2.° La saillie aiguë *c*, que forme l'angle postérieur de la mâchoire.

Ce dernier caractère est sur-tout exclusif; on ne le trouve que très-imparfaitement rappelé dans quelques rongeurs et dans le paresseux : je reconnus aussi dès-lors que cet animal étoit précisément l'espèce à laquelle a appartenu la mâchoire inférieure fossile, décrite et représentée par M. Delamétherie dans le Journal de Physique pour brumaire an XI.

M. Delamétherie a pensé qu'elle provenoit d'une chauve-souris, et elle a en effet quelques rapports avec celles de ce genre; mais le reste du corps trouvé ici avec la mâchoire suffit déja pour prouver que cette supposition n'est pas juste, et qu'il s'agit d'un quadrupède ordinaire et non d'un cheïroptère.

Mais encore y a-t-il de l'embarras pour choisir le genre précis auquel il faut le rapporter : n'ayant point les pieds complets dans ce squelette, nous n'avons pour nous décider que les formes des dents et des mâchoires, ainsi que la grandeur et les proportions du corps.

La forme de la branche montante de la mâchoire inférieure est ce que nous avons de plus entier, et ce qui peut le mieux nous guider.

Le morceau de M. Delamétherie nous en donnant quelques traits qui manquent à notre squelette, j'en ai copié le dessin, fig. 8.

Les caractères particuliers de cette branche montante sont: 1.° l'élévation du condyle *b*, fort au-dessus de la ligne horizontale sur laquelle sont les dents.

2.° La hauteur et la largeur de l'apophyse coronoïde *a*.

3.° L'apophyse aiguë de l'angle postérieur *c*.

Le premier de ces caractères exclut d'abord tous les vrais carnassiers à dents tranchantes; *chiens*, *chats*, *blaireaux*, *mangoustes*, *martes*, etc., qui ont tous le condyle peu élevé, et à peu près à la hauteur de la ligne des dents. Notre animal est sur-le-champ reporté aux petits *plantigrades*, *cheïroptères* ou *pédimanes*, en général aux *insectivores*; et nous allons voir que ses dents confirment ce résultat. Les *hérissons*, les *musaraignes*, les *taupes*, les *sarigues*, et une partie des *chauve-souris* ont le condyle ainsi placé.

Le second caractère, la largeur de l'apophyse coronoïde, appartient plus spécialement aux *didelphes*. Les *taupes* l'ont plus large encore, mais elle y est autrement dirigée, et toute la branche montante y est beaucoup plus basse. Le *sarigue marmose* a presque les mêmes proportions que notre animal pour la largeur, mais la hauteur y est un peu moindre. A ce dernier égard, c'est au *hérisson* qu'il ressemble le plus.

C'est aussi de lui qu'il me paroissoit se rapprocher par le troisième caractère, celui de l'angle postérieur, tant que je n'avois pour en juger que l'empreinte représentée, fig. 1. Celui des *sarigues* a quelque chose de tout particulier. Il se ploie en dedans avec tout le bord inférieur de cette partie de la mâchoire, de manière qu'il faut regarder en dessous pour le bien voir. Ici, l'empreinte n'offroit aucune trace de ce repli, soit parce que cette partie de l'os avoit été écrasée ou aplatie par la pierre qui s'étoit formée dessus, soit pour toute autre cause; mais lorsque j'eus creusé jusqu'au côté droit de la mâchoire qui étoit enfoncé dans le plâtre, et que je représente, fig. 2, en *c*, j'y trouvai précisément ce pli qui caractérise la famille des pédimanes, et je l'ai conservé avec soin, même en creusant pour chercher les molaires supérieures, je l'ai conservé, dis-je, tel que je l'ai dessiné, fig. 3, *c*.

L'examen particulier des dents confirma ce que la forme des mâchoires m'apprenoit : je leur trouvai avec les caractères généraux de dents d'insectivores, des caractères absolument propres aux pédimanes et sur-tout aux sarigues.

Elles sont dents d'insectivores, parce qu'elles sont hérissées de tubercules aigus, et non tranchantes, ni à couronne plate.

Mais voici leurs caractères propres : celles d'en haut que l'on voit en position, fig. 3, et dont une est représentée grossie à la loupe, fig. 7, ont une couronne triangulaire : la base du triangle est le bord externe, la pointe est au bord interne. Il y a trois petites pointes en forme de crochets ou de pyramides triangulaires : l'une est à la pointe interne du triangle, les deux autres vers le milieu de la dent, l'une derrière l'autre; en dehors de celle-ci est un bord lisse, un peu en forme de croissant, qui constitue le bord extérieur de la couronne.

Si nous les comparons maintenant à celles des espèces voisines, nous trouvons que les molaires supérieures du *hérisson* sont carrées, et à quatre pointes placées aux quatre angles; que celles du *tanrec* sont triangulaires et aiguës, avec trois pointes dont deux au bord externe; que celles de la *taupe* sont triangulaires, mais très-obliques, et ont sept pointes; celles des *chauves-souris* se rapprochent un peu plus : elles sont triangulaires et peu obliques; mais elles ont sept pointes comme celles de la *taupe*. C'est absolument à celles des *sarigues* qu'il faut en venir pour trouver une ressemblance réelle; elles sont triangulaires : elles ont les mêmes trois pointes placées semblablement; et le bord extérieur est divisé en trois dentelures qui, en s'usant, peuvent produire une ligne lisse, pareille à celles de nos dents fossiles.

La dernière molaire supérieure des *sarigues* est aussi parfaitement semblable et coupée obliquement à son bord externe comme celle que nous offre notre fossile, en *d*, fig. 3.

Le nombre de ces dents triangulaires dans les *sarigues* est de quatre, et notre fossile nous en offre aussi quatre; mais il y en a en avant dans les sarigues trois tranchantes, et nous ne pouvons savoir si elles existoient dans notre animal, puisqu'il n'est rien resté entre la première molaire triangulaire *e*, et la canine *f*.

C'est aux *sarigues* seulement que se restreint cette analogie des dents mâchelières supérieures. Les autres *pédimanes* les ont déja différemment faites; dans les *péramèles* elles sont très-obtuses à leur côté interne; les *phalangers* et les *pétau-*

ristes les ont carrées avec quatre ou cinq pointes principales, et dans les *kanguroos* et les *phascolomes* elles ont des collines transverses qui s'usent par la mastication, et forment des couronnes plates.

Les seuls *dasyures* ou *sarigues à queue velue et non prenante* de la Nouvelle-Hollande ont, pour les dents, avec notre animal, une analogie égale à celle des *sarigues ordinaires* d'Amérique.

Les mâchoires inférieures ressemblent encore à celle des sarigues. Leur ressemblance est telle qu'il n'y a pas moyen d'y indiquer d'autre différence que celle de la grandeur; j'ai montré la fig. 6 que j'avois faite à la loupe, avant d'avoir reconnu ces rapports de mon animal avec les *sarigues*, je l'ai montrée, dis-je, à plusieurs personnes, à côté de la correspondante du grand *sarigue de Virginie.* Ces personnes ont cru que c'étoit cette dernière que j'avois voulu dessiner. C'est la pénultième du côté droit *g*, fig. 2; elle se distingue de l'anté-pénultième, parce que la petite pointe de derrière *a*, fig. 6, y est plus sensible; mais l'une et l'autre a six pointes, une impaire en avant *b*, et quatre disposées par paires *c*, *d*, *e*, *f*, dont la première paire est plus élevée que la seconde, et la pointe externe de cette paire *c*, plus que l'interne *d*; et c'est absolument la même chose dans les *sarigues*.

La dernière molaire *h*, fig. 2, et représentée à part, fig. 9, n'a que quatre pointes dont la dernière est plus large et plus basse que les autres; et le *sarigue* lui ressemble encore parfaitement en cela.

Mais sous tous ces rapports, il y a si peu de différence entre les *sarigues* et les *dasyures*, qu'un naturaliste reservé se voit hors d'état de prononcer entre ces deux genres.

J'ai eu un peu plus de renseignemens sur les molaires antérieures d'en bas que sur celle d'en haut. La première de toutes étoit restée du côté gauche, fig. 5, *a*; elle étoit tranchante, obliquement tricuspide. Sous ces deux rapports, elle ressembloit à l'analogue des *sarigues* en général; mais elle étoit très-près de la canine dont la racine étoit restée dans ce fragment de mâchoire: et à cet égard il n'y avoit que le *sarigue-marmose* à qui notre animal ressemblât. Dans les autres espèces, l'intervalle de ces dents est plus grand. Les *dasyures* les ont à peu près autant rapprochées à proportion que la marmose et que notre animal.

Ce fragment de canine inférieure *b*, fig. 5, avec l'empreinte de sa partie enlevée, et la canine supérieure entière *f*, fig. 2 et 3, nous apprennent en même temps une nouvelle analogie qui lui est commune avec la partie des animaux à bourse qui est absolument insectivore, les *sarigues, dasyures* et *péramèles*, et qui le sépare des genres de cette famille plus généralement herbivores, les *phalangers, pétauristes, kanguroos* et *phascolomes*.

Pour se décider entièrement entre les *sarigues* et les *dasyures*, d'après la seule considération des dents, il faudroit connoître le nombre des incisives, seule partie des mâchoires par laquelle ces deux genres diffèrent, les premiers en ayant dix en haut et huit en bas, et les autres deux de moins à chaque mâchoire. Ce morceau fossile est incomplet à cet égard, et nous laisseroit dans l'indécision si quelqu'autre partie du corps ne venoit suppléer aux dents. Quant à tous les autres genres, ils présentent déja dans leurs dents des différences suffisantes pour ne point admettre notre animal.

J'avois terminé ce travail sur les dents de mon fossile, et reconnu leur parfaite analogie avec celle des *sarigues* et des *dasyures*, avant de m'être aucunement occupé du reste du squelette ; mais j'aurois pu tout prévoir d'après ce seul indice. Nombre des parties, formes, proportions, tout ce que la superficie de la pierre nous offroit, se trouva entièrement répondre au premier aspect, à ce que l'on observe dans la plupart des *pédimanes*.

Ainsi il se trouva treize côtes de chaque côté, et treize vertèbres dorsales ; six vertèbres lombaires fort longues et tenant plus de place à elles six que les treize dorsales ; les vertèbres sacrées et celles du commencement de la queue montrèrent des apophyses transverses très-larges ; les coupes des os innominés se trouvèrent parallèles à l'épine ; le radius et le cubitus furent bien distincts, et pouvant se mouvoir aisément l'un sur l'autre ; le péroné parut écarté du tibia, ayant une tête mince et élargie ; le triangle de l'omoplate fut à peu près le même ; en un mot, rien de ce que nos deux pierres purent nous montrer de ce squelette n'offrit de différence importante avec celui d'un sarigue, et particulièrement avec celui de la marmose qui étant à peu près de la grandeur du fossile, lui fut scrupuleusement comparé.

Les animaux à bourse se distinguent, comme on sait, de tous les autres quadrupèdes, par deux os longs et plats qui s'articulent au bord antérieur du pubis, et servent à soutenir les bords de la bourse où ces animaux portent si long-temps leurs petits, et qui remplit l'emploi si extraordinaire d'une seconde matrice.

Il falloit trouver ces os dans ce squelette fossile, sous peine de laisser ma démonstration incomplète pour les personnes peu habituées aux lois et aux rapports zoologiques.

Je remarquai que, lors de la séparation de la pierre en deux parties, portant chacune l'empreinte presque complète de l'animal, l'épine du dos s'étoit fendue longitudinalement; que sa face dorsale étoit restée sur la pierre où l'on voyoit la tête, et que la face antérieure ou ventrale étoit sur la pierre opposée.

Je jugeai aussitôt que la partie antérieure du bassin devoit être enfoncée dans la substance de cette seconde pierre, sous cette pellicule qui étoit restée à sa surface, et qui avoit fait partie des vertèbres sacrées. Je sacrifiai donc ces restes de vertèbres, contenus entre *a* et *b*, fig. 4, et entre les deux coupes d'os innominés, *c d*, *e f*. Je creusai avec précaution, au moyen d'une fine pointe d'acier, et j'eus la satisfaction de mettre à découvert toute cette portion antérieure du bassin, avec ces deux os surnuméraires ou marsupiaux que je cherchois dans leur position naturelle, et tout semblables à leurs analogues dans les *sarigues*.

Cette opération se fit en présence de quelques personnes à qui j'en avois annoncé d'avance le résultat, dans l'intention de leur prouver par le fait la justesse de nos théories zoologiques, puisque le vrai cachet d'une théorie est sans contredit la faculté qu'elle donne de prévoir les phénomènes.

Je représente ce précieux morceau de grandeur naturelle, et avec la plus scrupuleuse exactitude, fig. 10. Les os marsupiaux sont en *a*, *a*.

Il ne resta donc dès lors rien à désirer pour la démonstration complète de cette proposition déja bien singulière et bien importante, qu'*il y a dans les carrières à plâtre qui environnent Paris, à une grande profondeur et sous diverses couches remplies de coquillages marins, des débris d'animaux qui ne peuvent être que d'un genre aujourd'hui entièrement particulier à l'Amérique, ou d'un autre entièrement particulier à la Nouvelle-Hollande.*

Le *tapir* est jusqu'ici le seul genre américain que nous ayons trouvé fossile en Europe : le *sarigue* seroit le second. Quant aux genres propres à l'*Australasie*, on n'en avoit jamais découvert parmi les fossiles d'Europe.

Il est bien entendu qu'en parlant d'un genre d'animaux à bourse américains, je le restreins aux *sarigues proprement dits*, qui ont la queue écailleuse et prenante; dix incisives en haut, huit en bas; de grande canines; les pouces de derrière écartés et sans ongle.

C'est le seul genre d'*animaux à bourses* ou *pédimanes* que l'Amérique produise: tous les autres viennent de l'*Australasie*; mais aussi l'Amérique seule produit ce genre ainsi réduit: Buffon a déja annoncé ce fait depuis long-temps, et ceux qui l'ont contredit ne l'ont fait que parce qu'ils confondoient d'autres pédimanes, et particulièrement les *phalangers* avec les *sarigues*, ou bien parce qu'ils ajoutoient foi à l'autorité de Séba, qui donne un grand sarigue de sa collection comme venant d'Orient : mais cette erreur est bien réfutée aujourd'hui. Ce *philandre oriental* de Séba n'est autre chose que le *crabier*, animal purement américain; *Pallas* l'avoit déja fait connoître; d'autres *sarigues* indiqués par ce dernier comme pouvant venir des Moluques, ne sont que des variétés de couleur du sarigue le plus commun, du *sarigue quatre-œil* qui bien certainement est aussi d'Amérique; et si Gmelin a adopté ces erreurs touchant le climat de ces animaux, il faut les ranger parmi des milliers d'autres fautes qu'il a accumulées dans le *Systema naturæ*, en travaillant sans critique à un sujet qui lui étoit étranger.

Pour revenir à mon fossile, il n'étoit guère moins curieux ni moins embarrassant pour les géologistes qu'il fût du nouveau monde ou de l'Australasie, cet autre monde plus nouveau encore pour les Européens, et sur-tout pour les naturalistes mais l'objet de mes travaux est de procurer à la géologie des lumières et non des embarras; je ne pus donc croire avoir rempli ma tâche qu'à demi, si je ne parvenois à détruire ce doute qui me restoit encore, à me déterminer entre ces deux continens, à prononcer enfin entre le genre des *sarigues* et celui des *dasyures*.

A force de réfléchir sur ce problème, d'examiner et de creuser ma pierre, j'eus le bonheur de trouver un moyen de le résoudre.

Les *dasyures* et les *sarigues* n'ont pas tout-à-fait le pied de derrière semblable; dans les *dasyures*, les quatre doigts sont à peu près égaux, et le pouce est si court, que la peau le cache presqu'entièrement, et ne le laisse paroître que comme un petit tubercule; dans les *sarigues*, le pouce est long et bien marqué; les doigts sont inégaux; le petit doigt, et sur-tout son os du métatarse est plus court que les autres.

La première de mes pierres ne m'offroit d'abord à sa surface qu'une empreinte d'os du métatarse du pied droit; mais je pensai qu'il pourroit y avoir dessous d'autres de ces os entiers et enterrés dans le plâtre; en sacrifiant cette première empreinte, je trouvai en effet deux os qui étoient le quatrième métatarsien et le cinquième, ou celui du petit doigt. Ce dernier sur-tout étoit très-reconnoissable à l'apophyse de sa tête tarsienne. J'ai représenté, fig. 11, ces deux os tels que la pierre les montre aujourd'hui.

Or ce métatarsien du petit doigt est d'un tiers plus court que celui du doigt précédent, précisément comme dans les *sarigues*; et si notre animal étoit un *dasyure*, les deux os seroient de même longueur.

Ainsi la question est décidée autant qu'elle peut l'être, et notre proposition précédente est plus rigoureusement déterminée, et se réduit à celle-ci :

Il y a dans nos carrières des ossemens d'un animal dont le genre est aujourd'hui exclusivement propre à l'Amérique.

Ce résultat est très-précis et très-démontré : il ne resteroit pour remplir tout ce qu'il est possible, même aux plus exigeans, de désirer, il ne resteroit qu'à déterminer si c'est une des espèces de ce genre aujourd'hui vivantes, et laquelle : ou si, comme tant d'autres animaux de nos carrieres, c'est une espèce détruite ou du moins non encore retrouvée.

L'état actuel de la science ne nous permet pas de répondre à cette question avec une entière certitude. Quand même nous pourrions trouver des différences suffisantes entre ce squelette et ceux des espèces connues, nous ne serions pas fort avancés, parce qu'on est bien éloigné de connoître encore toutes les espèces. L'histoire de ce genre est extrêmement embrouillée dans tous les auteurs Mon savant collègue Geoffroy qui a commencé à y porter le flambeau de la critique, est parvenu à déterminer huit espèces; savoir,

1. Le *crabier*, qui paroît deux fois dans Gmelin sous les noms de *marsupialis* et de *cancrivora*.

2. Le *manicou*, qui n'est point dans Gmelin, mais dont Buffon a parlé comme de deux animaux différens, sous les noms de *sarigues des Illinois* et de *sarigue à longs poils*. C'est le *virginian opossum* de Penn.

3. Le *quatre-œil* ou *sarigue proprement dit*. de Buffon, *opossum* et *molucca* de Gmelin.

4. Le *cayopollin* (*did. cayopollin*); 5. la *marmose*, Gm., qui portent tous deux leurs petits sur le dos, et qui ont servi en commun de base à une espèce imaginaire, celle du *dorsigera*.

6. Le *yapock* ou *didelphe cerclé* de la Guyane (*did. murina.*) 7. Le *touan* ou *petit didelphe tricolor* de la Guyane. Buffon a décrit l'un et l'autre sous les noms absolument erronés de *loutre* et de *belette*; mais Gmelir n'en a point parlé.

Enfin 8., Le *didelphe à courte queue* (*did. brachyura*) décrit par Pallas.

A ces huit espèces, il faudra probablement un jour ajouter le *micouré nain* de don Félix d'Azzara qui ne paroît être aucun des sarigues que nous connoissons.

Mais, outre que sur ces huit ou neuf espèces, nous n'avons les squelettes que de quatre, qui pourroit répondre qu'il n'y en a pas encore plusieurs autres dans cet immense continent de l'Amérique, dans ces vastes forêts de la Guyane et de l'Amazone, où l'homme n'a jamais pénétré, et même dans les pays plus fréquentés?

Il n'en est pas de ces petites espèces comme des grandes: la plupart des voyageurs font peu de cas des premières; elles échappent long-temps par leur petitesse même aux recherches les plus attentives, et chaque jour peut nous en découvrir de nouvelles: ainsi nous nous garderons bien de soutenir, pour ce petit squelette fossile, comme nous l'avons avancé pour les grands, que l'espèce n'en existe plus dans les pays connus. Nous nous bornerons à dire que rien jusqu'à présent ne prouve qu'elle existe.

Cependant, parmi les espèces existantes, la *marmose* (*didelphis murina*) est la seule dont ce fossile se rapproche par la taille, ainsi qu'on peut le juger par le tableau comparatif ci-dessous (1) des dimensions de leurs divers os.

Mais ce tableau prouve en même temps que ce squelette n'est pas celui de la marmose, puisqu'il y a des différences essentielles dans les proportions, et que certaines parties sont plus petites et d'autres beaucoup plus grandes dans l'un que dans l'autre.

Pour ce qui concerne l'espèce, nous sommes donc en état d'assurer que notre fossile n'est d'aucune de celles sur lesquelles

---

(1) *Tableau comparatif des longueurs de quelques os du squelette fossile et de celui de la marmose.*

NOMS DES OS.	SQUELETTE Fossile.	SQUELETTE de marmose.	OBSERVATIONS.
Longueur de la tête	0,036	0,035	Dans ces parties, la marmose est plus petite que le fossile, et la différence est sur-tout très-forte à la seconde ligne.
Distance entre la canine et la dernière molaire	0,017	0,013	
Longueur de l'omoplate . .	0,018	0,017	
Longueur de l'humérus . .	0,021	0,020	
Longueur du cubitus . . .	0,023	0,026	Dans ces parties, la marmose est plus grande que le fossile.
Longueur du radius	0,021	0,022	
Longueur du fémur	0,026	0,027	
Longueur du péroné . . .	0,027	0,029	
Longueur du métatarsien du quatrième doigt	0,010	0,006	Ici elle redevient subitement beaucoup plus petite.
Longueur du métatarsien du petit doigt	0,008	0,005	
Longueur de l'os innominé.	0,025	0,025	Ici il y a égalité.
Longueur de l'os marsupial.	0,007	0,012	Ici la marmose est beaucoup plus grande.

nous possédons des données suffisantes pour établir une comparaison..

Je ne m'étendrai point sur les conséquences géologiques de ce Mémoire : il est évident pour tous ceux qui sont un peu au fait des systèmes relatifs à la théorie de la terre, qu'il les renverse presque tous dans ce qui concerne les animaux fossiles. Jusqu'ici on ne vouloit voir dans nos fossiles du Nord que des animaux d'Asie : on accordoit bien aussi que les animaux d'Asie eussent passé en Amérique, et y eussent été enfouis au moins dans le Nord; mais il sembloit que les genres américains fussent sortis de leur propre sol, et qu'ils ne se fussent jamais étendus aux pays qui forment aujourd'hui l'ancien continent. C'est ici la seconde preuve que je découvre du contraire : dans la persuasion où je suis de la futilité de tous ces systèmes, je me trouve heureux chaque fois qu'un fait bien constaté vient en détruire quelqu'un; le plus grand service qu'on puisse rendre à la science est d'y faire place nette avant d'y rien construire, de commencer par tous ces édifices fantastiques qui en hérissent les avenues, et qui empêchent de s'y engager tous ceux à qui les sciences exactes ont donné l'heureuse habitude de ne se rendre qu'à l'évidence, ou du moins de classer les propositions d'après le degré de leur probabilité : avec cette dernière précaution, il n'est aucune science qui ne puisse devenir presque géométrique : les chimistes l'ont prouvé dans ces derniers temps pour la leur; et j'espère que le temps n'est pas éloigné où l'on en dira autant des anatomistes.

SARIGUE fossile.

del. Couet Sculp.

MÉMOIRE

Sur les ossemens d'oiseaux qui se trouvent dans les carrières de pierres à plâtre des environs de Paris.

Les naturalistes conviennent que les oiseaux sont de tous les animaux, ceux dont les ossemens ou les autres débris se rencontrent le plus rarement dans l'état fossile; quelques-uns même nient absolument qu'on les y ait jamais trouvés : et en effet, par une de ces nombreuses singularités réservées aux couches de gypse de nos environs, il n'y a presque d'autres os fossiles d'oiseaux bien constatés que ceux qu'elles récèlent; encore n'est-ce que depuis bien peu de temps que la véritable nature de ces fossiles a été mise en évidence.

Pour nous convaincre de cette assertion, examinons rapidement les divers témoignages sur les ornitholithes vrais ou prétendus tels. *Walch* (1) en a déjà recueilli plusieurs; *Hermann* (2)

(1) Commentaire sur les monumens de Knorr, *tome II, seconde partie, edit. all. p.* 177 *et suivantes.*

(2) Lettre à Fortis, Journal de physique, floréal an 8, *tom. L, p.* 340.

y en a ajouté d'autres : leurs indications nous serviront de guides, sans nous dispenser néanmoins de remonter aux originaux; car le premier s'est trompé lui-même plusieurs fois faute de cette précaution. D'ailleurs nous avons quelques passages à discuter qu'ils ont omis l'un et l'autre.

Déjà *Conrad Gesner* (1) déclare que les pierres nommées d'après des oiseaux, comme le *hiéracites* et le *perdicites*, n'ont d'autres rapports avec eux que des ressemblances de couleur.

Des figures grossières d'oiseaux, tracées par le hasard sur des pierres colorées, n'appartiennent pas davantage aux ornitholithes; et l'on ne doit pas y rapporter non plus les pierres ou cailloux figurés qui ont une ressemblance quelconque avec des parties d'oiseaux : le *coq d'Agricola,* et la *poule de Mylius*, empreinte sur un schiste d'Ilmenau, n'ont pas d'autre origine.

Les auteurs ont aussi quelquefois regardé fort gratuitement comme *ornitholithes* des os fossiles, seulement parce qu'ils étoient légers et grèles, mais qu'un examen un peu attentif fait bientôt reconnoître pour des parties de poissons, de petits quadrupèdes, ou quelquefois même de coquilles et de crustacés. Ainsi le *sulcatula litoralis rostrata* de *Luid* (2) ne me paroît que l'extrémité de l'épine dentelée de la nageoire de quelque poisson. Les *becs* des environs de *Weimar* et d'*Jena*, dont parlent *Wallerius* et *Linnæus* (3) n'ont, selon *Walch* (4), qui étoit de ce pays-là, qu'une ressemblance extérieure.

Romé Delile, dans le catalogue du cabinet de *Davila*, cite

---

(1) De fig. lapid. *c.* XII, *fol.* 161.
(2) Lithophyl. britan. *p.* 79, *n.*° 1561, *tab.* 17.
(3) System. nat. ed. Gmel. III. 388.
(4) Comment. sur Knorr, *tome II*, *part. II.*

un bec des environs de *Reutlingen* (1), qui a été adopté par Linnæus (2), et un os de *Canstadt*, qui lui a paru de poulet; mais son bec ne paroît être qu'une coquille bivalve qui se montre obliquement à la surface de la pierre. Si c'étoit un vrai bec, il différeroit prodigieusement de tout ce que nous connoissons dans les oiseaux d'aujourd'hui; quant à l'os, il n'y en a dans l'ouvrage ni description ni figure.

Scheuchzer parle d'une tête d'oiseau dans un schiste noir d'*Eisleben;* mais il ajoute de suite que l'on pourroit aussi la prendre pour une fleur d'œillet (3) : c'en est assez pour la juger.

Plusieurs(4) citent la description des environs de *Massel* par *Hermann*, comme s'il y étoit parlé d'os d'oiseaux; mais l'auteur n'annonce réellement que de petits os, sans dire qu'ils soient d'oiseaux (5).

L'erreur des compilateurs, par rapport au *coucou pétrifié* de *Zannichelli* (6), est encore plus forte et vraiment plaisante. Il s'agissoit du poisson *coucou*, qui est une espèce de *trigla* (en italien *pesce-capone*), et non pas de l'oiseau.

D'autres témoignages ne donnent aucuns détails, ni descriptions ni figures, propres à les justifier. Tel est celui de *Wolkman*, dans sa *Silesia subterranea*(7), et ceux qu'allèguent les

---

(1) Catal. III, 225.

(2) Lin. ub. sup.

(3) Mus. diluv. *p.* 106.

(4) Lesser, Lithothéol. Wallerius.

(5) Maslographia, *p.* 224, et Herman. de Strasb. ap. Fortis. Journ. de phys. floréal an 8, *tome* 1, *p.* 340.

(6) Dargenville, Orn. *p.* 333, *et* Walch. Com. sur Knorr. II, *p.* 11.

(7) *Page* 144.

minéralogistes systématiques ; il est impossible de rien établir sur de pareilles indications.

Il est bien clair que les incrustations n'appartiennent point à notre sujet; il ne s'agit pas de savoir si des oiseaux exposés dans quelque endroit particulier à des eaux chargées de substances minérales peuvent être enveloppés de ces substances, mais bien s'il y a eu des oiseaux saisis et renfermés dans les grandes couches régulières qui occupent la surface extérieure du globe.

Ainsi les exemples d'oiseaux, d'œufs et de nids, incrustés de gypse, de tuf, de sel ou d'autres minéraux, et rapportés par Volkman (1), Lesser (2), Gesner (3), Bruckmann (4), Baccius (5), Bütner (6), Dargenville, Bock (7), etc., fussent-ils tous vrais, ne prouveroient rien pour l'existence des ornitholithes.

Après toutes ces exclusions, il ne reste donc que des parties contenues dans quelques schistes, comme ceux d'*OEningen,* de *Pappenheim* et du mont *Bolca,* qui puissent prétendre à un examen sérieux, et qui aient en effet été prises pour des *ornitholithes* par de véritables naturalistes.

Or presque tout ce qu'on en cite est encore plus ou moins équivoque, ou du moins n'est pas appuyé de figures et de descriptions suffisantes. Ces schistes fourmillent tous de poissons

---

(1) Siles. subterr. *p.* 144.
(2) Lithothéol. *p.* 601.
(3) De petrif. *p.* 67.
(4) Epist. it. cent. II, *p.* 25, t. V *et* VIII *et* Cent. II, ep. V.
(5) De Thermis. lib. V, c. 4, *p.* 154.
(6) Ruder. dil. test. *p.* 64.
(7) Hist. nat. de Prusse II, 403.

et d'autres produits de la mer; les os y sont comprimés. Qui oseroit se flatter de distinguer toujours dans cet état un os de poisson d'un os d'oiseau? Les plumes même sont-elles toujours aisées à distinguer des *sertulaires*? Comment donc juger quand on n'a pas quelque partie un peu considérable, comme tout un membre?

La meilleure autorité pour une recherche de cette nature seroit sans contredit celle de M. *Blumenbach*; mais il se borne à dire que l'on trouve à *Œningen* des *os d'oiseaux de rivage* (1). Pour ceux de *Pappenheim*, il renvoie aux Mémoires de l'Académie de Manheim (2); mais il n'y est sûrement question, à l'endroit qu'il cite, que d'un reptile fort singulier, dont nous parlerons ailleurs, et non pas, comme le dit M. *Blumenbach*, d'un *oiseau palmipède*.

Zannichelli avoit, à ce qu'il dit, un bec d'*Oeningen*; mais étoit-il plus vrai que celui de *Davila*?

Scheuchzer cite une plume du même endroit (3); mais il n'a pas persuadé *Fortis*, qui croit que c'est une *sertulaire* (4), ni *Hermann*, qui (dit-il) s'est toujours moqué de cette prétendue plume (5). Il faudroit l'avoir sous les yeux pour en juger.

Fortis n'avoit pas même été convaincu par les échantillons de plumes du *Mont-Bolca*, qu'il avoit vus à *Vérone* (6), dont deux viennent d'être publiés par M. *Faujas* (7). J'avoue cependant

(1) Manuel d'hist. nat. *trad. fr.* II, 408.
(2) At. ac. Theod. pal. V, p. phys. 63.
(3) Mus. diluv. *p.* 106; Pisc. querel. *p.* 14; Phys. sac. I, *tab.* LIII, *f.* 22.
(4) Journ. de phys. flor. an 8, *p.* 334.
(5) *Ibid. p.* 340.
(6) *Ibid. p.* 334.
(7) Annales du Muséum d'hist. nat. VI, *p.* 21 *et pl.* I.

que s'il est quelques pièces faites pour porter la conviction, ce sont celles là, que j'ai examinées avec soin plusieurs fois, et où je n'ai pu découvrir aucun caractère qui les distinguât des plumes.

Mais en supposant qu'elles en soient en effet. elles ne prouveroient rien contre ma première assertion, qu'il n'y a encore que dans nos gypses des os bien constatés.

Ils ne le sont pas depuis bien long-temps.

Lamanon avoit, il est vrai, décrit dès 1782 une empreinte d'oiseau entier, trouvé à Montmartre par feu M. *Darcet;* et si l'on s'en étoit rapporté à sa figure, il ne seroit pas resté de doute, car elle représente parfaitement un oiseau; il y a même placé des plumes à l'aile et à la queue: malheureusement son imagination l'avoit un peu aidé, et il s'en falloit beaucoup que l'image ressemblât à l'objet.

Fortis, qui avoit conçu de fortes préventions contre l'existence des *ornitholithes*, examina de nouveau celui qu'avoit décrit *Lamanon;* il en donna une figure faite d'après ses idées, et c'est un exemple notable du degré auquel un seul et même objet peut paroître différent selon les yeux qui le regardent. On ne distingue plus rien du tout dans cette figure donnée par *Fortis :* la tête y est en bas; toutes les inégalités de la pierre sont renforcées, les empreintes osseuses affoiblies; en un mot, l'auteur déclare qu'il ne voit dans ce morceau qu'une grenouille ou un crapaud.

Le fait est cependant que c'est un véritable *ornitholithe;* mais à peine auroit-on osé le soutenir, si l'on n'avoit découvert depuis, dans nos plâtrières, des pièces plus caractérisées et propres à confirmer celle-là.

Pierre Camper en annonça une, mais sans la décrire, dans un article sur les os fossiles de Maëstricht, inséré dans les

Transactions philosophiques de 1786. C'est un pied trouvé à *Montmartre*, dont M. *Camper* fils m'a envoyé un dessin que j'ai fait graver dans le *Bulletin de la Société philomatique* de fructidor an VIII.

J'en eus moi-même une seconde, consistant également dans un pied. Elle étoit de *Clignancourt* sous *Montmartre*. Je la décrivis dans une note lue à l'Institut le 1.er thermidor an VIII, et insérée dans le *Journal de Physique* du même mois, p. 128 et suivantes, avec une gravure, pl. I, qui fut reproduite dans le *Bulletin de la Société philomatique* de fructidor an VIII, et ensuite dans divers journaux étrangers.

A cette occasion j'appris qu'il en existoit deux autres dans les mains d'un particulier d'Abbeville, M. *Elluin*, graveur, qui les avoit aussi reçues de Montmartre; et M. *de Lamétherie* fit graver, dans le même n.° de son Journal, planche II, un dessin un peu grossier, qui lui en avoit été envoyé par M. *Traullé*. C'étoit le corps d'un oiseau et la jambe d'un autre. Il étoit aisé de voir que la jambe n'avoit pas appartenu au même individu, et même que la pierre qui l'incrustoit venoit d'un autre banc.

C'est le jugement qu'en ont porté MM. *Baillet* et *Traullé* (1): M. *de Burtin* le confirme dans une note jointe à une description de ce fossile, publiée par M. *Goret* d'Abbeville (2). Ayant eu nous-mêmes le morceau quelque temps sous les yeux, nous nous sommes assurés de ce fait.

Il y avoit donc, dès l'an VIII, quatre morceaux différens bien déterminés; celui de M. *d'Arcet* faisoit le cinquième.

---

(1) Jour. de phys. thermid. an VIII, *tome* LI, *p.* 132.

(2) Notice sur un oiseau fossile incrusté dans du gypse, lue par M. Goret à la Société d'émulation, et imprimée à part, *p.* 6 *et* 7.

Depuis lors j'ai continué mes recherches; et j'en ai recueilli un si grand nombre, qu'il ne peut rester aucun doute que nos plâtres ne contiennent beaucoup de débris d'oiseaux.

Je vais décrire successivement les morceaux que j'ai obtenus, en commençant par les pieds, qui sont la partie la plus frappante, même pour les yeux les moins habitués.

En effet, le pied d'un oiseau quelconque est composé d'une manière absolument particulière, et ne ressemble à celui d'aucun autre animal.

C'est d'abord la seule classe où il n'y ait qu'un os unique pour tenir lieu de *tarse* et de *métatarse.*

Dans les *chevaux* et les *ruminans*, le métatarse ou canon est bien d'une seule pièce, mais le tarse en contient plusieurs.

Dans les *gerboises* proprement dites, *jerboa* et *alactaga*, il y a bien aussi un os unique du métatarse, qui porte les trois doigts principaux; mais les os du tarse restent distincts.

Dans les *tarsiers* et les *galagos*, les os *scaphoïde* et *calcaneum* sont prolongés de manière à donner à leur tarse autant de longueur qu'à celui des oiseaux; mais les autres os du tarse et du métatarse ne subsistent pas moins.

Les *grenouilles*, *rainettes* et *crapauds* ont aussi le tarse allongé; mais il est toujours formé de deux os longs et de plusieurs petits.

Secondement, on trouve dans le nombre des doigts et dans celui des articulations de chaque doigt, des caractères presque aussi marqués que ceux que fournit le tarse.

Les oiseaux sont la seule classe où l'on observe des doigts tous différens par le nombre des articulations, et où ce nombre et l'ordre des doigts qu'ils ont, soient cependant fixes.

Le pouce en a deux; le premier doigt du côté interne, trois; le doigt du milieu, quatre; et l'extérieur, cinq.

Cette règle ne souffre au-dedans de la classe que deux sortes d'exceptions.

La première est celle des oiseaux qui n'ont pas de pouces: les autres doigts y conservent leurs nombres ordinaires.

La seconde se remarque dans l'autruche et les casoars. Ces espèces ont trois articles seulement à tous leurs doigts.

Au-dehors de la classe, cette règle ne se retrouve jamais complètement observée.

Les *quadrupèdes* ont deux articles aux pouces et trois aux autres doigts, quel que soit leur nombre. Les *paresseux* seulement n'en ont que deux, parce que leurs premières phalanges se soudent avec leurs os du métatarse.

Quelques doigts cachés sous la peau manquent seuls du nombre ordinaire.

Dans les *reptiles*, le nombre des articulations est moins égal; cependant il ne se rencontre presque jamais exactement le même que dans les oiseaux.

Ainsi, en commençant par le pouce et finissant par le doigt extérieur, on trouve les nombres d'articulations exprimés dans la table ci-jointe.

Tortue de terre	2. 2. 2. 2.
Tortue marine	2. 3. 3. 3. 2.
Crocodile	2. 3. 4. 5.
Lézards de toutes les espèces, iguanes, agames, stellions, cordyles, geckos, anolis, scinques.	2. 3. 4. 5. 3.
Caméléons	1. 2. 3. 3. 2.
Seps tétradactyle.	2. 4. 5. 2.
Seps tridactyle.	2. 3. 4.
Grenouilles, crapauds et rainettes.	2. 2. 3. 4. 3.
Salamandres.	2. 3. 3. 2.

On voit donc que les seuls *crocodiles* ont les mêmes nombres de phalanges que les oiseaux ; mais comme chacun de leurs doigts est porté en outre sur un os du métatarse particulier, et ceux-ci sur plusieurs os de tarse, il ne peut y avoir d'équivoque.

Si nous cherchons maintenant ces caractères dans les différens pieds représentés dans notre première planche, nous verrons qu'ils s'y rencontrent tous.

Pour épargner la place, je me suis borné à faire graver les os et leurs empreintes, et j'ai supprimé les contours des pierres qui les portent.

On trouve donc déjà très-clairement les caractères dont nous parlons, dans le pied que j'ai décrit en l'an VIII, et dont je reproduis la figure (pl. I, fig. 10). Le pouce y manque ; mais on y voit en *a* le petit osselet surnuméraire qui le porte dans beaucoup d'oiseaux.

J'attribue à la même espèce le pied de la figure 8, parce que toutes ses parties sont de la même grandeur et dans les mêmes proportions. Le fémur y manque, mais le pouce et les trois autres doigts y sont bien complets et munis de toutes les articulations qu'ils doivent avoir.

Le pied de la figure 2 me paroît encore de la même espèce, par les mêmes raisons. Il manque de fémur et d'une partie de son tibia, mais les doigts y sont bien parfaits.

C'est toujours à cette espèce qu'il faut rapporter le pied de la figure 1, plus complet que tous les autres, et qui manque seulement de l'articulation du genou emportée par la manière dont la pierre s'est cassée.

Enfin je crois pouvoir y rapporter encore le morceau incomplet de la figure 9, qui n'offre qu'une empreinte, quelques fragmens du tarse et une partie seulement des articulations des doigts. Une pièce pareille, seule, seroit susceptible de contestation; mais appuyée comme elle l'est par les précédentes, elle ne laisse aucun doute.

La figure 3 représente un pied, du cabinet de M. *Delamétherie :* quoique à peu près de même grandeur que les précédens, les os me paroissent un peu plus épais, et son tarse un peu plus arqué dans sa longueur. Il a d'ailleurs tous les caractères d'un vrai pied d'oiseau; seulement le doigt extérieur n'ayant laissé qu'une empreinte de sa partie supérieure, on ne distingue pas très-bien les trois articulations dont il devoit être composé.

La figure 6 *a* et *b* est une copie exacte et faite par moi-même du pied qui appartient à M. *Elluin*, et qu'on avoit gravé fort incorrectement dans le *Journal de physique* de thermidor an VIII.

En comparant ce pied avec le corps (pl. II, fig. 2 *a* et *b*) auquel on l'avoit joint, on verra aisément qu'il ne peut lui appartenir, puisque ce corps a déjà ses fémurs, et que néanmoins il se retrouve un autre fémur avec ce pied, qui d'ailleurs est beaucoup trop grand à proportion.

Il est aussi trop grand et ses os trop épais, pour qu'on puisse le confondre avec les premiers que nous avons décrits; par conséquent, il indique l'existence d'une troisième espèce dans l'état fossile. Du reste il a tous les caractères d'un pied d'oiseau. Le doigt externe est complet avec ses cinq articulations du côté *a;* l'interne du côté *b* paroît avoir perdu une partie de sa première phalange.

Ce qui reste du pied de la figure 4 offre à peu près les mêmes dimensions et pourroit bien venir de la même espèce;

il n'y a que les premieres phalanges du pouce, du doigt externe et de celui du milieu : les autres manquent entièrement.

Le pied de la figure 11 me paroît un peu plus petit, et pourroit bien annoncer une quatrième espèce. Son fémur, son tibia, son tarse, ou au moins leurs empreintes, y sont bien complets; le doigt interne y est aussi en entier : mais les deux autres n'y sont qu'indiqués, et le pouce a perdu sa deuxième phalange.

On sent qu'après un si grand nombre de morceaux qui attestoient par leur ensemble l'existence des ornitholithes dans les couches pierreuses régulières, il n'étoit plus possible qu'il me restât de doute à cet égard, et que tous les argumens négatifs de *Fortis* et de quelques autres naturalistes tombèrent d'eux-mêmes devant les faits.

Je me mis alors à rechercher et à examiner les petits os isolés, jugeant bien qu'il y en auroit aussi quelques-uns qui ne pourroient se rapporter qu'à des oiseaux.

Tel fut d'abord pour moi le fragment de la figure 7; c'est une portion de tarse divisée par le bas en trois apophyses, terminées chacune par une demi-poulie pour l'articulation des premières phalanges des trois doigts de devant.

Il n'y a parmi les quadrupèdes que le *jerboa* et l'*alactaga* (*mus sagitta* et *jaculus.* Lin.) qui offrent quelque chose de semblable; mais comme il n'y a dans toutes nos plâtrières aucun autre indice d'animaux de cette famille, nous ne pouvons leur attribuer ce fragment.

Les fémurs des oiseaux ont aussi un caractère distinctif qui a sa source dans la nature particulière de leur genou.

M. *Duméril* a fait connoître (1) que cette articulation est munie chez les oiseaux d'une espèce de ressort analogue à celui de la charnière d'un couteau. On sait en effet que la lame d'un couteau n'a que deux points où elle puisse rester en repos, celui d'ouverture et celui de fermeture complètes, parce qu'il n'y a que ces deux points où le ressort ne soit pas écarté de sa position naturelle.

Les oiseaux ne portant que sur deux pieds et ayant besoin d'y trouver une assiette solide, ont reçu une articulation de ce genre qui a aussi deux points fixes, celui de la plus grande flexion et celui de l'extension la plus parfaite. Ce sont là les seuls où les ligamens ne soient pas tiraillés et où les os restent dans leur situation respective par l'action simple de ces ligamens, à moins d'un effort de la part de l'oiseau pour les déplacer.

La tête du péroné produit cet effet par sa figure et sa manière de s'engrener dans une fosse particulière du fémur.

Cette tête s'élargit beaucoup d'avant en arrière, et son bord supérieur est une ligne à peu près droite, qui monte obliquement en arrière, ce qui rend son extrémité postérieure plus élevée que l'autre.

Le fémur appuie sur cette ligne droite par une ligne saillante sculptée sur son condyle externe, dont le milieu fait une convexité presque demi-circulaire, et dont les deux bouts au contraire sont un peu concaves; et les deux os sont attachés en cet endroit par un ligament élastique qui va de l'un à l'autre en croisant presque perpendiculairement la ligne par laquelle ils se touchent.

---

(1) Bulletin des sciences par la Soc. philomat., germinal an 7.

Il est donc sensible que ce ligament sera plus tiraillé tant que le fémur touchera le péroné par la convexité de la ligne saillante que nous venons de décrire, c'est-à-dire tant que la jambe ne sera ni complétement étendue ni complétement fléchie; mais dans ces deux états extrêmes, le péroné rentrera dans l'une des concavités placées aux deux bouts, et il y sera retenu par la contraction élastique du ligament.

Le fémur des oiseaux se distingue donc de celui des quadrupèdes en ce que son condyle externe, au lieu d'offrir en arrière une convexité simple, pour la fossette externe de la tête du tibia, y présente deux lignes saillantes : l'une plus forte, qui est le vrai condyle et qui répond à la facette supérieure externe du tibia et à la facette interne du péroné; et une autre qui est plus extérieure, qui descend moins et qui repose sur le bord supérieur du péroné.

Le condyle externe des oiseaux est donc fourchu ou creusé d'un canal plus ou moins profond en arrière.

Les seuls quadrupèdes où l'on ait pu soupçonner quelque chose d'analogue étoient ceux qui, comme les oiseaux, se tiennent et sautent sur leurs pieds de derrière avec le corps oblique, je veux dire les *kanguroos* et les *gerboises*.

On trouve en effet dans les divers *kanguroos* un léger enfoncement en arrière du condyle, auquel répond le péroné, mais seulement par un tubercule.

Les *gerboises* n'ont pas cette conformation; dans celle du Cap, il y a cependant un osselet particulier qui établit une liaison entre le péroné et le fémur, mais non pas de la même manière.

Il y a d'ailleurs beaucoup de traits qui empêcheroient de confondre un fémur d'oiseau avec celui d'un *kanguroo*, comme de tout autre quadrupède ; telle est surtout la largeur du grand trochanter d'avant en arrière, etc.

Au moyen de ces caractères, nous n'avons point hésité à reconnoître pour des os d'oiseaux les deux *fémurs* représentés planche II, fig. 13 et 14 : leur cavité s'étant remplie de matière gypseuse, ils n'ont point été écrasés par le poids des couches qui se sont déposées sur eux, et leur forme s'est conservée dans son intégrité.

On peut voir en x, dans les deux figures, l'échancrure péronienne du condyle externe. Tout le reste des os n'est pas moins fidèle aux règles observées dans toute la classe.

Ces fémurs me paroissent l'un et l'autre trop grands pour avoir appartenu à aucun des pieds de notre planche I. Ils indiquent donc une cinquième et une sixième espèce d'oiseaux dans nos plâtrières.

Les humérus des oiseaux ne sont pas moins reconnoissables que leurs fémurs.

Leurs caractères se prennent de leurs deux extrémités.

Dans le haut, leur tête est toujours oblongue de droite à gauche, pour jouer en charnière dans l'articulation à laquelle concourent l'omoplate et la clavicule.

Deux crêtes latérales élargissent extraordinairement cette partie de l'os. La supérieure, ou plutôt l'externe, qui est anguleuse, et dont le bord est tranchant et un peu recourbé en avant, sert à donner des attaches suffisantes au muscle grand pectoral, dont l'action puissante est le principal mobile du vol. La crête opposée est moins longue, et a son bord arrondi et un peu recourbé en arrière, où il forme, vers la tête de l'os, un petit crochet. C'est sous ce crochet qu'est le trou par où l'air pénètre dans la cavité de l'os.

Dans les quadrupèdes, la tête est toujours ronde; les crêtes petites; leur partie voisine de la tête forme des tubérosités.

Les chauve-souris même ne ressemblent point aux oiseaux par leur humérus. Il n'y a que la *taupe* qui ait avec eux quelque rapport à cet égard, parce que la manière dont cet animal repousse la terre en arrière quand il creuse, exige également une grande force dans les muscles pectoraux; mais il est inutile de s'arrêter à cette exception, le reste de l'humérus de la *taupe* ayant des formes si extraordinaires qu'il est impossible de le confondre, non-seulement avec celui des oiseaux, mais même avec celui d'aucun animal connu.

Les caractères de la tête inférieure de l'humérus des oiseaux ne sont pas moins frappans que ceux de sa tête supérieure.

La poulie articulaire se divise en deux parties: une interne ou inférieure, presque ronde, pour le cubitus; et une externe ou supérieure, pour le radius, qui est oblongue, dans le sens de la longueur de l'os, et remonte ainsi un peu obliquement sur sa face antérieure. De cette manière, le radius a un plus grand arc à parcourir que le cubitus, et le mouvement de l'avant-bras ne se fait pas dans un plan perpendiculaire à la face antérieure de l'humérus.

La partie inférieure de cette facette radiale s'élargit en arrière, et repose encore sur une facette articulaire externe du cubitus.

Il n'y a rien de semblable dans les quadrupèdes. La poulie cubitale y est toujours concave, et la radiale est aussi creusée d'un sillon dans ceux dont l'avant-bras n'a point de supination.

Tous ces caractères distinctifs de l'humérus des oiseaux se rencontrent dans les trois os représentés, par leurs deux faces, dans nos figures 9, 10 et 11, planche II. Le dernier est un peu mutilé dans le haut; il paroît néanmoins de la même espèce que l'avant-dernier.

Pour le premier, il est beaucoup plus grand.

Il seroit difficile d'assigner auxquels des pieds ou des fémurs décrits ci-dessus ces humérus appartiennent. La proportion de la longueur de l'aile à celle du pied varie trop dans les oiseaux, selon la portée de leur vol, pour qu'on puisse rien calculer à cet égard.

Nous trouvons aussi les caractères du radius des oiseaux dans les deux os représentés planche II, fig. 7 et 8.

Tous deux ont la tête supérieure ronde, un peu concave; le plus petit, fig. 8, a son extrémité inférieure plus élargie, précisément comme dans les oiseaux.

Le morceau dessiné planche II, fig. 12, *a* et *b*, est la tête d'une omoplate d'oiseau très-bien caractérisée; elle ressemble même en petit à celle d'un cormoran, plus qu'à aucun autre genre.

Après avoir reçu tant d'os séparés qui appartenoient à l'aile, il étoit naturel que j'espérasse en obtenir quelques-uns de réunis.

Je vois en effet que les os représentés figures 4 et 5, pl. II, sont des portions d'aile. Figure 4 offre le bas d'un humérus (*a*); un cubitus (*b*); les deux osselets du carpe (*c*); ceux des deux branches de l'os du métacarpe (*d*), avec l'empreinte de son apophyse destinée à porter le pouce (*e*); et celle d'une partie de son autre branche (*f*). Ainsi il n'est pas possible de méconnoître cette aile pour ce qu'elle est.

L'autre, figure 5, est un peu moins évidente, parce que les os n'ont pas conservé leurs facettes articulaires, et que l'avant-bras est déplacé, de manière que le radius y est inférieur Cependant le tissu des os et la forme générale de la coupe de l'humérus ne laissent guère de doute. Ce morceau est du cabinet de M. *Delamétherie*.

Il n'y a guère dans les oiseaux de partie osseuse mieux caractérisée que le bec. J'ai aussi eu le bonheur d'en recevoir un pour compléter mes preuves. J'en donne la figure, planche I, figure 5; et il est inutile que j'y ajoute aucun commentaire : tout le monde voit que c'est une mandibule inférieure, posée horizontalement, et dont le condyle gauche seul est un peu mutilé.

Si l'on ajoute à tous ces morceaux la côte, pl. II, fig. 6, et la phalange d'une grande espèce, pl. II, fig. 3, *a*, *b*, *c*, que j'ai aussi reconnus par comparaison, comme appartenant à des oiseaux, on verra que j'ai eu séparément un bien grand nombre de leurs parties.

J'en ai eu beaucoup d'autres dont je ne parlerai pas aujourd'hui, parce qu'elles sont moins évidemment reconnoissables, et pour ne pas affoiblir des preuves déjà plus que suffisantes.

On sera donc disposé à croire qu'il a pu se conserver aussi dans nos couches gypseuses des corps d'oiseaux plus ou moins entiers.

Celui de M. *Elluin* dont je donne (pl. II, fig. 2, *a*, *b*) les deux côtés, exactement dessinés par moi-même, n'est d'ailleurs guère susceptible de doute.

Quoique aucun os n'y soit entier et n'y ait conservé les formes de ses articulations, la position et les proportions de tous les os y sont encore assez visibles, pour que l'on reconnoisse le bec, la tête, le cou, le corps, les deux ailes, les deux cuisses et une partie des deux jambes d'un oiseau.

Ce corps paroît avoir été écrasé par les couches supérieures, et entièrement aplati. Il n'a laissé qu'une lame brune, et dont l'épaisseur est à peine appréciable. On ne peut y distinguer, ni les os de la tête, ni les vertèbres, ni les côtes, ni le sternum. On voit seulement d'un côté, vers x, quelques vestiges de bassin.

Pour des plumes, il n'y en a pas la plus légère apparence.

L'oiseau de M. *d'Arcet* est encore plus maltraité, et il n'est point étonnant du tout qu'il ait occasioné des discussions et des doutes. Cependant il a une aile presque entièrement caractérisée, et dont on voit fort distinctement l'avant-bras, le métacarpe et le commencement du grand doigt. L'autre aile et le bec peuvent à la rigueur aussi se reconnoître; mais ce qui reste des pieds et des os du corps a perdu toute espece de caractère.

On peut en juger par la figure 1 de notre planche II, que nous avons faite sans aucun préjugé et sans vouloir favoriser aucune opinion, puisque l'existence des ornitholithes dans nos carrières est maintenant fort indépendante de la vérité de celui-ci.

Il ne s'agiroit plus désormais que de déterminer jusqu'à un certain point les genres auxquels appartiennent ces diverses ornitholithes; mais j'avoue que c'est un problème très-difficile, pour ne pas dire impossible à résoudre.

Les oiseaux se ressemblent entre eux beaucoup plus que les quadrupèdes; les limites extrêmes de la classe sont plus rapprochées, et le nombre des espèces renfermées entre ces limites beaucoup plus considérable; les différences entre deux espèces seront donc quelquefois entièrement inappréciables dans le squelette. Les genres même n'ont pas toujours des caractères ostéologiques suffisans; presque tous ont été distingués d'après la forme du bec qui ne se conserve pas en entier dans le squelette; encore moins dans des fossiles comprimés et en partie fracturés, comme ceux de nos carrières à plâtre.

Ce qui me reste à dire se réduit donc à bien peu de chose, et n'est guère au-dessus des simples conjectures.

L'omoplate de la figure 12 m'ayant mis sur la voie, j'ai trouvé que le fémur de la figure 3 ressemble aussi à celui d'un *pelecanus* plus que de tout autre oiseau ; mais il vient d'une espèce bien plus grande que cette omoplate, plus grande même que le *cormoran* (*pelecanus carbo*), mais inférieure au *pélican* proprement dit (*pelecanus onocrotalus*). C'est surtout à la forme de l'articulation inférieure que ces rapports se font sentir.

La même partie, examinée dans le fémur de la figure 14, me le fait rapporter à l'ordre des *échâssiers* (*grallæ*); il me paroît même qu'il doit venir de quelque *grand courlis*, surtout de l'un de ceux à cou nu, si mal à propos réunis par *Gmelin* au genre *Tantalus*. On sait que j'ai montré que l'*ibis* des anciens Égyptiens appartenoit à ce genre. Ce fémur a en effet beaucoup de rapport avec celui d'un *ibis antique*, mais il ne vient pas de la même espèce.

L'*humérus* séparé (pl. II, fig. 9.) appartient aussi à l'ordre des oiseaux de rivage, et paroît tenir de près à celui de la *bécasse*.

Le petit (fig. 11) ressemble extrêmement à l'humérus de l'*étourneau*.

C'est aussi l'*étourneau*, parmi les *passereaux*, qui se rapproche le plus, par les proportions du bec et des membres, de l'oiseau entier de la figure 2.

J'ai annoncé dès l'an 8 que le pied (pl. I, fig. 10) étoit très-voisin de celui de l'*alouette de mer*. Je trouve la même ressemblance entre l'aile de cet oiseau et celle de la figure 5, planche II.

Mais, je le répète, et les naturalistes le sentiront assez sans que je le dise, ce ne sont là que des conjectures qui sont bien éloignées d'être aussi certaines que mes propositions relatives aux os de quadrupèdes.

C'est bien assez d'avoir montré l'existence de la classe des oiseaux parmi les fossiles, et d'avoir prouvé par là qu'à cette époque reculée où les espèces étoient si différentes de celles que nous voyons maintenant, les lois générales de co-existence, de structure, enfin tout ce qui s'élève au-dessus des simples rapports spécifiques, tout ce qui tient à la nature même des organes et à leurs fonctions essentielles, étoient les mêmes que de nos jours.

On voit en effet que dès-lors les proportions des parties, la longueur des ailes, celles des pieds, les articulations des doigts, les formes et le nombre des vertèbres, dans les oiseaux comme dans les quadrupèdes, et chez ceux-ci le nombre, la forme, la position respective des dents, étoient soumises aux grandes règles tellement établies par la nature des choses, que nous les déduisons presque autant du raisonnement que de l'observation.

Rien n'a été allongé, raccourci, modifié, ni par les causes extérieures ni par la volonté intérieure; ce qui a changé a changé subitement, et n'a laissé que ses débris pour traces de son ancien état.

N. B. A l'instant où je livre ce mémoire à l'impression, je reçois de M. *Jæger* une bonne notice *sur les fossiles d'OEningen*, insérée en 1805 dans les écrits de *la Société des naturalistes de Souabe*, tome Ier, par M. *Karg*, médecin et professeur à *Constance*. L'auteur fait mention de deux pieds d'oiseaux, et en représente un, pl. II, fig. 1, qui me paroit l'être véritablement. M. *Karg* les croit l'un et l'autre de *bécasse*.

FOSSILES DE PARIS, *Ornitholithes*. PL. I.

Laurillard del. et sculp.

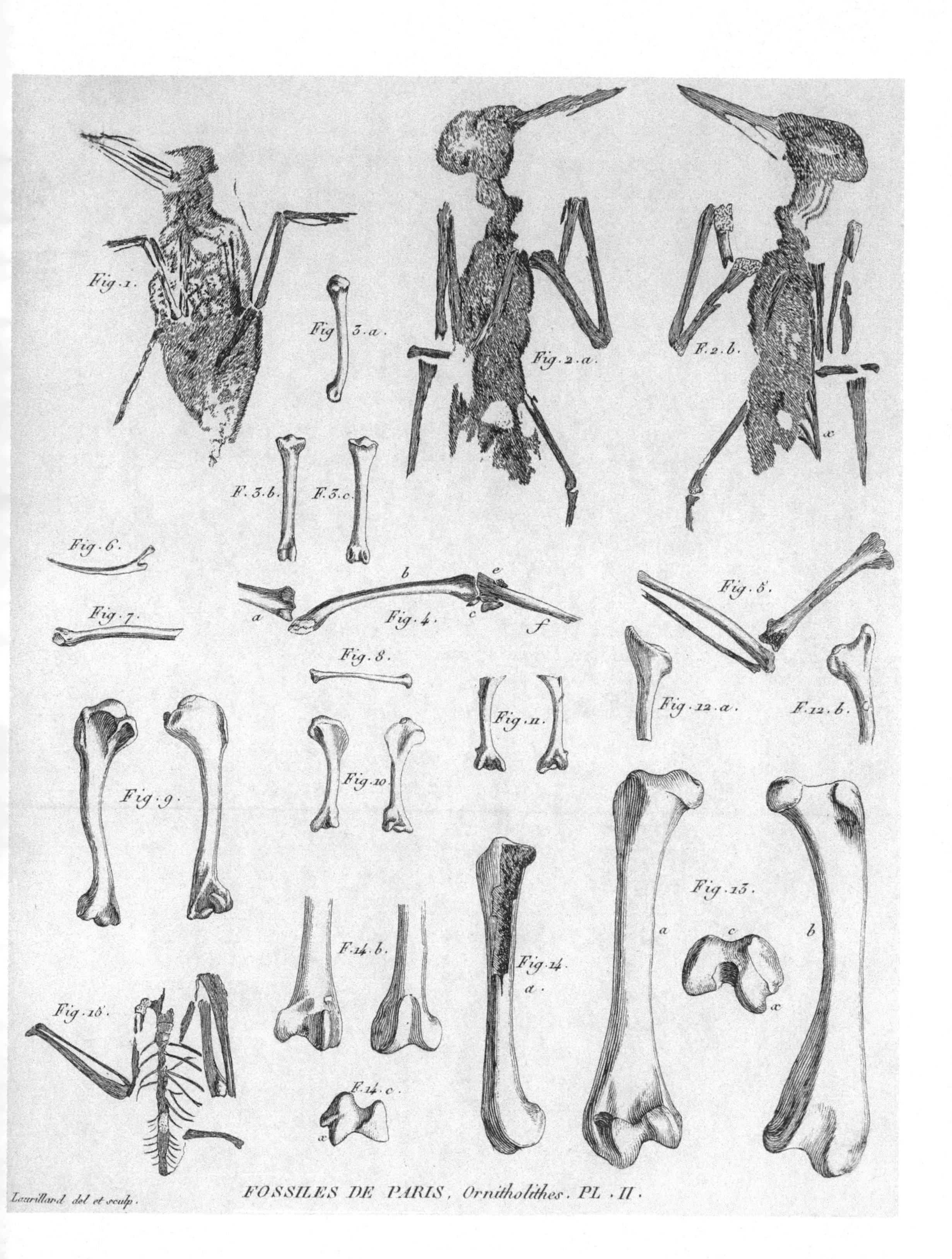

Laurillard del et sculp.

FOSSILES DE PARIS, *Ornitholithes*. PL. II.

SUPPLÉMENT

Au Mémoire sur les Ornitholithes de nos carrières à plâtre.

Depuis la publication de ce Mémoire, j'ai reçu de Montmartre un ornitholithe plus complet qu'aucun de ceux que j'y ai décrits, et même qu'aucun de ceux qui ont jamais été annoncés.

C'est le squelette presque entier d'un oiseau, aplati comme tous ceux des petits animaux de nos carrières, et qui, lorsque l'on a fendu la pierre qui le contenoit, s'est partagé en deux moitiés, dont chacune est restée adhérente au morceau de pierre de son côté.

L'oiseau étoit tombé sur le ventre, sur la couche de gypse qui étoit déjà formée; et avant qu'il se fût déposé assez de gypse pour l'envelopper tout-à-fait, il avoit perdu, soit par le mouvement de l'eau, soit par l'action des animaux voraces, la plus grande partie de sa tête et toute sa jambe gauche, car on n'en trouve point de restes dans la pierre en y creusant.

Une partie des os est restée à sa place quand la pierre s'est fendue, une autre est tombée en éclats, et n'y a laissé que son empreinte. J'ai fait distinguer ces deux sortes de marques par des hachures longues et plus fortes pour les os, et par des hachures plus foibles et obliques pour les empreintes.

Du reste, la planche représente le côté de la pierre où il

étoit resté le plus d'os ou d'empreintes, et qui paroît être le côté du ventre. Je vais en expliquer successivement toutes les parties.

a est l'empreinte du bec inférieur; sa branche gauche *b* est presque restée entière.

En *c* et *c'* sont des restes des deux côtés de la base du crâne, qui étoit cellulaire comme dans tous les oiseaux.

Les vertèbres du cou sont fort reconnoissables aux nombres 1, 2, 3, 4, 5, 6, 7, 8 et 9.

La clavicule, d'un côté, est fort bien conservée en *d*, et l'on voit des restes de celle de l'autre en *d'*: un petit reste de l'omoplate se voit en *e*; mais la plus grande partie de cet os a disparu. Cette forme de clavicule est si particulière aux oiseaux, que cet os seul suffiroit pour prouver que ce fossile est de cette classe.

Le sternum fort écrasé et défiguré occupe la plus grande partie de l'espace *ff*, et l'on voit par-ci par-là des restes ou des empreintes de côtes, dont les unes sont en partie recouvertes ou plutôt interrompues par les débris du sternum, les autres par les clavicules.

Le bassin a egalement laissé une empreinte assez embrouillée, parce qu'elle se mêle avec celle du croupion; mais on reconnoît distinctement les empreintes des deux pointes formées par les ischions et par les pubis, en *g* et *g*.

Toutes les parties des deux ailes sont bien conservées dans cet ornitholithe, et y présentent les caractères ostéologiques éminemment distinctifs de la classe des oiseaux.

L'humérus du côté *h* est presque entier.

Le cubitus *i* et le radius *k* ont aussi très-peu souffert dans les deux ailes.

On voit même un des petits osselets du carpe en *l*.

Le métacarpe, qui a dans les oiseaux une forme très-particulière, s'y composant de deux branches soudées ensemble à leurs deux extrémités, est très-reconnoissable en *m* et *m'*; on distingue également en *n* et *n'* le petit osselet qui tient lieu de pouce.

L'os de la première phalange du grand doigt est aussi formé de deux branches dans cet ornitholithe, en *o*, *o'*, comme dans les oiseaux en général, à côté de lui, s'est conservé d'un côté en *p* l'osselet qui représente le petit doigt, et à son extrémité celui de la dernière phalange *q*.

Les extrémités postérieures ne sont pas si bien conservées, à beaucoup près, que les antérieures; il ne reste même que des parties d'une seule, et cependant on ne peut y méconnoître des parties de la jambe d'un oiseau.

r est une moitié inférieure de fémur, et *s* un tibia presque entier, avec un petit reste de péronné enté sur sa partie supérieure, comme dans tous les oiseaux.

Il est donc impossible désormais de douter de l'authenticité de nos ornitholithes, puisqu'en voilà un où toutes les parties du squelette sont réunies avec leurs caractères ostéologiques.

Il ne s'agit plus que d'en connoître l'espèce; mais à peine peut-on donner là-dessus quelques idées probables. Les formes du bec, celles des pieds, d'après lesquelles on distingue les classes et quelquefois les genres des oiseaux; celles du sternum et du bassin qui auroient pu les remplacer jusqu'à un certain point, et les articulations même des os ayant disparu dans ce squelette, nous n'avons de ressource que dans la proportion relative des parties restées entières.

Nous voyons d'abord que c'étoit un oiseau à ailes courtes,

puisque son humérus ne fait pas la moitié de la longueur de son corps, et que son avant-bras etoit plus court que son humérus.

Cette dernière circonstance détermine sa classe d'une manière assez positive; car il n'y a que les oiseaux à vol pesant de la famille des gallinacés et de celle des palmipèdes, où l'on observe cette proportion. Or, le bec empêche que l'on ait à le chercher parmi les palmipèdes, et la caille est le seul de nos gallinacés dont il se rapproche par la grandeur; encore notre caille commune est-elle un peu plus petite dans toutes ses dimensions, comme on peut le voir par la table suivante. Les nombreuses cailles etrangères ont peut-être quelque espèce qui convient plus exactement à notre fossile pour la taille, sans que l'on puisse en affirmer davantage l'identité.

Table des dimensions de cet ornitholithe.

Longueur d'une des branches du bec inférieur	0,033
——— de la clavicule	0,026
——— de l'humérus	0,040
——— du cubitus et du radius	0,035
——— du métacarpe	0,020
——— de la première phalange du grand doigt	0,007
——— de la dernière phalange du même doigt	0,008
——— du tibia	0,049

Tout récemment je viens encore d'observer chez M. de Drée, dans un morceau de gypse de Montmartre, les quatre articulations du doigt mitoyen du pied d'un oiseau, au moins de la grandeur de la buse. Je l'ai fait graver sur ma planche, fig. 2.

ORNITHOLITHE de Montmartre.

Laurillard del et sculp.

MÉMOIRE

SUR LES OS DE REPTILES ET DE POISSONS

Des Carrières à plâtre des environs de Paris.

PARMI tant d'ossemens de quadrupèdes qui remplissent nos plâtrières, il se trouve un petit nombre de débris épars de reptiles et de poissons, mais presque rien de complet, et ce n'est qu'avec peine que l'on peut saisir quelque caractère propre à conduire à la détermination des genres; celle des espèces est bien plus difficile encore; cependant comme elle est d'une grande importance pour compléter l'histoire de ce terrain singulier, nous en avons fait long-temps l'objet d'une étude sérieuse. Nous avons trouvé que ces os se rapportent à deux sortes de tortue, à un reptile de l'ordre des sauriens, et à diverses espèces de poissons; nous ferons trois articles séparés de leurs descriptions.

ART. I. *Des os de* TORTUES.

Nous avons donné un chapitre sur les os fossiles de tortues en général, dans lequel nous exposons en abrégé les caractères ostéologiques des divisions de ce genre; savoir des tortues de mer ou chélonées; des tortues de terre; des émydes, ou tortues d'eau douce ordinaires, des trionyx, et des matamates ou chelydes qui sont aussi d'eau douce, les unes et les autres.

C'est aux trionyx que se rapportent les débris les mieux caractérisés de tortues de nos carrières à plâtre.

On sait par ce que nous avons dit dans le chapitre que nous venons de citer, et par le beau travail de M. Geoffroy (1) sur ce sous-genre, que les côtes des trionyx n'ont pas leurs intervalles ossifiés dans toute leur longueur, qu'elles ne s'articulent point par leur bout externe avec un rebord osseux, et que leur surface est toujours chagrinée ou plutôt creusée d'une infinité de petites fossettes irrégulières, qui servent à rendre plus adhérente la peau molle, seul tégument dont la carapace de ce sous-genre soit recouverte.

Tous ces caractères s'observent dans les deux morceaux représentés aux fig. 1 et 2; celui de la fig. 2 se reconnoît pour une des côtes qui forment la partie moyenne de la carapace, à sa forme symétrique et à sa largeur qui n'augmente vers le bout externe que d'une manière peu sensible; enfin à sa troncature qui se fait carrément au-dessus du prolongement costal, *a*. Sa partie dilatée est longue de 0,14, large au bout extérieur de 0,056; au bout voisin de l'épine de 0,034.

L'autre morceau, fig. 1, est une des deux premières côtes qui contribuent à former la partie antérieure de la carapace. On reconnoît cette position à la manière oblique dont son

---

(1) *Annales du Muséum*, tome 14.

bord externe est coupé. La longueur de son bord postérieur est de 0,1, mais il lui manque peut-être quelque chose du côté de l'épine. Sa largeur est de 0,05, à peu près partout.

Non-seulement la forme, la courbure, et la surface de ces deux portions de carapace, s'accordent avec celles des portions analogues des *trionyx*, mais elles se rapportent encore exclusivement à ce sous-genre, parce que l'on n'y voit point ces traits enfoncés, qui existent dans tous les autres, le *luth* (*testudo coriacea*) excepté, et qui sont les empreintes des bords de chaque plaque écailleuse; ainsi, comme dans les trionyx, ces côtes fossiles n'étoient pas recouvertes d'écailles.

Après avoir observé ces fragmens de carapace, je reçus un os que je jugeai bientôt devoir être l'os de l'épaule d'une tortue; mais comme il ne ressembloit pas à ceux des tortues que je connoissois, j'eus lieu de soupçonner qu'il devoit aussi venir d'un *trionyx;* je n'avois point alors de squelette entier de ce sous-genre, mais je m'occupai aussitôt de me procurer les parties qui me manquoient, et quoiqu'elles vinssent d'un jeune individu, elles vérifièrent suffisamment ma conjecture.

On voit l'épaule fossile à moitié grandeur, fig. 9.

a Est l'os qui se rend au plastron; *b,* l'empreinte laissée sur le plâtre par celui qui va s'attacher à la carapace; *c,* celui qui reste libre se dirigeant en arrière et vers le bas, ayant la forme aplatie d'un scapulum. Les deux os qui vont de la carapace au plastron, forment dans la plupart des tortues un angle très-ouvert, et sont même presque en ligne droite dans les tortues marines; le troisième est d'ordinaire allongé, en triangle presque isoscèle, avec ses deux bords un peu rentrans et relevés vers chaque face d'une arrête saillante, comme nous l'avons représenté dans notre Mémoire sur les tortues fossiles en général. Ici je trouvois les deux premiers os, formant ensemble un angle fort aigu; l'empreinte du second montrant qu'il étoit élargi, et concave à sa face supérieure; le troisième entièrement plat, et son bord externe coupé convexement et fort oblique d'abord par rapport au bord interne qui est presque rectiligne.

Or, aussitôt que je pus voir les os de l'épaule d'un trionyx, j'y trouvai précisément les caractères qui me frappoient dans les os d'épaule fossiles; et le lecteur peut en faire comme moi la comparaison sur mes figures.

Je donne ces os, pris d'un *trionyx* vivant, mais de petite taille (*le trionyx carinatus,* Geoff.), fig. 10; les lettres y désignent les mêmes parties que dans ceux du fossile, et la ressemblance en saute aux yeux.

Ainsi il y a incontestablement dans nos plâtrières des restes de cette sorte de tortue dont on a fait récemment un sous-genre, sous le nom de *trionyx.*

Or, tous les *trionyx* dont l'habitation est connue vivent dans l'eau douce.

Forskahl en a décrit une espèce du Nil (le *thirsé* des Arabes, *testudo triunguis*), que M. Geoffroy regarde comme le *dilychnis* des Anciens; *Pennant* en a fait connoître une seconde (le *testudo ferox*) des rivières de Georgie et de Caroline; M. *Olivier* en a découvert une troisième dans l'Euphrate et dans le Tigre; enfin M. *Leschenault* en a trouvé une quatrième dans les rivières de *Java,* où elle se nomme *boulousse.* Les espèces que M. Geoffroy, dans son Mémoire sur ce sous-genre, ajoute aux quatre que nous venons de citer, ne sont connues que par leurs dépouilles, et l'on n'a point de renseignemens sur leurs habitudes; mais il y a bien de l'apparence qu'elles ne différeront point par là de celles dont on a des notions plus complètes.

Les *trionyx* sont de toutes les tortues de nos carrières les plus faciles à reconnoître, mais ce ne sont pas à beaucoup près les plus abondantes. On y trouve aussi en grand nombre des portions de carapaces lisses avec des empreintes d'écailles, lesquelles annoncent quelque autre sous-genre. Nous en offrons un exemple dans le morceau représenté fig. 4.

Après une comparaison exacte de cet os avec ceux qui composent l'armure des diverses tortues, je reconnus que c'étoit un de ces os du pourtour qui joignent le plastron à la carapace, ou le sternum aux côtes. Le pli léger *a*, *b*, qui le coupe en travers, le contour, les dentelures obliques de la suture d'une extrémité *c*, *c*, et jusqu'aux lignes *d*, *e*, *f*, *g*, qui marquent la séparation des écailles s'y accordent. Or, un tel os donne à lui seul l'exclusion aux tortues de mer, et aux trionyx; en effet, dans ces dernières, son analogue n'existe pas. Les tortues de mer ont bien des os au pourtour, mais ils ne se recourbent pas en dessous et ne s'engrènent pas avec le plastron.

Une pièce qui donne également l'exclusion à ces deux sous-genres, c'est celle de la fig. 15. Elle ne peut avoir d'analogue que celui des os du plastron qui se joint à la carapace non-seulement par son bord, mais encore par une saillie transverse, *a*, sous laquelle est l'échancrure qui donne passage à la cuisse. Il est clair que le plastron ne peut avoir un os pareil, dans les *trionyx* et dans les tortues de mer, où il est simplement suspendu dans les tégumens.

J'ai trouvé jusqu'à un os particulier, qui dans certaines tortues complète la barre transverse qui renforce la jonction du plastron et de la carapace au-dessus de l'échancrure en question. On le voit fig. 19; on diroitqu'il a été tiré du *testudo radiata*, tant sa ressemblance est frappante.

Les *tortues marines* et les *trionyx* étant exclues, il restoit donc à savoir si ces parties de carapace et de plastron venoient des tortues de terre, d'*émides* ou tortues d'eau douce, ou enfin de *chélides* ou matamata.

Comme la carapace de ces dernières est inégale, ou hérissée de grosses saillies pyramidales, je ne pus long-temps penser à elles; mais n'ayant pas de doigts, ni même de portions un peu considérables qui pussent me faire bien juger la convexité de la carapace, je trouvai plus de difficulté à me décider entre les tortues de terre et les émides.

Cependant, comme dans la plupart des tortues de terre, et peut-être dans toutes, les côtes vont alternativement en se retrécissant et en s'élargissant vers leur bout extérieur, de façon que la première y est plus large qu'au bout qui tient à l'épine, la seconde plus étroite, et ainsi de suite, tandis que dans les émides ou tortues d'eau douce leur largeur reste à peu près égale, et que j'ai observé la même chose dans toutes les côtes de nos carrières que j'ai pu observer, et notamment dans celles des fig. 5 et 6, j'ai tout lieu de croire que nos tortues fossiles sont plutôt des tortues d'eau douce que des tortues terrestres. On sait d'ailleurs que ce nom de *terrestres* n'est donné aux *tortues à doigts raccourcis et à carapace très-bombée,* que dans un sens comparatif, et qu'elles aiment aussi pour la plupart les lieux humides.

Il est difficile que les côtes des fig. 5 et 6 appartiennent à la même espèce que les morceaux des fig. 4 et 15; elles sont beaucoup plus petites à proportion et paroissent venir cependant d'individus adultes. Nous aurions donc les restes de deux *émides* dans nos plâtrières.

Outre les morceaux que je viens de citer, j'ai encore les suivans qui doivent appartenir au même sous-genre, selon toutes les analogies.

1°. La pièce impaire du plastron, placée au milieu en avant, entre la première et la seconde paire des huit autres pièces. Ce morceau, représenté fig. 3, qui existe dans toutes les tortues, n'a cette configuration d'un écusson d'armoiries que dans quelques tortues de terre et d'eau douce; dans les marines il se prolonge en arrière en une longue pointe, et dans les *trionyx* il prend la figure d'un chevron.

2°. Une partie renflée du rebord postérieur, derrière l'échancrure pour le passage de la cuisse. Quelques tortues terrestres ont un renflement à peu près pareil; il est très-sensible dans la *grecque.*

3°. Une partie plane du même rebord, plus en arrière, fig. 18.

4°. Plusieurs portions de côtes.

Enfin, 5°. au moment où je livre ce Mémoire à l'impression, l'on m'apporte un fémur, fig. 20, qui ayant été comparé à ceux des tortues de terre, des trionyx, et des émides, ne s'est trouvé ressembler complétement qu'à ces dernières.

Dans aucun de ces morceaux, je n'ai jamais rien trouvé qui annonçât une tortue marine. Ce que M. *Faujas* (1) a regardé comme la carapace entière d'une petite tortue de mer, ne consiste, autant qu'on peut en juger par la figure, que dans l'assemblage de deux os du pourtour d'une de ces grandes tortues d'eau douce.

Art. II. *Du reptile Saurien.*

Je n'en ai jamais eu qu'un seul os, mais ce seul os démontre, selon moi, qu'il vient d'un *saurien* du genre des *crocodiles*, et d'une espèce inconnue.

C'est un os frontal, d'une petite dimension. Je le représente en dessus, fig. 7, et en dessous, fig. 8.

J'ai parcouru toute la série des squelettes de reptiles (et j'en possède maintenant plusieurs espèces de chacun des sous-genres établis par ceux qui les ont le plus multipliés); je n'en ai trouvé aucun qui ressemblât à l'os fossile, si ce n'est, comme je viens de le dire, le frontal des crocodiles. La comparaison avec celui-ci est au contraire rigoureusement exacte, quant à tous les caractères qui peuvent passer pour génériques.

Il est d'abord simple et sans suture mitoyenne; il est échancré de deux arcs de cercles à bords verticaux et relevés, pour les orbites; en dessous il est creusé d'un demi-canal qui sert de continuation à celui du nez; en arrière on voit des restes des sutures qui l'articuloient avec le pariétal unique, et avec les deux os qui représentent dans le crocodile, les apophyses postorbitaires du frontal; en avant, son apophyse

---

(1) *Annales du Muséum*, tome 2, p. 109.

aigue qui devoit s'avancer entre les lacrymaux est rompue, mais on voit encore des traces des sutures qui l'unissoient à ces deux os; enfin sa surface est creusée de petites fossettes irrégulières, comme il y en a plus ou moins dans tous les crocodiles, et comme on n'en retrouve *sur la tête* dans aucun autre reptile, pas même dans les *trionyx* dont la carapace seule en a de semblables. Tels sont les caractères communs à ce frontal et à ceux des autres crocodiles.

Ses caractères particuliers sont, que les rebords des orbites sont moins saillans, plus rapprochés en avant, et que la courbure longitudinale de sa face supérieure est plus convexe que dans les dix ou douze espèces de ce genre que j'ai déterminées par l'ostéologie de leur tête.

N'en doutons donc point, il y avoit à Montmartre des crocodiles, dans le même temps où il y avoit des sarigues, des trionyx, et tant d'autres animaux et végétaux dont les congénères ne se retrouvent plus que si loin de nous. Mais les crocodiles devoient y être rares, puisque ce frontal est le seul vestige qui m'en soit parvenu.

Je n'ai pas besoin de rappeler que les crocodiles sont tous des animaux d'eau douce.

Art. III. *Des Poissons.*

J'ai examiné cinq espèces de poissons, venues de nos carrières à plâtre.

La première a été décrite par M. de Lacépède, *Annales du Muséum*, tome 10, p. 234, et reconnue par ce grand naturaliste comme un abdominal d'un nouveau genre, assez voisin des muges.

La seconde a été représentée par M. de Lamétherie, *Journ. de Phys.*, tome LVII, p. 320, et annoncée comme appartenant au genre du brochet.

La troisième a été indiquée comme un *spare*, par le même savant, d'après un examen fait par M. *Bosc.*

Enfin la quatrième et la cinquième n'ont pas encore été mentionnées.

Nous parlerons d'abord du *spare*, comme le plus nettement déterminé. J'étois présent quand M. de Lamétherie le reçut à Montmartre, et c'est dans la première masse qu'il a été trouvé. Le possesseur ayant eu la complaisance de me le confier, je donne la figure des deux empreintes, fig. 16 et 17. La partie dorsale est enlevée dans toutes les deux, mais la mâchoire inférieure *a* est bien conservée dans l'une, la nageoire ventrale *b* dans l'autre; et chacune montre assez bien la nageoire anale *c*, et une partie de celle de la queue, *d*; on y voit aussi des empreintes des écailles, des côtes, et des apophyses épineuses inférieures de la queue.

La nageoire ventrale est thorachique par sa position; un gros aiguillon forme son premier rayon; il est suivi au moins de quatre rayons articulés.

La nageoire anale a d'abord trois aiguillons, dont le premier est le plus court et le deuxième le plus long et le plus gros. Cinq rayons articulés, au moins, suivent ces trois premiers.

On compte neuf rayons, tous articulés, dans ce qui reste de la nageoire de la queue.

Jusque-là il n'y auroit rien qui distinguât ce poisson d'une foule d'autres thorachiques acanthoptérygiens; mais ce qui achève de déterminer son genre, ce sont ses dents.

On voit distinctement sur le fond de sa mâchoire inférieure deux dents hémisphériques, comme en ont un grand nombre de spares, et en avant une dent conique forte et pointue, à laquelle en répond une autre de la mâchoire supérieure; il est aisé d'apercevoir encore quelques restes de dents plus petites et qui ne se sont pas conservées.

Je ne trouve parmi les spares dont j'ai fait l'ostéologie, que le *sparus spinifer* qui offre à peu près la même combinaison de dents et d'épines aux nageoires. On trouve bien des dents postérieures rondes, dans le *Sp. aurata*, le *Sp. sargus*, le *Sp. pagrus*, le *Sp. perroquet*, le *Sp. mylio*, et quelques autres; mais les dents antérieures du *sargus* sont incisives et tranchantes; celles du *pagrus* sont petites, et le premier rang excepté, elles ressemblent à du velours; celles du *perroquet* sont aussi aplaties; les molaires du *mylio* sont beaucoup plus petites; les antérieures de *l'aurata* ressembleroient davantage, mais il y en a parmi les molaires une très-grande dont nous ne trouvons pas de trace ici, et ses épines sont plus petites à proportion. Dans le *Sp. spinifer* les dents sont fort semblables, mais les épines sont bien aussi un peu trop petites, et sous ce rapport le *mylio* ressembleroit un peu davantage. Au total le spare fossile ne ressemble tout-à-fait à aucune des espèces que j'ai pu examiner, et si nous l'avions tout entier, sa forme générale et sa nageoire dorsale nous auroient probablement encore montré quelque autre différence.

On pourra s'étonner de trouver dans nos carrières à plâtre, parmi tant de productions d'eau douce, un poisson d'un genre dont presque toutes les espèces sont marines; mais cela ne prouve point que cette espèce-ci n'ait pu être d'eau douce; le genre des labres qui est presque tout marin, produit le *labrus niloticus* qui remonte très-haut dans le Nil; notre *perche d'eau douce* est un *acanthoptérygien thorachique* appartenant à un genre presque tout marin; et parmi les *sparus* eux-mêmes, *Hasselquist* en cite deux d'eau douce: le *galilæus* (1) et le *niloticus* (2). A la vérité *Forskahl* (3) prétend que le *niloticus* n'est qu'un *labrus julis*, porté par hasard au Caire, et Bloch (4), dans son *Systema*, place le *galilæus* parmi les *coryphènes*; mais en supposant que Bloch eût raison, ce dernier poisson n'en seroit pas moins une espèce d'un genre presque tout marin qui habiteroit l'eau douce. Il est très-commun dans le lac de Tibériade ou de Genezareth, et Hasselquist prétend que c'est lui qui a fourni à la pêche miraculeuse de St. Pierre, rapportée au chapitre V^e^. de l'Evangile selon St. Luc. Or, le lac de Tibériade, traversé par le Jourdain, a des eaux très-bonnes à boire.

Je ne crois donc pas que cette empreinte de spare, puisse fournir un argument contre l'origine attribuée à nos terrains gypseux, et confirmée par toutes les autres espèces dont ils renferment les débris.

Après le *sparus*, vient le poisson regardé comme voisin des *muges*. On en a une empreinte assez entière, que nous avons fait graver à demi-grandeur, fig. 13.

On voit aisément que c'est un abdominal dont les nageoires

---

(1) *Hasselq. it. pal.*, p. 343.
(2) *Hasselq. it. pal.*, p. 341.
(3) *Descr. anim. it.*, p. 31
(4) *Syst. ichtyol.*, p. 298.

ventrales ne sont pas fort en arrière; il a 0,235 de long et 0,065 de haut au milieu. Ses vertèbres sont au moins au nombre de cinquante; et par conséquent ses arrêtes fort nombreuses; il a deux nágeoires dorsales peu élevées, dont la seconde, placée vis-à-vis de l'anale, a 17 à 18 rayons. Il est difficile de compter ceux de la première qui répond à peu près aux nageoires ventrales. Sa nageoire de la queue a 18 rayons et paroît ronde; à la vérité l'on pourroit croire qu'elle a été arrondie par les frottemens que le corps de l'animal a dû éprouver dans les flots après sa mort; nous en avons vu plusieurs exemples dans des poissons apportés de pays lointains dans l'eau de vie; mais alors les rayons latéraux paroissent tronqués et n'ont pas l'air de finir naturellement en se divisant, comme cela a lieu ici. Les nageoires ventrales montrent six rayons, mais il ne reste point assez de vestiges des pectorales pour compter les leurs; l'anale en a sept d'apparens; on distingue très-bien sept rayons à la membrane des branchies, qui sont tous plats et assez larges. La loupe montre que la machoire inférieure au moins étoit armée de dents petites, mais pointues. Les écailles ne doivent pas avoir été fortes, car elles n'ont laissé que des empreintes à peine perceptibles.

Cette description faite sur l'une des deux empreintes que ce poisson a laissées s'accorde avec celle de M. de Lacépède, faite d'après l'empreinte opposée; elle conduit facilement à prouver, comme ce savant naturaliste l'annonce, que c'est un poisson inconnu.

En effet, les abdominaux à deux nageoires dorsales pourvues l'une et l'autre de plusieurs rayons, ne sont pas très-nombreux. Ils se réduisent aux *atherines*, au plus grand nombre des *muges*, aux *polynèmes*; à quelques *ésoces*, dont M. de Lacépède a fait son genre *sphyrène*; à une *loricaire* (l'*hypostome* de M. de Lacépède); à quelques poissons de la famille des *silures* que M. de Lacépède a décrits le premier ou qu'il a séparés des autres *silures* sous les noms de *pogonates*, *plotoses*, *macroramphoses*, *centranodons*, *corydoras* et *tachisures*; enfin à deux poissons singuliers dont M. de Lacépède a fait ses genres *serpe* et *solénostome*.

La forme bizarre de ces deux derniers; les longs rayons libres des polynèmes; l'armure des hypostomes, des corydoras, des pogonates; la réunion de la deuxième nageoire dorsale avec celle de la queue dans les plotoses; la longueur extrême du museau du macroramphose, excluent tous ces genres au premier coup d'œil. Notre poisson fossile ayant des dents, ne peut être ni un muge ni un centranodon; ce n'est point un tachisure, parce qu'il n'a de gros rayon épineux en avant d'aucune de ses nageoires. Il ne resteroit donc à choisir qu'entre les sphyrènes et les atherines; et le museau pointu des premières, et la queue fourchue des unes et des autres ne permettent pas de compléter la comparaison.

J'ai soupçonné quelques instans que les nageoires dorsales ne paroissoient au nombre de deux que parce qu'il s'étoit perdu une portion qui les réunissoit; une dorsale unique et longue auroit alors fait beaucoup ressembler notre poisson à l'*amia calva* de Linnæus (1), qui habite les rivières de la Caroline, et dont il a d'ailleurs la forme générale, la queue

(1) Il faut bien se garder de confondre ce poisson, comme on l'a fait dans l'Encyclopédie méthodique, avec l'*amia* des Anciens qui est du genre des scombres.

ronde et plusieurs autres caractères; mais quelque heureuse que cette conjecture m'ait paru au premier coup d'œil, je n'ai point trouvé sur la pierre de traces de rayons intermédiaires qui aient pu l'appuyer, il n'y a pas même dans l'intervalle des deux nageoires les osselets qui auroient pu porter ces rayons; d'où je conclus qu'en effet les nageoires dorsales étoient séparées comme elles le paroissent.

Ainsi notre poisson sera un genre nouveau que l'on pourra considérer comme une *amia* à deux nageoires, à peu près comme les *dipterodons* et les *cheilodiptères* de M. de Lacépède sont des *spares* et des *labres* à deux nageoires.

Ses rapports avec l'*amia* sont confirmés par la structure du squelette; notre poisson a au moins cinquante vertèbres, dont trente dorsales environ, et je me suis assuré que les vertèbres dorsales de l'*amia* sont aussi au moins au nombre de trente, tandis que les *muges* n'en ont que dix dorsales et vingt-deux ou vingt-trois en tout.

J'ai trouvé enfin, en examinant l'*amia*, que ses rayons branchiostèges ressemblent à des lames plates comme des branches d'éventail, et telles que paroissent celles du poisson fossile.

On ne peut dire quelle devoit être l'habitation d'un genre inconnu dans la nature vivante, mais comme l'*amia calva* se tient dans les rivières, sur les fonds vaseux, et que les muges les remontent fort haut, il n'est pas improbable que notre poisson ait aussi habité l'eau douce.

Nous pouvons à présent passer à l'examen du poisson que l'on a rapporté au genre des *brochets*. On n'en possède que la partie posterieure, fig. 12, qui est dans le cabinet de M de Lamétherie. Elle offre des arrêtes nombreuses, une nageoire de la queue fourchue, une dorsale *b* et une anale *c* placées vis-à-vis l'une de l'autre; les os du bassin fort étroits *d*, avec un vestige de nageoire ventrale *e*; enfin un vestige de nageoire pectorale *f*, qui semble annoncer qu'il ne manquoit guère à ce poisson que la tête, et par conséquent que sa forme n'étoit pas fort allongée. La disposition de ses côtes semble annoncer la même chose. Quoique le bassin soit détaché, il ne paroît pas être sorti de sa place, et ce poisson doit avoir été un abdominal, dans lequel on ne voit point de traces de rayons épineux.

Il reste six rayons aux pectorales; ceux des ventrales ne peuvent se compter, mais on en voit au moins dix à la dorsale et environ quatorze à l'anale. Il y en avoit vingt-deux ou vingt-quatre à la caudale.

On sent bien qu'il n'est pas possible d'affirmer le genre d'un poisson dont on n'a pas la tête; cependant il est certain que parmi les abdominaux, une seule nageoire dorsale se trouve ainsi placée parfaitement vis-à-vis l'anale, seulement dans quelques *brochets* et *lepisostées*, et dans quelques *mormyres;* car on ne peut penser au *saurus* ou *scombresoce* à cause de ses fausses nageoires; ni à l'*exocet* à cause de ses grandes pectorales. En supposant donc qu'il n'y ait pas eu d'autre dorsale, comme il est vraisemblable d'après cette empreinte, c'est entre les deux genres *brochet* et *mormyre* qu'il faut choisir. Si l'on avoit la tête, le choix seroit bien aisé; mais même sans elle, on peut remarquer que les brochets ont tous le corps allongé, et que les mormyres l'ont raccourci; les brochets ont les os du bassin larges, et souvent augmentés d'un appendice latéral; les mormyres les ont grêles comme on les voit ici. Du reste les deux genres ont la queue fourchue. S'il falloit donc se prononcer, je trouverois plus de vraisemblance en faveur du genre des *mormyres.* Or, le genre des brochets a bien quelques espèces d'eau douce, mais celui des mormyres habite tout entier dans le fleuve du Nil, où il se trouve pèle-mêle avec des tortues trionyx, des crocodiles, et des poissons acanthoptérygiens thorachiques, le long de rivages ombragés de palmiers, et il seroit sans doute assez piquant de le retrouver à Montmartre dans une réunion tout-à-fait analogue (1).

On pourroit cependant opposer, quant au caractère tiré des nageoires anale et dorsale, le nouveau genre des *pœcilies*, séparé par *Bloch* des *cobites ;* c'est un genre d'eau douce de la Caroline, à forme allongée, dont le corps se termine par une nageoire entière ; et qui n'auroit pas beaucoup de rapports avec notre fossile, si *Bloch* n'y avoit placé un autre poisson aussi d'eau douce, de Surinam, à corps comprimé et à nageoire caudale fourchue; c'est son *pœcilia vivipara*, représenté dans son Système, pl. 86, fig. 2, et qui ressembleroit assez à notre fossile si ses nageoires anales et

(1) J'ai dû la possibilité de connoître l'ostéologie des mormyres, aux belles collections faites en Egypte par mon savant confrère M. Geoffroy; le *mormyrus cyprinoïdes*, et une espèce nouvelle que M. Geoffroy appelle *labiatus*, ont les nageoires ainsi placées vis-à-vis l'une de l'autre. Dans le M. canume, et le M. herse, la dorsale s'étend sur presque toute la longueur du dos; du reste l'on se tromperoit beaucoup en refusant avec Linnæus un opercule des branchies à ces poissons, et en ne leur accordant qu'un rayon branchial; ils ont tous un opercule et plusieurs rayons.

dorsales avoient plus de rayons et si son corps étoit un peu plus allongé. C'est d'ailleurs un très-petit poisson.

Il reste donc du doute entre des poissons du Nil, et d'autres dont le congénère n'a encore été trouvé qu'à Surinam; mais dans tous les cas, notre fossile seroit d'un genre d'eau douce dont les espèces habitent aujourd'hui des pays chauds, et des pays où il se trouve aussi des crocodiles et des palmiers, et où les trionyx ne manquent probablement pas; car le trionyx de Caroline et de Georgie habite aussi la Floride. M. de Lacépède rapporte que le chevalier de Widerspach a cru l'avoir trouvé sur les bords de l'Oyapock (1), dans la Guyane, et c'est aussi de la Guyane qu'est venu le jeune individu décrit par M. Blumenbach (2), et gravé dans l'ouvrage de M. Schneider (3), sous le nom de *testudo membranacea*.

Notre quatrième poisson, qui est plus mutilé que tous les précédens, me paroît cependant pouvoir être reconnu pour une truite; mais je l'ai jugé par d'autres moyens que les précédens, car il n'y reste ni nageoires ni aucun autre caractère extérieur. C'est dans le cabinet de M. de Drée que je l'ai observé.

Il s'est moulé et en partie attaché sur un morceau de glaise adhérent au plâtre, fig. 11. Ses yeux y ont laissé leur empreinte en *a*, et une pellicule qui paroît avoir été une de leurs membranes; sa physionomie m'ayant frappé comme rappelant celle de la truite, j'en fis la comparaison et je reconnus

---

(1) Lacep., *Hist. des Quadr. ovip.*, art. de la Tortue molle.

(2) *Man. d'Hist. Nat.*, VIIIe. édit., p. 238.

(3) *Hist. des Tortues*, en allemand, pl. I.

1°. l'empreinte *b* de la plus grande partie de la mâchoire inférieure, avec une dent encore en place; 2°. l'os analogue à l'os carré, auquel cette mâchoire s'articule, *c;* 3°. l'os palatin du même côté *d,* qui vient rejoindre l'os carré; 4°. des portions des os des tempes *e;* 5°. l'empreinte presque entière de l'opercule *f*; 6°. l'empreinte de trois des rayons branchiostèges *g;* 7°. une partie de l'os de la langue *h;* 8°. des parties de l'os de l'épaule du côté droit *i;* 9°. des parties écrasées et éparses des autres os de la tête, *k, l;* enfin, 10° des empreintes des écailles rangées sur plusieurs lignes parallèles *m m.*

La mâchoire inférieure et l'os analogue au carré ressemblent presque entièrement à ces mêmes parties dans la truite; l'œil et la dent sont de la grandeur et dans la position convenables; les os des opercules et de la partie supérieure de la tête paroissent seulement occuper un espace proportionnellement trop long pour être de nos truites communes; mais comme je n'ai pas le squelette de toutes les espèces de ce nombreux genre, il se peut qu'il y en ait quelqu'une où ces proportions se retrouvent. Toujours est-il certain qu'aucun des poissons que j'ai examinés ne m'a paru ressembler à notre fossile autant que la truite.

Le quatrième poisson de nos plâtrières, paroît encore un abdominal, mais très-petit, fig. 14. Son dos et le bout de sa queue sont emportés. On voit à sa bouche des dents très-grèles et aiguës; il lui reste des traces de sept ou huit rayons branchiostèges, et quelques vestiges de nageoires pectorales. Ses ventrales ne sont pas fort en arrière. On y compte des restes de six rayons. Les deux premiers rayons de l'anale sont très-gros quoique articulés, comme les ont plusieurs cyprins;

ils sont suivis de sept autres. Les vertèbres de ce poisson étant grandes, il a peu d'arrêtes; je ne lui compte que neuf vertèbres dorsales; il reste des traces de sept caudales, mais il en manque quelques-unes en arrière.

On pourroit trouver à ce fragment de poisson quelques rapports avec les *cyprinodons* de M. de Lacépède; mais ces rapports sont trop peu importans pour avoir quelque certitude, et d'ailleurs on y trouveroit presque autant de motifs d'éloignement.

Outre ces portions de squelette, il se trouve encore dans nos gypses, un grand nombre de vertèbres et d'os séparés de poissons, dont il est impossible de déterminer les espèces, mais qui n'annoncent ni de grandes tailles, ni rien de décidément marin. On n'y trouve par exemple jamais de ces dents de raies, qui ne sont pas très-rares, dans les sables et les marnes marines du sommet, au milieu des huîtres et des autres coquillages.

Ainsi tous ceux de nos reptiles et de nos poissons des gypses, desquels on a pu obtenir des fragmens suffisans, annoncent, comme nos coquilles, que les couches remplies d'os de palœotherium et d'autres quadrupèdes inconnus, n'ont pas été formées dans l'eau de la mer, et s'accordent avec tous les autres phénomènes développés dans notre travail général sur les environs de Paris, pour prouver que la mer est venue envahir une région qui n'avoit été long-temps arrosée que par les eaux douces.

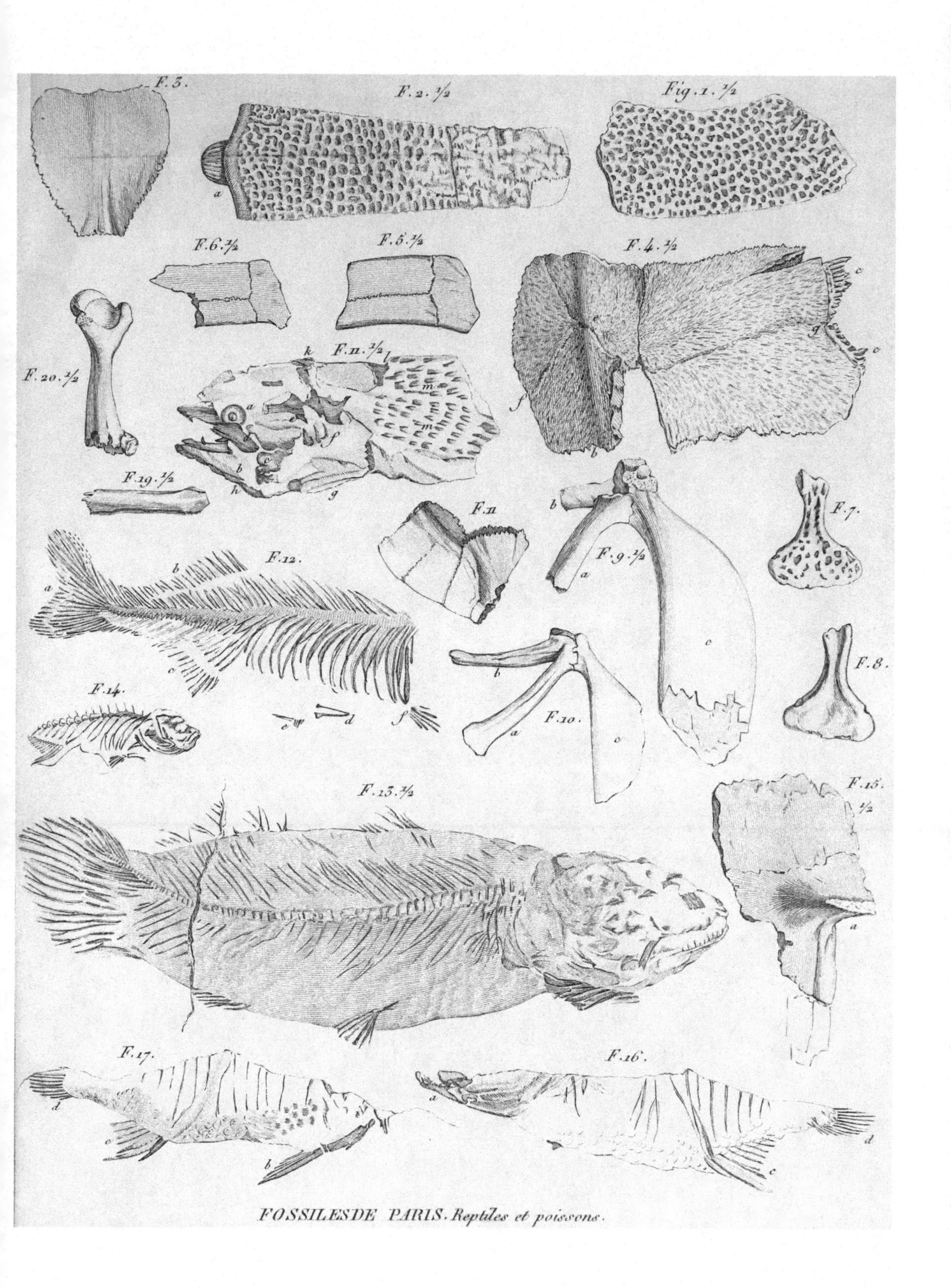

FOSSILES DE PARIS. Reptiles et poissons.

Printed in the United States
By Bookmasters